熏炸烤食品
加工与安全控制

王振宇　张德权　主编

PROCESSING AND SAFETY CONTROL OF
SMOKED FRIED ROASTED FOOD

图书在版编目（CIP）数据

熏炸烤食品加工与安全控制 / 王振宇，张德权主编
. — 北京：中国轻工业出版社，2023.11
ISBN 978-7-5184-4206-5

Ⅰ. ①熏… Ⅱ. ①王… ②张… Ⅲ. ①熏制—食品加工—质量控制②油炸食品—食品加工—质量控制 Ⅳ. ①TS205.3②TS219

中国版本图书馆 CIP 数据核字（2022）第 226698 号

责任编辑：贾 磊
文字编辑：田超男　　责任终审：白 洁　　整体设计：锋尚设计
策划编辑：贾 磊　　责任校对：吴大朋　　责任监印：张 可

出版发行：中国轻工业出版社（北京东长安街 6 号，邮编：100740）
印　　刷：三河市万龙印装有限公司
经　　销：各地新华书店
版　　次：2023 年 11 月第 1 版第 1 次印刷
开　　本：710×1000　1/16　印张：22.75
字　　数：530 千字
书　　号：ISBN 978-7-5184-4206-5　定价：158.00 元
邮购电话：010-65241695
发行电话：010-85119835　传真：85113293
网　　址：http://www.chlip.com.cn
Email：club@chlip.com.cn
如发现图书残缺请与我社邮购联系调换
220763K1X101ZBW

本书编写人员

主　编　王振宇（中国农业科学院农产品加工研究所）

张德权（中国农业科学院农产品加工研究所）

副主编　袁　媛（吉林大学）

李昌模（天津科技大学）

刘国荣（北京工商大学）

黄现青（河南农业大学）

徐勇将（江南大学）

参　编　蔡克周（合肥工业大学）

李振兴（中国海洋大学）

刘　欢（中国农业科学院农产品加工研究所）

王　畅（中国检验检疫科学研究院）

韩敏义（南京农业大学）

董　璐（南开大学）

惠　腾（四川农业大学）

王方华（华南理工大学）

矫　丹（中国农业科学院农产品加工研究所）

孙祥祥（中国农业科学院农产品加工研究所）

杨晓月（中国农业科学院农产品加工研究所）

前言

传统食品安全是国家食品安全战略的重要组成部分。以熏肉、熏鱼、麻花、油条、烤鸭、烤鱼等为代表的传统熏炸烤食品，年产量超过 2000 万 t，年产值达 6000 亿元，是中华美食的瑰宝。但传统熏炸烤过程易形成杂环胺类、多环芳烃类、反式脂肪酸类、氯丙醇酯类及丙烯酰胺等热加工伴生危害物，安全隐患突出；污染物排放严重，废气排放量超过 $3900m^3/h$，废气中有机污染物浓度超过食品工业平均值 2 倍以上；常用食品添加剂热不稳定、功效低，滥用、过量使用问题突出。亟待开展技术革新，建立现代化绿色加工技术体系。

“十三五”以来，中国农业科学院农产品加工研究所王振宇博士承担国家重点研发计划项目“传统熏炸烤食品加工过程安全控制技术集成示范（2019YFC1606200）”，组织国内优势科研力量开展熏炸烤食品绿色加工理论、技术研究，攻克了传统熏炸烤食品多元危害物在线监控与定向阻控、污染物自动减排、食品添加剂减量增效、品质提升与危害物消减协同等共性关键技术难题，集成传统熏炸烤食品加工过程安全控制技术体系，进行产业化示范，实现危害物减控、污染物减排、添加剂减量、品质提升的目标。项目取得了一系列重大科技成果，并在此基础上吸收了国内外有关专家学者的部分科研成果，编写了本书。

本书重点针对熏鱼、熏肉、麻花、油条、烤鸭等我国典型传统熏炸烤食品，分析其品质形成、热加工危害物控制、营养组分保持与增益协同机理，集成热加工过程安全控制技术，列出具体生产过程控制案例，为理论研究、技术研发和产业化生产过程安全控制提供依据。

本书专业性强，具有研究参考价值；同时，本书的产业应用可操作性强，对熏炸烤食品企业生产过程安全控制具有重要指导作用，可作为熏炸烤食品加工方面的科研、教学、生产、管理、培训人员的参考书。

全书共 17 章，由中国农业科学院农产品加工研究所王振宇、张德权任主编，具体编写分工如下：王振宇编写第一章；张德权、矫丹、孙祥祥、杨晓月共同编写第二章；李昌模、董璐、韩敏义共同编写第三、九、十章；刘国荣、王方华、惠腾共同编写第四、十一章；袁媛、王畅、蔡克周共同编写第五、六、七、八章；黄现青编写第十二、十七章；李振兴编写第十三章；徐勇将编写第十四、十五章；刘欢编写第十六章。全书由王振宇统稿，张德权审核。

鉴于编写人员水平所限以及熏炸烤食品加工与安全控制方面的研究成果日新月异，书中难免有不当或遗漏之处，恳请读者批评指正。

编者

目录

第一章　绪论

第一节　熏炸烤食品产业现状

熏、炸、烤是传统的食品加工方式，通过对食物进行快速脱水、熟化，具有操作简单、成本可控、加工快速等显著优势，被广泛地应用于家庭烹饪与食品工业生产中。无论在欧美还是东亚，人们利用熏炸烤方式制作出种类繁多、风味独特、色泽金黄、质构酥脆且富有地域特色的美食小吃，如熏肉、熏鱼、熏豆干、麻花、油条、油饼、烤鸭、烤肉串、烤鱼等。2019 年以来传统熏炸烤食品年产量超过 2000 万 t，年产值达 6000 亿元（图 1-1）。随着人们生活水平的提高和生活节奏的加快，方便食品和快餐食品正逐渐成为普通百姓尤其是都市年轻人日常饮食的新常态。熏炸烤加工因具有快速、便捷、廉价等优势，成为大规模制作方便食品和快餐食品的主要方式。很多熏炸烤食品借助现代食品工业化，成为一系列改变人类生活方式的方便快餐食品，如麻花、油条、油饼、炸薯条、炸鸡翅、炸春卷等的半成品及方便面等。此外，近几年来餐饮业快速发展，品牌企业针对不同餐饮类别场景开发熏炸烤食品，不断推陈出新，实现了熏炸烤食品在细分餐饮市场中的新增长，如部分企业针对火锅、麻辣烫、关东煮等特定餐饮场景所开发的风味小油条、小酥肉、炸肉串等网红预制食品，一经问世便深受消费者的喜爱。

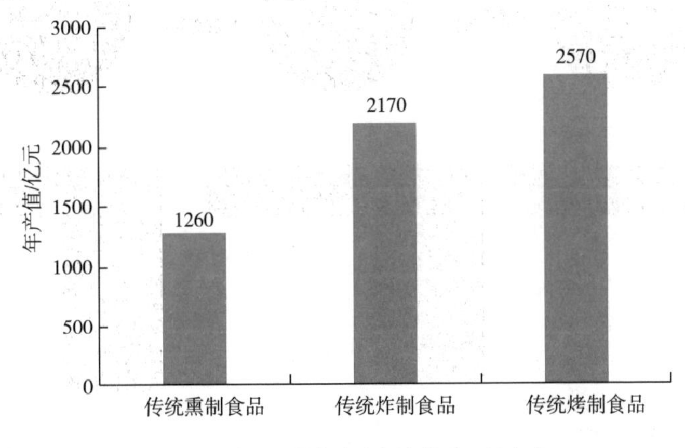

图 1-1　我国熏炸烤食品年产值（2019 年）

熏炸烤过程中，在食品本身或与添加剂之间剧烈的传热传质驱动下，食品基质中的多种成分发生一系列复杂的物理、化学变化。熏炸烤过程中的传质主要包括水分的蒸发与油脂的氧化或吸附。水分的蒸发有利于形成酥脆的质构并延长食品保质期；而油脂的氧化或吸附增加了食品的风味和营养价值。然而，需要注意的是熏炸烤过程中大量油脂的吸附也会带来脂类过量摄入的问题。显然，长期高脂饮食会对人体健康造成潜在的危害，如诱发肥胖、心脑血管疾病、癌症等。熏炸烤过程中的传热主要包括热油-食品表面的热对流与食品表面-食品内部的热传导。在熏炸烤过程中，油脂会发生氧化、聚合和水解等系列反应，游离脂肪酸含量增加、起泡能力增加、颜色加深、黏度增大、极性化合物含量增加、聚合物增加和不饱和度降低。此外，如若控制不当，则熏炸烤过程中还可能产生丙烯酰胺、环氧丙酰胺、多环芳烃、反式脂肪酸等有害物质（图 1-2）。上述有害物对消费者的身体健康产生潜在危害，它们的生成机制、影响因素、抑制原理都是食品安全领域的重要议题，受到人们的普遍关注。首先，由于真实食品体系的复杂性，使得目前相关研究主要局限于化学模拟体系，所得结论未必完全适用于真实食品；其次，由于一些疾病的复杂性、长期性和多因性，造成当前毒理学、病理学的研究主要依赖于细胞、动物实验和流行病学调查，熏炸烤过程所产生的危害物在人体不同部位中的致病机制、构效关系等仍有待深入探索；再次，熏炸烤过程中危害物形成机制，包括危害物累积、分布与转化规律，危害物与食品组分作用机制，不同危害物之间的交互作用等仍需深入研究，以期为加工环节减少危害物的形成提供科学依据；最后，在着力抑制危害物生成量、降低食品安全风险的同时，也不能忽视食品的感官品质和营养价值的保留，换言之，需要通过科学研究在食品感官属性与营养安全品质之间寻找到合理的平衡点。

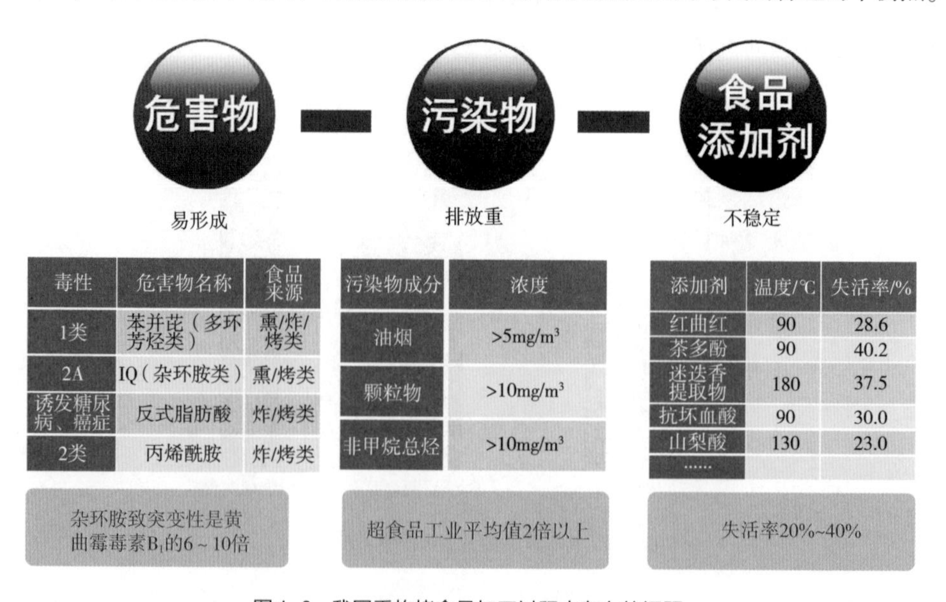

毒性	危害物名称	食品来源
1类	苯并芘（多环芳烃类）	熏/炸/烤类
2A	IQ（杂环胺类）	熏/烤类
诱发糖尿病、癌症	反式脂肪酸	炸/烤类
2类	丙烯酰胺	炸/烤类

污染物成分	浓度
油烟	$>5mg/m^3$
颗粒物	$>10mg/m^3$
非甲烷总烃	$>10mg/m^3$

添加剂	温度/℃	失活率/%
红曲红	90	28.6
茶多酚	90	40.2
迷迭香提取物	180	37.5
抗坏血酸	90	30.0
山梨酸	130	23.0
……		

图 1-2　我国熏炸烤食品加工过程中存在的问题

总之，传统熏制、炸制、烤制食品加工企业95%以上处于作坊式生产阶段，危害物控制、污染物减排、品质保持技术缺乏，生产过程易形成杂环胺类、多环芳烃类、反式脂肪酸类、氯丙醇酯类及丙烯酰胺等热加工伴生危害物，安全隐患突出；污染物排放严重，废气中颗粒物浓度超过10mg/m^3、油烟浓度超过5mg/m^3、挥发性有机物浓度超过10mg/m^3，均超过食品工业平均值2倍以上，亟须进行技术革新，建立传统熏炸烤食品现代化绿色加工技术体系并实现产业化，为传统食品产业振兴提供技术支撑。了解熏炸烤食品制作过程中潜在危害物的形成与控制对于科学评价熏炸烤食品安全性、提升熏炸烤食品品质、引导消费者理性消费等均有重要现实意义。

第二节 熏炸烤食品加工与安全控制技术现状

一、技术现状

熏灌肠、熏培根、炸薯片、炸薯条、炸鸡翅、烤热狗肠、烤牛排等西式熏炸烤食品占欧美固态食品消费市场的50%以上。西方国家针对其特有的加工方式和消费习惯，创新应用了适宜西式熏炸烤食品的加工技术。法国农业科学研究院（Institut National de la Recherche Agronomique）研发了湿热烤制、微波烤制技术，减少热狗肠、牛排烤制过程中杂环胺类危害物含量；荷兰瓦赫宁根大学与研究中心（Wageningen University and Research）研发了茶多酚、β-胡萝卜素等天然产物阻控技术，减少乳化肠、鱼排烤制过程中杂环胺类、多环芳烃类危害物含量；美国马萨诸塞大学研发了添加黄酮、甘氨酸的新型复合裹粉，降低薯片、薯条油炸过程中反式脂肪酸类、丙烯酰胺含量；德国化学与食品分析研究院研发了基于近红外光谱与高光谱视觉反射成像结合的西式炸制食品中反式脂肪酸类危害物在线监测技术；德国肉类研究中心研发了基于静电和物理吸附的熏灌肠、熏培根加工过程油烟净化技术装备。上述西式熏炸烤食品加工过程安全控制关键技术成为西方国家研究的热点，取得了重大进展，部分关键技术已应用于产业。

我国传统熏炸烤食品种类和工艺不同于西式产品（表1-1），西式熏炸烤食品不足200种，主要为肉制品、水产品，而中式传统熏炸烤食品多达1000余种，涵盖肉制品、面制品、水产品、豆制品、果蔬制品。西式熏炸烤食品通常采用无火短时中高温熏制、高温裹粉快速油炸和非明火电烤工艺，主要以斩碎重组或无骨块状食材为主，而中式传统熏炸烤食品通常采用明火长时低温烟熏、中低温油炸和明火烤制工艺，主要以整体食材为主。中式传统熏炸烤食品种类、工艺显著不同于西式熏炸烤食品，西式熏炸烤食品加工过程安全控制技术不适合直接用于中式传统熏炸烤食品，只能通过自主创新和集成创新，研发中式传统熏炸烤食品加工过程安全控制技术，解决中式传统熏炸烤食品加工与安全控制面临的问题。

表1-1　中式和西式熏炸烤食品种类和工艺特点比较

种类	中式	西式	原料与工艺特点
熏制食品	熏鸡、熏鹅、熏鱼、熏肉、熏腊肠、熏猪蹄、熏豆干等	熏灌肠、熏培根、熏火腿、熏里脊、熏鱼排（鱼糜制品）等	中式：整个食材、通常带骨、明火长时低温烟熏 西式：斩碎重组食材，原料无骨，短时无火高温熏制
炸制食品	麻花、油条、油饼、炸丸子、炸鱼、沙琪玛、油炸花生米、炸豆、炸藕盒等	炸薯片、炸薯条、炸鸡块、炸鸡翅、炸鸡腿、炸土豆饼、炸鱿鱼圈、炸虾球等	中式：肉制品、面制品、水产品等为主，具有不饱和度高、油炸温度偏低、裹粉少的特点 西式：肉制品、水产品、马铃薯制品为主，具有不饱和度低、油炸温度高、裹粉多的特点
烤制食品	烤鸭、烤鸡、烤羊腿、烤串、烤鱼等	烤热狗肠、烤牛排、烤鱼排（鱼糜制品）、烤培根片等	中式：整个食材，通常带骨，明火烤制或焖烤 西式：重组食材，原料无骨，非明火烤制

二、技术需求

1. 完善标准体系，促进传统熏炸烤食品制造产业走向规范化和科学化

借鉴或引进发达国家熏炸烤食品制造标准体系，研究分析具体标准和法规内容。结合国家标准体系架构的调整，发挥熏炸烤食品制造相关的社会团体作用，制定一批以促进产业发展和技术进步为目标的团体标准。加强国家标准和行业标准的制定和修订工作，支持我国相关机构参与国际标准化组织的熏炸烤食品标准研究，提升我国传统熏炸烤食品制造产业的国际影响力和竞争力。

2. 风味、营养和安全协同技术创新，开发多品类、多营养的熏炸烤食品

我国居民食品消费正处于由“安全、品质”向“风味、营养”跃升时期，熏炸烤食品消费需求趋于多样化、营养化。我国传统熏炸烤食品提供的碳水化合物、膳食纤维、B族维生素等食物营养素不足，营养搭配较少，容易引起肥胖、心血管疾病等，不利于国民健康。为了顺应我国从生存型消费向营养型消费的转变，丰富熏炸烤食品品种，亟待开发多元危害物在线监控、定向阻控技术，污染物高效分离、吸附和减排技术，食品添加剂减量增效与品质提升协同技术。

第三节 熏炸烤食品加工与安全控制科技进展

"十三五"规划以来，中国农业科学院农产品加工研究所等科研单位聚焦熏肉、熏鱼、麻花、油条、烤鸭、烤鱼等传统熏炸烤食品中杂环胺类、多环芳烃类、反式脂肪酸类、氯丙醇酯类及丙烯酰胺等热加工伴生危害物，油烟、固体颗粒、非甲烷总烃等典型污染物，亚硝酸盐、苯甲酸钠、二丁基羟基甲苯、红曲红、碳酸氢铵等主要食品添加剂，系统分析其特征品质变化和危害物形成规律，完善多元危害物阻控机制，重点突破、一体化集成传统熏制、炸制、烤制过程多元危害物在线监控与定向阻控、污染物自动减排、食品添加剂减量增效、品质提升与危害物消减协同等共性关键技术，构建绿色加工技术体系、标准体系，进行产业化示范和应用推广，实现了危害物减控、污染物减排、添加剂减量、品质提升的目标（表1-2）。

表1-2 熏炸烤食品加工新技术与效果

技术名称	技术要点、创新点	效果
多元危害物在线监测技术	磁性有机多孔材料 Fe_3O_4@ UMOPs 合成新方法，提取杂环胺与多环芳烃	相对国标方法，前处理材料减少到1%，洗脱溶液降低到18%
	基于金纳米粒子和SGI荧光染料的荧光适配体传感器丙烯酰胺快速检测试剂条	线性范围为0.005～50mg/L，检出限为4.68μg/L
	基于油炸用油近红外光谱特性的氯丙醇酯和丙烯酰胺在线近红外预测	软件精度高，操作简单
	基于油炸用油的不饱和度与色差，在线同比预测油炸肉丸反式脂肪酸、多环芳烃和丙烯酰胺含量	同步预测多种热加工化学危害物
污染物减排技术	筛选降低污染物排放的香辛料和熏制木料，开发了低污染物排放的腌制料	降低油烟30%以上
多元危害物阻控技术	葡萄籽提取物/大蒜精油定向阻断苯并芘（BaP）	烧烤肉制品中苯并芘含量下降65%
	绿原酸、金丝桃苷和槲皮苷复合物抑制杂环胺和多环芳烃	烤肉中抑制杂环胺49%～100%，抑制多环芳烃35%～96%

续表

技术名称	技术要点、创新点	效果
食品添加剂减量增效技术	共包埋乳酸链球菌素（Nisin）/香芹酚多重乳液-壳聚糖可食涂膜	良好的力学性能、阻隔性能和抗菌抗氧化能力
	红曲红碳酸钙色淀	着色能力和稳定性显著提高
	淀粉酶和酵母复配替代明矾和泡打粉	良好的发酵蓬松性能，替代化学膨松剂
	低温等离子体处理蔬菜提取物替代亚硝酸盐	显著降低亚硝酸盐含量、提升烤肉品质
熏炸烤食品专用辅料	蒜杆、紫苏、陈皮、梨木、桃木、枣木等单体烟熏液	烟熏风味更丰富，多环芳烃含量更低
	油炸专用裹粉和油	提升炸制食品品质，降低氯丙醇酯、丙烯酰胺含量
	烧烤专用料包	保持品质，降低杂环胺、多环芳烃

第二章　熏炸烤食品加工中的热反应

第一节　蛋白质热反应

一、热解

加热是食品加工的重要方式，有助于提高食品风味和营养品质，但是也会产生潜在化学危害物——杂环胺、多环芳烃等，存在一定的安全隐患。

（一）杂环胺

1. 分类与化学结构

杂环胺（heterocyclic amines，HAs）是一类具有杂环结构的聚类化合物（图 2-1），除 1-甲基-9*H*-吡啶并［3,4-b］吲哚｛1-methyl-9*H*-pyrido［3,4-b］indole，Harman｝、9*H*-吡啶并［3,4-b］吲哚｛9*H*-pyrido［3,4-b］indole，Norharman｝和 3,4-环戊烯吡啶并［3,2-a］咔唑｛3,4-cyclopentenopyrido［3,2-a］carbazole，Lys-P-1｝外，其余杂环胺的杂环结构均由 2~5 个（一般 3 个）含 1 个或 1 个以上氮原子的芳香环组成（DONG et al.，2020）。根据生成条件及化学结构的不同，可将杂环胺分为两类。第 1 类由葡萄糖、氨基酸、肌酸/肌酸酐在 150~200℃经美拉德热反应产生，称为氨基咪唑氮杂芳烃类（aminoimidazole-azaarenes，AIAs），根据化学结构的差异，AIAs 类杂环胺又可分为喹啉类｛2-氨基-3-甲基咪唑［4,5-f］-喹啉，2-amino-3-methylimidazo［4,5-f］quinoline，IQ｝、喹喔类｛2-氨基-3,8-二甲基咪唑［4,5-f］-喹喔啉，2-amino-3,8-dimethylimidazo［4,5-f］quinoxaline，MeIQx；2-氨基-3,4,8-三甲基咪唑［4,5-f］-喹喔啉，2-amino-3,4,8-trimethylimidazo［4,5-f］quinoxaline，4,8-DiMeIQx；2-氨基-3,7,8-三甲基咪唑［4,5-f］-喹喔啉，2-amino-3,7,8-trimethylimidazo［4,5-f］quinoxaline，7,8-DiMeIQx｝、吡啶类（PhIP）。吡啶类是最常见的杂环胺类型之一，而加工肉中也常见 MeIQx、4,8-DiMeIQx、IQ 和 2-氨基-3,4-二甲基咪唑［4,5-f］-喹啉｛2-amino-3,4-dimethylimidazo［4,5-f］quinoline，MeIQ｝，目前这些杂环胺已在模拟体系中合成（MEURILLON et al.，2016）。第 2 类由氨基酸或蛋白质在 250℃以上的高温条件下，由色氨酸、苯丙氨酸、谷氨酸、鸟氨酸、酪蛋白或大豆蛋白热解产生，称为氨基咔啉（amino-carbolines，Acs），包括 α-咔琳｛2-氨基-9*H*-吡啶并［2,3-b］吲哚，2-amino-9*H*-pyrido［2,3-b］indole，AαC；2-氨基-3-甲基-9*H*-吡啶并［2,3-b］吲哚，2-amino-

3-methyl-9*H*-pyrido [2,3-b] indole, MeAαC}、β-咔啉（Norharman、Harman）、γ-咔啉 {3-氨基-1,4-二甲基-5*H* 吡啶并 [4,3-b] 吲哚, 3-amino-1,4-dimethyl-5*H*-pyrido [4,3-b] indole, Trp-P-1；3-氨基-1-甲基-5*H*-吡啶 [4,3-b] 吲哚, 3-amino-1-methyl-5*H*-pyrido [4,3-b] indole, Trp-P-2} 和 ζ-咔啉 {2-氨基-6-甲基二吡啶并 [1,2-a: 3′,2′-d] 咪唑, 2-amino-6-methyldipyrido [1,2-a: 3′,2′-d] imidazole, Glu-P-1；2-氨基-二吡啶并 [1,2-a: 3′,2′-d] 咪唑, 2-aminodipyrido [1,2-a: 3′,2′-d] imidazole, Glu-P-2}（Guo et al., 2014; Yang et al., 2019）。国际癌症研究机构将下列 9 种杂环胺包括 PhIP、MeIQ、MeIQx、AαC、MeAαC、Trp-P-1、Trp-P-2、GIu-P-1 和 GIu-P-2 列为 2B 级致癌物，IQ 为 2A 级致癌物（Murkovic, 2004）。

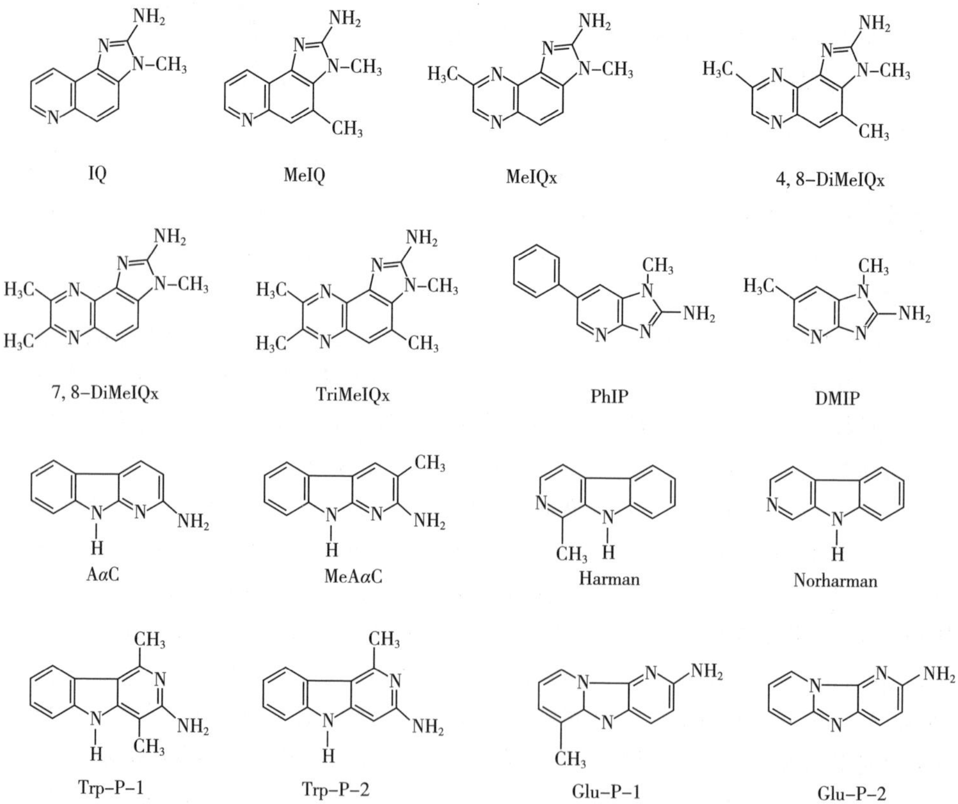

IQ　MeIQ　MeIQx　4, 8-DiMeIQx

7, 8-DiMeIQx　TriMeIQx　PhIP　DMIP

AαC　MeAαC　Harman　Norharman

Trp-P-1　Trp-P-2　Glu-P-1　Glu-P-2

图 2-1　杂环胺结构图

2. 形成途径

AIAs 和氨基咔啉类杂环胺是由不同的前体物发生美拉德反应或者热解反应形成。

（1）IQ 型　IQ、IQx、MeIQ、MeIQx 等 IQ 型杂环胺有相似的形成途径（图 2-2）。

在高温下，IQ 化合物通过还原糖和氨基酸发生斯特勒克（Strecker）降解形成，其主要结构部分为醛和吡啶或吡嗪。同时，肌酸生成肌酸酐，然后醛、吡啶或吡嗪与肌酸酐通过醛醇反应生成相应的 IQ 型杂环胺。

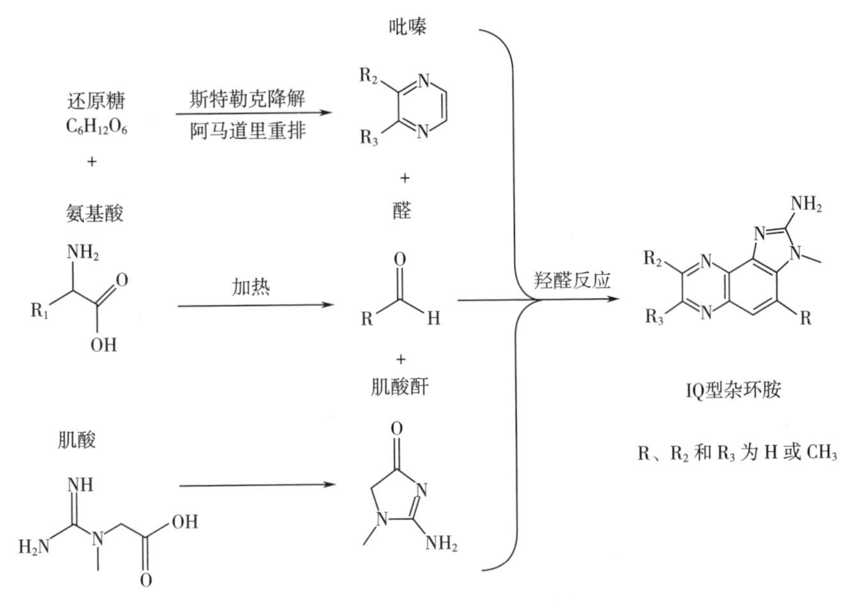

图 2-2　IQ 型杂环胺的形成路径

（2）吡啶类杂环胺　苯丙氨酸和肌酸是吡啶类杂环胺形成的前体物（Felton et al.，1999），乙醛是合成吡啶类杂环胺的一个重要中间体，甲醛和氨是苯乙醛-肌酸酐和苯丙氨酸-肌酸酐体系中生成吡啶类杂环胺所需的重要反应物。吡啶类杂环胺的形成一共需要 4 步（图 2-3），首先由母体氨基酸生成斯特勒克醛，然后苯乙醛与肌酸酐反应生成醛缩产物，接着由苯乙醛、苯丙氨酸或肌酸酐形成甲醛和氨，最后醛缩产物与甲醛和氨反应形成吡啶类杂环胺（Zamora et al.，2015）。

（3）Harman 和 Norharman　Harman 和 Norharman 在形成过程中（图 2-4），首先由色氨酸与乙醛和甲醛反应形成中间产物，接着这些中间产物通过 Pictet-Spengler 反应闭环，最后中间体 1-甲基-1,2,3,4-4H-α-咔啉-3-羧酸和 1,2,3,4-4H-α-咔啉-3-羧酸经历几个氧化步骤生成 Harman 或 Norharman（Herraiz，2000；江黎雯等，2020）。

（二）多环芳烃

1. 化学结构

多环芳烃（polycyclic aromatic hydrocarbons，PAHs）是一类由两个或两个以上芳环构成的碳氢化合物。为保障食品的安全性，很多国家规定了食品中多环芳烃的限量标准，对食品中多环芳烃的含量进行了严格管控。在科学研究中，人们检测的多

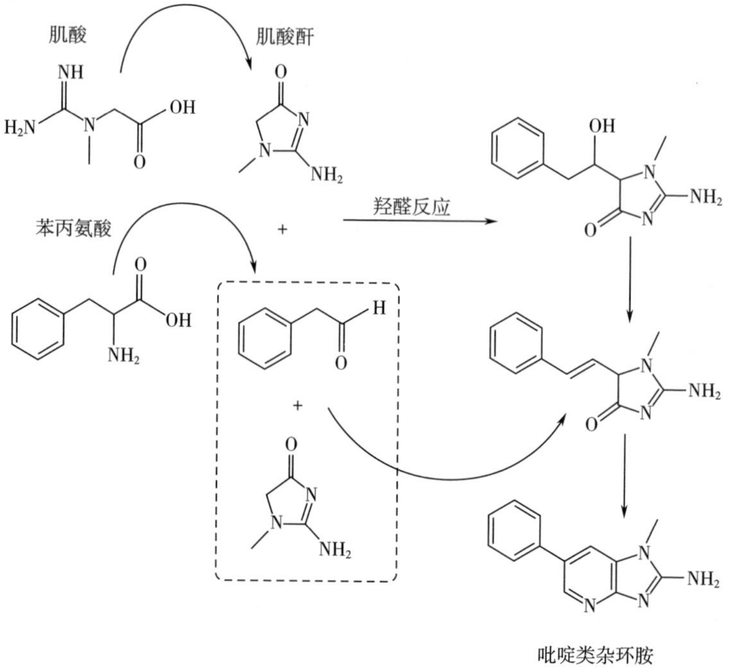

图 2-3 吡啶类杂环胺的形成路径

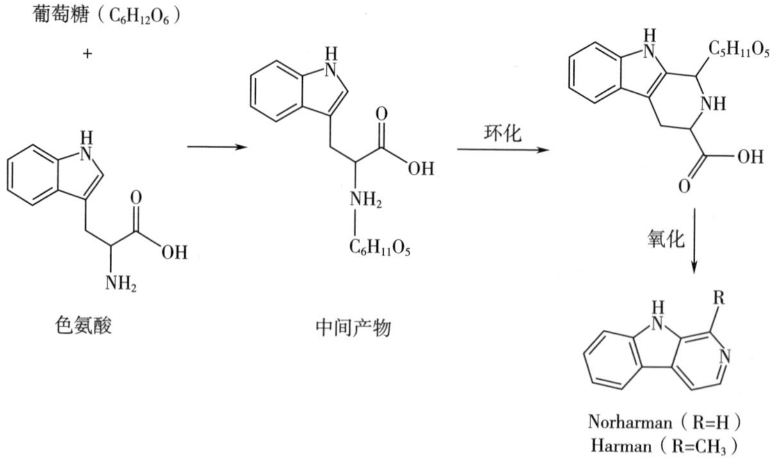

图 2-4 Harman 和 Norharman 的形成路径

环芳烃通常为 1997 年美国国家环境保护局提出的 16 种多环芳烃｛萘、苊烯、苊、芴、菲、蒽、荧蒽、芘、苯并［a］蒽、䓛、苯并［b］荧蒽、苯并［k］荧蒽、苯并［a］芘、茚并［c,d］芘、二苯并［a,h］蒽、苯并［g,h,i］苝｝，或者是 2008 年欧洲食品安全局要求食品中优先控制的16种多环芳烃｛苯并［a］蒽、䓛、苯并［b］荧蒽、苯并［k］荧蒽、苯并［a］芘、茚并［c,d］芘、二苯并［a,h］蒽、苯并［g,h,i］苝、苯并［j］荧蒽、环戊烯［c,d］芘、二苯并［a, e］芘、二苯并［a, h］芘、二苯并［a, i］芘、二苯并［a, l］芘、5-甲基䓛、苯并［c］芴｝，结构模型见图2-5。苯并［a］芘｛benzo［a］pyrene，BaP｝是一种五环结构的多环芳烃，有的研究将其作为典型的多环芳烃表征食品中多环芳烃污染的程度。近年来逐渐用PAH4｛苯并［a］芘（benzo［a］pyrene，BaP）、苯并［a］蒽（benzo［a］anthracene，BaA）、䓛（Chrysene，Chr）、苯并［b］荧蒽（Benzo［b］fluorathene，BbF）之和｝，或者PAH8｛BaP、BaA、Chr、BbF、苯并［k］荧蒽、茚并［c,d］芘、苯并［g,h,i］苝、二苯并［a,h］蒽之和｝作为评判食品中多环芳烃含量水平

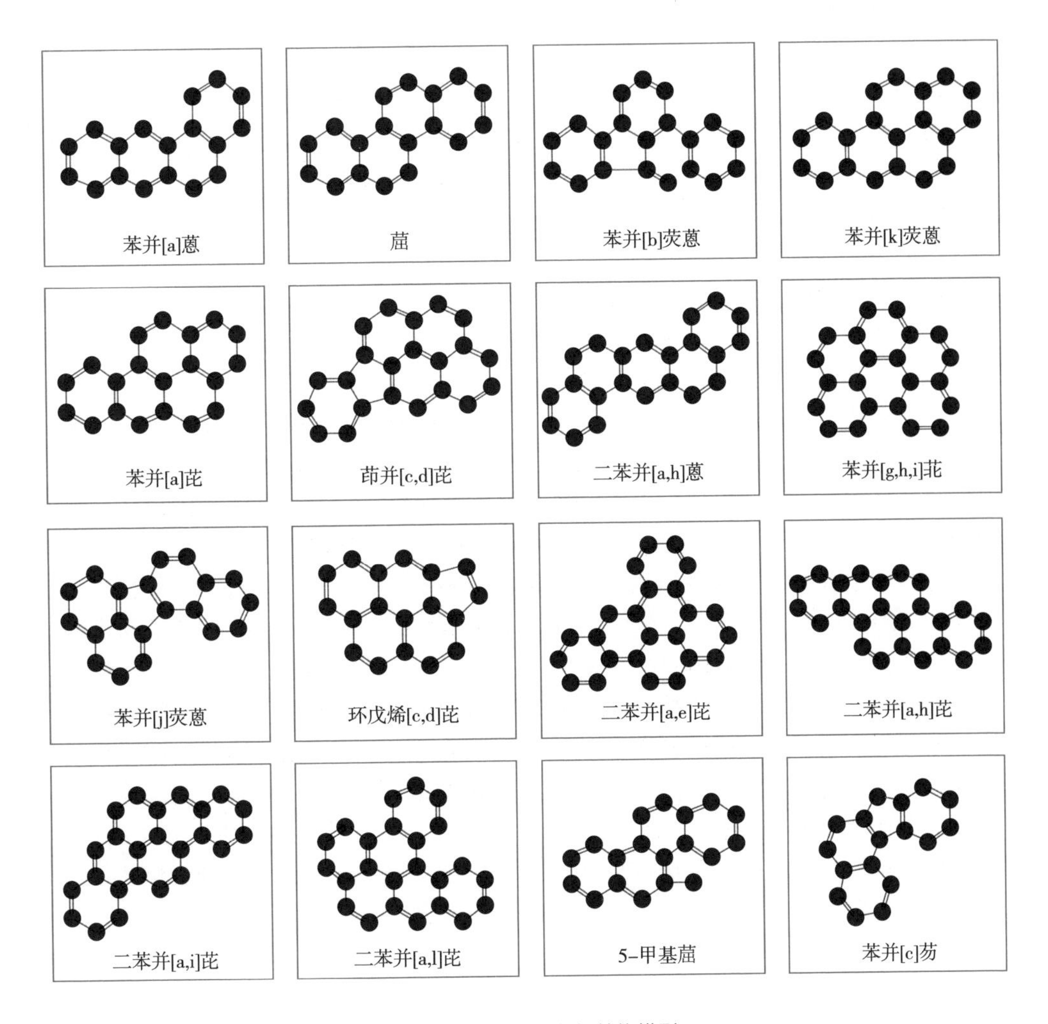

图2-5　16种多环芳烃结构模型

的指标（Min et al.，2018）。欧盟委员会条例（EU）835/2011 规定，烟熏肉制品中的苯并［a］芘含量不超过 2μg/kg，PAH4 含量不超过 12μg/kg；热加工肉及肉制品中的苯并［a］芘和 PAH4 含量分别不超过 5μg/kg 和 30μg/kg。GB 2762—2022《食品安全国家标准　食品中污染物限量》中规定肉及肉制品（熏、烧、烤肉类）中的苯并［a］芘限量为 5μg/kg。

除多环芳烃外，热加工食品中也存在着硝基多环芳烃（nitrated polycyclic aromatic hydrocarbon，NPAHs）、氯代多环芳烃（chlorinated polycyclic aromatic hydrocarbons，ClPAHs）、氧代多环芳烃（oxygenated polycyclic aromatic hydrocarbons，OPAHs）等多环芳烃衍生物，这些多环芳烃衍生物的结构特点是除含两个或两个以上苯环外，还含有至少一个取代基团。由于烟熏、烧烤是高温加热的过程，食品中的多环芳烃前体物如脂肪、蛋白质和碳水化合物等受热分解，经过环化、聚合等反应也形成多环芳烃，导致多环芳烃含量增加（Stołyhwo et al.，2005；崔国梅等，2010）。有研究发现肉制品中的蛋白质在高温下热解会产生游离氨基酸，如天冬氨酸、脯氨酸等，它们可与葡萄糖等还原糖反应形成 Amadovi 化合物，并进一步热解产生多环芳烃（Britt et al.，2010）。油酸、亚油酸、亚麻酸等不饱和脂肪酸也可通过聚合等反应生成多环芳烃的前体物（Uriarte et al.，2010；Chen B H et al.，2001）。

2. 形成途径

硝基多环芳烃是芳环上含有至少一个硝基（$—NO_2$）的多环芳烃硝基化衍生物。食品中的硝基多环芳烃来源于大气污染、植物从受污染的土壤中吸收以及食品工业中的加热工艺等。在环境领域，硝基多环芳烃是由化石燃料、生物质、废弃物等含碳物质不完全燃烧或热解产生，或多环芳烃排放后转化释放到环境中。大气、水和土壤中的多环芳烃可能转化为硝基多环芳烃（Vione et al.，2005）。大气中含有 2~4 个苯环的硝基多环芳烃中相当一部分是由多环芳烃与大气氧化剂（OH、O_3、NO_x）的气相反应形成的（Hayakawa et al.，2005）。硝基多环芳烃也可以通过颗粒结合的多环芳烃非均相氧化形成（Keyte et al.，2013），主要的大气反应途径是 OH 自由基引发的（图 2-6）；在水体系中，NO_2经历快速二聚和水解，生成硝酸盐（NO_3^-）和亚硝酸盐（NO_2^-），这些物种的辐射导致更多的活性物种形成，如 OH、NO 和 NO_2等物质（R_4~R_8）（Hayakawa，2016），它们与多环芳烃反应形成类似于气相反应的硝基多环芳烃，硝酸光解的中间体过氧亚硝酸能与多环芳烃直接反应（Vione et al.，2005）。此外，硝基多环芳烃的生成量与燃烧温度正相关，而食品加工正是利用高温改变食品色、香、味的过程，且加工时向肉制品中添加的亚硝酸盐在高温下反应可能产生 NO、NO_2等，为硝基多环芳烃的生成提供了条件（图 2-7）。

二、 热变性

大多数蛋白质在 45~50℃时已开始变性，55℃时变性速度加快。在较低的温度

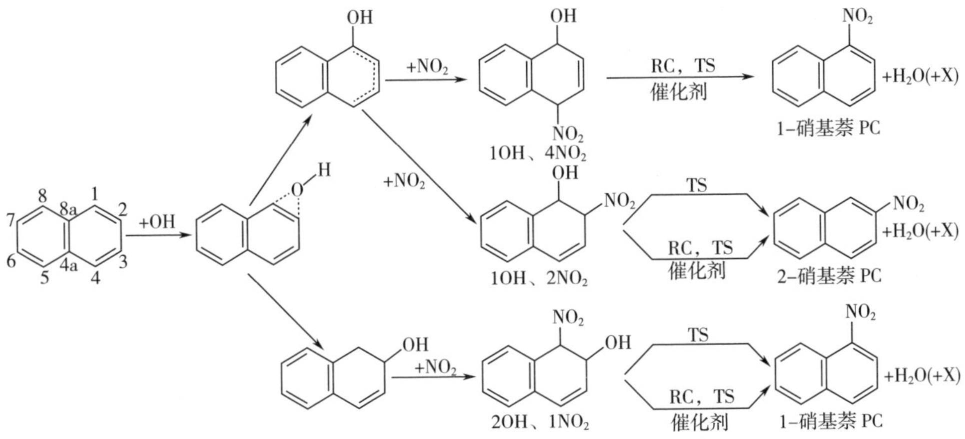

OH
+NO_2
OH
RC，TS
催化剂
NO_2
+H_2O(+X)
NO_2
1OH、4NO_2
1-硝基萘 PC
8 1
7 8a 2
6 4a 3
5 4
+OH
H
O
+NO_2
OH
NO_2
TS
RC，TS
催化剂
NO_2
+H_2O(+X)
1OH、2NO_2
2-硝基萘 PC
NO_2
OH
OH
+NO_2
TS
RC，TS
催化剂
NO_2
+H_2O(+X)
2OH、1NO_2
1-硝基萘 PC

图 2-6 OH 自由基引发的多环芳烃氧化转化生成硝基多环芳烃的机理示意图

（RC—烯烃不对称反应；TS—过渡态）

O_2NO
NO_2
RC，TS
+X
NO_2
+HNO_3(+X)
(ortho–N–IM)
NPAH PC
O_2NO
NO_3
+NO_2
O_2NO
RC，TS
+X
NO_2
+HNO_3(+X)
NPAH PC
NO_2
(para–N–IM)
X=H_2O、MeOH、EtOH

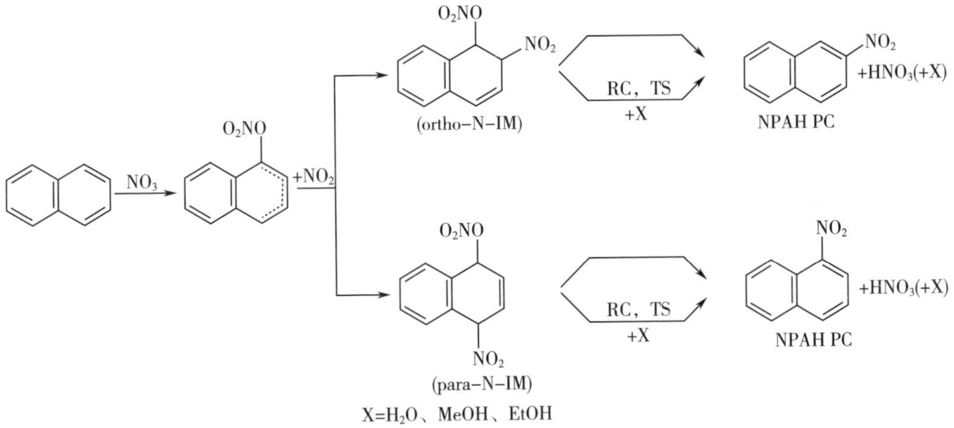

图 2-7 NO_3 自由基引发的多环芳烃氧化转化生成硝基多环芳烃的机理示意图

（RC—烯烃不对称反应；TS—过渡态）

下，蛋白质热变性仅涉及非共价键的变化（即蛋白质二级、三级、四级结构的变化），蛋白质分子变形伸展，如天然血清蛋白的形状是椭圆形的（长：宽为 3：1），变性后长：宽为 5：5，这种变性为可逆变性。但在 70～80℃ 以上，蛋白质二硫键受热而断裂，引起的变性为不可逆变性。蛋白质变性是否可逆，与导致变性的因素、蛋白质的种类以及蛋白质空间结构变化程度有关。一般认为，在可逆变性中，蛋白质分子的三级、四级结构遭到了破坏，而二级结构不被破坏，故在除去变性因素后，有可能恢复天然状态。而在不可逆变性中，蛋白质分子的二级、三级、四级结构均遭到破坏，不能恢复原来的状态，因此也不能恢复原有功能。

变性的速度取决于温度的高低，几乎所有的蛋白质在加热时都发生变性作用。热变性的机制是在较高的温度下，肽链受过分的热振荡而导致氢键或其他次级键遭到破坏，使原有的空间构象发生改变。在典型的变性作用范围内，温度每上升 10℃，变性速度可增大 600 倍左右。蛋白质对热变性作用的敏感性取决于许多因素，如蛋白质的性质、浓度、水分活度、pH、离子强度和离子种类等。蛋白质、酶和微生物在低含水量下耐受热变性失活能力比高含水量时强，浓蛋白液受热变性后的复性将更加困难。

食品在工业生产过程中，热处理是必不可少的工序。随着热处理的进行，处于天然折叠状态的蛋白质分子结构逐渐展开，分子内部被掩埋的疏水性氨基酸残基逐渐暴露于蛋白质分子的表面，暴露的疏水基团之间彼此通过疏水相互作用，使得蛋白质分子之间相互错误折叠，形成聚集状态，经过进一步的作用后，蛋白质活性完全丧失，结构完全展开，此时蛋白质分子已基本完全热变性（胡亚丽，2015）。加热方式、加热温度和时间不同，食品发生变性的程度也不相同，食品的质构特性及营养特性也会受到影响。如果加热时间过短且加热温度过低，则蛋白质不能完全变性，不能保证食品的安全性；反之，若加热温度过高且时间过长，则会出现汁液流失严重，从而对食品的营养和口感带来不良影响。为了确保食品的安全性，必须在一定的加热温度下维持一定的时间才能达到杀灭病原微生物的目的。较低的热处理温度可使食品的口感较好并且对营养素的保存率高，然而有害微生物却可能无法彻底杀灭，因此食品的热变性对其食用品质及安全性至关重要。

三、 热凝固

蛋白质的热聚集行为是食品当中的蛋白质在加热、杀菌、干燥等加工过程中，受到加工条件的影响发生变性，变性的蛋白质通过化学作用力相互连接，形成聚集体的现象。热聚集使蛋白质结构发生不同程度的改变，直接影响蛋白质的功能特性，从而影响富含蛋白质食品的品质。含有蛋白质的食品在经过热加工处理过程后会在一定程度上破坏维持蛋白质结构的作用力，使蛋白质结构发生变化及蛋白质变性，蛋白质二级、三级及四级结构的变化使蛋白质的结构展开，从而使包埋于蛋白质分子内部的疏水基团外露、亲水基团相对减少，另外热处理会加剧蛋白质分子的热运动，使疏水作用增强，引起疏水作用大于亲水作用，促使蛋白质颗粒发生相互碰撞的概率增大而发生蛋白质聚集。目前一般认为蛋白质聚集的机理是 Lumry-Eyring 成核聚集（Lumry-Eyring nucleated polymerization，LENP）动力学模型。该模型包含五个阶段，如图 2-8 所示：①在受到外界条件的影响，蛋白质单体发生可逆的构象变化，高级结构展开，疏水基团暴露；②在疏水作用力等作用下，变性的蛋白质分子相互结合形成可逆的寡聚体，作为蛋白质聚集的预核心；③寡聚集发生不可逆的构象重排，形成聚集的核心；④变性的蛋白质分子与聚集核心结合，形成分子质量更大的可溶的丝状聚集体；⑤该阶段变性的蛋白质分子含量少，丝状聚集体之间开始相互结合，形成更高分子质量的凝聚体。

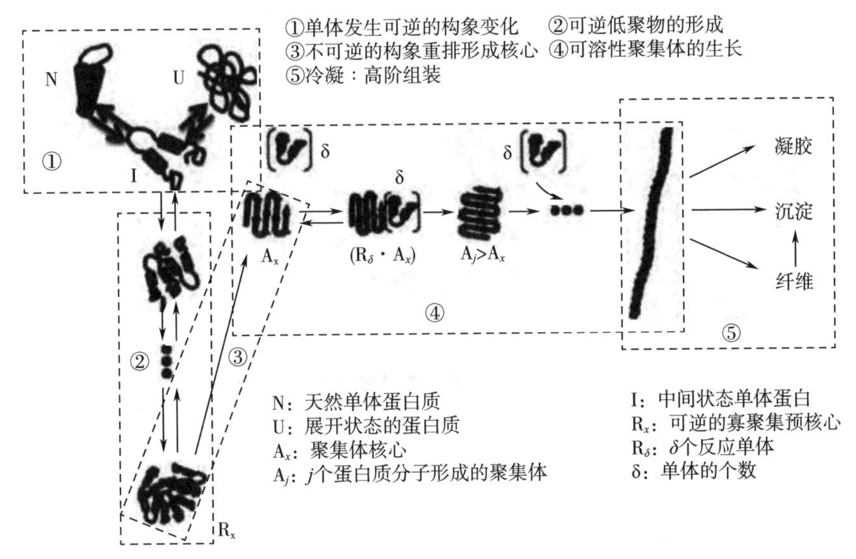

图 2-8　蛋白质聚集的 Lumry-Eyring 成核聚集动力学模型

四、热交联

热诱导凝胶是蛋白质的一个重要功能特性，超过一定浓度的蛋白质溶液加热时，蛋白质分子会因变性而解折叠发生聚集，然后形成凝胶。蛋白质变性和聚集的相对速率决定凝胶结构和特性，当蛋白质变性速率大于聚集速度时，蛋白质分子能充分伸展，发生相互作用从而形成高度有序的半透明凝胶，蛋白质变形速率低于聚集速率时会形成粗糙、不透明凝胶。蛋白质凝胶既具有液体黏性又表现出固体弹性，是介于固体和液体之间且更像固体的一种状态。热诱导凝胶对产品的质构、最终产品黏聚性、形状、保油性、保水性等具有重要作用。热诱导凝胶过程中，蛋白质分子从天然状态到变性状态的转变包括二级、三级和四级结构构象的变化，涉及疏水作用、静电力、二硫键等化学作用力的参与，这些变化决定了蛋白质凝胶最终的结构。加热时蛋白质结构的变化使疏水蛋白聚集基团暴露在分子的表面，形成疏水作用并在胶凝过程中起重要作用。迄今为止，对蛋白质热诱导凝胶的形成机制和相互作用还不十分清楚，但一般认为蛋白质网络的形成是由于蛋白质-蛋白质、蛋白质-溶剂、蛋白质-脂肪的相互作用，以及邻近肽链之间的吸引力、排斥力达到平衡的结果。

蛋白质热诱导凝胶是其在食品科学中最主要的功能特性，热诱导凝胶对食品的组织结构及保水、保油性有显著影响，在食品加工中具有重要的作用（表 2-1）。例如，在肉制品加工过程中，当肌球蛋白在肌原纤维中形成粗丝时，添加 NaCl 可使肌丝间产生斥力，引起膨润，从而提高肉的持水性。肌球蛋白的 pI 为 5~5.4，在适当的盐离子（KCl、NaCl 等）浓度下，肌球蛋白溶解，新的相互作用产生，肌球蛋白会凝聚成两极的纤丝。热处理导致蛋白质变性凝集，形成具有立体网络结构的凝胶，凝胶的具体结构类型会明显影响肉制品的质构和感官品质，它的凝聚状态对肉制品的功能性质，如肉制品的质构、乳化特性影响较大。

表 2-1 蛋白质热凝胶与肉品质关系

处理方式	对肉品质作用	参考文献
高压+离子强度	中等强度的超高压处理（≤300MPa）促进鱼糜的肌球蛋白凝胶质构；0.6mmol/L NaCl 在一定程度上减轻较大的超高压处理（≥450MPa）对凝胶热性的影响	（Wang et al.，2019）
高压+卡拉胶	100~400MPa 的超高压技术（high pressure processing，HPP）能显著提高鸡胸肉肌球蛋白-卡拉胶的保水性，降低凝胶强度（$P<0.05$）	（Chen et al.，2014）
迷迭香酸	迷迭香酸（RA）可提高猪肉肌球蛋白凝胶的强度、保水性和弹性模量	（Dai et al.，2020）
抗性淀粉	抗性玉米淀粉（RCS）在 0.1%~0.6% 浓度范围内可连续提高鸡胸肉肌球蛋白抗性玉米淀粉凝胶的保水性和凝胶强度	（Wang et al.，2019）
海藻酸钠	三种分子质量（2660、3890 和 4640ku）的 0.1%~0.5% 的海藻酸钠（SA）增加了鸡胸肉肌球蛋白-SA 凝胶的保水性，海藻酸钠分子质量越大，保水性越高	（Yao et al.，2018）
微波	鸡胸肉糜的凝胶强度随微波加热时间的延长增强，处理 200s 时凝胶强度达到最大[（15762±1251）g/mm^2]，对比水浴处理对照样，其凝胶强度明显提高	（王仕钰等，2013）

第二节 氨基酸热反应

一、氨基酸热分解反应

氨基酸和多肽的热降解作用需要较高温度，氨基酸通过脱氨、脱羧，形成烃、醛、胺等，其中挥发性羰基化合物是重要的风味物质。氨基酸可以通过 Strecker 降解参与风味和色素的形成，包括脱羧、氨基转移、氧化、环化和随后的聚合。在蛋氨酸-葡萄糖 Amadori 重排产物（ARP）的热反应系统中添加额外的蛋氨酸可以促进一些褐变前体的形成，包括短链α-二羰基化合物。因此，Zhai等（2021）观察到额外添加的木糖与从Amadori重排产物回收的氨基酸相互作用，导致化学平衡的改变，促进2-硫代噻唑烷-4-羧酸（2-threityl-thiazolidine-4-carboxy acid，TTCA）的分解，并加速相关的褐变。在GG-ARP模型中额外添加的谷氨酸，保证了谷氨酸与短链α-二羰基化合物在α-二羰基的形成，有效地改善了吡嗪的形成。大量的谷氨酸也导致其降解并导致吡嗪和二酮的形成。热处理后GG-ARP的风味特征相应地得到改善。氨基咔啉类杂环胺，主要是当温度高于300℃时由氨基酸（如色氨酸、谷氨酸和苯丙氨酸等）、蛋白质（如大豆球蛋白和酪蛋白）热解生成的，也可被称为热降解型或非极性杂环胺。

二、氨基酸脱羧反应

氨基酸是水溶性的风味前体物质，可以与肌原纤维蛋白和肌浆蛋白结合，从而影响风味化合物的进一步释放。甘氨酸、赖氨酸、丙氨酸、缬氨酸、亮氨酸、苏氨酸、谷胱甘肽、肌苷、肌苷-磷酸、肌苷5′-磷酸可以参与热处理过程中的美拉德反应和Strecker降解反应，硫醚、硫醇、硫酮、多硫化物、硫氰酸酯、异硫氰酸酯苯酚、噻吩、噻唑可以发生热分解和美拉德反应，这会导致挥发性化合物的形成和随后的肉类风味特征。氨基酸和多肽的热降解作用需要较高温度，氨基酸通过脱氨、脱羧，形成烃、醛、胺等。其中挥发性羰基化合物是重要的风味物质。氨基酸在细胞体内经历转氨、脱氨和脱羧代谢，分别产生氨、挥发性化合物等。

氨基酸/肽的热降解是肉味产生的过程之一。反应机理是氨基酸和多肽在高温（125℃以上）下发生脱羧和脱氨作用，生成二氧化碳、胺、醛、硫化氢和苯类化合物。一些氨基酸如半胱氨酸和胱氨酸可促进噻唑及其衍生物的形成，从而产生一系列肉味。据报道，包括胱氨酸和半胱氨酸在内的食物中的氨基酸对于形成肉类风味至关重要。β-羟基氨基酸如丝氨酸和苏氨酸可以生成吡嗪，吡嗪是一种重要的肉味化合物。为了通过氨基酸热降解制备肉味，通常有四种起始原料，包括单一（游离）氨基酸、水解植物蛋白、水解动物蛋白和酵母提取物。维生素B6与蛋白质代谢密切相关，参与氨基酸转氨反应和脱羧反应，还以辅酶的形式参与半胱氨酸和蛋氨酸的转化（Qhab et al.，2021）。这些反应都对牦牛肉品质产生较大影响，进而影响挥发性风味的形成。

三、羰氨反应

羰氨反应又称美拉德反应，是蛋白质或氨基酸的氨基与还原糖的羰基发生聚合反应。美拉德反应是一种非酶促褐变反应，它对产生挥发性风味化合物和食品外观起重要作用。在一定的加热条件下，还原糖（如核糖和葡萄糖）与含有游离氨基的化合物（如氨基酸、胺、肽和蛋白质）发生反应，形成一系列美拉德反应产物。美拉德反应的机理通常分为三个阶段。反应的第一阶段是还原糖和氨基酸之间的缩合反应（图 2-9）。如果系统中存在醛糖，则会形成 *N*-糖基化合物，然后会发生重排生成 Amadori 产物。如果系统中存在酮糖，则会形成海恩斯重排（Heyns rearrangement）产物。第二阶段从 Amadori 或海恩斯重排产物开始。在第二阶段，糖被降解并伴随着氨基化合物的释放。最后一个阶段与风味的形成密切相关。在这个阶段，氨基化合物经历脱水、分解、环化和聚合，生成一系列芳香族化合物，包括酮类、醛类、醇类、呋喃类，这些芳香化合物构成了美拉德反应产生的风味。这些特征美拉德反应风味化合物的形成在很大程度上取决于反应物的性质（如还原糖和氨基酸）和催化条件（如加热温度、湿度和 pH）。许多含硫风味化合物是由半胱氨酸和核糖之间的美拉德反应形成的。含氮化合物（如吡嗪）是葡萄糖与赖氨酸发生美拉德反应的主要产物。对于美拉德反应，每种催化条件（温度和 pH）都将决定产物的产率和类型。

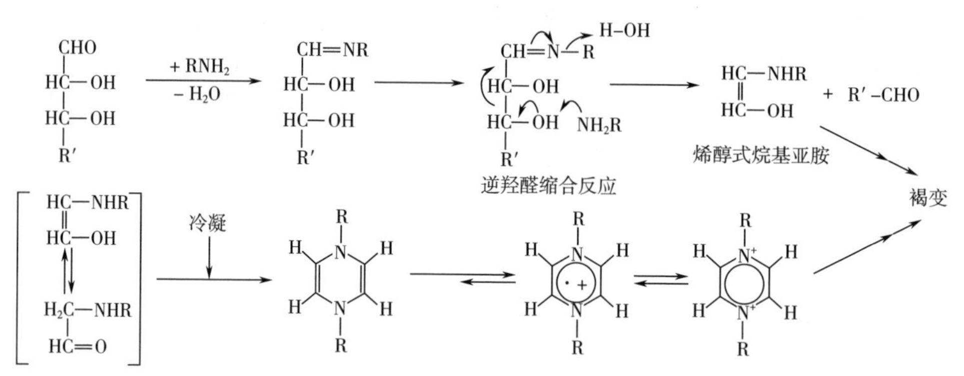

图 2-9 在糖与氨基化合物的反应中形成自由基产物和褐变的可能途径

除香气外，美拉德反应（即非酶促褐变）导致的棕色是热加工食品（如烤肉和咖啡）整体可接受性的关键因素。然而，对导致碳水化合物和氨基酸形成这些棕色化合物的发色团及其反应机制知之甚少。通过研究还原糖/氨基酸反应混合物，被确定为“褐变剂”的发色团可分为两类：低分子质量有色化合物和高分子质量类黑素。模型实验表明，亚甲基活性中间体［如 4-羟基-5-甲基-3(2*H*)-呋喃酮］与反应性羰基化合物之间的，缩合反应（美拉德反应），期间产生呋喃-2-醛、乙醛、丙酮、吡咯醛或 2-氧代丙醛，是非酶促褐变的主要反应，有助于形成低分子质量有色化合物（图 2-10）。

甘氨酸（Gly）是食品中最简单的氨基酸，通常用于加工调味料的制备。据报道，甘氨酸可以加速半胱氨酸（Cys）和还原糖之间形成肉味风味的反应。然而，对于由半胱氨酸、还原糖和甘氨酸组成的复杂反应体系，甘氨酸和半胱氨酸可以与还原糖竞争性反应，从而形成如图 2-11 中所示的三种中间产物，即 2-硫代噻唑烷-4-羧酸、半胱氨酸-Amadori 和甘氨酸-Amadori（氨基酸的 Amadori 重排产物）。因此，可以通过半胱氨酸-Amadori 的降解（路径 A）或半胱氨酸与甘氨酸-Amadori 的降解产物（路径 B）的反应来开发含硫类风味。

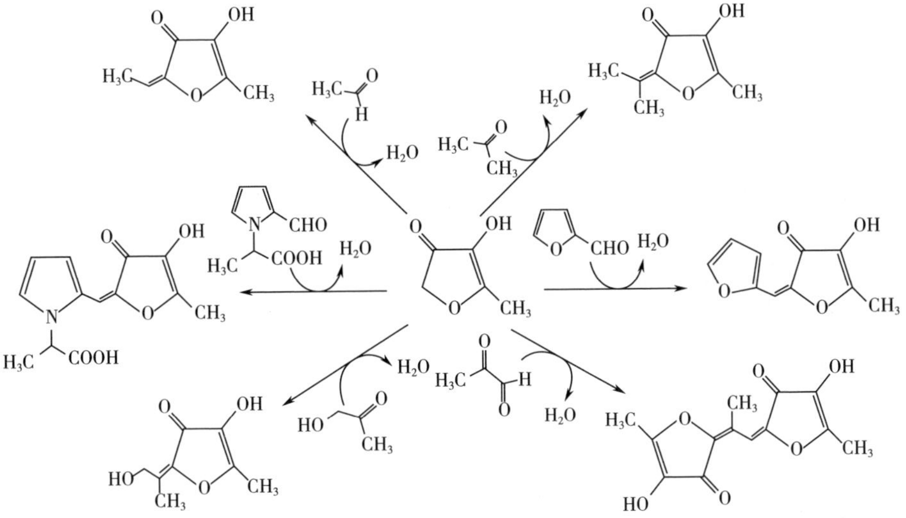

图 2-10　碳水化合物衍生的羰基和 4-羟基-5-甲基-3(2*H*)-呋喃酮（降呋喃醇）形成有色缩合产物

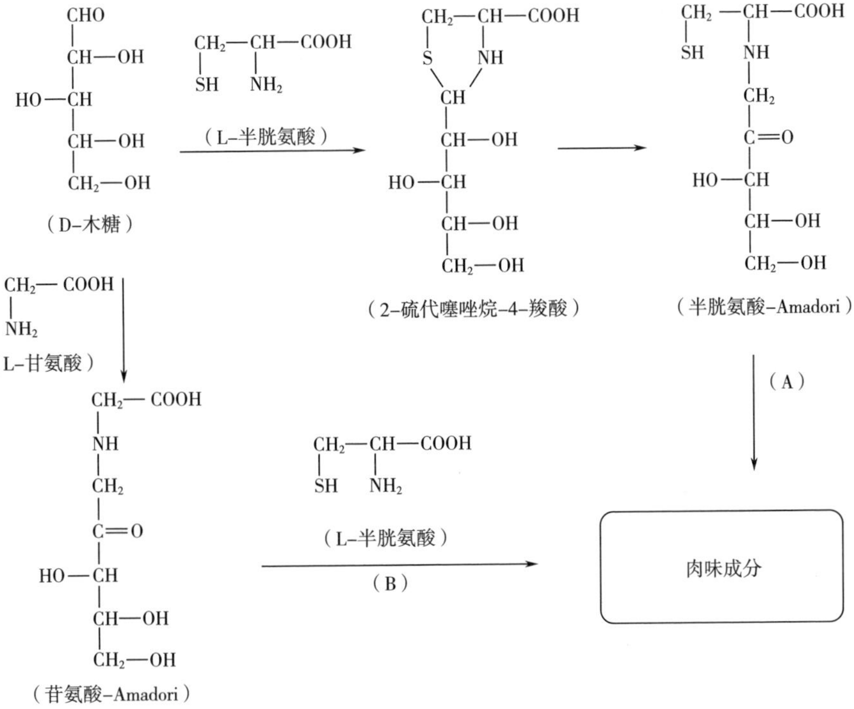

（D-木糖）

（L-半胱氨酸）

（2-硫代噻唑烷-4-羧酸）

（半胱氨酸-Amadori）

（L-甘氨酸）

（A）

（L-半胱氨酸）

（B）

肉味成分

（苷氨酸-Amadori）

图 2-11　半胱氨酸-木糖-甘氨酸反应体系中产生肉味的两条主要途径

第三节　脂肪热反应

油脂在人们的日常膳食中占据重要的地位，是食品必不可少的组成部分，其主要由多种脂肪酸组成。其脂肪酸可分为三大类，即饱和类、单不饱和类和多不饱和类。油脂在高温下会发生热分解、热聚合、热氧化聚合等反应，导致油品黏度升高、碘值下降、酸价升高、烟点降低、泡沫量增多，油脂品质劣化。

一、油脂的热分解

饱和脂肪和不饱和脂肪在高温下均可以发生热分解反应产生醛、酮、环状化合物、丙烯醛和烃类等有毒物质（Naz et al.，2005），根据有无氧气参与，可分为氧化热分解和非氧化热分解。

（一）饱和脂肪的非氧化热分解

饱和脂肪在室温下很稳定，但在高温下（>150℃），饱和脂肪也会发生显著的非氧化热分解反应。金属离子对反应有催化作用，分解反应如图 2-12 所示。热分解产物的种类决定于许多因素之间综合效应的平衡，过氧化物的结构、温度、自动氧化的程度、分解产物本身的稳定性都是影响分解产物的重要因素。饱和脂肪酸热解产物主要有直链烃、1-烯烃、脂肪酸、对称酮、氧代丙基酯、丙烯、丙烷二酯、二乙酰甘油酯、丙烯醛、CO 和 CO_2等（夏百根，2005）。

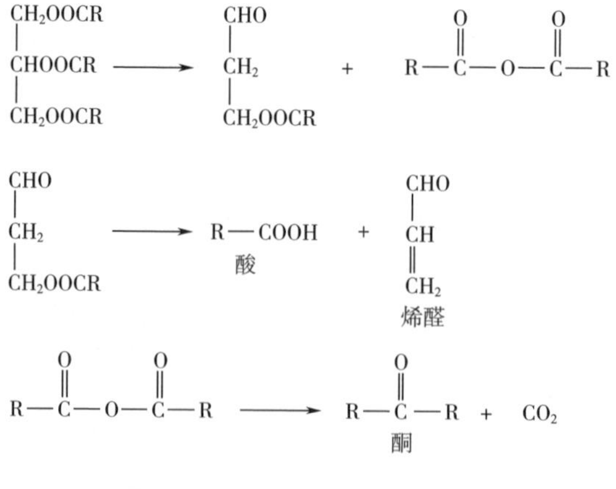

$$CH_2OOCR-CHOOCR-CH_2OOCR \longrightarrow CHO-CH_2-CH_2OOCR + R-\overset{O}{\overset{\|}{C}}-O-\overset{O}{\overset{\|}{C}}-R$$

$$CHO-CH_2-CH_2OOCR \longrightarrow \underset{酸}{R-COOH} + \underset{烯醛}{CHO-CH=CH_2}$$

$$R-\overset{O}{\overset{\|}{C}}-O-\overset{O}{\overset{\|}{C}}-R \longrightarrow \underset{酮}{R-\overset{O}{\overset{\|}{C}}-R} + CO_2$$

图 2-12　饱和脂肪的非氧化热分解

（二）饱和脂肪的氧化热分解

饱和脂肪在有氧气存在的条件下会发生氧化热分解，且随着链的增长，饱和脂肪酸稳定性下降（Brodnitz，1968），这种模式比非氧化模式分解更加复杂。首先在羧基或酯基的 α-或 β-碳原子上形成 ROOH，ROOH 再进一步分解形成烷烃、烷酮、烷醛和内酯等化合物，如图 2-13 所示。在对饱和脂肪酸的氧化位置的研究中，Ramanathan（1959）发现硬脂酸甲酯的氧化产物中壬酸的存在，表明 C9 和 C10 中间的 C—C 键容易断裂。Brodnitz 等（1968）对饱和脂肪酸在 100~120℃条件下氧化的研究发现，乙酸和偶数碳酸能够形成奇数碳甲基酮和草酸，发生反应的主要位置为 β-碳原子。

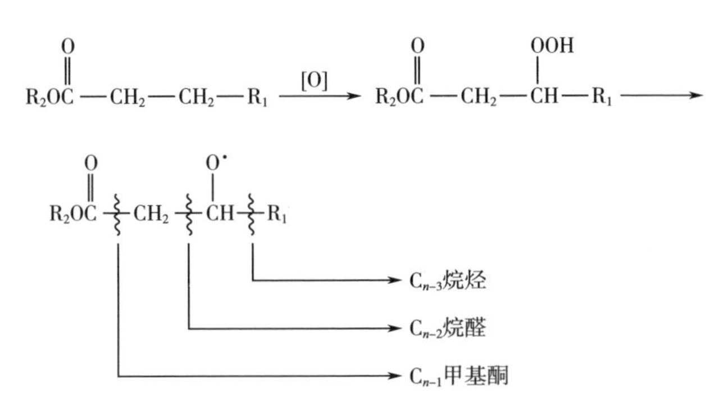

图 2-13 饱和脂肪的氧化热分解

（三）不饱和脂肪的非氧化热分解

不饱和脂肪在无氧的条件下加热，主要生成一些低分子质量的物质，此外还有无环或环状二聚体。反应生成的二聚体包括氢二聚体，可认为是通过戊二烯基的结合或烯丙基的结合，或是具有环戊烷结构的饱和二聚体，以及分子间碳碳双键加成而形成的多环化合物（图 2-14）。此外，不饱和脂肪酸也可通过狄尔斯-阿尔德反应（Diels-Alder reaction）发生二聚反应和多聚反应。如亚油酸酯的共轭二烯结构也可与油酸酯或多烯结构的一个不饱和键反应生成四元取代环己烯。

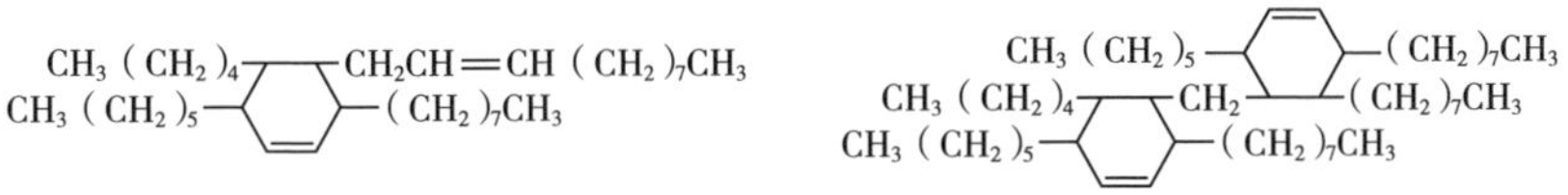

（1）二聚体　　（2）三聚体

图 2-14 不饱和脂肪非氧化分解生成的二聚体和三聚体

（四）不饱和脂肪的氧化热分解

不饱和脂肪的氧化热分解与低温下的自动氧化途径相同，都是活化的含烯底物（不饱和脂肪酸）与空气中的氧（基态氧）之间发生自由基链式反应，包括链引发（initation）、链传递（propagation）或链终止（termination）两个阶段，因此可以根据双键的位置预测 ROOH 的形成情况，但 ROOH 在高温下的分解速度更快。链引发阶段不饱和脂肪酸与双键相邻的 α-亚甲基受到双键的活化失去一个活性氢，原子形成烷基自由基（R·）；链增长阶段，烷基自由基与氧分子发生加成反应生成过氧化物自由基（ROO·），然后过氧化物自由基又从另一脂肪酸分子 α-亚甲基上夺取 1 个氢，形成氢过氧化物（ROOH）；在链终止阶段，两个自由基相互结合或一个自由基和一个质子供体之间反应生成非自由基稳定分子（图 2-15）。由于烷基自由基（R·）的共振稳定性，反应常伴随双键的位移，常常导致含有共轭二烯基异构氢过氧化物的形成。

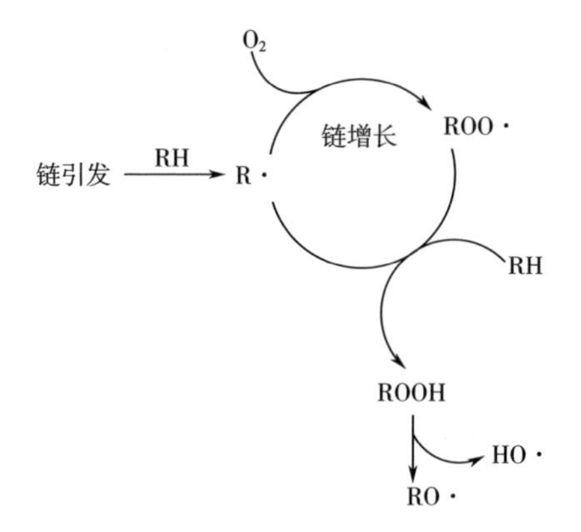

图 2-15　脂类自动氧化图解

当温度升高时，自由基的产生速率增加，并且链传递阶段反应速率也会提高，可以理解成一个加速的常温下的油脂氧化过程。根据学者 Imai 等（Imai，2008）的研究表明，亚油酸甲酯氧化的动力学方程为：

$$\frac{\mathrm{d}Y}{\mathrm{d}t} = -kY(1 - Y)$$

式中，Y 为未反应的底物所占初始量的百分数、t 为时间、k 为速率常数。就 Y 而言，反应是自催化的。

二、 热聚合

油脂在高温下可发生氧化热聚合和非氧化热聚合。聚合反应是导致油炸用油黏度增加、泡沫量增大的主要原因。在无氧条件下的油脂非氧化热聚合，主要是多烯化合物之间通过狄尔斯-阿尔德反应生成环烯实现的，该反应既可以发生在不同的甘油三酯分子之间，也可以发生在同一分子内部，如图 2-16 所示。

热氧化聚合反应是在 200~230℃ 条件下发生的，在有氧条件下，热聚合反应首先是在甘油酯分子 α-碳上均裂产生自由基，自由基间聚合成二聚体（图 2-17），其

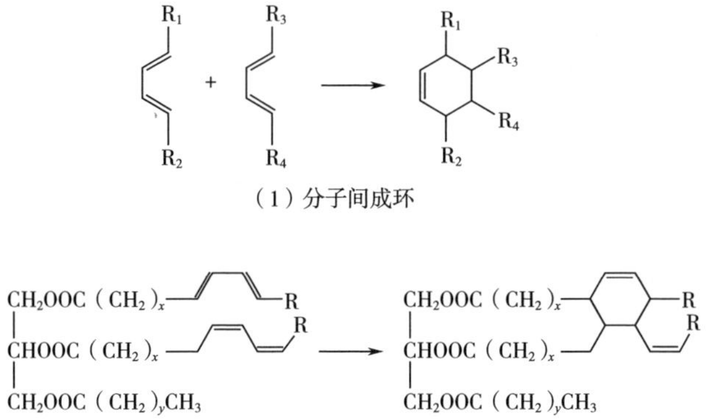

R_1　R_3　R_1　R_3　R_4　R_2　R_4　R_2

（1）分子间成环

$CH_2OOC(CH_2)_x$—R　R　$CHOOC(CH_2)_x$　$CH_2OOC(CH_2)_yCH_3$ ⟶ $CH_2OOC(CH_2)_x$—R　R　$CHOOC(CH_2)_x$　$CH_2OOC(CH_2)_yCH_3$

（2）分子内成环

图 2-16　分子间和分子内的狄尔斯-阿尔德反应

中有些二聚物有毒性。这种物质在体内被吸收后，能与酶结合使之失活，从而引起生理异常。

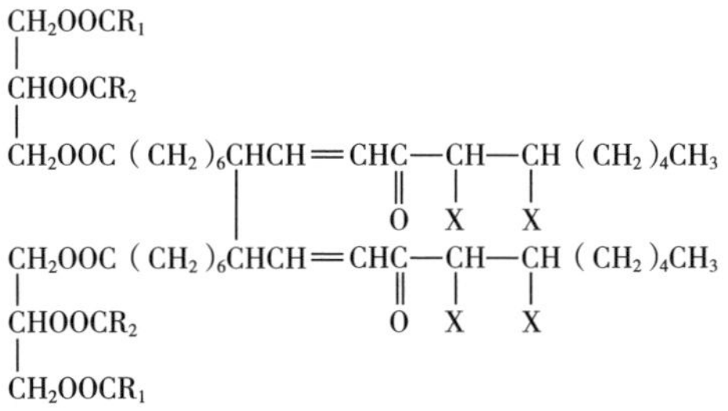

CH_2OOCR_1

$CHOOCR_2$

$CH_2OOC(CH_2)_6CHCH{=}CHC(=O)—CH(X)—CH(X)(CH_2)_4CH_3$

$CH_2OOC(CH_2)_6CHCH{=}CHC(=O)—CH(X)—CH(X)(CH_2)_4CH_3$

$CHOOCR_2$

CH_2OOCR_1

X═OH或环氧化合物

图 2-17　油脂的有氧热聚合反应产生的二聚体

三、 热缩合

油脂在高温油炸时，食品中的水进入油中，类似于水蒸气蒸馏，油中的挥发性氧化产物挥发，同时油脂发生部分水解，然后再缩合成分子质量较大的环氧化合物，如图 2-18 所示。

油脂在高温下发生的这些化学反应并非都是不利的，如油炸食品一般具有诱人的香气，这些香气物质的形成与油脂在高温下的某些反应密切相关。但油脂在高温下过度反应，则是十分不利的，不仅会导致油品质劣变，而且还会产生有毒有害的产物。所以加工中宜将温度控制在 150℃ 以下，也不能反复油炸和长时间油炸，避免有毒有害产物的形成及累积。

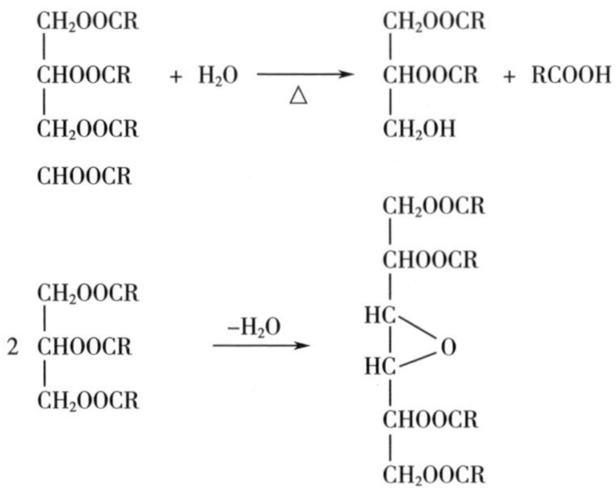

$$\begin{array}{l} CH_2OOCR \\ | \\ CHOOCR \\ | \\ CH_2OOCR \end{array} + H_2O \xrightarrow[\triangle]{} \begin{array}{l} CH_2OOCR \\ | \\ CHOOCR \\ | \\ CH_2OH \end{array} + RCOOH$$

CHOOCR

$$2\ \begin{array}{l} CH_2OOCR \\ | \\ CHOOCR \\ | \\ CH_2OOCR \end{array} \xrightarrow{-H_2O} \begin{array}{l} CH_2OOCR \\ | \\ CHOOCR \\ | \\ HC \\ |\ \ \ \ \ \ \ \ O \\ HC \\ | \\ CHOOCR \\ | \\ CH_2OOCR \end{array}$$

图 2-18 油脂的热缩合反应

四、 油脂参与热加工食品风味形成的机理的研究

食品中的风味物质部分来源于脂质，脂质-美拉德反应的相互作用是使食品产生香味的主要途径。脂质与美拉德反应产香的机理是通过脂质氧化降解产物和美拉德反应产物作用生成新的香气化合物，包括甘油三酯和磷脂与美拉德反应的相互作用、不饱和脂肪酸及其酯类与美拉德反应的相互作用、脂肪酸的氧化降解产物与美拉德反应的相互作用。脂质与美拉德反应相互作用的可能途径（Mottram，1998）有：①脂质氧化生成的羰基化合物与游离氨基酸或其 Strecker 降解生成的氨基的反应；②磷脂的氨基与糖类分解生成的羰基化合物的反应；③脂质过氧化自由基与美拉德反应的作用；④脂质降解产物如醇类、醛类、酮类等与 H_2S 的反应。如己醛、辛醛、壬醛、2-壬烯醛与2,4-癸二烯醛可以通过 n-3、n-6 不饱和脂肪酸氧化产生，脂肪的氧化热解是醇类、醛类、酮类与呋喃类物质的重要形成途径。相关学者做了较全面、系统的研究，初步明确了饱和与不饱和脂肪酸热解路径。脂肪酸的饱和程度、断键位置及其氧化程度等导致其化学反应十分复杂，如图 2-19 所示，饱和脂肪酸断键位置为 A 处时，生成烷醛，断键位置为 B 处时，反应生成烷烃，并进一步生成烷醛及 1-烷醇，见图 2-19（1）；单不饱和脂肪酸断键位置为 A 处时，反应生成烯烃、烯炔及经历复杂反应生成烷醛，断键位置为 B 处时，反应生成 2-烯烃醛，见图 2-19（2）；当多不饱和脂肪酸发生热反应，断键位置为 A 处时生成 2,4-二烯烃醛，断键位置为 B 处时，发生一系列复杂反应生成 2-烯烃醛、烷基呋喃或呋喃等物质，见图 2-19（3）；当含有烯丙基的过氧化物断键位置为 A 处时，反应生成 3-烯烃醛，断键位置在 B 处时，发生一系列复杂化学反应，生成物包括 1-烯烃、2-烯烃、2-烯烃醇、1-烯烃-3-醇与 1-烯烃-3-酮（Jeleń，2016）。饱和与不饱和脂肪均可以通过脂肪热氧化生成氢过氧化物，并根据断键位置不同产生烷醛。以己醛为例（图 2-20），

饱和脂肪酸可直接或间接生成己醛，同时亚油酸可以热解生成氢过氧化物，13 位置断键可以生成己醛，9 位置断键可以生成 2,4-癸二烯醛，并产生己醛与 2-辛烯醛（Ho et al.，1989）。因此，醛、酮、醇与呋喃可以通过脂肪热解产生，但反应底物较多，反应路径也复杂多样。

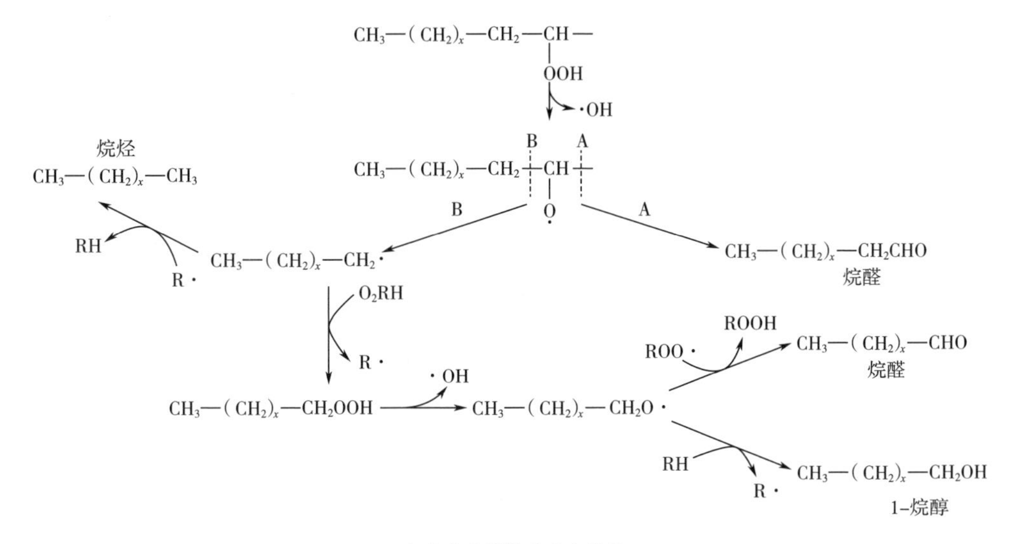

（1）饱和脂肪酸反应机理

$CH_3-(CH_2)_x-CH=CH-CH-$
OOH
· OH
A B
$CH_3-(CH_2)_x-CH=CH-CH-$
O·
$CH_3-(CH_2)_x-CH=CH_2$ 烯烃
R
RH
$CH_3-(CH_2)_x-CH=CH-CHO$
2-烯烃醛
$CH_3-(CH_2)_x-CH=CH·$
O_2RH
ROO·
R·
ROOH·
$CH_3-(CH_2)_x-CH=CHOOH$
$CH_3-(CH_2)_x-C\equiv CH$
炔烃
· OH
$CH_3-(CH_2)_x-CH=CH-O·$
RH
R·
$CH_3-(CH_2)_x-CH_2-CHO$
烷醛
$CH_3-(CH_2)_x-CH=CH-OH$

（2）单不饱和脂肪酸反应机理

图 2-19　脂肪降解形成挥发性风味物质机理（Jeleń，2016）

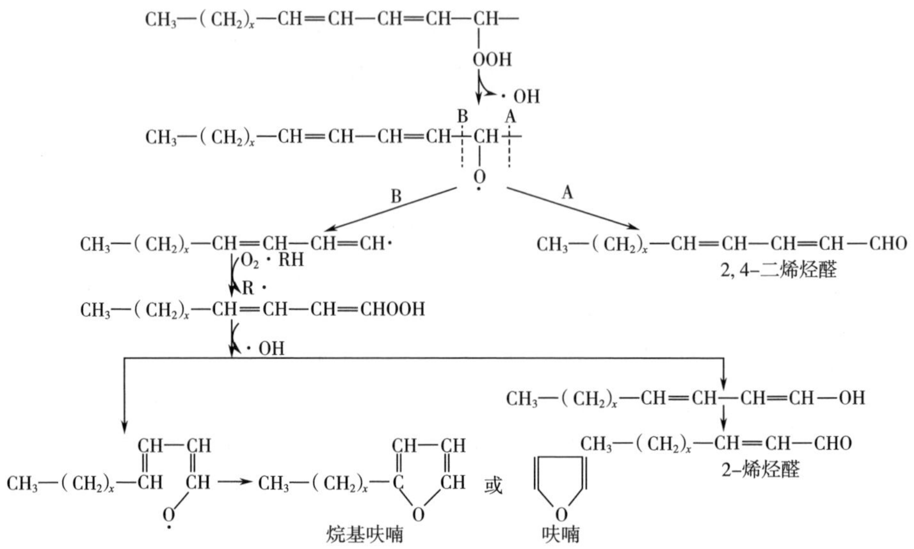

(3)多不饱和脂肪酸反应机理

图 2-19 脂肪降解形成挥发性风味物质机理(Jeleń, 2016)(续)

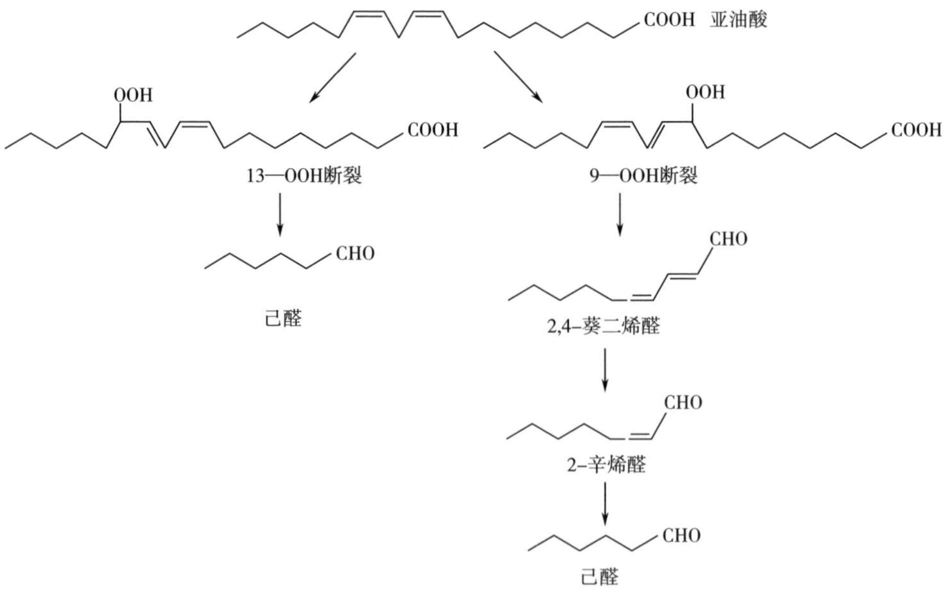

图 2-20 亚油酸热解形成己醛机理(Ho et al., 1989)

五、 加工过程中食用油脂的热变化

热加工过程中，食用油脂会与热源、介质等相互作用而改变其理化性质、感官特性等，同时还会产生有害物质。

油炸食品中含有大量的脂肪，油炸脂肪的高温（和高固体脂肪含量）通常会导致食物的结构一分为二：外皮干、脆，内部嫩。典型的油炸风味是由外皮中的美拉德反应提供的。将食物加入热油中，食物的表面温度迅速升高，表面的水立刻开始沸腾，周围的油被冷却下来，但这很快被对流补偿。由于蒸发，会发生表面干燥，蒸发还会导致收缩和发展的表面孔隙和粗糙度，特别是爆发性蒸发会导致大孔隙的形成，食物深处的水会被加热并煮熟。由于食物油炸的时间较长，外壳中的水分含量慢慢减少，从而减少了离开表面的蒸汽气泡的数量。在油炸过程中，不仅水蒸气，还有其他化合物会进入脂肪，再加上长期的高温，会导致脂肪的降解（Mellema，2003）。

不同的加工方式对脂质氧化的影响有显著差异，目前最为常见的加热方式为蒸制、煮制、油炸、微波、烤制、红外烧烤及空气煎炸等。许雪萍等（2020）以猪背最长肌为原料，探究猪肉的脂质氧化规律和挥发性成分的变化，发现烹调处理会促进猪肉的脂质氧化，其中烤制猪肉的脂质氧化程度最明显，其次是微波和煮制，而蒸制猪肉的脂质氧化程度最低。

脂肪氧化等反应还会参与有害物质多环芳烃的生成。流行病学研究显示，高温油炸、烧烤和烟熏等热加工肉制品是危害物摄入的主要途径之一（Hur，2019）。一般认为，脂肪的热裂解是生成多环芳烃的重要原因，有学者推测，脂肪酸生成多环芳烃的机理是由于在高温加工过程中，脂肪酸被氧化成氢过氧化物，氢过氧化物不稳定，环化形成苯环，通过逐步加成形成多环芳烃（Stołyhwo et al.，2005）。富含脂肪的肉制品在烤制时生成的多环芳烃更多。Zabik 等（1996）用相同加工方式对鳟鱼的肥肉和瘦肉分别进行了加热处理，结果表明肥鳟鱼片中的苯并［a］芘含量显著高于瘦鳟鱼片。Hitzel 等（2012）发现将热熏制香肠中的脂肪含量从 30%减少到 20%时多环芳烃含量显著降低。

第四节　糖类热反应

一、 美拉德反应

食品加工中，美拉德反应及其产物不仅能够改善食品的功能特性，如食品风味、溶解性、热稳定性、黏度、乳化性、起泡性、凝胶性等，还能影响食品的抗氧化活性、抗菌活性、抗褐变活性、降血压、消化性、生物学活性（阚建全，2015）。美拉德反应导致食品色泽加深，同时产生挥发性的醇类、醛类及酮类化合物，构成食品独特的香气，如烤面包的金黄色、烤肉的棕红色的形成，烤面包和烤肉的特征风味的产生等（张翼鹏，2022）。

美拉德反应对于熏炸烤食品的色、香、味等风味特征的形成具有十分重要的作用。

（一）美拉德反应与食品色泽

通过控制原材料、温度及加工方法，可制备各种不同色泽的食品（Geng et al.，2019）。美拉德反应产生的颜色对于食品而言，深浅一定要控制好，如烤鸭的生产过程中应控制好烤制温度，防止颜色过深，生成焦黑色。羊腿在烤制过程中的美拉德反应有利于改善羊腿的表面色泽，使烤羊腿表面呈现最理想的红棕色，而且在相同的烤制方式下，烤制的时间越长，温度越高，烤羊腿的颜色越深。不同品种肉羊的颈肉明火烤制后表面颜色差异性显著。

（二）美拉德反应与食品风味

通过美拉德反应也可制备各种不同风味、香味的物质，如核糖与半胱氨酸反应会产生烤猪肉香味，核糖与谷胱甘肽反应会产生烤牛肉香味（李伶俐，2011）。相同的反应物在不同的温度会产生不同的味道，如葡萄糖和缬氨酸反应会产生烤面包香味（100~150℃）和巧克力香味（180℃）（Wang et al.，2008）、木糖和酵母水解蛋白反应会产生饼干香味（90℃）和酱肉香味（160℃）（冯凤琴，2020）。

肉类、家禽类和海鲜类等多种风味类型的香精可以通过美拉德反应来制备（廖劲松，2005），其生产的香精香气饱满、醇厚味浓郁及仿真度较高。美拉德反应物也可以与一些物质复合，调配成特征风味的咸味香精，如将猪肉美拉德反应产物与猪肉香基、猪肉精粉、酵母精、糖、呈味核苷酸二钠（I+G）等复配制备粉末状猪肉香精。

美拉德反应对于熏炸烤食品的风味贡献也很大（崔和平，2019），其中风味物质主要包括呋喃酮、吡喃酮、吡咯、噻吩、吡啶、吡嗪等含氧、氮、硫的杂环化合物。如糖类褐变产物（麦芽酚和异麦芽酚）具有强烈焦糖香气，同时也是香味、甜味增强剂。

美拉德反应会生成还原性物质（Nooshkam et al.，2019；Wang et al.，2013），它们具有一定的抗氧化性。例如，美拉德反应的终产物——类黑精具有很强的消除活性氧的能力，中间体——还原酮化合物通过供氢作用终止自由基的链反应、络合金属离子和还原过氧化物，呈现较强的抗氧化效果。组氨酸-葡萄糖的美拉德反应产物可有效抑制香肠在冻藏过程中产生油脂氧化，防止腐臭味的产生。

（三）美拉德反应与食品营养

美拉德反应离不开氨基酸和还原糖的参与，其可能引起一些不必要的食品营养价值下降（Robert et al.，2010）。如氨基酸或蛋白质和还原糖参与美拉德反应时，会造成氨基酸和还原糖的损失，使食物的营养价值下降。氨基酸因形成色素复合物和在 Strecker 降解中的破坏而遭受损失，且色素复合物在消化道内不能水解，降低了蛋白质的生物学效价（Sung et al.，2018）。美拉德反应产物可能会与食品中矿物质元素生成金属络合物，降低了食品中矿物质元素有效性（Delgado et al.，2008）。

（四）美拉德反应产生的有害物质

美拉德反应中可能形成一些有害物质，如杂环胺（heterocyclic amines，HAs）、多环芳烃（polycyclic aromatic hydrocarbons，PAHs）、晚期糖基化终末产物（advanced glycation end products，AGEs）等，广泛存在于焙烤、油炸、烧烤等食品中，食用过量会给人体健康带来严重危害。如晚期糖基化终末产物能够与身体的组织细胞相结合，使之被破坏，加速人体的衰老，导致很多慢性退化型疾病的发生。长期摄入含有高含量杂环胺的肉制品会增加多种癌症的患病风险。丙烯酰胺对人体的神经系统、免疫系统和遗传物质都有一定的毒性，此外还有潜在的致癌性（Wei et al.，2019）。食品的各种加工方式如煎炸、烘烤、焙炒等常常引起食品组分如氨基酸、蛋白质、糖、维生素和脂类的化学变化，常伴随着一些有毒和致癌的物质的产生，如多环芳烃、杂环胺和丙烯酰胺等，这些化合物有致癌活性。

二、焦糖化反应

在没有氨基化合物存在的情况下，糖类尤其是单糖加热到熔点以上的高温（一般 140~170℃或以上）时，发生脱水、降解、缩合及聚合等反应，最终产生褐色色素和风味物质的反应称为焦糖化反应（caramelization）。焦糖化反应速度与单糖熔点有关，熔点越低，焦糖化反应速度越快。一般，果糖（95℃）>麦芽糖（103℃）>葡萄糖（146℃）。另外，溶液 pH 也影响焦糖化反应速度。pH 越高，焦糖化反应速度越快，在 pH 为 8 时要比 pH 为 5.9 时快 10 倍。

焦糖化反应主要有两类产物：糖的脱水产物——焦糖（又称酱色，caramel）和糖的裂解产物——挥发性醛、酮等。这些裂解产物会进行复杂的缩合、聚合反应，形成深色物质（邓丽卿，2014）。焦糖作用可以使得某些食品（如焙烤、油炸食品）产生诱人的色泽与风味。

三、热降解反应

热降解反应是指糖类化合物碳碳键断裂，形成挥发性酸、醛、酮、二酮、呋喃、醇、芳香族化合物、一氧化碳和二氧化碳等产物的反应。上述反应产物可以利用气相色谱（GC）或气相色谱-质谱联用仪（GC-MS）进行鉴定（荣维广，2015）。糖的热降解反应主要与温度、反应时间有关。该反应会产生有害化合物，如香精中的单糖在高温条件下降解形成具有致癌风险的氯丙醇。

第五节 微量物质热反应

一、维生素 E 热反应

维生素 E 又称生育酚，是一类抗氧化物质，天然存在于多种植物油脂中，有 α、β、γ、δ 共 4 种构型，α-生育酚抗氧化能力最强。生育酚的抗氧化性主要得益于其结构中的酚羟基能够为氧化反应产生的自由基提供氢原子，达到阻断氧化反应的链传递的作用（Nyström，2006）。α-生育酚抑制油脂自动氧化的反应流程如图 2-21 所示，首先 α-生育酚提供氢原子与脂质自由基结合生成稳定的脂质氧化产物和 α-生育酚自由基。α-生育酚自由基继续与链式反应中的其他自由基结合，使其脱离链式反应，生成稳定性高的脂质化合物（Chimi，1991；Peers，2010）。微量氧气存在时，α-生育酚自由基相互结合，形成二聚体和三聚体（Csallany，1970；Yamauchi，1988）。上述机制表明 1 个 α-生育酚分子能够阻断 2 分子的脂质自由基链式氧化反应。

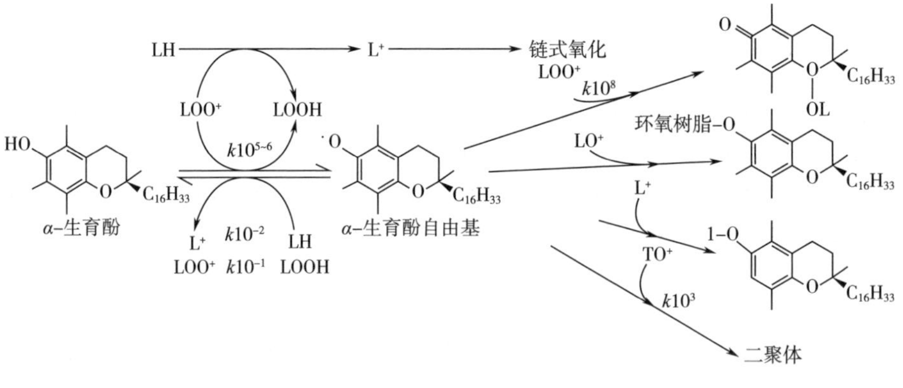

图 2-21 α-生育酚抑制油脂自动氧化的反应流程
（k 为反应速率常数）

日常生活中，通过添加生育酚延缓食用油中不饱和脂肪酸的氧化，但在高温条件下生育酚很容易被分解。Barrera 等（2010）的研究也发现，0.06% 生育酚含量的植物油在 180℃ 加热 6h 后，生育酚完全降解。胶囊作为食品配料具有广泛的应用和研究，可以通过对生育酚微胶囊化，提高生育酚的热稳定性。谷氨酰胺转氨酶（TGase）固化经冷冻干燥制备的 α-生育酚微胶囊延缓油酸甲酯氧化的效果最佳，单宁酸和谷氨酰胺转氨酶复合固化经有机溶剂置换干燥制备的 α-生育酚微胶囊延缓亚油酸甲酯氧化的效果最佳（钱启尧，2019）。

如图 2-22 所示，在高温加热油脂过程中 α-生育酚与脂质自由基反应，被氧化生成 α-生育酚醌（α-tocopherolqui-none，TQ）、α-生育酚醌-5,6-环氧化物（α-tocopherolquinone-5,6-epoxide，TQE1）、α-生育酚醌-2,3-环氧化物（α-tocopherolquinone-2,3-epoxide，TQE2）。当煎炸温度较低时（90℃），α-生育酚分解产物主要为 TQ，还有少量的 TQE1 和 TQE2；当煎炸温度较高时（180~220℃），生成大量的 TQE1 和少量的 TQ，而不生成 TQE2。而当温度达到 220℃ 时，TQ 产生后会快速发生降解（Murkovic，1997）。

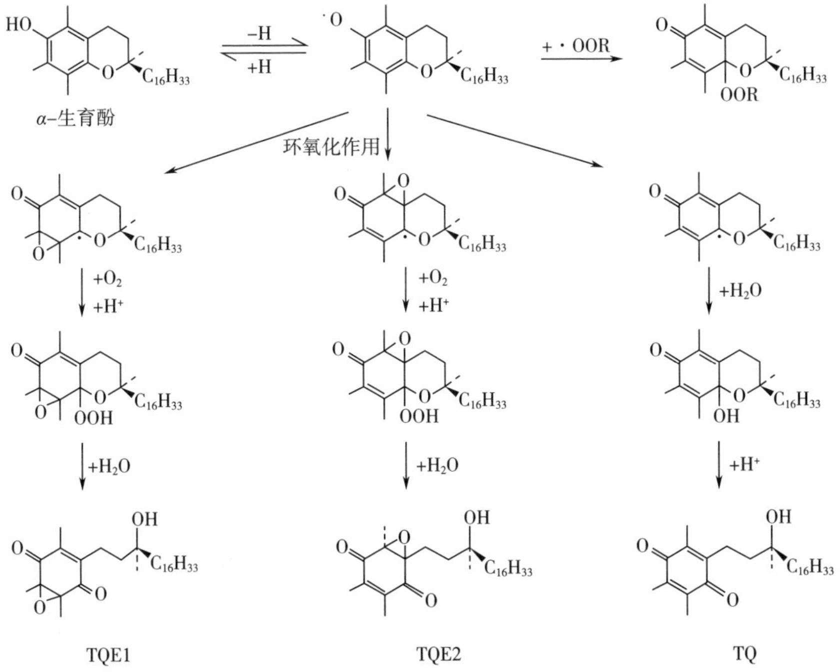

图 2-22　α-生育酚热降解机制

二、β-胡萝卜素的降解反应

β-胡萝卜素是一种非常具有活性的化合物，高度不饱和的结构使其电子富集，π 电子离域，因此，容易被食物中的氧气降解和氧化。β-胡萝卜素容易在高温下降解，更准确地说是异构化。分子氧是一种双自由基，所以它不能直接与食物成分发生反应，除非食物化合物变成自由基化合物或产生活性氧。Mordi（1993）发现，分子氧氧化 β-胡萝卜素的产物与单态氧氧化（一种活性氧）的产物相似，这可以由自由基的参与解释。如图 2-23 所示，整个过程首先是全反式的同分异构体向顺式的同分异构体的转变，然后是双自由基的形成，这两部分可能同时可逆地发生。

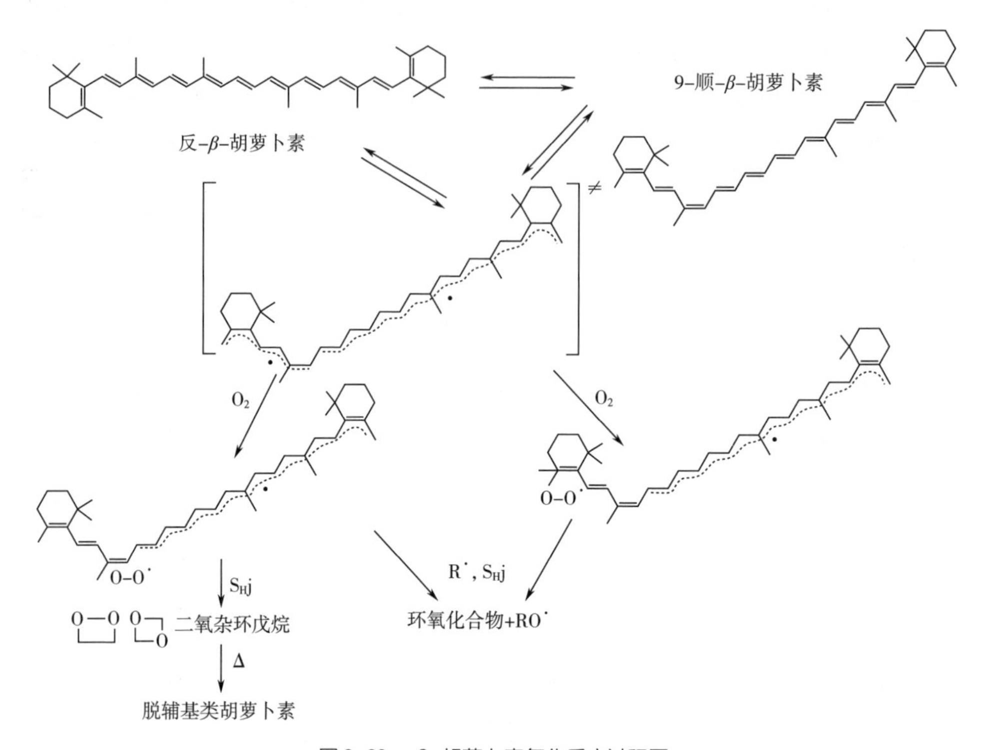

图 2-23 β-胡萝卜素氧化反应过程图

参考文献

[1] 邓丽卿．酱油焦糖色素及油溶性焦糖色素的制备与性质研究 [D]．广州：华南理工大学，2014.

[2] 冯凤琴．食品化学 [M]．2 版．北京：化学工业出版社，2020.

[3] 阚建全．食品化学 [M]．3 版．北京：中国农业大学出版社，2015.

[4] 李伶俐．美拉德反应体系中影响烤肉风味形成的因素研究 [D]．无锡：江南大学，2011.

[5] 廖劲松，齐军茹．Maillard 反应与食品风味物质热反应肉类香精的研究 [J]．中国食品添加剂，2005 (3)：51-52.

[6] 钱启尧．维生素 E 微胶囊对煎炸中不同类型脂肪酸氧化稳定性的影响研究 [D]．北京：北京工商大学，2019.

[7] 荣维广，宋宁慧，阮华，等．固相萃取-高效液相色谱法测定焦糖色素中副产物 2-甲基咪唑、4-甲基咪唑和 2-乙酰基-4-(1,2,3,4-四羟基丁基) 咪唑 [J]．分析化学，2015，43 (5)：742-747.

[8] 夏百根，宁爱民，郑先福，等．脂质在加热过程中的反应机理研究［J］．河南农业大学学报，2005（4）：124-126；135.
[9] 许雪萍，李静，范亚苇，等．烹调方式对猪肉肌内脂肪中脂肪酸组成的影响［J］．中国食品学报，2020，20（5）：196-203.
[10] 张翼鹏，段焰青，刘自单，等．美拉德反应在食品和生物医药产业中的应用研究进展［J］．云南大学学报（自然科学版），2022，44（1）：203-212.
[11] BARREA-ARELLANO D, RUIZ-MENDEZ V, VELASCO J, et al. Loss of tocopherols and formation of degradation compounds at frying temperatures in oils differing in degree of unsaturation and natural antioxidant content [J]. Journal of the Science of Food and Agriculture, 2010, 82 (14): 1696-1702.
[12] DEJGADO - ANDRADE C, SEIQUER I, NAVARRO M P. Maillard reaction products consumption: Magnesium bioavailability and bone mineralization in rats [J]. Food Chemistry, 2008, 107 (2): 631-639.
[13] GENG J T, TAKHASHI K, KAIDO T, et al. Relationship among pH, generation of free amino acids, and Maillard browning of dried Japanese common squid Todarodes pacificus meat [J]. Food chemistry, 2019, 283: 324-330.
[14] HITZEL A, POHLMANN M, SCHWAGELE F, et al. Polycyclic aromatic hydrocarbons (PAH) and phenolic substances in meat products smoked with different types of wood and smoking spices [J]. Food Chemistry, 2013, 139 (1-4): 955-962.
[15] HUR S J, JO C, YOON Y, et al. Controversy on the correlation of red and processed meat consumption with colorectal cancer risk: an Asian perspective [J]. Critical reviews in food science and nutrition, 2019, 59 (21): 3526-3537.
[16] IMAI H, MAEDA T, SHIMA M, et al. Oxidation of methyl linoleate in oil-in-water micro- and nanoemulsion systems [J]. Journal of the American Oil Chemists' Society, 2008, 85 (9): 809-815.
[17] JELEN H. Food flavors: chemical, sensory and technological properties [M]. Boca Raton: CRC Press, 2016.
[18] MELLEMA M. Mechanism and reduction of fat uptake in deep-fat fried foods [J]. Trends in Food Science and Technology, 2003, 14 (9): 364-373.
[19] NAZ S, SIDDIQI R, SHEIKH H, et al. Deterioration of olive, corn and soybean oils due to air, light, heat and deep-frying [J]. Food Research International, 2005, 38 (2): 127-134.
[20] NOOSHKAM M, FALAH F, ZAREIE Z, et al. An - tioxidant potential and antimicrobial activity of chitosan -inulin conjugates obtained through the Maillard reaction [J]. Food Science and Biotechnology, 2019, 28 (6): 1861-1869.
[21] NYSTROM L, ACHRENIUS T, LAMPI A, et al. A comparison of the antioxidant properties of steryl ferulates with tocopherol at high temperatures [J]. Food Chemistry, 2006, 101 (3): 947-954.
[22] PEERS K E, COXON D T, CHAN W S. Autoxidation of methyl linolenate and methyl linoleate:

the effect of α-tocopherol [J]. Journal of the Science Food and Agriculture, 2010, 32 (9): 898-904.

[23] ROBERT L, LABAT-ROBERT J, ROBERT A M. The Maillard reaction [J]. Pathologie Biologie, 2010, 58 (3): 200-206.

[24] STOLYHWO A, SIKORSKI Z E. Polycyclic aromatic hydrocarbons in smoked fish-a critical review [J]. Food Chemistry, 2005, 91 (2): 303-311.

[25] SUNG W C, CHANG Y W, CHOU Y H, et al. The functional properties of chitosan-glucose-asparagine Maillard reaction products and mitigation of acrylamide formation by chitosans [J]. Food Chemistry, 2018, 243: 141-144.

[26] WANG W Q, BAO Y H, CHEN Y. Characteristics and antioxidant activity of water-soluble Maillard reaction products from interactions in a whey protein isolate and sugars system [J]. Food Chemistry, 2013, 139 (1-4): 355-361.

[27] WANG Y, HO C T. Comparison of 2-acetylfuran formation between ribose and glucose in the Maillard reaction [J]. Journal of Agricultural and Food Chemistry, 2008, 56 (24): 11997-12001.

[28] WEI C K, NI Z J, THAHUR K, et al. Color and flavor of flaxseed protein hydrolysates Maillard reaction products: Effect of cysteine, initial, and thermal treatment [J]. International Journal of Food Properties, 2019, 22 (1): 84-99.

第三章　热反应与潜在危害因子

第一节　油脂中氯丙醇酯形成分子机制

一、　油脂中 3-氯丙醇酯含量

采用气相质谱法分析市售大豆油、菜籽油、玉米油、橄榄油、花生油、葵花籽油、米糠油、棕榈油等油脂样品中 3-氯丙醇酯、甘油二酯、甘油单酯和游离脂肪酸含量，可以发现绝大多数精炼油中 3-氯丙醇酯含量较低，远低于世界卫生组织规定的最大允许摄入量，但个别如米糠油、棕榈油等 3-氯丙醇酯含量较高，分别为 1. 002、3. 736mg/kg。与此同时，相较于其他植物油，二者甘油二酯含量也相对较高。在被检测的油脂中，葵花籽油甘油二酯含量最低，3-氯丙醇酯的含量也最低。对于甘油单酯和游离脂肪酸而言，各油脂中含量普遍偏低，原因是在油脂精炼过程中，甘油单酯和游离脂肪酸于脱臭阶段被大量除去。甘油单酯含量最高的是大豆油（0. 221%）、含量最低的是橄榄油（0. 070%），游离脂肪酸含量最高的是花生油（0. 976%）、含量最低的是菜籽油（0. 123%）。

不同油脂中甘油二酯含量与 3-氯丙醇酯含量之间的关系如图 3-1 所示，米糠油、棕榈油中甘油二酯含量较高，甘油二酯含量与 3-氯丙醇酯含量关系呈现相同趋势，即甘油二酯含量高，相应油中 3-氯丙醇酯的含量较高，且二者在一定水平内呈

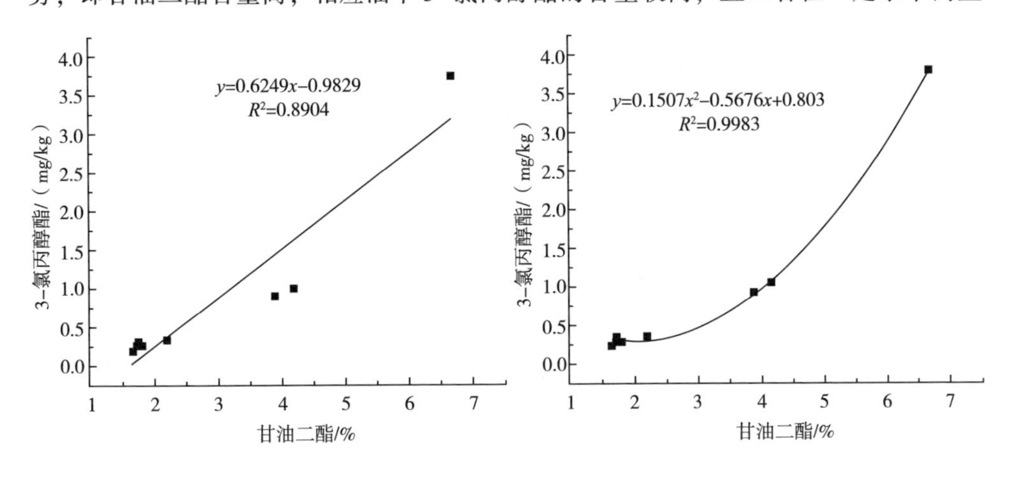

图 3-1　甘油二酯含量与 3-氯丙醇酯含量的关系

现正相关趋势，R^2 为 0.8904。甘油二酯含量与 3-氯丙醇酯含量符合方程 $y=0.1507x^2-0.5676x+0.803$，植物油在精炼前含有较高含量的甘油二酯，经过高温脱臭会生成更 3-多的氯丙醇酯。

二、 油脂加热温度对 3-氯丙醇酯含量的影响

对比不同的加热条件下油脂中 3-氯丙醇酯含量发现，在 180℃和 200℃条件下，3-氯丙醇酯含量较低。甘油二酯含量在 4%和 10%时，3-氯丙醇酯含量虽略有增加，但不显著。当温度高于 200℃后，3-氯丙醇酯的含量明显增加，且随着甘油二酯含量的增加而增加。在相同甘油二酯添加量下，220℃时加热形成的 3-氯丙醇酯的含量约是 200℃下含量的 2 倍；当温度达到 240℃时，3-氯丙醇酯的含量达到最大值并趋于稳定；甘油二酯含量达到 80%时，3-氯丙醇酯含量已达到 516mg/kg。加热温度为 220℃时所提供的能量可促使 3-氯丙醇酯大量生成并在油脂中积蓄存在。

加热温度一定时，甘油二酯含量的不同，对最终生成的 3-氯丙醇酯的含量也有极大影响。4%甘油二酯含量是 3-氯丙醇酯生成的临界值，当其含量增加到 10%及以上时，3-氯丙醇酯含量的增加更为明显。如图 3-2 所示，在 180℃、200℃、220℃、240℃条件下，3-氯丙醇酯与甘油二酯之间存在良好的相关性，3-氯丙醇酯和甘油二

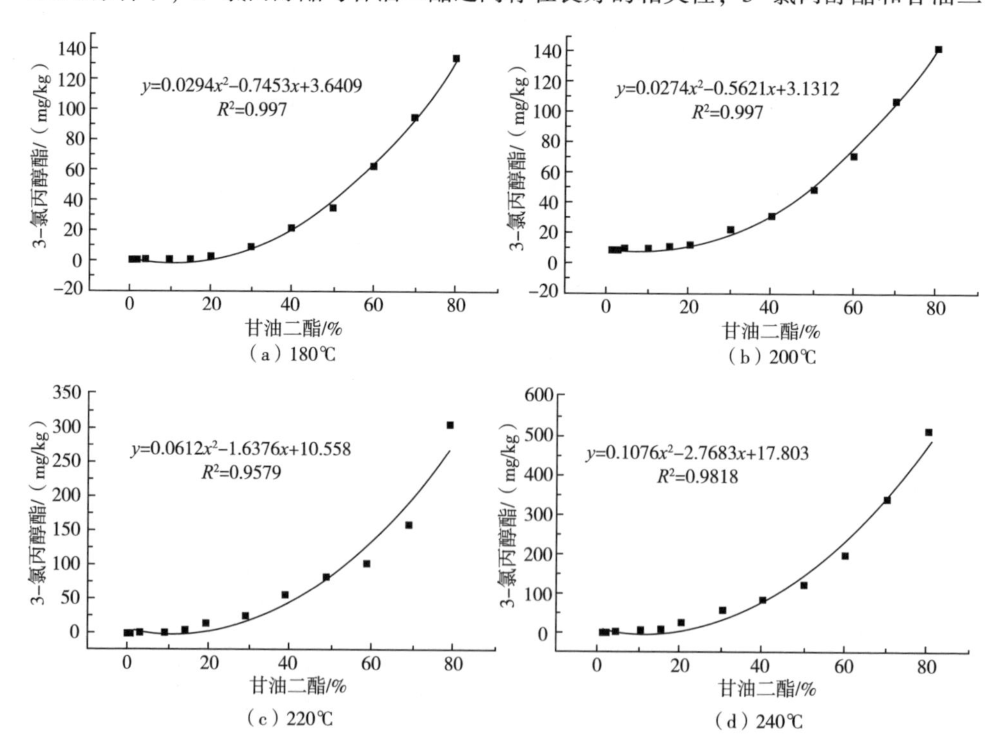

图 3-2 甘油二酯含量与 3-氯丙醇酯间关系

酯分别符合方程 $y=0.0294x^2-0.7453x+3.64$、$y=0.0274x^2-0.5621x+3.13$、$y=0.0612x^2-1.6376x+10.558$、$y=0.1075x^2-2.7683x+17.803$。在180℃条件下，3-氯丙醇酯的整体含量偏低，但依然呈现出明显的二次函数规律。

甘油单酯结构与甘油二酯、3-氯丙醇酯存在一定相似性。通过加热实验发现，当甘油单酯添加量一定时，随着加热温度的升高，3-氯丙醇酯的整体水平呈增加趋势，但增量不明显。如图3-3所示，不同温度下随着甘油单酯含量的增加，3-氯丙醇酯的含量呈现杂乱的变化，并没有明显趋势。各温度下，3-氯丙醇酯的总体含量较低，即使在最高反应温度240℃下，最高含量也没有超过3.5mg/kg，线性相关性较差，证明甘油单酯作为3-氯丙醇酯的前体物的相关性较小。

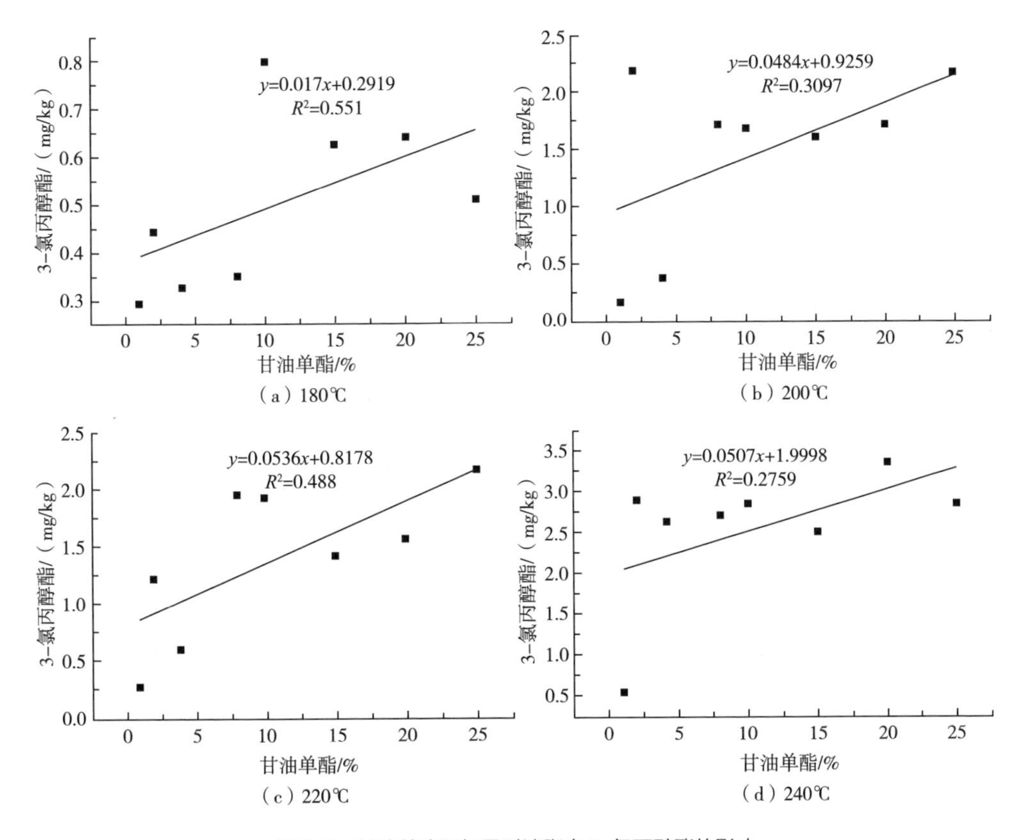

图3-3　甘油单酯添加量对油脂中3-氯丙醇酯的影响

当加热温度相同时，甘油单酯的含量对混合油中3-氯丙醇酯的影响也较小。甘油单酯本身在精炼植物油中含量并不高，且因为其极性相对较高，在油脂中富集易引发氧化裂败，影响食用油品质，因此常常于精炼过程中被大量除去，含量相对较低，难以作为前体物使3-氯丙醇酯大量生成。

三、 油脂中3-氯丙醇酯的生成机制

对于3-氯丙醇酯的生成路径以及过渡态、前体物、中间体一直以来有很多推测，但至今并没有确切的结论，尤其是确切的过渡态，大都是研究者基于结构推测而得。过渡态虽然不具有游离的孤对电子，本身不显电性，但由于其特殊的结构使得它本身性质十分活跃，易于参与各种反应，因此存在时间短，不稳定，难以捕捉。

HamLet等通过模拟实验发现，3-氯丙醇酯含量是2-氯丙醇酯含量的3~7倍（Ilko et al.，2011；Myher et al.，1986），最终得出结论sn-1,3位点更易于被氯原子攻击。根据加工条件，化学竞争反应对3-氯丙醇酯的影响，目前有4种潜在机制，均涉及氯离子的sn-2亲核攻击：根据底物的性质和离去基团进行分类，其中有两个涉及脂质氯离子亲核攻击甘油骨架碳原子所连接的酯基（路径1）和质子化羟基（路径2），另外两个路径认为在氯离子亲核攻击之前形成活性中间体如环氧鎓离子（路径3）或缩水甘油酯（路径4）。根据反应位点、过渡态结构变化，将反应路径划分为三种（图3-5）：一是直接亲核取代（a），根据进攻位点和官能团的不同分为直接进攻酯基（a.1）和直接进攻羟基（a.2）；二是间接亲核取代即生成环氧鎓离子过渡态（b）[包括间接进攻羟基（b.1）和间接进攻酯基（b.2）]；三是生成缩水甘油酯中间体（c）。在微观体系中，过渡态的存在只有0.01fs（10^{-15}s），通过采用量子分子模拟，并结合密度泛函理论，利用能量变化确认最佳生成机制（Yao et al.，2019）。

直接亲核取代反应即反应前体物甘油二酯在质子氢的诱导下，特定的官能团和化学键发生断裂，生成活化自由基，之后受到游离的氯原子攻击，旧的化学键断裂生成新键。在酸性条件下，更容易发生3-氯丙醇酯的大量生成，即质子氢对3-氯丙醇酯的生成具有明显的促进作用。

（一）直接亲核取代路径

1. 羟基直接亲核取代反应

通过分子间作用力、官能团之间相互作用、分子结构等特征，对分子构型和结构、键长键角等指标进行分析模拟，计算出最稳定的化学结构（分子稳定结构）。根据sn-2亲核取代反应原理及特性，质子氢在亲核取代反应中，将直接由背面进攻碳原子。因此在羟基直接亲核取代反应中，由于氯原子非金属性较强，电负性更大，极易在反应中夺去氢原子本身的电子，形成氯离子，而质子氢则接近目标基团羟基，诱发羟基脱离。为保证反应顺利进行，氯化氢的氢原子应正对羟基氧原子的正后方，有利于质子氢诱导羟基生成质子化羟基，增加其金属性，增强其活性，变得更活跃，更易被游离的氯原子攻击。在此过程中生成的活化络合物即为该反应的过渡态。在过渡态下，质子化羟基由于其本身金属性增加，极易被电负性强的原子攻击，处于一种短暂的稳定状态，不易被捕捉，这也是目前很多研究手段无法捕捉到其过渡态的原因之一。氯原子的诱导使得原本就极不稳定的过渡态变得更加不稳定，随后位

于 sn-1 位的碳氧键发生断裂，释放游离的水分子，氯原子结合在之前羟基的位点上，生成新的碳氯键，产物为3-氯丙二酯和1分子水。脱臭过程中会伴随着水蒸气的引入以带走脱臭排出的油脂中的小分子物质，因此，生成的水会伴随着蒸汽被带走，从而减少生成物的量，从一定程度上促进反应朝着3-氯丙醇酯的生成方向进行，由此结果可知，水是一种效率高的离去基团。

从图3-4可知，在过渡态中，羟基已与甘油骨架发生分离，并与质子氢结合生成质子化羟基，逐渐远离甘油二酯，同时，氯原子与原甘油骨架由于出现原子空位呈现自由基状态，两者出现相互接近的趋势。在第二步的水解反应中，脱臭工艺中通入的水蒸气以及第一步反应生成的水会参与并水解位于 sn-2 位点的酯键，释放游离的脂肪酸，生成最终的产物3-氯丙二醇酯。该反应同样是 sn-2 亲核取代反应，反应途径如图3-5（a），与第一步不同的是水的电负性很弱，难以解离出大量的质子氢，因此水解反应较第一步所需能量较高，不易发生，反应可能依旧需依赖外界所提供的酸性环境。水解过程中生成的过渡态经观察可以发现，水分解所释放的羟基与甘油二酯释放的酸基发生酯化反应，生成脂肪酸，质子氢接近裸露的氧基，即将成键。

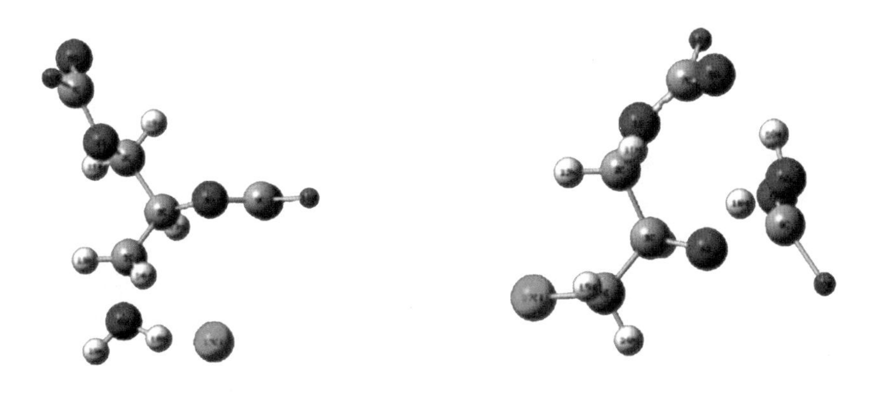

图3-4 羟基直接亲核取代反应第一、第二步过渡态

对于羟基直接亲核取代反应，在图3-5中，第一步反应，HCl 分子接近甘油二酯 C_α-O_α键，C_α-O_α键长为0.1433nm，HCl 中氢原子与羟基氧原子 O_α-H_α距离为0.1809nm，C_α-Cl 距离为0.4024nm。在过渡态中 C_α-O_α键长延伸为0.2277nm，表明这些键即将断裂，H_α接近 O_α，它们之间的距离缩短为0.1001nm，成键的可能性很大，C_α—Cl 的距离缩短为0.2825nm，两者相互吸引，呈现出即将成键的趋势。在最终产物阶段，C_α-O_α键彻底断裂，两者间距0.3240nm，C_α-Cl，O_α-H_α形成新键，键长分别为0.1822、0.0968nm。由于氯电负性较强，因此 C-Cl 键长明显大于 C-O 键长，反应最后释放一分子水，随着脱臭蒸汽被除去。第二步水解反应，水分子靠近甘油二酯的 sn-2 位酯基，C_δ-O_β键长为0.1372nm，在过渡态中彼此分离，距离延伸

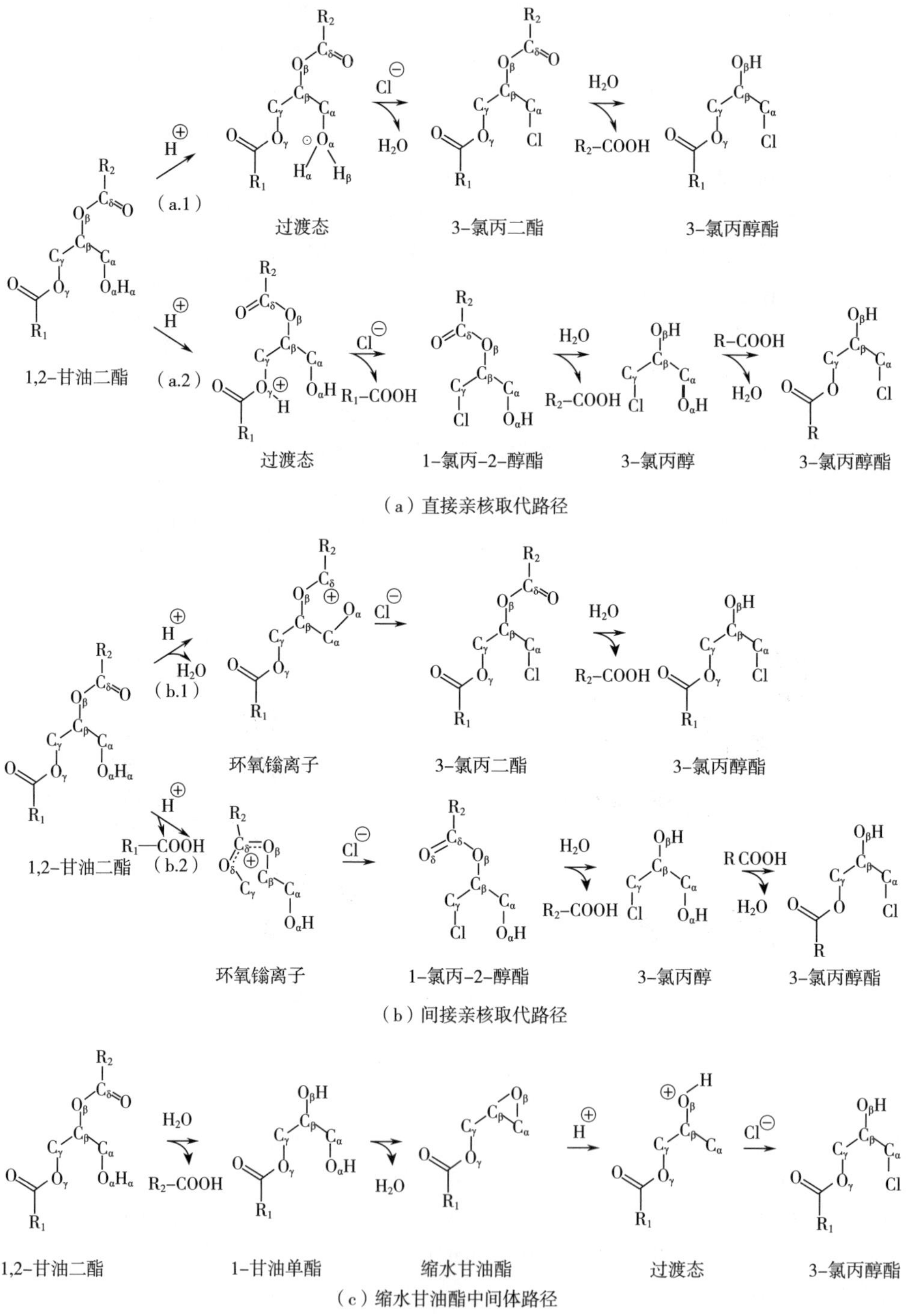

1,2-甘油二酯 （a.1） 过渡态 3-氯丙二酯 3-氯丙醇酯

1,2-甘油二酯 （a.2） 过渡态 1-氯丙-2-醇酯 3-氯丙醇 3-氯丙醇酯

（a）直接亲核取代路径

1,2-甘油二酯 （b.1） 环氧鎓离子 3-氯丙二酯 3-氯丙醇酯

1,2-甘油二酯 （b.2） 环氧鎓离子 1-氯丙-2-醇酯 3-氯丙醇 3-氯丙醇酯

（b）间接亲核取代路径

1,2-甘油二酯 1-甘油单酯 缩水甘油酯 过渡态 3-氯丙醇酯

（c）缩水甘油酯中间体路径

图 3-5 3-氯丙醇酯的生成机制

到0.1928nm，反应结束时最终达到0.3266nm，分离为两个独立的部分。与此相反，随着反应的进行，水分子中氢原子与羟基O_{β}间的距离和羟基氧与酯基C_{δ}之间的距离由最初的0.2155nm和0.3709nm逐步接近为0.1135nm和0.1687nm，最终成键，键长分别为0.0971nm和0.1360nm。

2. 酯基直接亲核取代反应

与羟基亲核取代反应类似，处于另一端的酯基同样会受到氯离子的攻击生成3-氯丙醇酯。由于一般甘油三酯和甘油二酯分子在空间结构上表现为脂肪酸基团互相交叉，位于sn-2位点的酯基由于空间位阻作用不易被攻击，因此绝大部分反应发生在sn-3位点。氯化氢原子靠近酯基时，同样是解离出来的质子氢攻击酯基的背部，诱导脂肪酸基团生成质子化脂肪酸，此时酯基还未发生断裂。之后游离的氯原子使得酯键断裂，形成自由基如图3-6所示，在该状态下，原酯键已经断裂，并与氯化氢提供的氢生成游离脂肪酸并脱离，裸露的甘油骨架上的碳与氯原子逐渐接近，呈现出一定的成键趋势。然后生成3-氯丙-2-醇酯。接下来的反应与直接亲核取代反应存在较大的差异，在水存在的条件下，sn-2位连接脂肪酸的酯键被水解释放游离脂肪酸，从该反应的过渡态中可以看到，酯键已经从脂肪酸酮基位置断裂，同时水也断裂为质子氢与羟基。质子氢逐渐接近甘油骨架裸露的氧残基，而羟基则倾向于生成新的羧基。最终生成3-氯丙二醇中间体，此时油脂体系中存在一定含量的游离脂肪酸，一部分是来自于粗油本身自带的，还有一部分来源于第一步和第二步反应解离出的脂肪酸，它们将作为原料，在高温脱臭条件下与3-氯丙醇于sn-3位点反应生成酯键，形成3-氯丙醇酯。该过程即为游离脂肪酸与醇类之间的酯化反应，在过度态中，羧酸脱去羟基，而醇类脱去氢，在最后阶段生成3-氯丙醇酯和一分子水。

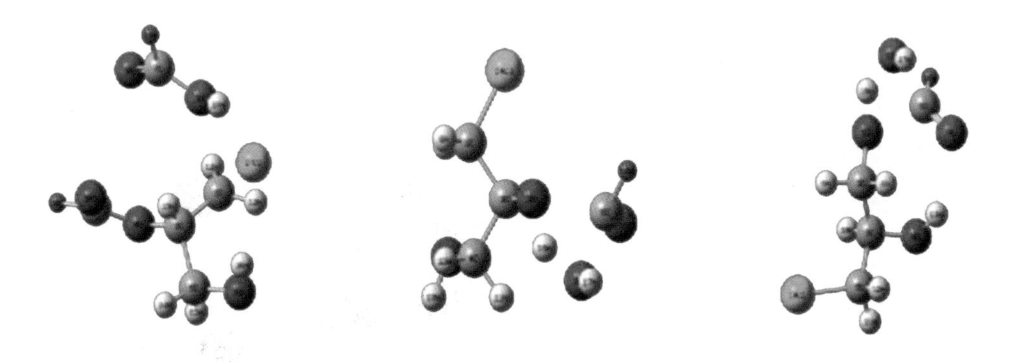

图3-6 酯基直接亲核取代反应第一、第二、第三步反应过渡态

（二）间接亲核取代路径

1. 羟基间接亲核取代反应

与直接亲核取代反应相似，在间接反应中也存在由于反应位点的不同（主要是

羟基和酯基），反应路径和过渡态、中间产物也不尽相同。在进攻羟基的过程中，氯化氢首先由于本身较强的极性导致解离游离的质子氢和氯离子。质子氢作用于目标基团的后方，羟基在临近脂肪酸基团的作用下，于 sn-2 位点生成环状环氧鎓离子过渡态，见图 3-5（2），这是间接取代反应与直接取代反应之间最大的不同点。由图 3-7 可知，该状态下，质子化羟基已经分离，同时原酯基上的酮基碳氧双键转化为单键连接在 sn-3 位置的碳上，形成环状。该五元环对外不显电性，呈电中性，且成环过程中整个甘油二酯骨架发生明显的偏转，以保证羟基和酯基彼此接近，键合成环。之后氯原子靠近并攻击新生成的碳氧键，破坏环氧鎓离子的稳定，将环打开。环氧鎓离子各位点非常脆弱，均有很大的化学活性，理论上每一个位点都可能受到攻击，发生断裂并生成新的物质，氯离子攻击的位点不同，生成的产物也不尽相同。如图 3-7 所示于 sn-1 位点断裂则生成 3-氯丙二酯，攻击 sn-2 位点位置则会发生酯基在相邻碳原子之间的互换，原 sn-2 位置的酯基转移到 sn-1 位置上，此时氯原子将连接在 sn-2 碳上，最终生成 2-氯丙醇酯。但大量研究表明，相较于 3-氯丙二酯 2-氯丙二酯含量非常低，且该过程需要复杂的空间变化，受到的空间位阻较大，反应过程受各种外界因素干扰较大，因此生成 2-氯丙醇酯的反应不易发生。

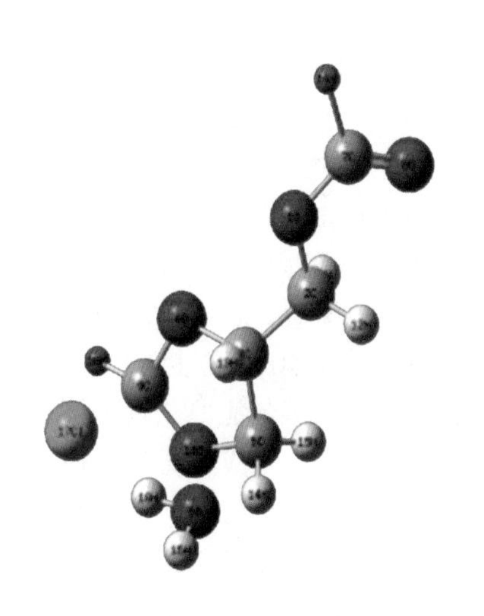

图 3-7　羟基间接亲核取代反应过渡态

2. 酯基间接亲核取代反应

氯化氢靠近甘油二酯位于 sn-3 位点的酯基，氢原子朝向酯基的后方，引发 sn-2 亲核取代反应。sn-3 位点的酯基受邻位酯基的作用，相互之间在两个脂肪酸的氧原子的连接下聚合成环，生成环氧鎓离子，从图 3-8 可知，此时被攻击位置的酯键已发生断裂，释放出游离的酯基，与游离的质子氢之间相互接近，呈现出一定的成键趋势，sn-2 位点的脂肪酸发生偏转，酮基氧与 sn-3 碳原子成键，形成环状。之后在外界游离的氯的作用下，

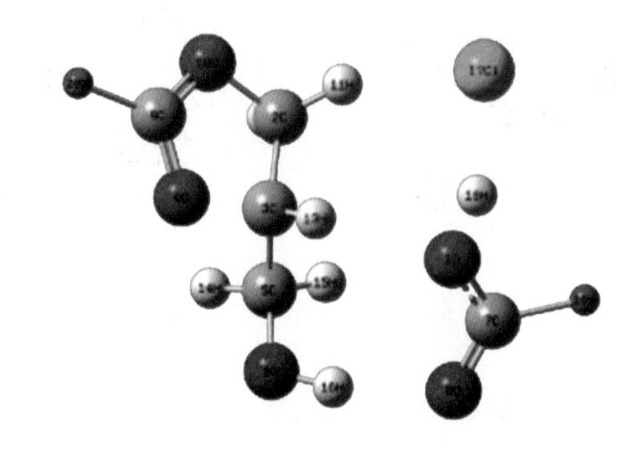

图 3-8　酯基间接亲和取代反应过渡态

环氧鎓离子被破坏，五元环于之前的结合位点被打开，生成新的碳氯键。伴随着一分子游离脂肪酸的释放，生成3-氯丙二酯。第二步在水解作用下，中间碳相连的脂肪酸被水解分离，生成3-氯丙二醇，之后在高温和酸性条件下，重新与游离脂肪酸在sn-1位点结合生成3-氯丙醇酯，完成整个过程。

（三）缩水甘油酯中间体路径

缩水甘油酯也是一种油脂精炼过程中的污染物，为3-氯丙醇酯类的一种，它与3-氯丙醇酯存在相互转换的可能，两者之间互为前体。研究3-氯丙醇酯的生成也需考虑缩水甘油酯作为其中间前体物的可能性。缩水甘油酯的生成主要也来源于甘油二酯。甘油二酯在脱臭工艺中，由于有水蒸气的通入，以及酸的催化作用，发生甘油二酯的水解，在水分子的作用下，酯键发生断裂，水分子解离出来的质子氢和羟基分别与甘油骨架和脂肪酸基团结合，最终生成新的羟基并释放一分子的游离脂肪酸，能垒为245.407kJ/mol。在第二步反应中，位于相邻位置的两个羟基彼此间相互吸引，发生自缩合反应内部脱水。相较于2位脂肪酸，3位脂肪酸键能较小，键长较长，更易于参加反应，因此脱去的羟基来源于3位羟基，而2位羟基仅脱去一分子的氢。最终氧原子与3位碳相连成环成为环氧基，生成缩水甘油酯，能垒为290.868kJ/mol。不同于之前介绍的活性自由基，缩水甘油酯属于一种稳定的化合物，本身不存在虚频，可以说是在反应过程中存在的一种中间体。第三步，在氯化氢原子的诱导下，缩水甘油酯的环氧基开环，氯离子结合在3位点，生成3-氯丙醇酯，能垒为151.444kJ/mol。

该路径有三步反应，涉及甘油二酯水解，甘油单酯缩水成环，亲核氯诱导缩水甘油酯开环生成3-氯丙醇酯，整个路径尤其是第一步反应能垒较高，因此并不作为3-氯丙醇酯生成的主要机制，所以前两种反应机制作为优先反应机制成为生成3-氯丙醇酯的主要途径。

综上所述，间接亲核取代反应的能垒远高于直接亲核取代反应，说明甘油二酯在生成3-氯丙醇酯的过程中，更倾向于由亲核物质直接进攻羟基或酯基，而不是通过环氧鎓离子等中间体，这是由于成环路径相对更为复杂，从环状化合物的稳定性来看，其较差的稳定性也表明其能量较高，故成环所需的能量也更高，所跨越的能垒也越大。而直接亲核取代反应整个反应路径较为平稳，与直接亲核取代酯基路径相比，其他反应路径能垒大约高20~50kJ/mol。此外，路径c的三步反应，涉及甘油二酯水解，甘油单酯缩水成环，亲核氯诱导缩水甘油酯开环生成3-氯丙醇酯，整个路径能垒较高，因此不是3-氯丙醇酯生成的主要机制，重点讨论前两种反应机制。对于反应位点的偏好性上，氯化氢基团更倾向于进攻酯基。在直接亲核取代反应中，路径a.1的能垒比路径a.2高6.751kJ/mol，路径a的第一步反应，相较于路径a.1直接进攻羟基，直接进攻酯基，所需活化能较低。如图3-9所示，在第二步sn-2位酯基水解反应中，a.2路径能垒远大于路径a.1，且路径a.2涉及甘油骨架上酯基位置改变，从 sn-2 位点转移到 sn-3 位点，路径 a.1 需两步完成，而路径 a.2 涉及三步反应，从能量比较，路径 a.1 优于路径 a.2。尽管从分子质量上比较，质子化羟基是更好的离去基团，但油脂体系是疏水环境，相比之下，羧酸基团离去倾向可能会更大。路径 b，第一步反应与路径 a 相反，直接进攻羟基（路径 b.1）能垒低于直接进攻酯基（路径 b.2），第二步水解生成 3-氯丙醇酯，能量变化与第一步反应相似。

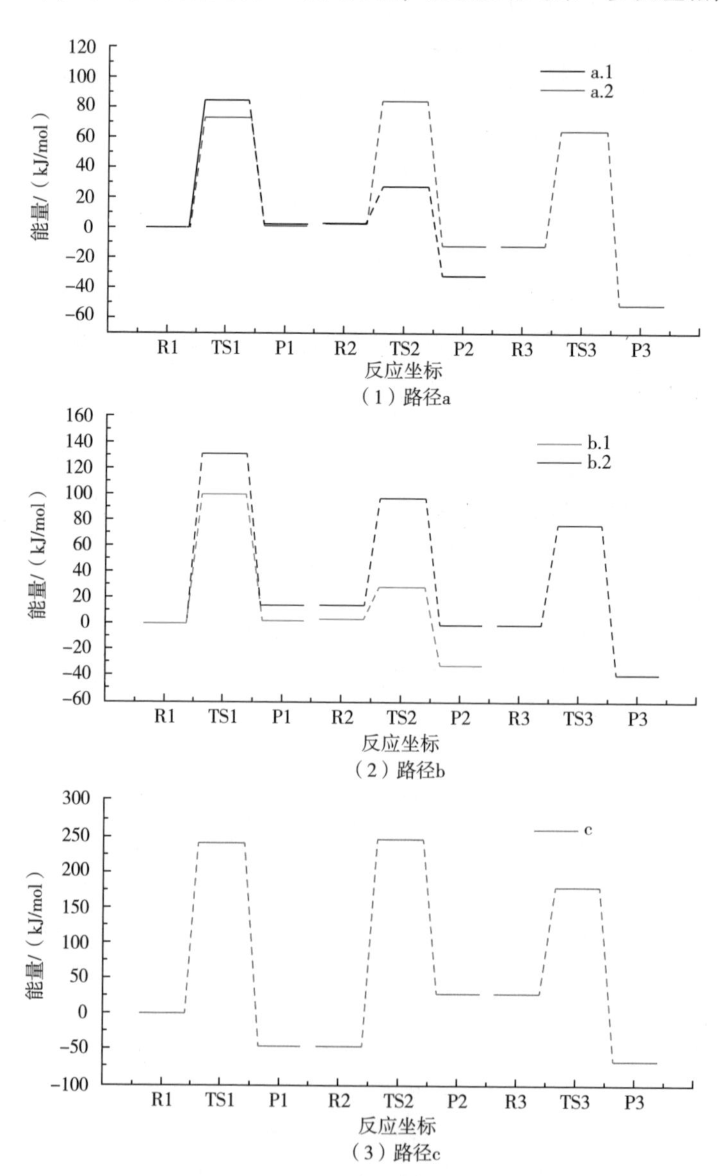

图 3-9　所有路径下 3-氯丙醇酯的能垒

（黑色代表路径 a.1，红色代表路径 a.2，绿色代表路径 b.1，蓝色代表路径 b.2，紫色代表路径 c。TS1、TS2 和 TS3 分别代表第一步、第二步和第三步反应的过渡态）

第二节　油脂中反式脂肪酸形成机制

一、 加热对油酸顺反构型的影响

如图3-10和图3-11所示，未经过加热处理的油酸甘油三酯含有100%的顺式油酸（C18：1-9*c*）。当加热温度范围在130℃、160℃、190℃、220℃时，随着温度的升高，油酸含量逐渐减少，经220℃加热1h和3h的样品中油酸的含量分别从100%下降到8.89%和7.16%，反式油酸含量分别从未检出上升到0.5472mg/g（油酸甘油三酯）和0.8544mg/g，说明热引发顺式油酸异构化为反式油酸，并且随着加热温度和加热时间的增加，异构化趋势逐渐增加。130℃处理1h和3h油酸含量分别下降到69.46%和35.16%，加热1h样品油酸的含量约为加热3h样品的2倍；在220℃条件下，1h和3h处理下的样品中油酸含量水平基本相同，说明在较低温度（130~160℃）条件下，加热时间对油酸含量影响较为显著，而在较高温度（190~220℃）条件下，加热时间对油酸含量影响较小，可能是由于高温条件下油酸双键断裂速度与反式油酸生成速度达到平衡的原因。反式油酸从160℃开始生成，其含量分别为0.1262mg/g（加热1h）和0.3495mg/g（加热3h），说明当加热温度在130℃和160℃之间时，顺反异构化反应开始，此温度提供了足够的能量来越过反应能垒。随着反应温度和加热时间的增加，反式脂肪酸水平逐渐增加。

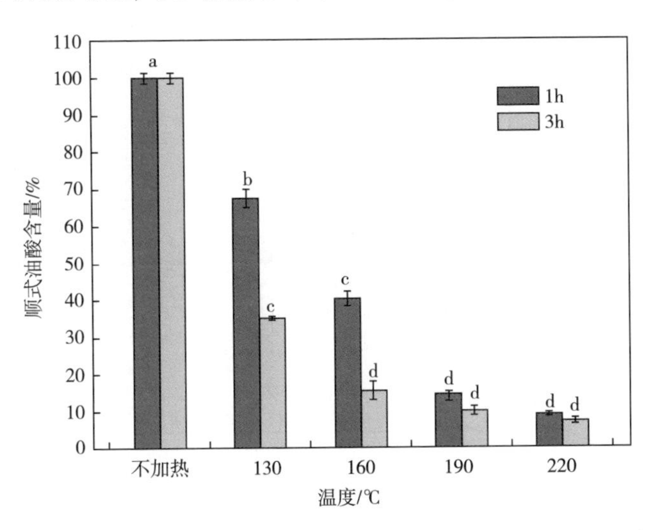

图3-10　油酸甘油三酯样品分别在不同温度下油浴加热1h、3h顺式油酸的含量变化
[图中不同字母表示差异显著（$P<0.05$）]

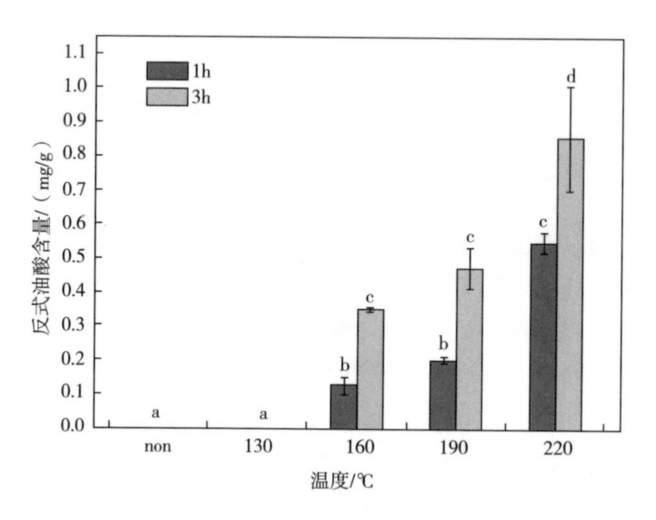

图 3-11　油酸甘油三酯样品分别在不同温度下油浴加热 1h、 3h 反式油酸的含量变化
[图中不同字母表示差异显著（$P<0.05$）；non—不加热]

为了精确异构化反应开始的温度，针对 135℃、140℃、145℃、150℃、155℃小温度范围对样品进行了热处理。如图 3-12 和图 3-13 所示，当在 150℃条件下加热 1h 和 3h，反式油酸开始生成，其含量分别为 0.0897mg/g 和 0.1700mg/g，顺反异构化反应开始于 150℃。异构化反应依赖于反应温度和反应时间，理论上油酸甘油三酯

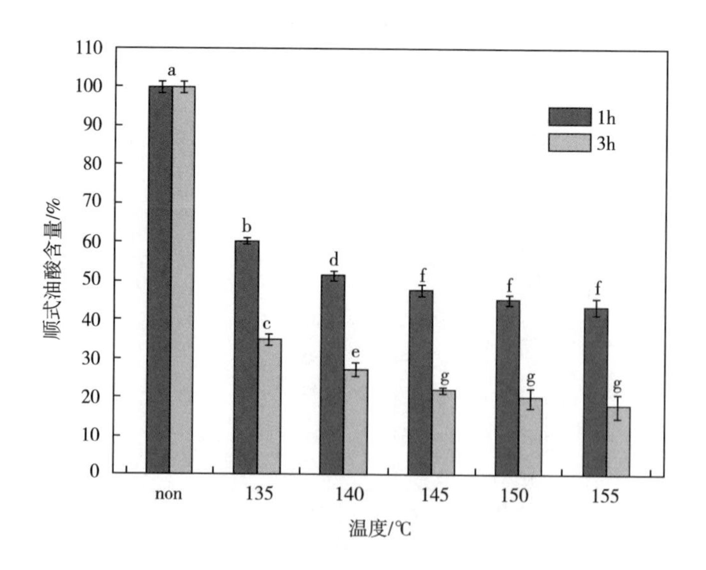

图 3-12　油酸甘油三酯样品分别在不同温度下油浴加热 1h、 3h 顺式油酸的含量变化
[图中不同字母表示差异显著（$P<0.05$）； non—不加热]

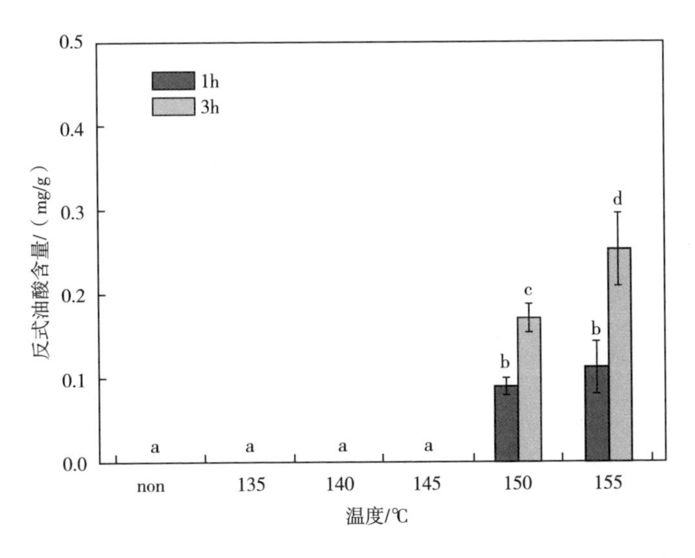

图 3-13　油酸甘油三酯样品分别在不同温度下油浴加热 1h、 3h 反式油酸的含量变化
[图中不同字母表示差异显著（$P<0.05$）；non—不加热]

的氧化和异构化反应应该同时发生，然而氧化产物的形成并没有明显地影响油酸甘油三酯异构化产物的分离、定性以及定量。因此，对于一些油酸含量较高的食用油（如山茶油、花生油、橄榄油和椰子油），加热温度应该控制在 150℃以下，从而避免在高温加热过程中生成反式脂肪酸，以降低其摄入量（Li et al.，2013；李昌模等，2015）。

二、 量子化学模拟油酸异构化

对 C18：1 异构体基态在 B3LYP 水平进行密度泛函理论（density functional theory，DFT）计算，基态 C18：1-9*c* 和 C18：1-9*t* 优化的 C8-C9-C10-C11 二面角分别为 0.409°和 179.705°，优化结果与理论值（*cis*，0°；*trans*，180°）很接近（<1°），说明得到的优化数据具有合理性。实验观察到反式 C ═C 键长为 0.1336nm，小于顺式 C ═C 键长 0.1339nm；邻近双键的 C8-C9（*cis*，0.1506nm；*trans*，0.1505nm）和 C10-C11（*cis*，0.1506nm；*trans*，0.1505nm）单键的长度也都表现出反式结构小于顺式结构的趋势。键解离能（Bond Dissociation Energy，BDE）值能够评价键的强度，反式 C ═C 和顺式 C ═C 的键解离能值分别为 694.4kJ/mol 和 687.5kJ/mol，其结果与键长变化结论一致，说明反式异构体比顺式异构体具有更稳定的结构。

顺反异构化过程理论上是一个自发过程。然而，该反应很难在室温或者无催化剂条件下进行。C18：1 和 C18：2 的异构化作用具有较高的活化能，从而说明反应过程需要能量去越过能垒或者通过催化剂来降低能垒从而达到异构化。在食用油煎炸加热过程中以及在加入金属镍催化剂的葵花籽油中，发生脂肪酸异构化反应。理论计算出 C18：1-9*c* 和 C18：1-9*t* 能量差为 7.6kJ/mol，其值小于亚油酸（C18：2）顺式和反式能量差（13.2kJ/mol），反式双键表现出了比顺式双键更高的热力学稳定性。从 C18：1-9*c* 转换到 C18：1-9*t* 的能垒为 294.5kJ/mol，其值大于亚油酸（284.2kJ/mol 或者 286.4kJ/mol），所以热条件下油酸比亚油酸更难异构化（Li et al.，2013）。

基于高温条件下 π 键的破坏以及分子间质子的转移获得过渡态结构，并得到了一个 C18：1 旋转异构化转化的机制，如图 3-14 所示。C18：1-9*c* 到 C18：1-9*t* 异构化过程需要经历两个过渡态（ts）和两个中间态（im）。过渡态频率计算结果有唯一的虚频［见图 3-15（2）］，验证了优化得到过渡态的合理性。如图 3-15（1）所示，反式脂肪酸的形成经过渡态和中间态连接反应物与产物的最低能量反应机制。图 3-15（1）的反应能量曲线存在两个波峰和两个波谷，分别代表两个过渡态和两个中间态。

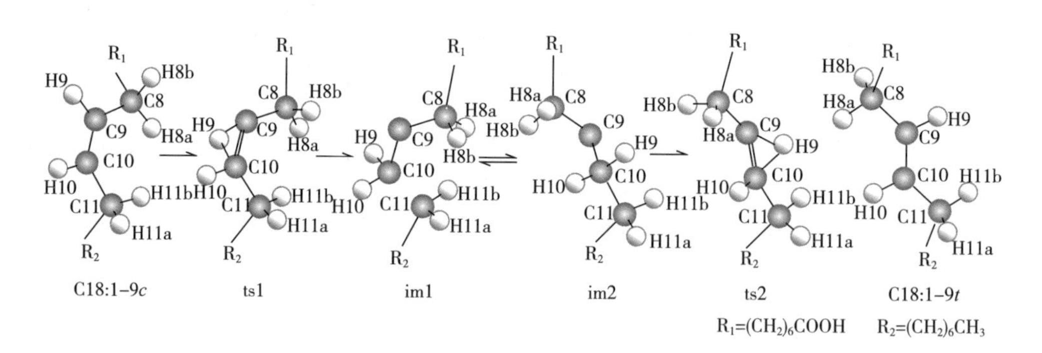

图 3-14 C18：1 异构化的质子转移机制反应物 C18：1-9*c*、过渡态（ts）、中间态（im）以及生成物 C18：1-9*t*

从基态（C18：1-9*c*）到过渡态的转化需要克服 294.5kJ/mol 的高能量的能垒。图 3-15（2）展示了振动谐振频率的计算，对于过渡态（ts）和中间态（im），在 1743cm^{-1}处振动频率的缺失（1743cm^{-1}为 C═C 伸缩振动）由质子转移引起双键伸缩振动的消失。C9—C10 键长的微小增长（0.1339nm → 0.1408nm → 0.1483nm）表明双键转化为单键，从而可能发生键的旋转。过渡态中在 2185cm^{-1}处振动频率的出现可能来自于 C9-C10-H10 环的形成。当 C8-C9-C10-C11 二面角转换为 155.640°，C9-C10 键异构化为反式构型。根据计算，从中间体 1 到中间体 2 之间的能垒为 11.7kJ/mol，能量较小，容易进行反应。在另一个质子转移途径（H10 → C9）结束后，C9-C10 双键重新形成，从而导致 C18：1-9*t* 的形成。

油酸的顺反异构化属于热引发反应，能量上顺式构型向反式构型的转换趋势更具显著，这种转换导致了在煎炸油中反式脂肪酸的积累和顺式脂肪酸的消耗。

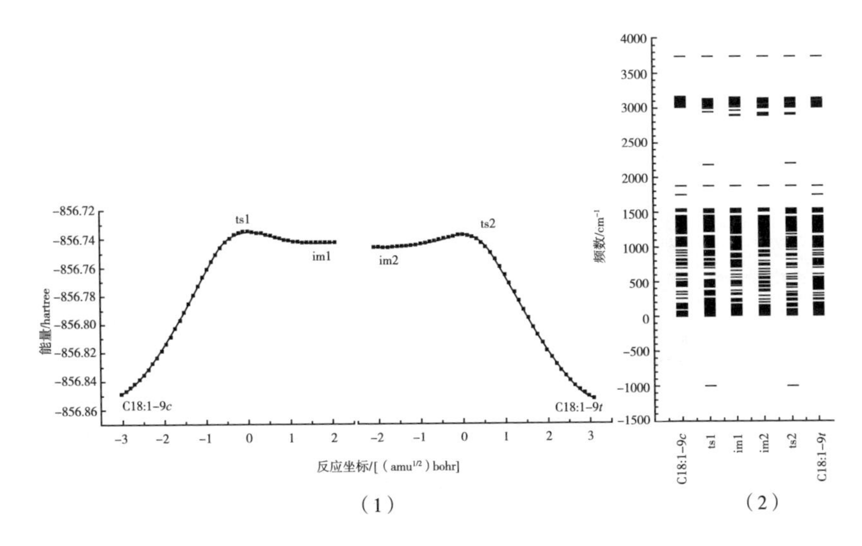

图 3-15　异构化反应机制的内禀反应坐标（IRC）能量曲线（1）以及基态、过渡态（ts）以及中间态（im）的频率分布（2）
[过渡态有唯一的虚频（1hartree = 2625.5kJ/mol = 27.21eV）]

三、亚油酸反式结构的产生机理

（一）四种亚油酸构型分析

通过气相色谱分析获得四种亚油酸异构体标准定量的线性回归方程，结果如表3-1所示。根据四种亚油酸异构体的标准回归方程可对亚油酸不同构型的甲酯进行定量分析，从而获得四种亚油酸几何构型在不同温度下的含量。

表 3-1　高温下亚油酸甘油三酯四种不同构型脂肪酸的线性相关曲线

种类	线性回归方程	R^2	检出限/（mg/L）
C18：2-9c12c	$y = 79.24x + 11385.1$	0.997	4
C18：2-9c12t	$y = 129.17x - 44.5$	0.999	3
C18：2-9t12c	$y = 159.43x + 140.6$	0.998	3
C18：2-9t12t	$y = 345.56x - 1004.9$	0.999	2

通过测量反式异构体的积累量和顺式异构体的剩余量来监测三亚油酸甘油酯中双键异构化的速率。以纯度大于95%的亚油酸甘油三酯标准品作为反应物，在140℃、160℃、180℃、200℃、220℃加热。四种亚油酸异构体的脂肪酸甲酯结果如

图 3-16 所示。

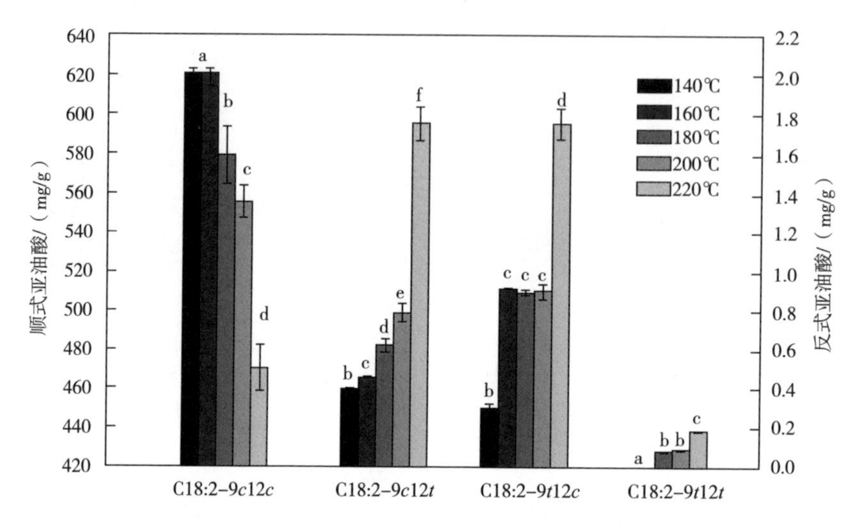

图 3-16　亚油酸甘油三酯在 140℃、160℃，180℃、200℃、220℃油浴 5h 获得顺式和反式异构体的含量

由图 3-16 可知，在加热作用下 C18：2-9*c*12*c* 转变为单反式异构体（9*c*12*t* 和 9*t*12*c*）和全反式异构体（9*t*12*t*）。随着温度的升高，9*c*12*c* 构型的亚油酸的含量逐渐降低，9*c*12*t*、9*t*12*c* 以及 9*t*12*t* 亚油酸构型的含量总体呈现增加趋势。亚油酸甘油三酯（9*c*12*c*）在 140℃加热 5h 后其含量降低至 617. 915mg/g，9*c*12*t* 亚油酸构型的含量为 0. 441mg/g，9*t*12*c* 亚油酸构型的含量为 0. 341mg/g，未检测到 9*t*12*t* 构型的亚油酸。160℃时，9*c*12*c* 的含量（619. 882mg/g）相比于 140℃时（617. 915mg/g）变化不大，单反式异构化产物的总量（1. 549mg/g）是 140℃时（0. 782mg/g）的 1. 98 倍，仍未检测到亚油酸 9*t*12*t* 构型。从 140℃升温至 160℃过程中，9*c*12*c* 亚油酸的含量有所减少，9*c*12*t* 亚油酸的含量从 0. 441mg/g 增加到 0. 5139mg/g，但是 9*t*12*c* 亚油酸增长较明显，增量为 0. 6944mg/g。在 160℃时到 200℃的温度范围内，9*c*12*c* 亚油酸的含量逐步降低，降低速率较稳定。9*c*12*t* 构型稳步增长，而 9*t*12*c* 构型含量基本没有变化，反而有所降低这是由于 9*t*12*c* 构型转换成其他构型所引起的，少量的 9*t*12*t* 亚油酸被检测到（0. 07~0. 09mg/g）。在 180℃下全反式异构体（9*t*12*t*）的生成量为 0. 19mg/g，在 180℃下形成 C18：2-9*t*12*t* 构型。在 220℃时，顺式亚油酸的含量迅速下降，从 555. 08mg/g 降低到 470. 66mg/g；9*c*12*t* 和 9*t*12*c* 构型迅速增加至 1. 98mg/g，220℃时反式产物的总量为 3. 971mg/g，是 200℃的 2. 09 倍。从图 3-16 发现，9*c*12*c* 的水平与加热温度均呈负相关，而与反式亚油酸的水平呈正相关；从 140℃到 220℃加热亚油酸甘油三酯 5h 时，9*c*12*c* 的相对含量从 99. 78% 下降到 98. 38%；随着温度升高，亚油酸（9*c*12*c*）异构化速度加快，说明反式异构体的形成量与温度密切相关（Li et al. , 2019）。

在加热范围内先检测到单反式异构体（9*c*12*t* 和 9*t*12*c*），随着温度的增加再检测到全反式亚油酸（9*t*12*t*）。由此可以推测 9*c*12*c* 异构体异构化为全反式 9*t*12*t* 时优先经过单反式异构体 9*c*12*t* 或 9*t*12*c*，在单反式异构体的基础上双键进一步异构生成全反式异构体，并且该异构化过程存在两条途径。由相同温度下各物质的生成量存在差异可知这两条途径可能存在竞争。

亚油酸的异构体与加热温度有关（Guo et al.，2016）。由于 9*c*12*c* 完全异构化生成 9*t*12*t* 需要通过单反式 9*c*12*t* 或 9*t*12*c*。通常烹饪/油炸食品是一个相对时间较短的过程。根据热处理获得反式脂肪酸的产生机制，食物在加工过程中要采取一定的措施，注意避免摄入反式脂肪酸。因此，应将富含亚油酸的油脂加热温度控制在不超过 140℃，以避免日常饮食摄入过量反式脂肪的风险。

（二）量子化学模拟亚油酸异构化过程

顺反异构化的理论是一个自发的过程，然而这种反应在室温或者没有催化剂的情况下难以进行。早先有人研究报道，亚油酸异构化从能量水平来说，反应的活化能更高，异构化反应在热应力下发生。已知 C18：1-9*c* 和 C18：19-*t* 之间的能量差为 13.2kJ/mol，C18：2- 9*c*12*c* 转化成 C18：2-9*c*12*t* 或 C18：2-9*t*12*c* 的能垒是 325.9kJ/mol 和 320.5kJ/mol，亚油酸中顺式和反式结构之间的能量差等于 6.2kJ/mol，可知亚油酸异构所需的能量低于油酸异构的能量。亚油酸酯的反应活动性是油酸的 40 倍，因此，亚油酸异构化和氧化裂解速率比油酸快。C18：2 同分异构体基态能量的计算与化学中的活化能一致。亚油酸顺式和反式之间的能量差比油酸小得多。如果进行热处理，亚油酸比油酸更容易产生异构化。

假设高温下分子内质子转移，从基态到激发态。高温条件下，外部条件导致分子处于激发态，分子获得足够的能量，原子与原子之间的作用力增大，不饱和脂肪酸的顺式双键发生夺氢，并且质子获得足够的能量，在分子内部转移，顺式 C ═C 发生旋转，分子中的 π 键被破坏，分子间产生质子转移，产生不稳定的过渡态，因此发生了 C18：2 异构化的过程。异构化路径如图 3-17 所示。

9*c*12*c* 构型的亚油酸完全旋转成 9*t*12*t* 构型，可能经历两个异构化路径。A 路径显示 9*c*12*c* → tsa1 → ima1、ima2 → tsa2 → 9*c*12*t* → tsa3 → ima3、ima4 → tsa4 → 9*t*12*t*。C18：2-9*c*12*c* 异构成 C18：2-9*c*12*c* 需要经历四个过渡态，四个中间体和一个中间产物。过渡态以自由基的形式展现，自由基形成时发生在碳原子上，需要去除能量低的氢原子。亚油酸最弱的 C—H 键是在 C11 上，因此 C11 的氢被抽去随后形成 C11 自由基。此 C11 自由基不能稳定存在，重排成共轭二烯自由基并在 C9 和 C13 上形成反式双键，生成共轭亚油酸，或者 C11 位上的氢过氧化物分解，生成二次产物。热诱导提供了更高的活化能，允许中间体跃过能量障碍产生低能量的产物。在此过程中，C9 和 C12 位上的也随后发生抽氢现象，形成双烯丙基结构。有报道表明从双烯丙基过氧自由基中失去氧气比从双烯丙基亚甲基中抽提一个氢原子要快得

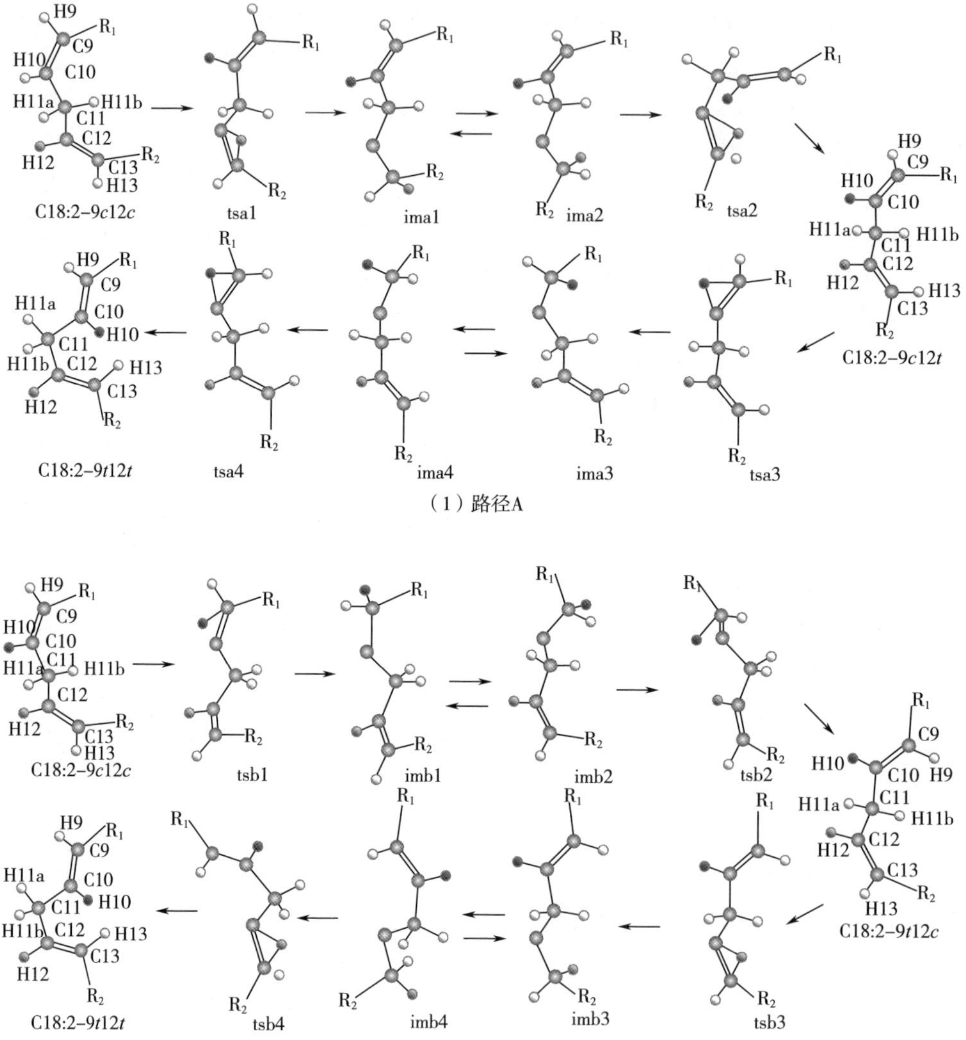

（1）路径A

（2）路径B

ts—过渡态　im—中间体　R_1—$(C_2H_2)_7COOH$　R_2—$(C_2H_2)_4CH_3$

图 3-17　C18：2 异构化反应路径

多。在双烯丙基位上容易被固定氧形成过氧化氢化物，双烯丙基氢过氧化物形成。如果一个有效的抗氧化剂（氢原子供体）在反应过程中存在，那么这个反应就能发生。相反，如果仅仅是在亚油酸自氧化反应中，双烯丙基自由基β-断裂之前就可以抽提一个氢原子，顺式双键旋转为反式双键。在活性双烯丙基 C11 上的氢取代产生戊二烯基，该中间体在两端与氧反应以产生共轭的 9 位和 13 位二烯烃氢过氧化物的混合物。

亚油酸异构化的机制是反应物经过过渡态和中间体连接中间产物，中间产物再经过过渡态和中间体连接生成物，该路径是最低能量反应机制。根据图 3-18，可以观察到 A、B 路径中均有四个峰两个谷，分别代表过渡态和中间体（两个中间体在同一个谷中）。B 路径显示 9*c*12*c* → tsb1 → imb1、imb2 → tsb2 → 9*t*12*c* → tsb3 → imb3、imb4 → tsb4 → 9*t*12*t* 的异构化过程，与 A 路径相似，均存在四个过渡态（ts），四个中间体（im）、一个中间产物和一个最终产物。

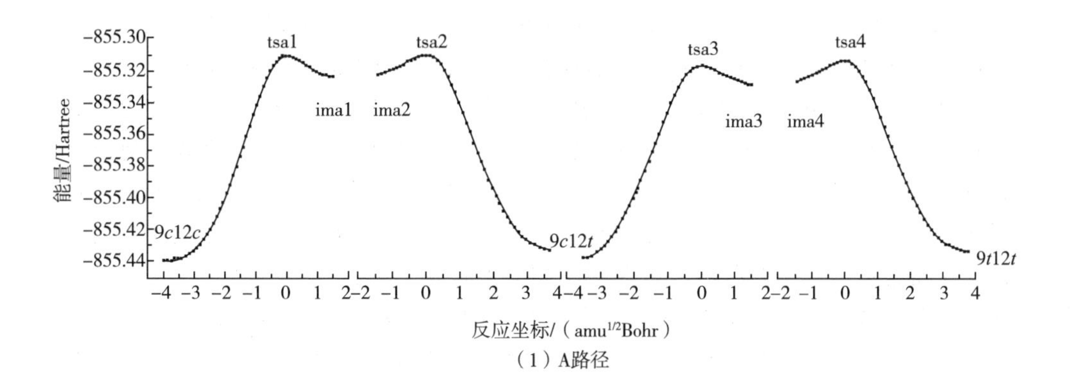

（1）A路径

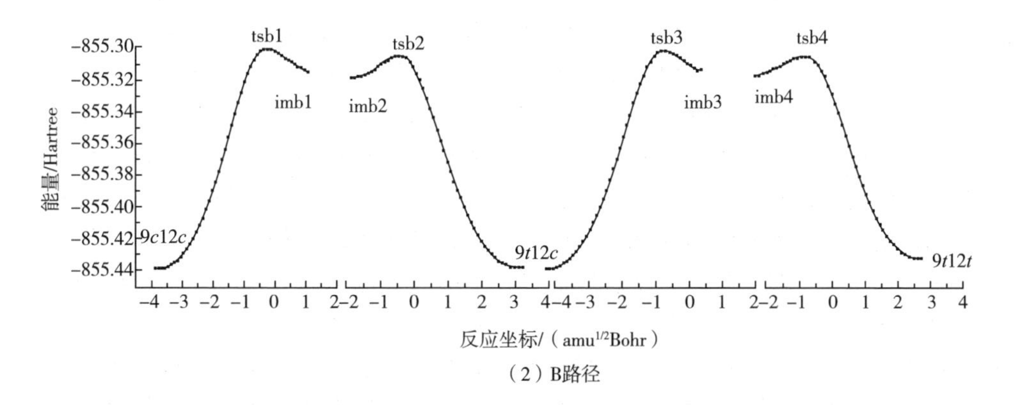

（2）B路径

图 3-18 亚油酸异构化反应机制的内禀反应坐标曲线
（1Hartree≈2625.5kJ/mol）

亚油酸在高温条件下发生异构化同时伴随着氧化、裂败反应。多不饱和脂肪酸在高温下是以氧化反应为主，由质子转移机制形成异构化，同时双键容易发生断裂形成二次产物。所以食用油脂中反式多不饱和脂肪酸含量较少，以反式油酸为主并在食用油脂中积累。

第三节　多环芳烃形成机制

一、多环芳烃的生物化学特性及国内外相关规定

多环芳烃（polycyclic aromatic hydrocarbons，PAHs）是一类仅由碳、氢构成的，含有两个或两个以上苯环的芳香族化合物，食品中常见的多环芳烃均是稠环芳香族化合物。Lijinsky et al.（1964）在其研究中首次报道了烧烤牛排样本中多环芳烃类物质的存在，随后相关研究和立法不断跟进。由于其具有亲脂性，并与生物细胞膜具有较好的结合能力，使得这类物质在富含油脂的加工食品中不易去除，而加工肉制品中这类物质的污染尤其应受到重视。在被转运至生物体细胞内之后，具有生物毒性和致癌性的一类多环芳烃在一系列酶的作用下依次生成初级、次级代谢产物，随后与 DNA 或者蛋白质进一步形成加合物来实现其对遗传物质的诱变作用，并导致癌症的发生。事实上，对多环芳烃的毒理学研究表明，其本身不具有生物毒性和遗传物质的诱变性，但是当进入生物体后，一系列极性基团的引入反应，最终导致具有毒性的生物代谢产物的产生，如苯并［a］芘的代谢产物苯并［a］芘-7,8-二醇-环氧化物。根据苯环数目的多少，稠环多环芳烃通常被分为轻质多环芳烃（2~3 个苯环）和重质多环芳烃（4~6 个苯环），后者通常具有更强的生物毒性。由于自然环境变化和人类对化石燃料的广泛利用，多环芳烃首先作为一类具有致突变性和基因毒性的环境污染物被人们熟知，化石燃料、塑料垃圾和木材的燃烧，以及地质活动（如火山喷发）是环境中多环芳烃的主要来源。作为一种环境污染物，多环芳烃可以通过空气、土壤和水传播而进入食物链，根据其结构性质区分，轻质多环芳烃可以通过气溶胶的形式分散于大气中并随之流通传播，而重质多环芳烃则可通过颗粒吸附的方式存在于空气介质中，并进一步被生物体吸入，或通过沉降的途径污染土壤和水，进而通过皮肤接触或是食物链传播被生物体摄入。美国国家环境保护局（Environmental Protection Agency，EPA）最先规定了包括苯并［a］芘在内的 16 种多环芳烃作为一类环境污染物，按照美国国家环境保护局标准和欧盟委员会的推荐标准，将 16 种可能污染食品的多环芳烃归纳如图 3-19 所示。欧洲食品安全署食物链污染物小组从 33 种所测试的多环芳烃中规定了 15 种可能引起食品污染的多环芳烃，其中有 8 种多环芳烃与美国国家环境保护局的规定重合，即常见的多环芳烃污染指示物——PAH8。如表 3-2 所示，PAH8 的致癌性强，分子质量大，其中苯并［a］芘是最强的 1 类致癌物。我国对于上述物质的食品安全限量标准有待完善，GB 2762—2022《食品安全国家标准　食品中污染物限量》仅说明了苯并［a］芘和 *N*-二甲基亚硝胺的限量，分别为 5.0μg/kg 和

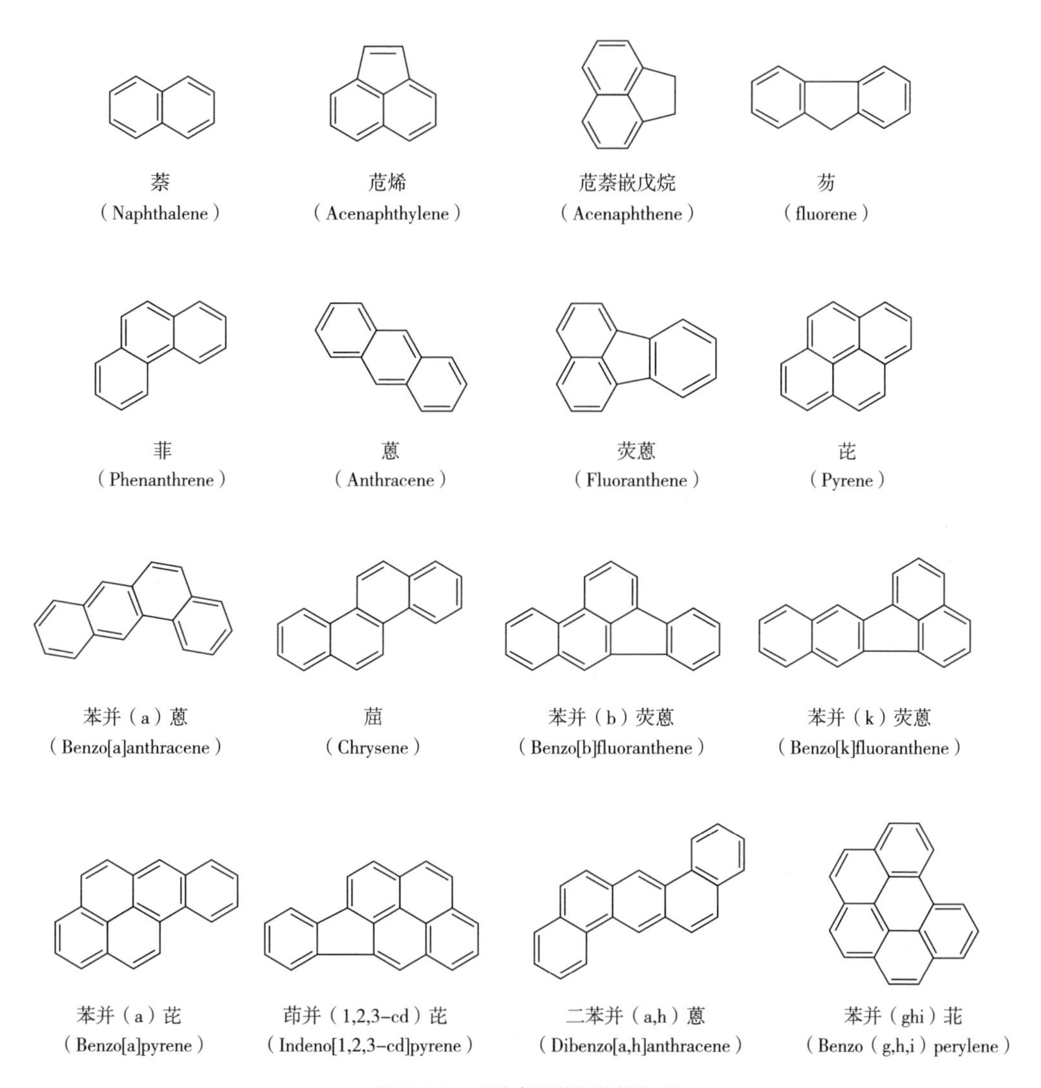

图 3-19 16 种多环芳烃的结构式

3.0~4.0μg/kg（肉制品中），而参照欧盟标准（EU）No 835/2011，其分别将苯并［a］芘和 PAH4 总量（苯并［a］蒽、䓛、苯并［b］荧蒽和苯并［a］芘）作为污染限量指示物，并规定了更低的检出量（苯并［a］芘限量 2.0μg/kg，PAH4 限量 12μg/kg），这是由于尽管苯并［a］芘污染值得引起我们的重视，但鉴于多环芳烃在食品中的污染通常呈现出一种混合污染的现象，在单种多环芳烃的含量较低的情况下，食品中的多环芳烃污染可能仍然存在。因此，相关的食品监管和风险评估工作应考虑这种混合污染的危害性。

表 3-2　16 种多环芳烃分类及致癌性

多环芳烃中文名称	多环芳烃英文名称	缩写	结构分类	致癌性分类
萘	Naphthalene	Na	轻质	2B
苊	Acenaphthylene	Ace	轻质	-
苊萘嵌戊烷	Acenaphthene	Ac	轻质	3
芴	Fluorene	F	轻质	3
菲	Phenanthrene	Phe	轻质	3
蒽	Anthracene	A	轻质	3
荧蒽	Fluoranthene	FI	轻质	3
芘	Pyrene	P	轻质	3
苯并 [a] 蒽	Benzo [a] anthracene	BaA	轻质	2B
䓛	Chrysene	Ch	轻质	2B
苯并 [b] 蒽	Benzo [b] fluoranthene	BbF	重质	2B
苯并 [k] 蒽	Benzo [k] fluoranthene	BkF	重质	2B
苯并 [a] 芘	Benzo [a] pyrene	BaP	重质	1
二苯并 [a,h] 蒽	Dibenzo [a, h] anthracene	DhA	重质	2A
苯并 [g, h, i] 苝	Benzo [g, h, i] perylene	BgP	重质	3
茚并 [1,2,3-c,d] 芘	Indeno [1,2,3-c,d] pyrene	IP	重质	2B

注：致癌性分类参考了国际癌症研究机构的相关表述，“-”代表暂无分类，框中 8 种多环芳烃即为 PAH8。

二、加工方式对多环芳烃形成的影响

无论是环境中还是食品中的多环芳烃污染，有机物的不完全燃烧都是一种主要的污染途径，一般而言，人们暴露于多环芳烃污染的情形多集中于职业风险和食物摄入，后者对我们造成的健康危害最大，也最为普遍。由于多环芳烃的生成与传播特性，易受其污染的食品加工过程既涉及食品原料中的有机物不完全燃烧的食品加工方式，也应考虑会产生大量的燃烧烟气的食品加工方式，如烟熏、油炸和烧烤。究其原因，从食品原料的化学组成上来看，富含油脂、蛋白质等营养物质的肉类在热加工过程中最易受到多环芳烃污染，这是有机物在高温下的热解反应所导致的。油脂被认为是导致多环芳烃生成的主要前体物质，其在热加工过程中的热解和燃烧是多环芳烃形成的主要途径。由于多环芳烃对空气颗粒物具有较强的结合能力，特别是重质多环芳烃也具有较好的颗粒物附着能力，使得其可以通过烹饪过程中有机燃料和食用油脂的燃烧污染食物，因此烹饪过程中的职业暴露风险增大。

（一）烟熏

烟熏作为一种食品加工方法最初被用于加工贮藏过剩的肉类，其发端最早可追溯至距今9万年以前，人们在熏制肉类的过程中发现，其不仅赋予了原料肉独特的风味，颜色和气味特征，也能延长肉类的保质期，同时避免这些加工肉制品在野外受到其他肉食性动物的掠夺。现如今，由于现代食品贮藏技术的普及，冷藏、物理场杀菌、化学保藏等方法逐渐替代了烟熏作为一种食品贮藏方法的应用，使得这种加工技术更多地应用于提升食品的感官品质。烟熏过程涉及的多环芳烃污染，主要来自于热源燃烧产生的烟气在原料肉表面的沉积附着。烟熏工艺可以通过多种方法实现，从烟熏样本是否直接与产生的烟雾在同一处理室内接触来区分，可将烟熏方法分为直接烟熏和间接烟熏。直接烟熏导致的烟气污染较其他方法更为严重，其污染程度主要受木料类型，是否有烟气过滤装置，烟熏温度和烟熏强度（烟气密度，排烟速率）等因素的影响。通常，直接烟熏的烟雾温度不超过80℃，原料肉在此加热条件下难以产生内源性的多环芳烃污染，因此相关研究将烟熏过程中多环芳烃的污染形成归因于木料和油滴的不完全燃烧和热解反应产生的烟气污染（Ledesma et al.，2016）。具体来说，发烟温度较低的木料，相应产生的烟气温度较低，因此产生的污染较少；烟气密度的降低同样能够达到控制烟熏温度的目的，从而降低多环芳烃的生成。间接烟熏则包括各种避免木料燃烧产生烟气对肉类进行烟熏的方法，常见有液熏法，静电发烟和摩擦发烟装置。液熏法近年来已成功应用与商业生产，其通过特定木料在最小需氧量下的阴燃、热解产生的烟气进一步冷凝浓缩，精炼而得到烟熏液，烟熏液通过注射、滚揉、热处理等一系列工序应用于肉制品深加工中，此类烟熏产品的安全性主要取决于原料肉的初始多环芳烃污染以及烟熏液的精炼、过滤步骤，较大多数直接烟熏的方法污染程度低。静电、摩擦发烟等装置则通过避免木料的直接燃烧来降低污染。

（二）油炸

油炸过程涉及到食材和热油的共热，采用的油脂可以是动物脂肪或者食用植物油，通常烹饪温度在150~200℃范围内。在高温处理和油脂的浸没下，食材中的营养成分（如蛋白质、碳水化合物）之间加速反应，并由外向内地发生脱水和吸油的变化，产品从而获得理想的颜色外观，酥脆质地和独特的油炸风味。区别于其他的烹饪方法，油炸过程中不仅存在烟气、油脂热解反应造成的食物多环芳烃污染，污染物还能通过烹饪过程中不断产生的烟气对操作者造成职业暴露风险，并通过厨烟排放进一步污染大气。我国的饮食烹饪习惯强调煎、炸、炒等多种涉及食材与热油在高温下共热熟制的方法，研究表明中国家庭主妇的高肺癌发病率与厨卫烟气中高含量的苯并［a］芘、二苯并［a,h］蒽有关（Zeb，2019）。油炸用油的精炼状态和烹饪特性、原料肉的种类和加热条件是影响烹饪过程中多环芳烃生成的主要因素。由于植物油生产过程中涉及油料的炒制、烤制工艺，加工过程中涉及的受到多环芳烃污染的萃取溶剂，未精炼的毛油和精炼不完全的成品油中可能存在超过限量标准的多环芳烃污染（刘春梅，2019）。在我国的传统饮食习惯中，相当一部分地区的消费者倾向于购买由家庭小作坊生产的自榨油，而由于缺乏监管和规范的油脂精炼工序，这些自榨油本身就存在极大的安全隐患，并在进一步的烹饪过程中污染环境与食物。排除烹调用油的初始污染因素，食用油烹饪时的发烟量，烟气中的多环芳烃含量则决定了其造成的职业性暴露风险和环境污染的程度。研究表明，具有较大发烟量的植物油，特别是菜籽油在油炸过程中产生的烟气污染较为严重，同时较高的不饱和脂肪比例使得这些植物油更容易在高温加热的过程中热解，闭环脱氢形成食物中的多环芳烃污染（Chen et al.，2003）。动物脂肪作为油炸用油时，同样呈现与植物油相同的趋势。较高的烹饪温度，过长的烹饪时间，以及油炸用油的反复使用，均会导致多环芳烃污染的逐步累积。此外，油脂在贮藏过程中，过氧化值的升高也会导致多环芳烃及其衍生物的含量的升高，其中，轻质多环芳烃含量的大幅上升应是食用油脂在贮藏过程中应关注的安全性问题（赵雪，2017）。油炸食品的食用安全还应考虑到食材的不同所造成的影响，由于原料本身所存在的食物链污染和其他接触污染，脂肪含量、脂肪酸结构以及水分含量的差异，相同烹饪条件下可能产生不同的多环芳烃含量。通常来说，脂肪含量较高的食材在油炸过程中更易生成更多的有害物，这是油炸工艺与其他烹饪方法的特征区别之一，在油炸过程中，动物脂肪不断地从原料肉中熔出，继而在外部油脂介质中与原料进行共热；而在如不接触明火的烤制、烟熏过程中，原料中脂肪的存在不仅作为一种多环芳烃的生成前体，也能起到一定的隔热作用。相关研究表明，较烤制方式来说，煎炸工艺制备的鱼肉制品更易产生大量的多环芳烃物质，如鲑鱼，金枪鱼等脂肪含量高、不饱和脂肪酸较为丰富的鱼类煎炸过程中较其他畜禽肉制品存在更大的安全风险（Perelló et al.，2009；Rose et al.，2015）。

（三）烧烤

烧烤是一种古老的烹饪方法，其起源可以追溯到180万年前原始人类对食品原料的熟制，伴随着人类的进化过程。烤制食品的制作工艺发展至今，根据其熟制方式的不同，可分为烧烤和烘烤两大类，前者常见于使用露天烤架烤制的肉制品，后者则通常使用烤箱、烤炉来烤制，究其区别，即在于肉类是否在密闭环境下加热，烹饪过程中是否产生大量烟气。肉类在烧烤过程中经木料、油脂燃烧的烟气附着形成的烧烤风味，肉品中的蛋白质和碳水化合物在高温条件下发生美拉德反应所形成的良好风味和色泽品质，以及预腌制后的肉料经适当烤制所形成的鲜嫩口感，共同形成了烤肉独特的感官品质。从一种原始的熟制肉食发展至今，烤肉仍受到消费者的广泛青睐，更多的是由于其能给我们带来独特的感官体验，与此同时，这类肉制品给消费者们带来的安全风险不容忽视。在烤肉制品中，烹饪过程中的多环芳烃主要通过以下三个途径生成：①热源如木炭、柴火燃烧产生的烟气在烤制过程中污染食品表面；②烤制时原料肉本身含有的或人为添加的油脂、碳水化合物等营养物质在高温条件下发生一系列的热解、环化反应；③烹饪过程中由肉中渗出的油脂滴落到热源表面，进而燃烧产生富含多环芳烃及其前体物质的烟气并再次附着于食品表面。研究表明，使用特制的烤制装置，在烧烤过程中将原料肉中渗出的油脂滴落到热源上的过程阻断，能大幅降低烤肉中多环芳烃的生成（减少 48%~89%，区别在于不同肉类原料）（Lee et al.，2016）；烤制肉制品中的多环芳烃生成量不仅取决于脂肪的含量，同样也和脂肪的构成及烹饪特性有很大关系。脂肪作为多环芳烃形成的主要前体物质，其脂肪酸组成与最终食品中的多环芳烃污染密切相关。通常来说，不饱和脂肪酸的比例越大，苯类化合物和多环芳烃衍生物生成的量越大，这是因为不饱和脂肪酸更易热解产生大量自由基，非共轭双键在进一步的闭环脱氢反应中也更容易生成苯类化合物；同时，含有较高比例的不饱和脂肪酸的油脂通常具有较低的发烟点和燃点，这使得它们在烹饪过程中更易产生大量烟气，在烤架烧烤的情况下，油脂滴落到热源燃烧产生的烟气进一步污染食品表面是这种情况下肉制品受到污染的主要途径。烤制条件的影响同样至关重要，在烤制过程中剧烈的加热和较长的热处理时间都会导致大量多环芳烃类物质的生成，有研究报导过长的高温加热时间会导致多环芳烃由轻质向重质的进一步转化（Nie et al.，2019），这伴随着污染物毒性的增强。同时，较高的加热强度通常会引发烤制肉制品的局部过热现象，最终导致过度烹饪引起的肉品由表面向内发生的烧焦现象，这不仅会影响产品的感官品质，同时存在极大的食品安全风险。相关研究表明，干热的加热条件会使得烤制肉品中多环芳烃的含量大幅度增加（Min et al.，2018），这也是因为水分、湿腌料的存在起到了一定的隔热作用，避免了烤制过程中肉料直接受热可能导致的局部过热现象。

第四节　杂环胺形成机制

早在 1964 年，Lijinsky 和 Shubick 发现烹调肉类食品的过程中会产生芳香烃类的致突变物质（Lijinsky et al.，1964）。Sugimura 等（Sugimura et al.，1977）根据烹调鱼类和牛肉食品中产生的致突变物质的活性，证明了导致基因突变的不仅仅是芳香烃类物质，还有一类新的物质同样可以引起基因突变，随即把这一类新物质命名为杂环胺（Heterocyclic Aromatic Amines，HAAs）。到目前为止，已经有超过 30 种杂环胺被分离鉴定出来（Lijinsky et al.，1964）。所有的杂环胺都是由 2~5 个（一般是 3 个）芳香环缩合而成的，通常都还有一个外环氨基基团。杂环胺都是在热加工过程中产生的，它们的产生主要依赖于加热的温度，肉类在煮沸的时候，杂环胺产生的量非常少，但是，烹调的温度升高到150℃以上时，杂环胺的产生量显著增加。当使用油炸、烧烤、烘烤等加工方式加工肉类食品时，肉类表面的温度很容易就达到150℃以上。因此采用油炸、烧烤、烘烤等加工方式加工肉类食品时产生的杂环胺要远远大于蒸煮方式。杂环胺是由美拉德反应和氨基酸热降解产生的一类化合物，除了在多种加工的肉类食品中发现之外，还存在于咖啡、酒精饮料、烹调的烟雾和大气中（Herraiz，2002；Kataoka et al.，2000；Manabe et al.，1993；Ono et al.，2000；Richling et al.，1997；Smith et al.，2004；Thiébaud et al.，1995）。

杂环胺（HAAs）是由具有多环结构的碳、氢和氮原子组成的，在高温烹调的富含蛋白质的食物（如肉类和肉制品）中形成的一组致癌、致突变的芳香族化合物（Alaejos er al.，2011）。具体地说，杂环胺能够通过加热糖、氨基酸和肌酐，或通过热降解氨基酸或蛋白质来产生（Gibis et al.，2016）。目前，从各种食品基质中检测到近30种杂环胺，按其化学构成，杂环胺又可分成两种：氨基咪唑氮杂芳烃类（AIAs）和氨基咔啉类（ACs）（Cheng et al.，2006）。

一、氨基咪唑氮杂芳烃类杂环胺的形成

氨基咪唑氮杂芳烃类（aminoimidazo azaarens，AIAs），又称为热聚合杂环胺（thermic HAAs）或IQ类型杂环胺（imidazoquinoline or imidazoquinoxaline type HAAs），这类杂环胺是由前体物质氨基酸、葡萄糖和肌酸（酐）在100~300℃加热温度下，发生美拉德反应而产生的，它们属于极性杂环胺。在富含碳水化合物和蛋白质的肉类中，还原糖上的羰基与氨基酸反应形成席夫碱，进而生成Amadori重排产物，它会生成羰基化合物，为杂环胺的形成提供中间体，也会参与进一步Strecker降解。降解过程中生成的吡啶和吡嗪，为喹（喔）啉类杂环胺提供了前体物，与肌酸形成的氨基咪唑二者通过降解产物醛或席夫碱的醇醛缩合生成IQ型杂环胺（Jägerstad et al.，1983）。极性杂环胺最先是从烧烤的鱼或肉中被分离出来的，在日常烹饪中更容易形成，在过去的十多年中已经受到了越来越多的关注，而且这类的杂环胺数量还在不断增加。

二、氨基咔啉类杂环胺的形成

氨基咔啉类（aminocarbolines），又称热解杂环胺（pyrolytic HAAs）或者是非IQ类型杂环胺（non- imidazoquinoline or non-imidazoquinoxaline type HAAs），这类杂环胺是加热温度在300℃以上时，由蛋白质或者氨基酸直接热解反应所产生的，它们属于非极性氨基酸。在非IQ型杂环胺Norharman的生成过程中，其前体物色氨酸经过Amadori重排和脱水反应后，在环氧孤对电子的影响下，经β-消去反应产生氧鎓离子，它会分裂并重新排列成两种类型的β-羧酸盐，其中一种就是Norharman（Finot，1990）。它们最先从香烟或热解的氨基酸或蛋白质的烟雾冷凝物中分离出来的，是人

们发现的第一类具有致畸性的杂环胺，但是它的致癌性和致突变活性比极性杂环胺稍弱（Jägerstad et al.，1998）。

自从1977年日本科学家首次发现杂环胺以后，科学家就一直致力于杂环胺形成机制的研究探索。杂环胺的形成机制大多数是通过化学模拟体系进行研究的，模拟体系由生成杂环胺的前体物质组成，其优点是减少了肉类食品中复杂基质的次要反应，排除了肉类中其他不参与杂环胺生成的组分。值得一提的是，一些杂环胺首先在模拟体系中被发现而后又在加热肉类食品中被发现。

三、 杂环胺形成前体物

在最早公布的模拟体系中，杂环胺被认为是氨基酸和蛋白质高温热解反应的产物，除此之外食品的其他组分在高温热解过程中不能生成杂环胺。例如，在烧烤的肉和鱼的烧焦部分中同时检测出来杂环胺，而核酸、淀粉，或是油在热解过程中不能产生杂环胺，但是单独加热氨基酸却能产生杂环胺（Skog et al.，1993）。一般说来，这些高温热解产生的杂环胺被归类为非极性杂环胺。Felton 等使用同位素^{14}C原子去标记葡萄糖中的C原子，实验发现在三种杂环胺中都存在标记后的C原子，认为在形成杂环胺的过程中葡萄糖发挥了前体物质的作用（Felton et al.，1990）。Skog等混合了肌酐和用^{13}C标记的苯丙氨酸粉末，加热后，通过液相色谱检测出有杂环胺PhIP的生成，从而证明了杂环胺PhIP的前体物质是肌酐和苯丙氨酸，认为在干热的模拟体系条件下，葡萄糖是一个非必要的前体物（Skog et al.，1991）。Skog还研究证明了在溶液的模拟体系中，随着葡萄糖添加量的增加，杂环胺的生成量明显增加，但当加入过量的葡萄糖时反而会抑制其生成（Skog et al.，1991）。1983年Jägerstad等认为肌酐、氨基酸和葡萄糖是IQ和IQx类杂环胺前体物质，并简要画出了形成途径（Jägerstad et al.，1983）。2002年Zöchling等采用苯丙氨酸和肌酐作为前体物质的模拟体系，发现生成了杂环胺PhIP，并提出了其形成途径的假设（Zöchling et al.，2002）。Nishigak 采用不同的化学模拟体系和实际的油炸实验，证实了肌酸和肌酐是多种杂环胺形成的前体物质（Nishigaki et al.，2009）。Chen等采用苯丙氨酸、葡萄糖与肌酐的模拟体系在150℃和200℃下加热，可产生Norhanman、Harman、AαC与MeAαC（Chen et al.，1999）。

氨基酸，肌酐（或肌酸）和碳水化合物反应生成了大多数的极性杂环胺。反应体系可以通过加热反应物干粉，或是反应物溶解在二甘醇中再加热，这两种加热方式几乎产生相同量的杂环胺（Jägerstad et al.，1991）。为了更接近实际肉类，有研究者使用肉汁作为模拟体系，然而对于不同的肉类，肉汁中的氨基酸的种类和含量都不同，葡萄糖和肌酐的比例变化范围也很大，这种特殊的产生杂环胺的模拟体系成分复杂，使得一些极性和非极性杂环胺的生成增加。用氨基酸、葡萄糖和肌酸作为前体物质，模拟肉类的化学组成要比复杂的肉汁模拟体系更好，结果接近于实际，又避免肉类中其他复杂成分引起的干扰反应，更易于研究杂环胺的生成途径。

四、杂环胺形成的化学反应途径

在20世纪初，法国化学家Maillard发现当混合加热葡萄糖和甘氨酸的粉末时，糖类的羧基基团和氨基酸的氨基基团发生褐变反应产生了褐色成分和聚合物，将此反应称为美拉德反应或是非酶褐变反应。美拉德反应的化学过程非常复杂，它不是一个反应过程而是一些反应组成的完整反应体系。美拉德反应某些阶段的产物，例如吡嗪、喹喔啉等参与了杂环胺的形成反应。来源于美拉德反应的*N*-杂环参与了杂环胺生成（Hwang et al.，1994；Kennedy et al.，1995；Rivera et al.，1991）。如图3-20所示，甲基吡啶和吡嗪是这个反应途径的前体物质，乙醛也是高温反应的产物，和肌酐一样对于形成极性杂环胺的咪唑基团同样重要。

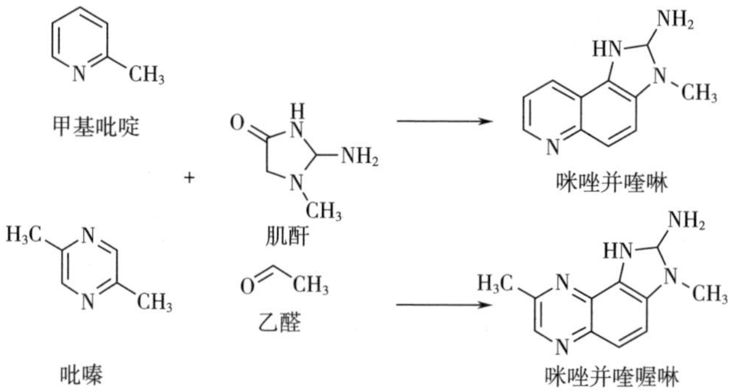

甲基吡啶　肌酐　乙醛　吡嗪　咪唑并喹啉　咪唑并喹喔啉

图3-20　肌酐、乙醛和美拉德反应产物反应生成咪唑并喹啉和咪唑并喹喔啉

目前认为，美拉德反应产生的自由基参与了杂环胺的形成，科学家提出了两条不同的杂环胺自由基生成途径：一条途径是通过醛醇缩合发生氧化反应生成吡啶阳离子自由基；另外一条途径是通过还原产生吡嗪阳离子自由基。氧化途径最终产生的是IQ类杂环胺，而还原途径产生的是IQx类杂环胺。氧化途径比还原途径的反应速度慢，产生的自由基也少，这就解释了在炸鱼和炸牛肉中致突变物IQ类杂环胺的量要少于IQx类杂环胺等一系列问题（Pearson et al.，1992）。

Kato等发现在混合葡萄糖、甘氨酸和肌酐的模拟体系中，葡萄糖和甘氨酸首先发生美拉德反应产生了吡嗪阳离子自由基和以碳为中心的自由基，吡嗪阳离子自由基和肌酐反应最终形成了IQx类杂环胺，在葡萄糖和甘氨酸发生的美拉德反应初期，生成的吡嗪阳离子自由基和碳为中心的自由基，能被酚类抗氧化剂（包括表儿茶素没食子酸）清除，减少了IQx类杂环胺的生成（Kato et al.，1996）。Kikugawa等人发现葡萄糖和甘氨酸混合溶解在二甘醇溶液中，120℃加热5min，能够产生1,4-2-羧甲基吡嗪阳离子自由基的电子顺磁共振特征信号，研究表明在葡萄糖、甘氨酸和肌酐组成的模拟体系中形成的主要是吡嗪阳离子自由基（Kikugawa，1999）。Johansson等把不同的脂肪酸、甘油和各种植物油加入由肌酐，甘氨酸和葡萄糖组成的模拟体系中，研究其对杂环胺产生的影响，结果表明脂肪不会对模拟体系中形成杂环胺的种类产生影响，但会使 MeIQx 类杂环胺的生成量增加，脂肪对杂环胺形成的增强作用可能是由于热处理过程中脂质氧化产生自由基。在肉汁湿热模拟体系中加入铁离子可使 IQx 和 MeIQx 类杂环胺的生成量增加，在干热模拟体系下 PhIP 的生成量增加，分析认为铁离子促进杂环胺的生成是由于铁催化脂质氧化形成自由基（Johansson et al.，1995）。把对苯二酚加入模拟体系中，可以激发模拟体系发生自由基反应，但是在 IQx 和 MeIQx 类杂环胺的模拟体系中，似乎没有自由基反应，因而这两种杂环胺的生成量没有变化，但在 7,8-DiMeIQx 杂环胺的模拟体系中出现了自由基反应并使得其生成量出现明显的增加，因此，可以推断，自由基反应的出现可以增加杂环胺的生成量（Skog et al.，2000）。

IQ 和 IQx 类杂环胺的形成：IQ 和 IQx 类杂环胺的形成与美拉德反应密不可分，肉类中的肌酐、游离氨基酸和葡萄糖发生美拉德反应产生的吡嗪或吡啶分子，对杂环胺的形成具有重要作用。IQ 和 IQx 类杂环胺分子中的氨基咪唑部分的形成来源于肌酐分子的环化和脱水，最后通过美拉德反应产物，氨基咪唑部分和吡啶或吡嗪部分发生醇醛缩合而连接起来（Johansson et al.，1996）。Negishi 等将肌酐、甘氨酸和葡萄糖溶解在二甘醇水溶液中，128℃加热 2h 后产生了 MeIQx 和 7,8-DiMeIQx 两种杂环胺，证实了 IQ 和 IQx 类杂环胺的形成机制假说（Negishi et al.，1984）。当氨基酸由甘氨酸变为苏氨酸时，产生的杂环胺为 MelQx 和 4,8-DiMeIQx；当氨基酸为丙氨酸时则产生 4,8-DiMeIQx 和少量 MeIQx。在此基础上 Nyhammar 进一步描述了 IQ 和 IQx 类杂环胺的形成机制中的各个细节问题（Nyhammar，1986），而 Jones 等认为在前体物一致的情形下，肌酐可能先与醛进行缩合然后再与吡啶或吡嗪反应生成 IQ 和 IQx 类杂环胺（Jones et al.，1988）。更进一步的研究支持 IQ 和 IQx 类杂环胺形成机制假说中的前体物质和中间产物，认为这其中自由基也参与了反应，提出了自由基反应机制（Jones et al.，1988）。Pearson 等提出烷基吡啶自由基和肌酐反应生成 IQ 类和 MeIQx 杂环胺，而二烷基吡啶自由基和肌酐反应生成杂环胺 4,8-DiMeIQx 和杂环胺 MeIQx（Pearson et al.，1992）。Milić等认为 MeIQx 和 DiMeIQx 形成的开始步骤依赖于美拉德反应和 Strecker 反应，反应形成的吡啶自由基和吡嗪自由基稳定后形成吡啶和吡嗪衍生物，与肌酐发生反应形成杂环胺（Milić et al.，1993）。Lee 等通过加热 2-甲基吡啶、各种醛类和肌酐的混合物，发现有 IQ 类杂环胺产生（Milić et al.，1993；Lee et al.，1994；Yaylayan et al.，1990）。

杂环胺 PhIP 的形成：早在 1987 年 Shioya 等就推测出苯丙氨酸、肌酐和葡萄糖很可能是 PhIP 产生的前体物质（Shioya et al.，1987）。Knize 等通过加热肌酐和 ^{13}C 标记的苯丙氨酸的混合粉末，有力地证明了肌酐和苯丙氨酸是杂环胺 PhIP 的前体物，而且加热肌酸与亮氨酸、异亮氨酸和酪氨酸也可生成杂环胺 PhIP，认为在干热条件下，葡萄糖不是一个必要的前体物（Knize et al.，1991）。然而有研究发现，在加热苯丙氨酸与肌酸的液体模拟体系中，葡萄糖对杂环胺 PhIP 的生成量有重要影响，依赖于自身的浓度，它可以起到增强或抑制作用，在干热条件下也有相同结果（Skog et al.，1998）。Manabe 等报道，当苯丙氨酸和肌酐溶于水中并在 37℃和 60℃加热，四糖（赤藓糖）在杂环胺 PhIP 的形成中具有最高活性，其他碳水化合物如树胶醛糖、核糖、葡萄糖和半乳糖活性较低，这个研究组发现，在加热肌酐、苯丙氨酸和乙醛的混合物中产生杂环胺 PhIP，同样在加热苯丙氨酸、肌酐和核酸的混合物也产生杂环胺 PhIP（Manabe et al.，1992）。以苯丙氨酸和肌酐作为前体物的模拟体系中杂环胺 PhIP 的形成是从 Strecker 醛——苯乙醛的形成开始的，第二步是醛和肌酐发生醇醛缩合反应随后脱水（Pais et al.，2000）。在模拟体系和加热肉品中已鉴定出这些缩合产物。杂环胺 PhIP 中形成吡啶基团的氮原子的来源至少有两部分，首先它可以是肌酐的氨基与中间体的含氧基团反应而成，其次是苯丙氨酸的氨基或者游离氨。杂环胺 PhIP 中 5、6、7 位碳原子的来源已通过利用^{13}C 标记的苯丙氨酸（分别标记在 C2 和 C3）和通过核磁共振分析产物而鉴定出来。结合这些结果阐明了 PhIP 的形成机制（Zöchling et al.，2002），如图 3-21 所示。Zamora 等在生成杂环胺 PhIP 的化学模拟体系中（只含有肌酐和苯丙氨酸）加入了已糖、核糖等还原糖和氧化的大豆油及不饱和脂肪酸后，发现杂环胺 PhIP 的生成量明显提升，推测这些羰基类化合物在杂环胺 PhIP 形成中显著促进苯丙氨酸转化为苯乙醛的过程，进一步证实了关于杂环胺 PhIP 反应路径的可能性（Zamora et al.，2013）。

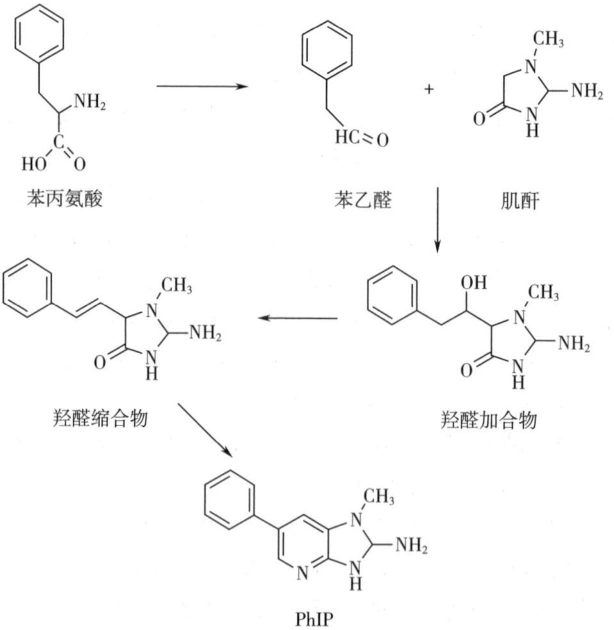

苯丙氨酸　苯乙醛　肌酐　羟醛缩合物　羟醛加合物　PhIP

图 3-21　杂环胺 PhIP 生成路径

咪唑并喹啉和咪唑并喹喔啉类的形成：由己糖和氨基酸在加热的条件下，通过美拉德反应的 Strecker 降解分别形成吡啶和吡嗪，吡啶和吡嗪是构成 IQ 类化合物的一个组成部分。加热过程时，肌酸环化为肌酐，然后与吡啶或吡嗪衍生物发生羟醛反应，最后分别生成咪唑并喹啉和咪唑并喹喔啉类化合物（Skog et al.，1993）。醛和肌酐在形成极性杂环胺咪唑环中起着重要的作用。这两个部分可以通过 Strecker 醛烯醇化转变为席夫碱并相互结合。具体的形成的机制如图 3-22 所示。该机制已经在以^{14}C 标记的葡萄糖为前体物形成 IQx、MeIQx 和 4，8-DiMeIQx 过程中得到证实（Gibis，2016）。

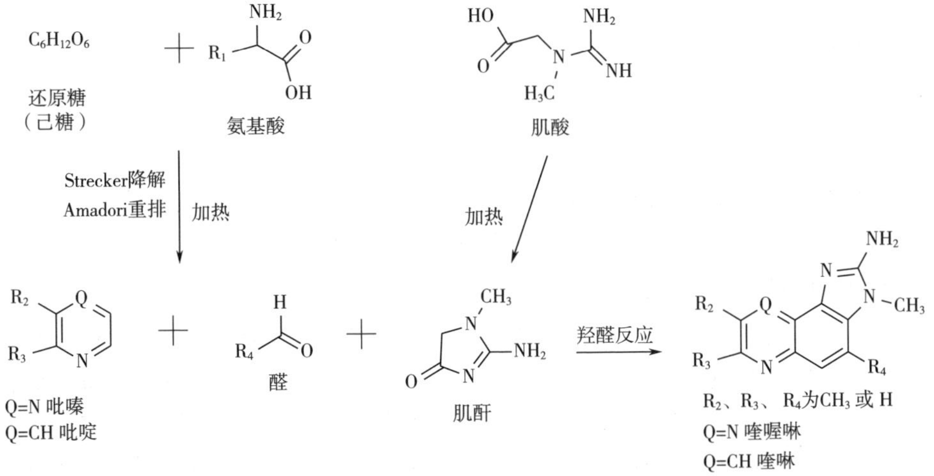

图 3-22　模型中 IQ 类和 IQx 类的形成机制

β-咔啉（β-carboline）的形成：β-咔啉类中的 Norharman 反应形成机制如图 3-23 所示（Rönner et al.，2000）。由于 Harman 的反应机制与 Norharman 的反应机制类似，所以这个反应机制被假定为β-咔啉的形成机制。2004 年 Pfau 和 Skog 发现它们在 Ames 试验中没有致突变性，主要原因是这两种物质都没有游离氨基（Pfau et al.，2004）。与其他咔啉比较（热解杂环胺），Norharman 和 Harman 可以在较低的温度下形成，如披萨配料、意大利腊肠和熟火腿等（Gibis et al.，2013）。研究人员发现作为前体物的色氨酸与葡萄糖都能够增加β-咔啉的形成（Pfau et al.，2004）。如果在相同的条件下，色氨酸的含量提高，那么 Norharman 和 Harman 含量的水平会分别提高到原水平的 70 和 20 倍（Skog et al.，1998）。其他的咔啉通常会在 300℃以上的温度下形成，他们均是典型的氨基酸的热解产物（Skog et al.，1998）。

五、　杂环胺形成的影响因素及抑制措施

在实际体系中，由于食品基质的复杂性，在高温下会发生多种反应从而生成种

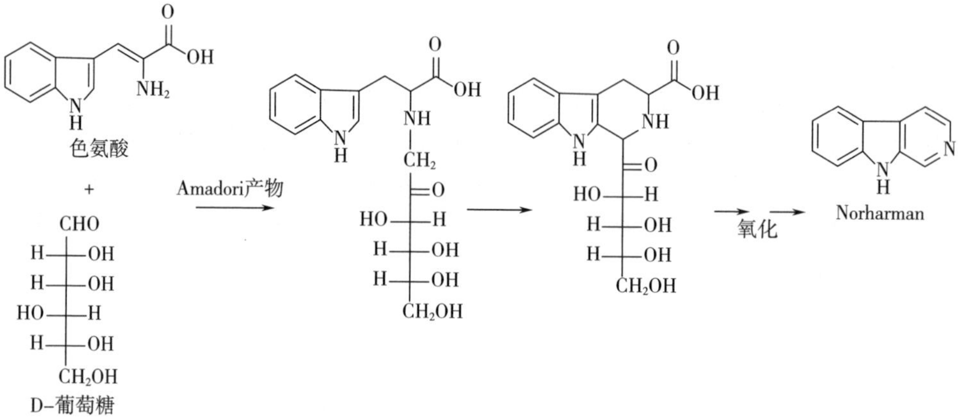

图 3-23 模拟体系中 β-咔啉（Norharman）的形成机制

类丰富的杂环胺，影响它们形成的因素也较多，包括使用的原料肉及前体物、加热温度等，针对不同杂环胺特性，可从多角度对其进行抑制。

（一）原料肉及前体物

加工红肉由于具有含量较高的脂肪、血红素等成分，在加工过程中更易形成 *N*-亚硝基化合物、杂环胺等致癌物，且来自红肉的高脂饮食结构会促进结肠癌的发生，其他家禽、鱼类等来源的脂肪则不会有明显的作用。Gibis 等对比了 9 种烤制动物肉饼产生的杂环胺，从肌酐肌酸、葡萄糖、氨基酸等前体物角度进行了分析，鸡肉氨基酸比例的不同导致它比牛肉、猪肉或其他物种更容易形成 PhIP，赖氨酸和酪氨酸等游离氨基酸都与 PhIP 形成显著相关，但与 MeIQx 关系不大，氨基酸的热分解是 PhIP 形成的关键（Gibis et al. , 2015；Johansson et al. , 1995）。在牛肉和猪肉中发现了较多的其他杂环胺，如 MeIQx 或 4,8- DiMeIQx。在一定范围内 β-咔啉类杂环胺与葡萄糖浓度显著相关（Borgen et al. , 2001；Skog et al. , 1990），马肉、鹿肉和牛肉样品中的糖原含量较高，其 Harman 和 Norharman 含量也较高，鸡肉和猪肉中 Harman 的水平较低（Pan et al. , 2014）。谷氨酸、丙氨酸、甘氨酸是生绵羊肉中主要的游离氨基酸，熏制羊肉中仅能检测到 Harman 和 Norharman（Alaejos et al. , 2011），它们也是熟肉中含量最为丰富的杂环胺。不同品种的肉制品原料的脂肪含量差异最为显著，其次是葡萄糖和肌酸肌酐，蛋白质、灰分、水分等差异不大。

影响杂环胺形成的前体物主要是肌（酸）酐、氨基酸、蛋白质和糖类，它们有的直接参与杂环胺的生成，有的通过影响美拉德反应等过程间接造成影响。Pan 发现由于酱牛肉在制作过程中加入了酱油等各种调味品，引进了大量的糖和氨基酸，促进了其杂环胺的产生（Pan et al. , 2014）。改变单糖和二糖的浓度和类型也极大地影响了杂环胺的产量。葡萄糖和肌酐的比例对于杂环胺的形成也尤为重要（Alaejos et al.，2011)，烤制过程中，脂肪本身作为传热介质会加快热量传递，提高杂环胺生成的效率，滴落的脂肪会随着持续的加热继续热解，产生含有致癌物的烟雾并附着于食物表面，脂质氧化产生的自由基和它本身都会参与美拉德反应从而促进杂环胺的产生。

（二）加热温度与加工方式

加工方式的不同，加工时间的长短与温度的高低都会对杂环胺的产生有显著的影响，Costa 对比了木炭和电热源下不同温度烤制的沙丁鱼和三文鱼，180~200℃烘烤产生的杂环胺种类及含量明显少于 280~300℃，电热源也优于木炭加热（Costa et al.，2009)。Suleman 动态监测了不同工艺（炭烤、电烤、蒸汽烤制）和时间烤制羊肉肉饼的杂环胺含量，不同的烹饪方法对极性杂环胺的含量有显著的影响，蒸汽可以有效地降低极性杂环胺的含量，炭烤肉饼中极性（如 Harman 和 Norharman）和非极性杂环胺（如 DMIP 和 PhIP）含量较高，而电烤肉饼中极性和非极性杂环胺含量较低（Suleman et al.，2019)。Solyakov 将各类鸡肉样品进行水煮、油炸、煎、烤箱烘烤、放在陶罐或烤袋中烘烤，结果表明，低温熟制的鸡肉和煎炸的鸡肝中杂环胺含量较低（Solyakov et al.，2002)。Wang 使用了组合工艺对牛肉饼进行烤制，结果显示，与传统木炭烧烤相比，微波加热或过热蒸汽两种工艺与红外线烧烤相结合的烤制工艺可以显著降低杂环胺含量（Wang et al.，2021)，当使用烤盘烤肉时流出的肉汁等残留物会与肉饼在一起继续烤制，研究表明，肉汁与肉饼含有相似的杂环胺（Gibis et al.，2015；Pais et al.，2000)，使用烤架可以避免局部过热和肉汁的影响。Szterk 认为高温与时间对杂环胺的影响并不完全符合线性关系，肉中的前体物会随着水分扩散，烧烤过程中的高温会加速它们迁移渗透到肉饼表面，在接触热源后，加速生成杂环胺（Szterk，2015)。

（三）抑制措施

除了食用健康新鲜的肉、抑制前体物的生成与转化、采用合理的烹饪方式、避免食物与热源的直接接触、降低加工温度和时间、优化加工工艺等方法外，添加外源抑制物可以有效抑制杂环胺的产生。Esfahani 发现将小麦纤维、黄原胶和瓜尔豆胶添加到烤牛肉中，能够减少产品内部到表面的油和水损失从而对杂环胺和多环芳烃进行减控（Esfahani，et al.，2020)；Gibis 发现微晶纤维素（MCC）或羧甲基纤维素（CMC）通过提高肉制品保水性抑制极性杂环胺的形成，但 Harman 的含量略有增加（Gibis et al.，2017)。添加黑孜然和干面包屑可以通过降低 TBARS 值、蒸煮损失和提高水分含量来降低肉丸中杂环胺的产生，同时，烹饪温度和时间的增加会促进杂环胺的产生（Oz，2019；Korkmaz et al.，2020)。一些天然的抗氧化物质不仅可以增加食品风味，还可以有效抑制体系致癌物的产生。美拉德反应、蛋白质氧化、脂质氧化等高温热解反应都会产生杂环胺，抗氧化剂的加入会抑制氧化过程中自由基的产生，天然多酚类、黄酮类物质是最常见的天然抑制剂，它们具有自由基清除能力，能够有效抑制自由基，还可以参与到反应中，捕获反应前体物或参与竞争消耗等。通过添加生育酚（维生素 E）可以减少 IQ 类化合物的产生（Balogh et al.，2000；Lan et al.，2004）。生育酚是一种天然存在的抗氧化剂，由于生育酚的分解产物与形成杂环胺的前体物发生反应，致使前体物不再形成致突变的杂环胺（Shin et al.，2004）。抗坏血酸或抗坏血酸钠分别作为天然存在的抗氧化剂和还原酮也可以类似地导致杂环胺产量降低（Dundar et al.，2012；Kato et al.，2000；Wong et al.，2012）。对于水溶性维生素，如烟酸和抗坏血酸，发现其对 PhIP、4,8-DiMeIQx 和 MeIQx 的形成均有抑制作用（约为 20%）；而吡哆胺使这 3 种杂环胺降低量大约 40%（Wong et al.，2012）。该研究通过高效液相色谱串联质谱电喷雾法和核磁共振波谱分析证实，吡哆胺通过捕获苯乙醛使 PhIP 水平显著降低，并与苯乙醛反应形成吡哆胺-苯乙醛加合物。

蔬菜和水果中存在的多酚提取物也能导致杂环胺诱变活性的降低，如迷迭香提取物能降低炸牛肉饼中杂环胺的含量（Damašius et al.，2011；Liao et al.，2009）。在冻干牛肉汁的模拟体系中类胡萝卜素等组分会对咪唑并喹啉类杂环胺（IQx、MeIQx 和 DiMeIQx）的形成产生抑制作用（Vitaglione et al.，2002），添加浓度为 1000mg/kg 的类胡萝卜素提取物，观察到肉汁模拟体系中 13% 的 MeIQx 和 5% 的 4,8-DiMeIQx 得到抑制。番茄中主要的黄酮类化合物槲皮素添加量为 10mg/kg 时，对于 MeIQx 形成的抑制率为 9%~67%。还发现其他酚类抗氧化剂，如表没食子儿茶素没食子酸酯和芝麻酚对杂环胺形成的有抑制作用（Arimoto-Kobayashi et al.，2003；Oguri et al.，1998）。在模拟体系中不同的杂环胺，如 MeIQx 或 PhIP，可以用多酚如槲皮素、芦丁、儿茶素、儿茶素没食子酸酯和没食子酸正丙酯来降低，构相分析结果表明，在苯环的间位具有 2 个羟基的酚是最有效的抑制剂。烷基或羧基作为芳环中额外存在的取代基，它们会使抑制作用稍微的降低一些（Weisburger，2005）。有研究表明，在模拟体系中表没食子儿茶素和没食子酸酯能与苯乙醛生成加合物，进而使 PhIP 形成受抑制（Yu et al.，2016）。此外，含花青素的提取物对杂环胺的形成也有抑制作用（Zeng et al.，2018）。使用不同方法处理的提取物在腌制肉中对杂环胺形成也存在影响。与纯葡萄籽提取物相比，用包含葡萄籽提取物（约 100nm）的纳米级脂质体作为腌泡汁腌制的牛肉饼对 MeIQx 的形成具有抑制作用，但对 β-咔啉的形成具有促进作用（Zeng et al.，2017）。

参考文献

[1] 李昌模，张钰斌，李帅．反式脂肪酸生成机理的研究［J］．中国粮油学报，2015，30（7）：141-146.

[2] 刘春梅. 菜籽油生产条件对其质量安全与综合品质的影响 [D]. 郑州：河南工业大学，2019.

[3] 赵雪. 三种植物油在加工和储藏中 PAHs 和 OPAHs 的变化和控制研究 [D]. 上海：上海交通大学，2017.

[4] ALAEJOS M S, AFONSO A M. Factors that affect the content of heterocyclic aromatic amines in foods [J]. Comprehensive Reviews in Food Science & Food Safety, 2011, 10 (2): 52-108.

[5] ARIMOTO - KOBAYASHI S, INADA N, SATO Y, et al. Inhibitory effects of (-) - epigallocatechin gallate on the mutation, DNA strand cleavage, and DNA adduct formation by heterocyclic amines [J]. Journal of Agricultural and Food Chemistry, 2003, 51 (17): 5150-5153.

[6] BALOGH Z, GRAY J I, GOMAA E A, et al. Formation and inhibition of heterocyclic aromatic amines in fried ground beef patties [J]. Food and Chemical Toxicology, 2000, 38 (5): 395-401.

[7] BORGEN E, SOLYAKOV A, SKOG K. Effects of precursor composition and water on the formation of heterocyclic amines in meat model systems [J]. Food Chemistry, 2001, 74 (1): 11-19.

[8] CHEN B H, MENG C N. Formation of heterocyclic amines in a model system during heating [J]. Journal of Food Protection, 1999, 62 (12): 1445-1450.

[9] CHEN Y C, CHEN B H. Determination of polycyclic aromatic hydrocarbons in fumes from fried chicken legs [J]. Journal of Agricultural and Food Chemistry, 2003, 51 (14): 4162-4167.

[10] CHENG K W, CHEN F, WANG M. Heterocyclic amines: Chemistry and health [J]. Molecular Nutrition & Food Research, 2006, 50 (12): 1150-1170.

[11] COSTA M, VIEGAS O, MELO A, et al. Heterocyclic Aromatic Amine Formation in Barbecued Sardines (*Sardina pilchardus*) and Atlantic Salmon (*Salmo salar*) [J]. Journal of Agricultural and Food Chemistry, 2009, 57 (8): 3173-3179.

[12] DAMAŠIUS J, VENSKUTONIS P R, FERRACANE R, et al. Assessment of the influence of some spice extracts on the formation of heterocyclic amines in meat [J]. Food Chemistry, 2011, 126 (1): 149-156.

[13] DUNDAR A, SARICOBAN C, YILMAZ M T. Response surface optimization of effects of some processing variables on carcinogenic/mutagenic heterocyclic aromatic amine (HAA) content in cooked patties [J]. Meat Science, 2012, 91 (3): 325-333.

[14] ESFAHANI M A, HOSSEINI S E, SEYADAIN A S M, et al. The incorporation of polysaccharides in grilled beef patties: influence on the levels of polycyclic aromatic hydrocarbons and heterocyclic aromatic amines [J]. Journal of Food Measurement and Characterization, 2020, 14 (5): 2393-2401.

[15] GIBIS M, WEISS J. Formation of heterocyclic amines in salami and ham pizza toppings during baking of frozen pizza [J]. Journal of Food Science, 2013, 78 (6): 832-838.

[16] GIBIS M, WEISS J. Impact of precursors creatine, creatinine, and glucose on the formation of

heterocyclic aromatic amines in grilled patties of various animal species [J]. Journal of Food Science, 2015, 80 (11): 2430-2439.

[17] GIBIS M, WEISS J. Inhibitory effect of cellulose fibers on the formation of heterocyclic aromatic amines in grilled beef patties [J]. Food Chemistry, 2017, 229: 828-836.

[18] GIBIS M. Heterocyclic aromatic amines in cooked meat products: Causes, formation, occurrence, and risk assessment [J]. Comprehensive Reviews in Food Science & Food Safety, 2016, 15 (2): 269-302.

[19] GUO Q, HE F, LI Q, et al. A kinetic study of the thermally induced isomerization reactions of 9c, 12c linoleic acid triacylglycerol using gas chromatography [J]. Food Control, 2016, 67 (9): 255-264.

[20] HERRAIZ T. Identification and occurrence of the Bioactive Beta-Carbolines Norharman and Harman in Coffee Brews [J]. Food Additives & Contaminants Part B-Surveillance, 2002, 19 (8): 748-754.

[21] ILKO V, ZELINKOVA Z, DOLEZAL M, et al. 3-Chloropropane-1,2-diol fatty acid esters in potato products [J]. Czech Journal of Food Sciences, 2011, 27 (6): 421-424.

[22] JOHANSSON M A E, FAY L B, GROSS G A, et al. Influence of amino acids on the formation of mutagenic/carcinogenic heterocydic amines in a model system [J]. Carcinogenesis, 1995, 16 (10): 2553-2560.

[23] JOHANSSON M A E, JÄGERSTAD M. Influence of pro- and antioxidants on the formation of mutagenic-carcinogenic heterocyclic amines in a model system [J]. Food Chemistry, 1996, 56 (1): 69-75.

[24] JOHANSSON M A, FREDHOLM L, BJERNE I, et al. Influence of frying fat on the formation of heterocyclic amines in fried beefburgers and pan residues [J]. Food and Chemical Toxicology, 1995, 33 (12): 993-1004.

[25] JONES R C, WEISBURGER J H. Inhibition of aminoimidazoquinoxalinc-type and aminoimidazol-4-one-type mutagen formation in liquid reflux models by l-tryptophan and other selected indoles [J]. Japanese Journal of Cancer Research, 1988, 79 (2): 222-230.

[26] JÄGERSTAD M, REUTERSWÄRD A L, OLSSON R, et al. Creatin (in) e and Maillard reaction products as precursors of mutagenic compounds: Effects of various amino acids [J]. Food Chemistry, 1983, 12 (4): 255-64.

[27] JÄGERSTAD M, SKOG K, ARVIDSSON P, et al. Chemistry, formation and occurrence of genotoxic heterocyclic amines identified in model systems and cooked foods [J]. Zeitschrift für Lebensmitteluntersuchung und -Forschung A, 1998, 207 (6): 419-427.

[28] JÄGERSTAD M, SKOG K, GRIVAS S, et al. Formation of heterocyclic amines using model systems [J]. Mutation Research/Genetic Toxicology, 1991, 259 (3-4): 219-233.

[29] KATAOKA H, HAYATSU T, HIETSCH G, et al. Identification of mutagenic heterocyclic amines (Iq, Trp-P-1 and aalphac) in the water of the Danube river [J]. Mutation Research, 2000, 466 (1): 27-35.

[30] KATO T, HARASHIMA T, MORIYA N, et al. Formation of the mutagenic/carcinogenic imidazoquinoxaline - type heterocyclic amines through the unstable free radical maillard intermediates and its inhibition by phenolic antioxidants [J]. Carcinogenesis, 1996, 17 (11): 2469-2476.

[31] KATO T, MICHIKOSHI K, MINOWA Y I, et al. Mutagenicity of cooked hamburger is controlled delicately by reducing sugar content in ground beef [J]. Mutation Research/Genetic Toxicology and Environmental Mutagenesis, 2000, 471 (1): 1-6.

[32] KENNEDY J F, KNILL C J. Maillard reactions in chemistry, food and health [J]. Carbohydrate Polymers, 1995, 27 (3): 241-242.

[33] KIKUGAWA K. Involvement of Free Radicals in the Formation of Heterocyclic Amines and Prevention by Antioxidants [J]. Cancer Lett, 1999, 143 (2): 123-126.

[34] KORKMAZ A, OZ F. Effect of the use of dry breadcrumb in meatball production on the formation of heterocyclic aromatic amines [J]. British Food Journal, 2020, 122 (7): 2105-2119.

[35] LAN C M, KAO T H, CHEN B H. Effects of heating time and antioxidants on the formation of heterocyclic amines in marinated foods [J]. Journal of Chromatograph B Analytical Technologies Biomedical and Life Science, 2004, 802 (1): 27-37.

[36] LEDESMA E, RENDUELES M, DÍAZ M. Contamination of meat products during smoking by polycyclic aromatic hydrocarbons: Processes and prevention [J]. Food Control, 2016, 60: 64-87.

[37] LEE H, LIN M Y, LIN S T. Characterization of the Mutagen 2-Amino-3-Methylimidazo [4, 5-F] Quinoline Prepared from a 2 - Methylpyridine/Creatinine/Acetylformaldehyde Model System [J]. Mutagenesis, 1994, 9 (2): 157-162.

[38] LEE J G, KIM S Y, MOON J S, et al. Effects of grilling procedures on levels of polycyclic aromatic hydrocarbons in grilled meats [J]. Food Chemistry, 2016, 199: 632-638.

[39] LI C M, MA G T, YAO Y P, et al. Mechanism of isomerization and oxidation in heated trilinolein by DFT method. RSC Advances, 2019, 9 (17): 9870-9877.

[40] LI A, YUAN B, LI W, et al. Thermally induced isomerization of linoleic acid in soybean oil [J]. Chemistry and physics of lipids, 2013, 166 (1): 55-60.

[41] LI C M, ZHANG Y B, LI S, et. al. Mechanism of formation of trans fatty acid for heating condition in triolein. Journal of agricultural and food chemistry, 2013, 61 (43): 10392-10397.

[42] LIAO G, XU X, ZHOU G. Effects of cooked temperatures and addition of antioxidants on formation of heterocyclic aromatic amines in pork floss [J]. Journal of Food Processing and Preservation, 2009, 33 (2): 159-175.

[43] LIJINSKY W, SHUBIK P. Benzo (a) pyrene and other polynuclear hydrocarbons in charcoal-broiled meat [J]. Science, 1964, 145 (3627): 53-55.

[44] LIJINSKY W, SHUBIK P. Benzo (a) Pyrene and Other Polynuclear Hydrocarbons in

Charcoal-Broiled Meat [J]. Science, 1964, 145: 53-55.

[45] MANABE S, KURIHARA N, WADA O, et al. Detection of a carcinogen, 2-amino-1-methyl-6-phenylimidazo [4,5-B] pyridine, in airborne particles and diesel-exhaust particles [J]. Environmental Pollution, 1993, 80 (3): 281-286.

[46] MANABE S, KURIHARA N, WADA O, et al. Formation of Phip in a Mixture of Creatinine, Phenylalanine and Sugar or Aldehyde by Aqueous Heating [J]. Carcinogenesis, 1992, 13 (5): 827-830.

[47] MIN S, PATRA J K, SHIN H S. Factors influencing inhibition of eight polycyclic aromatic hydrocarbons in heated meat model system [J]. Food Chemistry, 2018, 239: 993-1000.

[48] MYHER J J, KUKSIS A, MARAI L, et al. Stereospecific analysis of fatty-acid esters of chloropropanediol isolated from fresh goat milk. Lipids, 1986, 21 (11): 309-314.

[49] NEGISHI C, WAKABAYASHI K, TSUDA M, et al. Formation of 2-amino-3,7,8-trimethylimidazo [4,5-F] quinoxaline, a new mutagen, by heating a mixture of creatinine, glucose and glycine [J]. Mutation Research, 1984, 140 (2-3): 55-59.

[50] NIE W, CAI K, LI Y, et al. Study of polycyclic aromatic hydrocarbons generated from fatty acids by a model system [J]. Journal of the Science of Food and Agriculture, 2019, 99 (7): 3548-3554.

[51] NISHIGAKI R, WATANABE T, KAJIMOTO T, et al. Isolation and Identification of a Novel Aromatic Amine Mutagen Produced by the Maillard Reaction [J]. Chemical Research in Toxicology, 2009, 22 (9): 1588-1593.

[52] OGURI A, SUDA M, TOTSUKA Y, et al. Inhibitory effects of antioxidants on formation of heterocyclic amines [J]. Mutation Research/Fundamental and Molecular Mechanisms of Mutagenesis, 1998, 402 (1-2): 237-245.

[53] ONO Y, SOMIYA I, ODA Y. Identification of a carcinogenic heterocyclic amine in river water [J]. Water Research, 2000, 34 (3): 890-894.

[54] OZ E. Inhibitory effects of black cumin on the formation of heterocyclic aromatic amines in meatball [J]. PLoS One, 2019, 14 (8): e0221680.

[55] PAIS P, KNIZE M G. Chromatographic and related techniques for the determination of aromatic heterocyclic amines in foods [J]. Journal of Chromatography B Biomedical Sciences & Applications, 2000, 747 (1-2): 139-169.

[56] PAN H, WANG Z, GUO H, et al. Heterocyclic aromatic amines in meat products consumed in China [J]. Food Science and Biotechnology, 2014, 23 (6): 2089-2095.

[57] PEARSON A M, CHEN C, GRAY J I, et al. Mechanism (S) involved in meat mutagen formation and inhibition [J]. Free Radical Biology and Medicine, 1992, 13 (2): 161-167.

[58] PERELLÓ G, MARTÍ-CID R, CASTELL V, et al. Concentrations of polybrominated diphenyl ethers, hexachlorobenzene and polycyclic aromatic hydrocarbons in various foodstuffs before and after cooking [J]. Food and Chemical Toxicology, 2009, 47 (4): 709-715.

[59] PFAU W, SKOG K. Exposure to β-carbolines norharman and harman [J]. Journal of

Chromatography B, 2004, 802 (1): 115-126.

[60] RICHLING E, DECKER C, HARING D, et al. Analysis of heterocyclic aromatic amines in wine by high - performance liquid chromatography - electrospray tandem mass spectrometry [J]. Journal of Chromatography A, 1997, 791 (1-2): 71-77.

[61] RIVERA Z S, KENNEDY J F. The maillard reaction in food processing, human nutrition and physiology [J]. Carbohydrate Polymers, 1991, 16 (4): 460-461.

[62] ROSE M, HOLLAND J, DOWDING A, et al. Investigation into the formation of PAHs in foods prepared in the home to determine the effects of frying, grilling, barbecuing, toasting and roasting [J]. Food and Chemical Toxicology, 2015, 78: 1-9.

[63] RÖNNER B, LERCHE H, BERGMÜLLER W, et al. Formation of tetrahydro-β-carbolines and β-carbolines during the reaction of l-tryptophan with d-glucose [J]. Journal of Agricultural and Food Chemistry, 2000, 48 (6): 2111-2116.

[64] SHIN H S, USTUNOL Z. Influence of honey-containing marinades on heterocyclic aromatic amine formation and overall mutagenicity in fried beef steak and chicken breast [J]. Journal of Food Science, 2004, 69 (3): 147-153.

[65] SHIOYA M, WAKABAYASHI K, SATO S, et al. Formation of a mutagen, 2-amino-1-methyl-6-phenylimidazo [4,5-B] -pyridine (PhIP) in cooked beef, by heating a mixture containing creatinine, phenylalanine and glucose [J]. Mutation Research, 1987, 28191 (3-4): 133-138.

[66] SKOG K I, JOHANSSON M A, JAGERSTAD M I. Carcinogenic heterocyclic amines in model systems and cooked foods: A review on formation, occurrence and intake [J]. Food and Chemical Toxicology, 1998, 36 (9-10): 879-896.

[67] SKOG K, JAGERSTAD M. Effects of glucose on the formation of PhIP in a model system [J]. Carcinogenesis, 1991, 12 (12): 2297-2300.

[68] SKOG K, JAGERSTAD M. Effects of monosaccharides and disaccharides on the formation of food mutagens in model systems [J]. Mutation research, 1990, 230 (2): 263-72.

[69] SKOG K, JAGERSTAD M. Incorporation of carbon atoms from glucose into the food mutagens meiqx and 4, 8-dimeiqx using 14c-labelled glucose in a model system [J]. Carcinogenesis, 1993, 14 (10): 2027-2031.

[70] SKOG K, JÄGERSTAD M. Incorporation of carbon atoms from glucose into the food mutagens MeIQx and 4,8-DiMeIQx using ^{14}C-labelled glucose in a model system [J]. Carcinogenesis, 1993, 14 (10): 2027-2031.

[71] SKOG K, SOLYAKOV A, ARVIDSSON P, et al. Analysis of nonpolar heterocyclic amines in cooked foods and meat extracts using gas chromatography-mass spectrometry [J]. Journal of Chromatography A, 1998, 803 (1-2): 227-233.

[72] SKOG K, SOLYAKOV A, JÄGERSTAD M. Effects of heating conditions and additives on the formation of heterocyclic amines with reference to amino-carbolines in a meat juice model system [J]. Food Chemistry, 2000, 68 (3): 299-308.

[73] SMITH C J, QIAN X, ZHA Q, et al. Analysis of alpha- and beta-carbolines in mainstream smoke of reference cigarettes by gas chromatography - mass spectrometry [J]. Journal of Chromatography A, 2004, 1046 (1-2): 211-216.

[74] SOLYAKOV A, SKOG K. Screening for heterocyclic amines in chicken cooked in various ways [J]. Food and Chemical Toxicology, 2002, 40 (8): 1205-1211.

[75] SULEMAN R, HUI T, WANG Z, et al. Comparative analysis of charcoal grilling, infrared grilling and superheated steam roasting on the colour, textural quality and heterocyclic aromatic amines of lamb patties [J]. International Journal of Food Science & Technology, 2019, 55 (3): 1057-1068.

[76] SZTERK A. Heterocyclic aromatic amines in grilled beef: The influence of free amino acids, nitrogenous bases, nucleosides, protein and glucose on HAAs content [J]. Journal of Food Composition and Analysis, 2015, 40: 39-46.

[77] THIÉBAUD H P, KNIZE M G, KUZMICKY P A, et al. Airborne mutagens produced by frying beef, pork and a soy-based food [J]. Food and Chemical Toxicology, 1995, 33 (10): 821-828.

[78] VITAGLIONE P, MONTI S, AMBROSINO P, et al. Carotenoids from tomatoes inhibit heterocyclic amine formation [J]. European Food Research and Technology, 2002, 215 (2): 108-113.

[79] WANG W, DONG L, ZHANG Y, et al. Reduction of the heterocyclic amines in grilled beef patties through the combination of thermal food processing techniques without destroying the grilling quality characteristics [J]. Foods, 2021, 10 (7): 1490.

[80] WEISBURGER J H. Specific Maillard Reactions Yield Powerful Mutagens and Carcinogens [M]. Maillard Reactions in Chemistry, Food and Health. Cambridge, UK: Woodhead Publishing, 2005: 335-340.

[81] WONG D, CHENG K W, WANG M. Inhibition of heterocyclic amine formation by water-soluble vitamins in Maillard reaction model systems and beef patties [J]. Food Chemistry, 2012, 133 (3): 760-766.

[82] YAO Y P, CAO R Z. Molecular reaction mechanism for the formation of 3-chloropropanediol esters in oils and fats. Journal of agricultural and food chemistry, 2019, 67 (9): 2700-2708.

[83] YAYLAYAN V, JOCELYN PARE J R R. LAING P, et al. The maillard reaction in food processing, human nutrition and physiology [M]. Basel, CH: Birkhauser, 1990.

[84] YU D, YU S J. Effects of some cations on the formation of 2-amino-1-methyl-6-phenylimidazo [4,5-b] pyridine (PhIP) in a model system [J]. Food Chemistry, 2016, 201: 46-51.

[85] ZAMORA R, ALCON E, HIDALGO F J. Comparative formation of 2-amino-1-methyl-6-phenylimidazo [4, 5-B] pyridine (PhIP) in creatinine/phenylalanine and creatinine/phenylalanine/4-oxo-2-nonenal reaction mixtures [J]. Food Chemistry, 2013, 138 (1): 180-185.

[86] ZEB A. Food frying: chemistry, biochemistry and safety [M]. Hoboken, USA: Wiley, 2019.

[87] ZENG M, WANG J, ZHANG M, et al. Inhibitory effects of Sichuan pepper (*Zanthoxylum bungeanum*) and sanshoamide extract on heterocyclic amine formation in grilled ground beef patties [J]. Food Chemistry, 2018, 239: 111-118.

[88] ZENG M, ZHANG M, HE Z, et al. Inhibitory profiles of chilli pepper and capsaicin on heterocyclic amine formation in roast beef patties [J]. Food Chemistry, 2017, 221: 404-411.

[89] ZÖCHLING S, MURKOVIC M. Formation of the heterocyclic aromatic amine PhIP: identification of precursors and intermediates [J]. Food Chemistry, 2002, 79 (1): 125-134.

第四章　熏炸烤食品加工用食品添加剂

第一节　食用防腐剂

一、 食品防腐剂

为了保证食品品质、延长食品贮藏期，通常在食品加工过程中采用物理、化学或生物的方法来防止微生物使食品腐败变质。物理方法一般是通过低温、干燥、高渗、辐射等方式来灭菌或抑菌；化学方法通常是采用防腐剂来杀菌或灭菌；生物方法则是通过“以菌制菌，以菌灭菌”的原理来抑制或消灭微生物。

食品防腐剂是指为防止食品腐败变质、提高食品保存性能、延长食品保质期而使用的一类食品添加剂。食品防腐剂是在食品加工中应用最广的一种添加剂，能抑制食品中微生物生长和繁殖，延长食品的保存时间。

（一）食品防腐剂作用机理

食品中存在的微生物是使其腐败变质的主要原因，一般情况下，微生物繁殖需要适当的水分、温度、氧、渗透压、pH 和光等，在食品中加入防腐剂或控制其储藏环境条件均可达到防腐目的。根据防腐剂抗微生物的作用机制，可将其大致分为具有杀菌作用的杀菌剂和仅具有抑菌作用的抑菌剂。

食品防腐剂通过影响微生物的细胞亚结构从而达到对其抑制的效果，这些亚结构包括细胞膜、细胞壁、蛋白质合成系统及遗传物质。目前有以下几种作用途径。

（1）作用于细胞壁和细胞膜系统　导致细胞通透性增加或结构改变，进而使细胞内的酶和代谢产物外流，最终细胞失去活力，抑制微生物的生长繁殖。

（2）作用于遗传物质和遗传微粒结构。

（3）作用于酶或功能蛋白　使细胞活动必需的酶失活、蛋白质部分变性、蛋白质交联，导致其生理作用不能进行，从而达到抗菌目的。

（二）食品防腐剂的分类

1. 化学防腐剂

化学防腐剂按其组成可分为无机防腐剂和有机防腐剂。化学防腐剂防腐效果较好，目前我国市场上应用的大多数是化学防腐剂，但在使用时还需注意其种类和严格的应用范围。

化学防腐剂常被用于增强食品的抗氧化和抗微生物的稳定性。苯甲酸、山梨酸及其钠盐具有水溶性的特点，在食品中广泛应用。苯甲酸进入人体后，可在生物转化过程中形成葡萄糖苷酸，并全部随尿排出体外，不在人体内蓄积，故其被认为是已知防腐剂中比较安全的一种。山梨酸是一种不饱和脂肪酸，在体内可直接参与脂肪代谢，最终被氧化为二氧化碳和水，因此几乎没有毒性，对人体更为安全，是各国普遍使用的一种较安全的防腐剂，但成本较高，为苯甲酸的两三倍。

2. 天然防腐剂

天然防腐剂也被称为生物防腐剂，通常是从植物、动物和微生物的代谢产物中提取得到的。天然防腐剂根据来源不同可分为植物源、动物源、微生物源、矿物提取物及天然有机化合物。

（1）动物源天然食品防腐剂　壳聚糖是一种从甲壳类动物和节肢动物的外骨骼中提取的天然生物聚合物，其对革兰氏阴性菌、大肠杆菌和霍乱弧菌均具有抑菌作用。壳聚糖通过与细菌细胞膜负电荷组成的离子相互作用，从而达到抗菌效果。

抗菌肽（AMP）在自然界中广泛分布，是宿主非特异性防御系统的重要组成部分。食品级抗菌肽可以满足消费者对安全、延长保质期、口感新鲜、加工程度低、不含化学添加剂的食品的需求，在乳制品、肉类、水果和饮料等各种食品中得到广泛应用。

动物来源的脂类主要通过抑制细菌的细胞壁或细胞膜、细胞内复制或细胞内靶标从而达到抗菌目的。脂类具有较广泛的抗菌活性，可对革兰氏阳性细菌（金黄色葡萄球菌、枯草芽孢杆菌和单核细胞增生李斯特菌）和革兰氏阴性细菌（铜绿假单胞菌、痢疾杆菌、大肠杆菌和肠炎沙门菌）产生抗菌活性（韩金龙等，2021）。

（2）植物源天然食品防腐剂　自古以来，各种草药和香料就被用作食物的调味剂和防腐剂，植物防腐剂通常从植物的叶、茎、花、果实中获得。植物中含有的一些植物化学物质，可影响食品中的微生物及食品的化学和感官质量，这些植物化学物质分为多酚类、黄酮类、单宁类、生物碱、萜类多肽类。其中，有大量研究报道植物精油（Essential oils，EOs）对不同微生物均具有抑菌作用，此外植物精油还可用于抗寄生虫、杀虫、抗病毒和抗真菌。

（3）微生物源天然食品防腐剂　细菌产生的许多代谢产物，可用于防止潜在的腐败或致病微生物的生长。食品级微生物可以形成大量不同的物质，抑制其他微生物。根据抗菌化合物（细菌素、酶和其他代谢物）的种类和化合物形式的不同，这些食品级微生物的生物保存特性有所不同。

用于食品生产的微生物培养物可分为发酵剂培养物和保护性培养物，发酵剂培养物可增强食品的营养和感官特性，而保护性培养物具有提高食品微生物安全性的潜力。乳酸菌因其具有的抑制微生物生长的能力，可产生细菌素、有机酸、过氧化氢和双乙酰，多年来被广泛用于发酵食品的生产，以提供食品所需的口感、风味和质地，并防止致病性微生物的生长。

二、 常见天然食品防腐剂与食品品质

（一）乳酸链球菌素与食品品质

乳酸链球菌素（nisin）也称为乳链菌肽，是由N血清型的乳酸乳球菌乳酸亚种（*Lactococcus lactis* subsp. *lactis*）通过发酵产生的一种小分子肽。它对革兰氏阳性菌，尤其是造成食品严重危害的许多芽孢菌具有强烈抑制作用，因此被广泛应用于食品防腐。乳酸链球菌素是一种多肽，可被人体内的α-胰凝乳蛋白酶降解吸收、无残留，是发现最早、使用时间最长、使用国家最多的细菌素，至今仍在全世界广泛应用，是目前唯一被允许作为食品防腐剂的细菌素。

乳酸链球菌素不但可以延长食品的货架期，并且对食品的色、香、味、口感等食品风味不产生不良影响，还可降低食品灭菌温度、缩短热处理时间，保持食品的营养价值、颜色、结构、弹性、可嚼性，使食品品质和口味保持自然。乳酸链球菌素可以单独添加到食品中，取代某些化学合成防腐剂、发色剂（如亚硝酸盐）（范悠然等，2004），达到生产健康食品的需要；也可与某些防腐剂复合使用，既可降低成本，同时还能减少化学合成防腐剂的使用，避免超标滥用问题，达到减量增效的效果。

（二）植物精油与食品品质

植物精油（EOs）俗称挥发油，是具有强烈的香味和气味的挥发性油状液体物质，通常为存在于植物体中的一类可随水蒸气蒸发且分子质量较小的物质（杨巍巍，2014），可从植物的根、茎、叶、花、果实、皮、嫩枝、树胶和整株植物中提炼得到，其成分、含量会受植物种类以及采摘的时间、位置、环境等因素的影响。

植物精油添加到食品中可起到一定的抗菌效果，尤其是常温下保存的食品。植物精油添加到果蔬中后，有助于保持果实的品质，且能够抑制腐败菌的生长（王建清等，2009）。在肉类产品中，植物精油作为天然防腐剂可防止其腐败变质，同时具有保鲜作用（张慧芸等，2014），且复合植物精油的防腐保鲜效果较单一组分效果更佳。

（三）壳聚糖与食品品质

壳聚糖（甲壳素）在自然界中含量丰富，大多来自节肢动物和甲壳动物外骨骼，是具有较强抗菌作用的天然多糖。当壳聚糖应用到食品加工中时，可在食品表面形成一种半透明膜，在一定程度上阻挡微生物入侵，达到抗菌的效果；同时，壳聚糖本身也能抑制某些微生物繁殖，达到防腐目的。壳聚糖对蛋白质起凝聚作用，常适用于蛋白质含量较低的酸性食品，是一种优良的天然果蔬保鲜剂。

（四）酶制剂与食品品质

葡萄糖氧化酶（glucose oxidase，GOD）系统名称为β-D-葡萄糖氧化还原酶，在

有氧条件下能专一性地催化β-D-葡萄糖生成葡萄糖酸和过氧化氢，广泛分布于动植物和微生物体内，其主要生产菌株为黑曲霉和青霉。葡萄糖氧化酶可有效除去食品中的氧，延缓食品成分的氧化作用，天然安全、价格便宜，在食品保鲜领域应用广泛。

溶酶菌（Lysozyme）又称细胞壁质酶，是一种能水解致病菌中黏多糖的碱性酶，可通过水解细菌表面的肽聚糖层中*N*-乙酰胞壁酸和*N*-乙酰葡萄糖胺之间的β-1,4糖苷键，使细胞因渗透压不平衡而破裂，溶解细菌细胞（张远，2005）。溶菌酶作为一种绿色食品防腐剂，对细菌、真菌、病毒均有抑制作用，可添加于果蔬软包装和小方便包装中保护食品，使其不受微生物的侵害，同时延长食物货架期，现已广泛应用到鱼类、肉类、糕点等食品加工中（韩金龙等，2021）。

谷氨酰胺转氨酶又称转谷氨酰胺酶（TG酶），是一种具有功能活性中心的单体蛋白质，催化后可在蛋白质分子内和分子间共价交联，从而有效改善蛋白质的功能和特性，进而提高食品的风味、口感和质感。谷氨酰胺转氨酶在常温、pH中性的条件下，只需添加极少的量，即可达到明显的防腐效果，可应用于水产加工品、火腿、香肠、面类、豆腐等产品。谷氨酰胺转氨酶不但具有防腐作用，还可改善食品品质。在肉类保鲜应用中，谷氨酰胺转氨酶可替代常用品质改良剂，生产低盐肉制品。

三、 食品防腐剂的发展

近年来，随着食品工业的快速发展，防腐剂也得到了很大的发展，其发展趋势可以概括为以下几个方面。

（一）由化学合成食品防腐剂向天然食品防腐剂方向发展

随着人们对食品安全、食品品质重视程度的增加，越来越多的人开始关注食品添加剂，视线逐渐转向更安全、更方便的天然食品防腐剂。天然防腐剂的产业也正在得到发展，研究人员研发出更多的可添加到食品中的天然物质，对人体安全无危害，抗菌效果优于化学防腐剂，有些还可改善食品品质，如微生物源的纳他霉素、乳酸链球菌素、红曲色素；动物源的壳聚糖、溶菌酶、蜂胶和鱼精蛋白等。

（二）由毒性较高向毒性更低方向发展

食品防腐剂的安全性在不断提高，食品防腐剂依靠固相萃取技术、超声波提取法、栅栏技术、毛细管电泳法、离子色谱法等高新技术来提高自身品质保证生产质量。此外，各国政府均在快速修改食品安全准则，在提高食品安全水平和国民健康水平的同时，也通过“绿色壁垒”保护本国食品工业。

（三）由单一防腐向复合防腐方向发展

目前广泛使用的食品防腐剂抑菌细菌的范围相对都比较小。大量研究表明，同种天然防腐剂之间、不同种天然防腐剂之间均存在协同、相加作用，复合防腐剂的使用可以降低添加剂量、节约成本，还可增强抗菌作用，达到减量增效的效果。因此，许多食品生产企业添加复合防腐剂以达到防腐的目的。

（四）由苛刻的使用要求向方便使用方向发展

目前广泛使用的食品防腐剂，对食品生产环境都有较苛刻的要求，如对食品的pH、加热温度等敏感性等。因此未来还需要发展对食品生产环境没有苛刻要求或适应性较强的食品防腐剂。

第二节　食用着色剂

一、天然食品着色剂

颜色在很大程度上决定消费者的满意度和期望，影响他们的选择和食欲。食品的颜色通常与产品的风味、安全性和营养价值有关。着色剂可用于多种途径，包括标准化原料颜色，为无色食品提供颜色以及说明加工或储存过程中的损失。

天然食用色素是从天然原料中提取精制而成的产品。是一种食品添加剂，用于食品或药品的着色，可用于糕点、罐头、肉制品等食用色素。天然食用色素是重要的食品添加剂之一，具有以下优势（Tuli et al，2015）：①用天然色素着色会使食物的颜色接近新鲜食物的颜色和自然色泽，使食物具有更好的自然新鲜度；②许多天然色素含有人体所需的各种营养素，如β-胡萝卜素；③天然食用色素种类齐全，可以生产多种食品。

尽管天然色素种类繁多，但天然色素比合成色素对食用色素的限制更大。许多天然色素也会给食物带来不良风味和香气，天然色素对食物的色彩效果不如合成色素鲜艳，尤其是蓝色和绿色。大多数天然色素对热、光和氧气更敏感，导致颜色损失或色调变化；此外，天然色素可能对环境基质条件敏感，如pH、蛋白质、金属离子或各种有机化合物。

（一）天然色素的分类

天然色素根据来源分为三类（Gregory，2017）：植物源性色素、动物源性色素和微生物源性色素。

天然色素根据结构可分为五类（刘兴海等，2022）。①类胡萝卜素：又称为多烯类色素，是由异戊二烯残基为单元组成的共轭双键相连为基础的一类色素；②花青素类：具有2-苯基苯并吡喃阳离子基本结构的一类天然色素配糖物，广泛存在于植物的花、果实、根、茎、叶中，是各种花色苷的总称；③黄酮类：以2-苯基苯并吡喃酮为基本结构，以苷的形式广泛分布于植物组织中的一类天然色素；④吡咯类：

包括叶绿素及其铜钠盐、锌钠盐，叶绿素是一个镁原子和四个吡咯环构成的化合物，广泛存在于高等植物的叶、果实和藻类中；⑤其他类：主要指红曲色素、姜黄素和紫草色素等色素。

（二）天然食品着色剂的应用

食用色素的稳定性和安全性至关重要。与合成色素相比，天然色素的稳定性较差，特别是在加工过程中，天然色素对氧化、光照和pH的稳定性直接关系食品的质量。对于烟熏、油炸和烧烤食品的加工、销售和储存过程中的热处理和透明包装对着色剂的热稳定性和光稳定性有很高的要求。因此，选择合适的天然色素来开发绿色、稳定的色素极其重要。

二、常见天然红色色素与食品品质

（一）红曲红色素与食品品质

红曲红色素又名红曲色素，其主要着色成分为潘红（红色色素）$C_{21}H_{33}O_5$，相对分子质量354.40；梦那红（黄色色素）$C_{21}H_{26}O_5$，相对分子质量358.43；梦那玉红（红色色素）$C_{21}H_{26}O_5$，相对分子质量382.46；安卡黄素（黄色色素）$C_{23}H_{30}O_5$，相对分子质量386.49；潘红胺（紫红色色素）$C_{21}H_{23}O_4$，相对分子质量339.39；梦那玉红胺（紫色色素）$C_{23}H_{27}O_4$，相对分子质量367.44。

红曲红色素是天然的实用色素，在我国应用历史悠久。红曲色素是红曲霉菌代谢过程中产生的聚酮体类次级代谢产物，主要是由红、橙、黄三类结构和性质相近的成分组成，作为天然色素一直以来被认为是安全性较高的食用色素。此外红曲色素还具有抑菌、抗突变、调节血压等生物活性。因此红曲色素被认为是安全、营养、多功能的食用色素。目前，红曲色素已经越来越受到重视，在很多领域都有应用。在食品行业已经被用于肉制品加工中，作为良好的着色剂和抑菌剂，在饼干、膨化食品、调味类罐头等方面都有应用。为了进一步充分地、更好地利用红曲色素，对红曲色素稳定性的研究越来越重要。

红曲红色素是将红曲米用酒精浸提、过滤、精致、干燥得到粉末状物；是由红曲菌深层发酵，从发酵液中抽提、精制、干燥而得到。红曲红呈深紫红色粉末，略带异臭，耐热性及耐酸性强，但经过阳光直射可褪色。易溶于中性及偏碱性水溶液。在$pH<4.0$的介质中，溶解度降低。极易溶于酒精、丙二醇、甘油及它们的水溶液。不溶于油脂及非极性溶剂。对环境pH稳定，几乎不受Ca^{2+}、Mg^{2+}、Fe^{2+}、Cu^{2+}等和氧化剂、还原剂的影响。对蛋白质着色性能极好，一旦染色，虽经水洗，也不掉色。其水溶液最大吸收波长为（490±2）nm。熔点165~190℃。酒精溶液最大吸收波长为470nm，有荧光。结晶品不溶于水，可溶于酒精、氯仿，呈橙红色。根据国家标准要求，红曲红用于制作熟肉制品、饼干、膨化食品，可按生产需要适量使用。在肉制品加工过程中，使用红曲红对产品进行着色已经成为一种趋势，同时红曲红也是对

熏炸烤食品着色的最优选择。

（二）辣椒红色素与食品品质

辣椒红色素是从成熟的辣椒中提取出来的天然食用色素，它的颜色强度是其他天然色素的 10 倍，在国际上，被认为是最好的 A 类天然红色素，广泛应用于食品中。

辣椒红色素的主要成分是辣椒红素和辣椒玉红素。辣椒红素和辣椒玉红素属于萜类色素，它像所有的类胡萝卜素化合物一样，都是由 8 个异戊二烯单元组成的四萜化合物。这些类胡萝卜素化合物的颜色是由长共轭双键体系所产生的，该体系使得化合物能够在可见光范围内吸收能量。对辣椒红色素来说，这种对光的吸收使其产生深红色。辣椒红色素不溶于水，溶于乙醇及油脂。耐热、耐酸碱性均好，油溶性制品 160℃无变化，水分散性制品 100℃、60min 色素残存量仍在 95% 以上，耐光性稍差，但若溶解在油脂中，耐光性很好（马自超等，1994）。

随着人们生活水平的提高和工作节奏的加快，不同种类的食品也有越来越大的需求量，这不仅促进了食品工业的发展，也带动了食品添加剂行业和市场的扩大。辣椒红色素在食品调色不仅没有任何副作用，而且还可以增加人体的营养成分，如类胡萝卜素。辣椒红色素被广泛应用于各种食品的着色，其稳定性好，是模拟食品色泽的天然着色剂。

（三）栀子红色素与食品品质

栀子红色素是由栀子果实制取的一种食用天然色素。栀子红色素由栀子苷在 β-葡糖糖苷酶的作用下，经过一系列的生物转化制得。栀子红色素不容易受酸碱作用的影响、耐高温、对蛋白质和碳水化合物的染色性良好，安全无毒性，所以是一种很有开发价值的天然色素（周国立，1993）。栀子红色素是含有 4% 柠檬酸的暗红紫色粉末。略带特殊气味。无吸湿性，溶于水，易溶于 50% 以下的丙二醇水溶液及 30% 以下的乙醇水溶液，呈鲜明紫红色，不溶于无水乙醇。

第三节　食用发色剂

一、 食品发色剂

有些化学物质能与食品中某些成分作用，使制品呈现良好的色泽，这种添加剂称为发色剂。我国允许使用的发色剂为硝酸钠及亚硝酸钠，能促进发色剂作用的物质称为发色助剂，如 L-抗坏血酸及其盐、异抗坏血酸钠、烟酰胺等。

（一）发色机理

肉制品发色作用与肉中血红素有关，血红素分子结构如图 4-1 所示。肌红蛋白

（Mb）含有1个亚基，1个血红素分子由组氨酸残基相连，贮存O_2。血红蛋白（Hb）含4个亚基，4个血红素分子由组氨酸残基相连，运输O_2。肌红蛋白的氧化和氧合如图4-2所示。低氧分压有利于肌红蛋白的形成。肌红蛋白变绿的现象是由于卟啉环上的化学反应。由于微生物的作用，如产生H_2O_2和H_2S的氧化或还原反应，一般发生在亚甲基上，使血红素呈绿色。

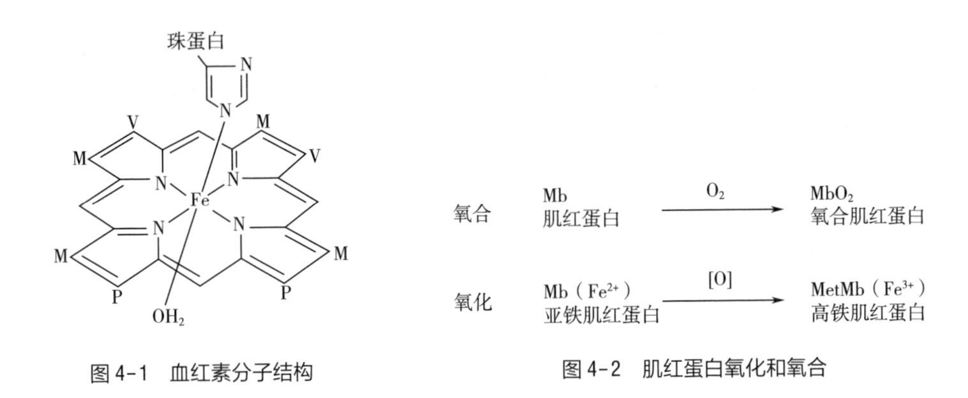

图4-1　血红素分子结构

图4-2　肌红蛋白氧化和氧合

在食品加工特别是肉制品加工过程中，适当加入亚硝酸盐，可使肉制品具有较好的色、香和独特的风味，并可有效地抑制梭菌的生长及其毒素的产生，因此很多国家规定，允许将其作为抗氧化剂、发色剂、防腐剂加入肉制品中。亚硝酸盐发色反应：

（1）亚硝酸盐在微酸性环境下形成亚硝酸。

$$NaNO_2+CH_3CHOHCOOH \longrightarrow HNO_2+CH_3CHOHCOONa$$

（2）亚硝酸是很不稳定的化合物，腌制过程中易与还原性物质反应形成一氧化氮（NO），而NO的形成速率又与介质的温度、酸度以及还原性物质的存在有关，所以，亚硝基肌红蛋白的形成过程需要一定的时间。

$$3HNO_2 \longrightarrow 2NO+HNO_3+H_2O$$

$$2HNO_2 \longrightarrow NO+NO_2+2H_2O \text{（还原性物质的作用下）}$$

（3）NO与还原状态的肌红蛋白（Mb）发生反应，结合生成亚硝基肌红蛋白（NOMb），亚硝基肌红蛋白在遇热后放出巯基（—SH）从而生成稳定的、色泽鲜红的亚硝基血色原，赋予肉特殊的腌制红色。

$$Mb\text{（}Hb\text{）}+NO \longrightarrow Mb\text{（}Hb\text{）}NO$$

$$Mb\text{（}Hb\text{）}NO \longrightarrow \text{巯基+亚硝基血色原（红色）}$$

抗坏血酸的存在可以阻止NOMb进一步被空气氧化，使形成的色泽更为稳定。

（二）常见食品发色剂

1. 硝酸钠

硝酸钠为无色透明或白色结晶性粉末，可稍带浅色，无臭、咸味、微苦。相对密度2.261，熔点306.8℃，沸点380℃（分解），在潮湿空气中易溶于水（90g/100mL），微溶于乙醇。10%水溶液呈中性，高热时分解成亚硝酸钠（0.8%）。硝酸钠在细菌作用下还原成亚硝酸钠，并在酸性条件下与肉制品中的肌红蛋白生成玫瑰色的亚硝基肌红蛋白而护色。同时对肉品中的厌氧性芽孢有抑制作用。我国已不再将其用于肉类罐头，在肉制品中也尽量降低其使用量。

GB 2760—2014《食品安全国家标准　食品添加剂使用标准》规定，肉制品最大使用量为0.50g/kg。残留量以亚硝酸钠计，肉制品不得超过0.03g/kg。FAO/WHO（1983）规定，可用于熟腌火腿、熟猪前腿肉，最大使用量为500mg/kg（单用或与硝酸钾并用，以硝酸钠计）。实际使用时，可将硝酸钠与食盐、砂糖、亚硝酸钠按一定配方组成混合盐，在肉类腌制时使用。硝酸盐须转变成亚硝酸盐后方可起作用，硝酸盐的毒性作用主要是它在食物中、水中或在胃肠道内，尤其是在婴幼儿的胃肠道内被还原成亚硝酸盐所致。

2. 亚硝酸钠

白色至淡黄色结晶性粉末、粒状或棒状的块，味微咸，相对密度2.18，熔点271℃，沸点320℃（分解）。在空气中易吸湿，能缓慢吸收空气中的氧，逐渐变为硝酸钠。易溶于水，1g溶于约1.5mL水，水溶液pH约为9，微溶于乙醇。GB 2760—2014规定，腌制畜禽肉类罐头、肉制品和腌制盐水火腿，最大使用量0.15g/kg。残留量以亚硝酸钠计，肉类罐头不得超过0.05g/kg，肉制品不得超过0.03g/kg。盐水火腿，残留量以亚硝酸钠计，不得超过0.07g/kg（以亚硝酸钠计）。FAG/WHO（1983）规定，可用于咸牛肉罐头，最大用量为50mg/kg。用于午餐肉、熟腌火腿、熟猪前腿肉，熟腌碎肉，最大使用量为125mg/kg（以亚硝酸钠计）。

亚硝酸钠是食品添加剂中毒性较强的物质。摄食后可与血红蛋白结合形成高铁血红蛋白而使其失去携氧功能，严重时可使人窒息而死。潜伏期30~60min，症状包括头晕，恶心，心悸，全身发紫，呼吸困难，血压下降，昏迷，呼吸衰竭而死亡。对人的致死剂量为32mg/kg体重。误食亚硝酸盐0.3~0.5g就发生中毒，3g为致死量。许多厂家购入后用食用色素染成淡红色，以与食盐的区别。实际使用时，亚硝酸钠可与食盐、砂糖按一定配方组成混合盐，在肉类腌制时使用。

3. L-抗坏血酸

发色助剂，一般用量为原料肉的0.02%~0.05%，也可以用其钠盐或D-异抗坏血酸钠。

4. 烟酰胺

发色助剂，一般添加量为0.01~0.022g/kg原料肉，其可和肌红蛋白结合生成稳定的烟酰胺肌红蛋白，使之不易被氧化生成高铁肌红蛋白。

二、 常见发色剂与食品品质

(一) 亚硝酸盐在肉制品中的作用

在食品加工特别是肉制品加工过程中，适当加入亚硝酸盐，可使肉制品具有较好的色、香和独特的风味，并可有效地抑制梭菌的生长及其毒素的产生，因此很多国家规定，允许将其作为抗氧化剂、发色剂、防腐剂加入肉制品的加工中。

腌制肉中的亚硝酸盐可在很大程度上抑制肉毒杆菌的生长，改善肉品的风味和颜色。同时防止肉在储藏过程中陈腐味的产生，以便保持腌制肉所特有的香味和烟熏味等。在加工过程中，亚硝酸盐经过一系列化学反应转变为一氧化氮，一氧化氮可以与使新鲜肉保持自然红色的肌红蛋白结合，形成亚硝酰肌红蛋白，从而变成类似未煮过的干香肠一样的深红色，而在经过熏制加工中的加热处理后，又会转变为腌制肉和熏制肉（如维也纳香肠和火腿）所特有的亮粉红色。

(二) 亚硝酸盐对肉制品的发色作用

硝酸盐和亚硝酸盐可使肉制品具有稳定的色泽，因此被称为发色剂。添加硝酸盐和亚硝酸盐可以使肉制品产生独特、稳定的腌制色泽。新鲜肉中的肌红蛋白是还原型的亚铁肌红蛋白，呈现暗紫色，并且很不稳定，易被氧化变色。还原型的肌红蛋白分子中分子态的氧将二价铁离子上的结合水置换出来，从而生成氧合肌红蛋白，色泽呈鲜红色。此时铁仍为二价，因而这种结合并非氧化而是氧合。当氧或氧化剂存在时，氧合肌红蛋白中的二价铁被进一步氧化成三价铁，生成褐色的高铁肌红蛋白，因而肉的颜色变暗，若氧化作用继续进行，则颜色将变为绿色或黄色，严重影响到肉制品的外观性状。亚硝酸盐可与肉制品中的还原型肌红蛋白发生反应，生成亚硝基肌红蛋白，赋予肉制品诱人的鲜红色泽（刘玺等，2000；王柏琴等，1995；熊瑜等，2000）。肉制品在加工中常加入发色剂亚硝酸盐或硝酸盐进行腌制，其中硝酸盐在肉中微生物的作用下，被还原成亚硝酸盐，而亚硝酸盐在肉中乳酸所形成的酸性环境下，生成亚硝酸。亚硝酸进一步与肌红蛋白或血红蛋白反应，形成鲜红色的亚硝基肌红蛋白或亚硝基血红蛋白。亚硝基肌红蛋白或亚硝基血红蛋白在受热后放出巯基，成为色泽鲜红的亚硝基血色原，因此可以起到固定和增强肉色的作用。

(三) 亚硝酸盐对肉制品的抑菌作用

亚硝酸盐在肉制品中具有抑菌作用，而抑菌效果的好坏与其使用量有关。当亚硝酸盐的使用量在10~40mg/kg时，可以使腌肉产生良好的色泽和风味，像这样具有较低的使用量，亚硝酸盐能全部与肉的基质结合，而在腌肉中只有游离的亚硝酸盐才具有抑菌效果（Grever et al.，2001）。当 $NaNO_2$ 添加量在156mg/kg时，将近25%的亚硝酸钠会以某形式与蛋白质结合，5%~15%与巯基结合。亚硝酸钠的抑菌作用主要通过以下4种方式达到（Solos et al.，1979）：亚硝酸钠与细菌细胞壁上的巯基结合；阻断蓝绿色假单胞菌的氧化磷酸化及氧传输；NO 与发芽细胞中的含铁化合物如铁氧化的还原蛋白反应；亚硝酸钠抑制某些代谢反应的酶。

对于亚硝酸盐抑菌作用的对象，报道最多的就是肉毒梭菌。其抑菌效果受很多因素，如环境因素、亚硝酸盐浓度、产品类型等的影响。除此之外，亚硝酸盐还能抑制许多其他致病微生物的生长，如产气荚膜杆菌（*Clostridium peringens*）、金黄色葡萄球菌（*Staphylococcus aureus*）、单细胞增生李斯特菌（*Listeria monocytogenes*）等，但抑菌效果都不如肉毒梭菌（Nas，1981）。

（四）亚硝酸盐对肉制品风味的影响

近年来认识到，在肉制品加工过程中添加亚硝酸盐比不添加亚硝酸盐在风味上有明显的增强，从而赋予肉制品一种诱人的风味。Borwn 等（BROWN et al.，1974）发现用亚硝酸盐腌制的火腿比无硝腌制的具有更显著的腌肉风味。用浓度为 91mg/kg 的亚硝酸盐腌制的火腿的风味与 182mg/kg 组的差异不显著。用抗坏血酸腌制的火腿其亚硝酸盐含量低于不用抗坏血酸腌制的火腿，并且高水平的抗坏血酸盐增加了亚硝酸盐损耗。有报道称，亚硝酸盐在腌肉风味形成中起到重要的作用，Yun（YUN et al.，1987）指出亚硝酸盐的添加可以改善腌猪肉的风味，Motartm 与 Rhdoes 等（MOTTRAM et al.，1974）的研究发现，当亚硝酸盐浓度在 0~100mg/kg 时，培根的风味呈线性增加，但在亚硝酸盐浓度在 100~1500mg/kg 时，风味的进一步改善并不明显。

添加亚硝酸盐能使肉制品产生独特的香味。这一方面是由于亚硝酸盐的直接作用，另一方面也是由于亚硝酸盐阻止了腌肉制品的氧化失味。Gray（1981）认为腌肉中添加亚硝酸盐可以使其产生特色风味，这种特色风味的产生并不是因为它赋予了肉品特殊味道，而是因为它抑制了其中脂肪的氧化，防止了过热味（warmed over flavor，WOF）的产生。研究者提出亚硝酸盐在肉制品中的抗氧化作用有四种可能的机理（Arendt et al.，1997）：

（1）脂质反应模型系统中发现，伴随着双键数量增多，参与反应的亚硝酸盐的量也随之增大，因此认为亚硝酸盐与 C＝C 双键发生反应，从而可以稳定肉中的脂质；

（2）亚硝酸盐与血红素蛋白的铁离子中心发生反应形成稳定的复合物，从而抑制血红素蛋白催化氢过氧化物的降解；

（3）螯合将会成为脂质氧化强化剂的微量金属元素；

（4）亚硝酸盐可与肉中的成分反应形成具有抗氧化活性的亚硝基和亚硝酰基化合物。

引发肉中脂质过氧化的物质是含有血红素的化合物，铁离子可促进脂肪自动氧化。MbNO 具有抗氧化性，因为具强烈脂质氧化特性的三价铁在亚硝酸盐与含血红素化合物反应生成腌肉色素的时候被还原成催化活性弱的二价铁。亚硝酸盐可能可以

"螯合"非血红素铁(NH1)而形成稳定的复合物,从而抑制其催化活性,防止脂质的氧化。

三、 硝酸盐替代物的研究

迄今为止,还没有找到一种亚硝酸盐的完全替代物,而是采用相当于亚硝酸盐的某一作用的一种或几种物质组成的腌制剂替代亚硝酸盐的全部作用。目前有两类物质是人们寻求使用的亚硝酸盐的替代品:一类是部分或完全替代亚硝酸盐的添加剂,这种物质应该包括发色剂、抗氧化剂、螯合剂和抑菌剂;另一类是在常规亚硝酸盐浓度下能够阻断亚硝胺形成的添加剂。目前主要有着色剂-抑菌剂腌制系统、乳酸菌等微生物系统、氨基酸与肽系统、麦芽酚-有机铁盐系统、蔬菜提取物系统等。

(一) 着色剂-抑菌剂腌制系统

红曲红色素是红曲霉发酵的次级代谢产物,是天然的发色剂。它具有众多优点:对 pH 稳定、耐热、耐光照、不易被氧化还原、对蛋白质着染性好、安全性高等。山梨酸钾对霉菌、酵母菌及好气性细菌具有抑制作用。肉制品中红曲红色素的添加量为 0.14g/kg 时可有效抑菌和抗氧化,亚硝酸钠使用量为 0.04g/kg 时即可满足消费者感官要求,获得良好的色泽和抑菌效果,不仅可以减少 60% 亚硝酸盐的用量,还可增加肉制品中氨基酸的含量,提升风味(郑立红等,2006)。亚硝基血红蛋白腌制色素是以新鲜猪血为原料制备而成,可代替亚硝酸钠作为肉品着色剂,赋予产品理想的色泽,并降低肉制品中亚硝酸根的残留,避免因其形成致癌物质的可能(杜娟等,2007)。

(二) 乳酸菌等微生物系统

乳酸菌在发酵过程中可产生一些特殊的酶系,如分解有机酸的酶系、分解脂肪酸的酶系、分解亚硝胺的酶系、控制内毒素的酶系。把乳酸菌等微生物用于肉制品加工中,可以改善肉制品的色泽和风味。在肉制品中加入产乳酸的细菌如乳杆菌属的嗜酸乳杆菌、保加利亚乳杆菌,链球菌属中的乳酸链球菌等,使其产生乳酸,降低 pH,产生游离亚硝酸,接着分解生成—NO。—NO 与肌红蛋白结合形成对热稳定的亚硝基肌红蛋白(呈玫瑰色),能获得颜色鲜艳度更高、红色色素更加稳定的产品。加入乳酸菌等微生物还可以减少亚硝胺的生成,降低亚硝酸盐残留,提高产品质量和安全性(杜鹃等,2007;唐爱明等,2004)。

(三) 氨基酸与肽系统

为了降低亚硝酸根的残留,减少形成亚硝胺的可能性,在亚硝酸和三甲胺的混合物水溶液中加入碱性氨基酸,在氨基酸呈中性和酸性时,则完全可以阻止二甲基亚硝胺的生成,并有良好的护色效果。如 0.5%~1% 的赖氨酸和精氨酸等量的混合物与 10mg/kg 的亚硝酸钠共用,用于灌肠制品。氨基酸类物质能大大降低亚硝酸盐的危险性并有助于护色（张洁等，2010），杨锡洪等（2005）采用组氨酸与血红蛋白形成配位复合物，替代亚硝酸钠的发色作用。

（四）麦芽酚-有机铁盐系统

麦芽酚具有香甜气味，可以作为增香剂添加到各类食品中，其一个重要化学性质是遇铁离子变成紫红色。在肉制品加工中加入强化肉制品的有机物质（如葡萄糖酸铁、柠檬酸铁、葡萄糖酸锌、乳酸锌等），增加其微量元素的含量，尤其是有机铁质，并且与麦芽酚类物质配合使用，不仅能够强化肉制品营养，而且还能够部分替代亚硝酸盐，起到发色作用（李铁欣等，2009）。徐桂花（2001）、涂宗财（1998）等用乙基麦芽酚与柠檬酸铁结合代替亚硝酸盐呈色，使产品长期稳定呈棕红色泽，肉质紧，富有弹性，鲜嫩味美，咸淡适宜。

（五）天然果蔬提取物

人体摄入的硝酸盐 81.2% 来自蔬菜，进入人体的硝酸盐本身并没有毒性，硝酸盐在细菌的作用下可还原成亚硝酸盐。目前，没有研究报道人体内源性合成的亚硝酸盐以及通过蔬菜摄入亚硝酸盐与癌症发病率有关，因此可以用蔬菜提取物作为肉制品加工过程中的发色剂，替代工业产品硝酸盐及亚硝酸盐。王丰（2009）研究表明硝酸盐含量因蔬菜种类的不同差异很大，各类蔬菜硝酸盐平均含量由高到低依次为叶菜类>根茎类>瓜菜类>豆类>甘蓝类。众多的研究表明，植物提取物可以有效减少亚硝酸盐的残留量，增加肉制品的安全性（李炳焕等，2007），研究证明大蒜、大葱、头汁、苦瓜、马齿苋汁等也可阻断亚硝胺的合成（涂宗财等，1998；王丰，2009；李炳焕等，2007 ）。

第四节　食用膨松剂

一、食用膨松剂

馒头、油条以及面包等食品由于具有柔软的口感受到消费者的喜爱。在加工过程中，这些食品的原材料中混入的空气以及水分经焙烤受热，产生水蒸气，从而使制品产生多孔海绵状组织，产生柔软的口感（豆康宁，2008）。仅靠搅拌为物料注入空气的方法效率较低，不能使物料形成良好的海绵组织，达到理想的状态，因此，为了提升此类食品的品质，使其具有较好的口感，需要在物料中加入食用膨松剂以帮助物料产生大量的气体，更好地膨胀，形成致密多孔的海绵组织。

GB 2760—2014《食品安全国家标准　食品添加剂使用标准》规定，食用膨松剂是在食品加工过程中添加的，能使产品发起形成致密多孔组织，从而使制品具有膨松、柔软或酥脆质地的物质。食用膨松剂的加入不仅可以使面团松软，体积膨大，形成疏松多孔的结构，而且能在咀嚼时使唾液更快地渗入食品组织中，对食团达到润湿作用，有助于吞咽（马闻曜，2021）。此外，多孔海绵结构也更利于食品中可溶性物质透出，通过刺激味觉神经迅速反映出食品的风味。当食品进入胃之后，各种消化酶能快速进入食品组织，使食品能更容易、快速地被消化吸收，避免营养损失，从而改善食品品质（史宁，2002）。

（一）食用膨松剂作用原理

尽管膨松剂的种类众多，其作用原理都是一致的，即通过生物法或者化学法使原料面团中产生大量的二氧化碳气体。在焙烤过程中二氧化碳气体受热膨胀，从而使制品中形成疏松多孔的海绵组织，产生独特的口感。

（二）国家标准中允许使用的食用膨松剂及其限量标准

添加食用膨松剂能够生产出口感风味良好的食品，满足消费者需求。但是，为了确保食品安全，需要考虑所使用的食用膨松剂的安全性，在加工时根据使用限量进行添加。目前，在我国只有被列在《食品安全国家标准　食品添加剂使用标准》中的膨松剂才能被允许添加到食品中，且每种膨松剂的使用范围和使用限量都有明确的规定。我国允许使用的膨松剂如下：硫酸铝钾、硫酸铝铵、麦芽糖醇和麦芽糖醇液、乳酸钠、山梨糖醇和山梨糖醇液、碳酸镁、碳酸氢铵、碳酸氢钠、羟丙基淀粉、乳酸钠、碳酸钙、D-甘露糖醇、酒石酸氢钾、聚葡萄糖、磷酸、焦磷酸钠、焦磷酸二氢二钠、磷酸二氢钙、磷酸二氢钾、磷酸氢二铵、磷酸氢二钾、磷酸氢钙、磷酸三钙、磷酸三钾、磷酸三钠、六偏磷酸钠、三聚磷酸钠、磷酸二氢钠、磷酸氢二钠、焦磷酸一氢三钠、聚偏磷酸钾、酸式焦磷酸钙。

（三）食用膨松剂的分类

食用膨松剂可分为化学类膨松剂、生物类膨松剂、复合膨松剂三大类，见表4-1。

表4-1　常用膨松剂的分类

化学类膨松剂	酸性膨松剂	硫酸铝钾、硫酸铝铵、酒石酸氢钾等
	碱性膨松剂	碳酸氢钠、碳酸氢铵、碳酸镁等
生物类膨松剂	由产气能力强、具有生香作用、耐高温的啤酒酵母、卡尔酵母等菌种经纯种培育而成的产品，分为新鲜酵母与活性干酵母（酵母为食品配料，不属于食品添加剂）	
复合膨松剂	单一剂式复合膨松剂	碳酸氢钠+酸性盐或有机酸
	二剂式复合膨松剂	碳酸氢钠+其他产 CO_2 气体的膨松剂+酸性盐
	氨系复合膨松剂	产 CO_2 与 NH_3 气体的膨松剂

1. 生物膨松剂

常用的生物膨松剂主要是以各种形态存在的品质优良的酵母，其作用原理是令酵母在面团中进行生命活动以产生足够使面团发起的气体。酵母可以利用面团中淀粉水解产生的单糖以及其他营养物质，先后进行有氧呼吸与无氧呼吸，产生 CO_2、醇类、醛类以及一些有机酸类，其反应方程式如下：

$$C_6H_{12}O_6+6O_2 \xrightarrow{\text{有氧呼吸}} 6CO_2+6H_2O+2822kJ$$

$$C_6H_{12}O_6 \xrightarrow{\text{无氧呼吸}} 2C_2H_5OH+2CO_2+100kJ$$

酵母在发酵过程中产生大量 CO_2气体并被面筋网络截留在面团内，面制品中的淀粉、蛋白质、脂类等大分子在该过程中还会进行不同程度的降解，产生寡糖、单糖、氨基酸、脂肪酸等小分子成分，为成品提供特殊风味，更利于人体消化吸收。但是酵母发酵时间长，制得的产品可能存在海绵状结构过于细密、体积不够大等缺点。此外，使用酵母作为生物膨松剂时还应注意控制加工温度，温度过高会使面团酸度增加，影响产品的风味及口感。

2. 化学膨松剂

化学膨松剂主要应用在焙烤类及油炸类食品中，其是通过在面团中添加化学物质，诱发化学反应或生化反应产生大量气体，使面团形成良好面筋网格的食用膨松剂（鞠国泉，2010）。常见的化学膨松剂主要是单一膨松剂，通常是利用碳酸氢钠与碳酸氢铵在加热条件下分解产生气体的化学反应使面团起发（孙玉婷，2009），其反应方程式如下：

$$2NaHCO_3 \xrightarrow{\triangle} Na_2CO_3+H_2O+CO_2\uparrow$$

$$2NH_4HCO_3 \xrightarrow{\triangle} NH_3\uparrow+H_2O+CO_2\uparrow$$

3. 复合膨松剂

常用的单一膨松剂 $NaHCO_3$ 和 NH_4HCO_3 在使用过程层中容易出现以下问题：NH_4HCO_3对温度不稳定，在焙烤温度下即分解，且 $NaHCO_3$ 分解的残留物 Na_2CO_3 在高温下会与油脂作用产生皂化反应，使制品品质不良、口味不纯、pH 升高、颜色加深，并破坏组织结构；而 NH_4HCO_3分解产生的 NH_3 易溶于水而形成 NH_4OH，使制品有臭味、pH 升高，对于维生素类有严重的破坏性。因此，目前工厂通常使用复合膨松剂进行生产加工。复合膨松剂即为使用多种成分复配组合而成的化学膨松剂，通常包括碱性剂、酸性剂和填充剂。复合膨松剂中 20%～40% 的成分是以碳酸盐为主的碱性剂，作用是产生 CO_2气体。常用的酸性剂是酒石酸氢钾、硫酸铝钾，占总组分的 35%～50%，其作用主要是与碱性剂进行反应产生气体，控制反应速度，去除异味并提高复合膨松剂的效能。填充剂为淀粉、食盐等，占总组分的 10%～40%，其可以调控气体产生的速度，延长复合膨松剂的贮存期限，并增强面团的延伸性，防止其失水干燥等（余蕾，2006）。

目前市面上常见的泡打粉即为一种复合膨松剂。泡打粉一般由碳酸氢盐、酸、酸式盐、明矾以及淀粉复合而成，按照不同配方配制出的泡打粉可依据产气特点分为快速泡打粉、慢速泡打粉和双效泡打粉。快速泡打粉通常在烘焙开始前起效，但在烘焙时容易出现后劲不足产品塌陷的问题；慢速泡打粉则是在烘焙受热后释放二氧化碳，往往使产品的膨胀不充分，效果较差；双效泡打粉克服了上述两种泡打粉缺陷，可以在烘焙前后都释放气体，满足产品的膨胀要求。复合膨松剂成本低廉，能较好满足生产需求，但是添加量过大可能会导致食品发酸发苦，影响食品风味甚至产生安全问题。

4. 食用膨松剂的评价指标

对于添加膨松剂的食品而言，其品质可通过测定比体积与膨胀度进行评价。

以测定油条的比体积和膨胀度为例，用尺子量取坯条的长宽厚，计算坯条的体积 V_0（mL）。将炸好的油条冷却至室温，称重 m（g）。将油条放入量筒中，加适量小米淹没油条，摇晃，使小米充满量筒，记录小米和油条的总体积 V_1（mL）。将油条取出，记录剩余小米的体积 V_2（mL）。分别按式（4-1）和式（4-2）计算油条的膨胀度和比体积。

油条膨胀度的计算公式：

$$P = \frac{(V_1 - V_2)}{V_0} \tag{4-1}$$

油条比体积的计算公式：

$$C = \frac{(V_1 - V_2)}{m} \tag{4-2}$$

（四）食用膨松剂的危害

一些泡打粉中会添加硫酸铝钾（钾明矾）或硫酸铝铵（铵明矾）作为酸性成分，在高温下可以快速反应，满足产品对膨松剂后劲的要求。明矾和碳酸氢钠会发生以下反应：

$$Al^{3+} + 3H_2O \longrightarrow Al(OH)_3 + 3H^+$$

$$2H^+ + CO_3^{2-} \longrightarrow H_2O + CO_2$$

明矾含铝，铝是一种会对人体健康产生不利影响的微量元素，其会在人体中积累，与细胞中生物活性物质结合，并产生慢性毒性（陈晞，2022）。长期接触铝会导致人群出现学习、记忆能力衰退，轻度认知功能障碍等。因此，卫生部于2014年开始修订含铝食品添加剂的使用标准，进一步限制其可使用的品种及在食品中的使用剂量（赵维克，2017）。GB 2760—2014《食品安全国家标准　食品添加剂使用标准》中规定，含铝的食用膨松剂应限量使用于油炸面制品、豆类制品、焙烤食品、虾味片等食品中，并且铝的残留量（干样品，以Al计）应不超过100mg/kg。此外，开发无铝高效的复合膨松剂也成为食用膨松剂行业一个新兴发展方向。

二、 常见食用膨松剂与食品品质

（一）碳酸氢钠

碳酸氢钠是外观为白色结晶性粉末的无机化合物，由于其特殊的性质被广泛用于食品工业中。碳酸氢钠作为食用膨松剂，主要依靠其受热分解产生 CO_2气体的化学反应使面团发起，产生致密多孔海绵状组织，以达到目的口感。GB 2760—2014《食品安全国家标准　食品添加剂使用标准》中规定碳酸氢钠可以用于大米制品（仅限发酵大米制品）、婴幼儿谷类辅助食品等食品中，可按生产需要适量使用。适量使用碳酸氢钠可以获得组织结构及风味较好的产品。但是，碳酸氢钠分解后会在食品中留下呈碱性的碳酸钠，导致产品口味变化，甚至在产品表面产生黄色斑点，影响食品品质；食品中原有的维生素等营养物质在碱性条件下加热也易被破坏（黄惠芝，1998）。因此，需要根据实际情况严格控制碳酸氢钠的用量，并使用复合膨松剂减弱其对食品品质的不良影响。

（二）复合磷酸盐

复合磷酸盐作为膨松剂的原理主要是其能与碳酸氢钠等碱性物质发生中和反应产生大量的气体。根据国家标准规定，磷酸盐作为膨松剂可以用于蔬菜罐头、小麦粉及其制品、小麦粉、生湿面制品等多种食品中，并且每种食品的最大使用量都有严格的规定。烘焙工业中常用的磷酸盐为磷酸一钙、磷酸二钙及酸式焦磷酸钠。磷酸盐可以控制产气速度，调整制品的酸碱度以及提高其持水性，从而使面团形成蓬松结构，比体积增大，提升食品品质（王立，2017）。过量摄入磷酸盐也会导致人体内钙、磷比例失衡，造成发育迟缓，骨质疏松等不良影响。因此，也需要严格控制磷酸盐作为膨松剂时在食品中的添加剂量，确保其在安全的前提下满足加工需求（彭蔚，2018）。

三、 食用膨松剂的发展趋势

随着我国人民生活水平的提高以及健康意识的增强，保障食品安全品质，提高食品健康与营养价值已成为食品行业的主流，为利于食品生产企业在生产中的有效控制，充分提高产品的膨松效果，适应消费者的需求，应大力研究、开发和推广能替代明矾的安全、高效、方便的无铝复合膨松剂。无铝复合膨松剂是可与食用碱反应产生 CO_2气体，但本身又不含铝的化学疏松剂，按照试验确定的比例配合组成的复合膨松剂，其配方很多，依据具体食品生产的需要而有所不同。

参考文献

[1] 陈晞．复配食品膨松剂中铝的检测［J］．山东化工，2022，51（1）：146-148.

[2] 陈运中．天然色素的生产及应用［M］．北京：中国轻工业出版社，2007.

[3] 豆康宁．发酵方法对面食营养的影响［J］．粮食与食品工业，2008，15（5）：12-14.

[4] 杜娟，王青华，刘利强．亚硝酸盐在肉制品中应用的危害分析及其替代物的研究［J］．食品科技，2007，32（8）：166-169.

[5] 韩金龙，董梅，王琴，等．天然食品防腐剂研究进展［J］．中国食品，2021（23）：104-105.

[6] 黄惠芝．膨松剂综述［J］．广州食品工业科技，1998（2）：54-56.

[7] 鞠国泉．无铝复合膨松剂在油条制作中的应用研究［J］．中国粮油学报，2010，25（7）：110-112.

[8] 李炳焕，杨怡，郭佳．大蒜对亚硝酸盐消除作用的实验研究［J］．微量元素与健康研究，2007，24（5）：27-28.

[9] 李轶欣，王玉田，查恩辉．亚硝酸盐在肉制品加工中的作用及其替代品研究进展［J］．肉类工业，2009（5）：51-53.

[10] 刘玺，李博．乳酸菌发酵中式香肠发色效果研究［J］．食品研究与开发，2000，21（4）：13-14.

[11] 刘兴海，邱诗波，杜桂涛，等．天然色素的提取、稳定性改进及其应用进展探究［J］．数字印刷，2022（1）：1-25.

[12] 马闻曜．唾液物理性质与饮食及其行为之间的相互作用［D］．杭州：浙江工商大学，2021.

[13] 马自超，庞业珍．天然食用色素化学及生产工艺学［M］．北京：中国林业出版社，1994.

[14] 彭蔚．离子色谱法测定烘焙食品中磷酸盐［J］．河南预防医学杂志，2018，29（6）：421-422.

[15] 史宁．食品加工中膨松剂的应用（综述）［J］．中国城乡企业卫生，2002，2：47-48.

[16] 孙玉婷．食品添加剂之膨松剂简介［J］．化学教育，2009，30（8）：1-2，5.

[17] 唐爱明，夏延斌．肉制品中亚硝酸盐降解方法、机理及研究进展［J］．食品与机械，2004（2）：35-37.

[18] 涂宗财，林森．五香鸡肫软罐头的研制［J］．食品科学，1998，19（12）：31-33.

[19] 王柏琴，杨洁彬，刘克．红曲色素在发酵香肠中代替亚硝酸盐发色的应用［J］．食品与发酵工业，1995（3）：60-61.

[20] 王丰．蔬菜中硝酸盐累积机制及控制方法研究［J］．安徽农业科学，2009，37（27）：1302-1303.

[21] 王建清，刘光发，金政伟，等．百里香精油的抑菌作用及其对鲜切冬瓜的保鲜效果［J］．包装工程，2009，30（10）：1-4.

[22] 王立．复合磷酸盐在面制品中的应用现状及发展趋势［J］．食品与机械，2017，33（1）：195-200.

[23] 熊瑜．食品添加剂在肉制品保藏中的应用［J］．食品科技，2000（1）：32-34

[24] 徐桂花．软包装五香鸡肫的研制［J］．宁夏农学院学报，2001，22（1）：70-71

[25] 杨巍巍．植物精油的抑菌活性及其在食品贮藏中的应用［J］．农产品加工（学刊），2014（7）：68-70.

[26] 杨锡洪，夏文水．亚硝酸盐替代物--组氨酸发色作用的研究［J］．食品与生物技术学报，2005，24（5）：102-106.

[27] 余蕾．新型复合膨松剂［J］．中国食品添加剂，2006（3）：128-129.

[28] 张慧芸，郭新宇．丁香精油-壳聚糖复合可食性膜对生肉糜保鲜效果的影响［J］．食品科学，2014，35（18）：196-200.

[29] 张洁，于颖，徐桂花．降低肉制品中亚硝酸盐残留量的方法及研究进展［J］．肉类工业，2010（2）：49-52

[30] 张远．酶在食品保鲜中的应用研究进展［J］．安徽农业科学，2005，33（3）：469- 470.

[31] 赵维克．复配膨松剂工艺研究与组分分析［J］．现代食品，2017（7）：41-42.

[32] 郑立红，任发政，刘绍军，等．低硝腊肉天然着色剂的筛选［J］．农业工程学报，2006，22（8）：270-272.

[33] 周国立．食用天然色素及其提取应用［M］．济南：山东科学技术出版社，1993.

[34] ARENDT B, SKIBSTED L H, ANDERSEN H J. Antioxidative activity of nitrite in metmyoglobin induced lipid peroxidation [J]. Zeitschrift für Lebensmitteluntersuchung und-Forschung A, 1997, 204 (1): 7-12.

[35] BROWN C, HEDRICK H, BAILEY M. Characteristics of cured ham as influenced by levels of sodium nitrite and sodium ascorbate [J]. Journal of food science, 1974, 39 (5): 977-979.

[36] GREVER A B, RUITER A. Prevention of clostridium outgrowth in heated and hermetically sealed meat products by nitrite-a review [J]. European Food Research and Technology, 2001, 213 (3): 165-169.

[37] SIGURDSON G T, TANG P P, GIUSTI M M. Natural colorants: Food colorants from natural sources [J]. Annual Review of Food Science and Technology, 2017, 8 (1): 261-280.

[38] TULI H S, CHAUDHARY P, BENIWAL V, et al. Microbial pigments as natural color sources: current trends and future perspectives [J] Journal of Food Science and Technology, 2015, 52 (8): 4669-4678.

[39] YUN J, SHAHIDI F, RUBIN L J, et al. Oxidative stability and flavour acceptability of nitrite-free meat-curing systems [J]. Canadian Institute of Food Science and Technology Journal, 1987, 20 (4): 246-251.

第五章　食品热加工危害因子快速检测技术

第一节　丙烯酰胺

丙烯酰胺（acrylamide，AA）是一种能溶于水的无色片状晶体，相对分子质量为71.09，分子式为 C_3H_5NO，丙烯酰胺溶于水，也易溶于乙醇、丙酮等有机溶剂；在酸性环境中可以稳定存在，在碱性环境中丙烯酰胺易分解成丙烯酸。经加热处理或紫外照射后，丙烯酰胺易发生反应生成聚丙烯酰胺。丙烯酰胺是美拉德反应的产物，富含淀粉类的食品包括土豆或谷物制品和咖啡等经过油炸、烘烤或加热等高温（120℃以上）烹调时会产生一定量的丙烯酰胺。对啮齿动物的研究表明，如果丙烯酰胺浓度过高，会产生致癌作用，对雄性生殖系统有害。丙烯酰胺已经被证实具有生殖毒性（陈昭华，2006）、遗传毒性（赖怡等，2016）、神经毒性和致癌性（Tareke et al.，2002）。2002年被国际癌症研究机构（IARC）列为2A类致癌物（Arbyn et al.，2007）。随后，欧盟委员会（EUC）和欧洲化学品管理局（ECHA）也分别将其列为2类致癌物、致畸物和“高度关注”化合物。表5-1所示为2017年欧盟委员会设定的不同食物中丙烯酰胺的基准水平。人体丙烯酰胺的平均摄入量约为1mg/kg，长期接触低浓度的食源性丙烯酰胺可造成累积效应，从健康角度来看可能是有害的。

表5-1　2017年欧盟委员会设定的不同食物中丙烯酰胺的基准水平

食品种类	丙烯酰胺基准含量/（μg/kg）	食品种类	丙烯酰胺基准含量/（μg/kg）
婴幼儿饼干和风干饼干	150	谷物为主的婴儿食品	40
饼干	350	薄脆饼干	350
麸皮产品，全谷物、膨化谷物	300	油炸薯条	500
早餐谷物：以玉米、燕麦、大麦和大米为主	150	姜饼	800
		速溶咖啡	850
早餐谷物：小麦和黑麦	300	马铃薯薯片	750
咖啡替代品（菊苣）	4000	烤咖啡	400
咖啡替代品（谷类为主）	500	软面包（其他）	100
饼干	400	软面包（小麦）	50

丙烯酰胺可以通过暴露的皮肤、空气、口腔进入人体（Stadler et al.，2002），食物中的丙烯酰胺主要来源于美拉德反应过程中游离氨基酸（Becalski et al.，2003）和含羰基化合物的高温下反应（Becalski et al.，2004）。目前，食品中丙烯酰胺的检测方法应用较为广泛的主要是色谱法，其中包括液相色谱（LC）、高效液相色谱（HPLC）、气相色谱（GC）以及它们与质谱的联用技术，如液相色谱-质谱（LC-MS）、气相色谱-质谱（GC-MS）等。此外，近些年来，随着人们生活水平逐渐提高，食品中丙烯酰胺的检测技术得到快速发展，一些新型实用快速检测技术也应运而生，如酶联免疫法、毛细管电泳法、生物传感器法等。

一、 传统检测技术

目前关于丙烯酰胺的传统检测技术，已经发展比较成熟的主要包括气相色谱（GC）、高效液相色谱（HPLC）及它们与质谱（MS）的联用技术（GC-MS、HPLC-MS、HPLC-MS/MS），表5-2列举了这几种传统方法在部分热加工食品中对丙烯酰胺检测的应用。

表5-2 食品中丙烯酰胺传统检测方法的应用

检测方法	食品种类	线性范围/（μg/L）	检出限/（μg/kg）	定量限/（μg/kg）	相对标准偏差	来源
HPLC-MS/MS	咖啡	2~100	5	16	<5%	Bortolomezzi et al.，2012
UPLC-MS/MS	咖啡	10~500	3	10	<8.9%	苏碧玲等，2022
HPLC-MS/MS	海产品	50~500	_	2.12	<4.32%	Qin et al.，2017
GC	薯条	30~10000	1	25	<2%	Notardonato et al.，2013
GC-MS	方便面	1~1000	0.3	1	<9.15%	王川丕等，2022

液相色谱法是对食品中痕量物质进行分析检测应用最普遍的方法，应用此方法检测时，其样品不需要进行衍生化。目前应用液相色谱检测丙烯酰胺时使用的检测器主要有紫外（UV）和二极管列阵（DAD）检测器。紫外检测器可以在特定波长工作，样品回收率高、检测结果重复性好。但由于丙烯酰胺自身分子结构中缺乏生色基团和自然荧光，如芳环、共轭双键等，使得使用紫外检测器检测样品中丙烯酰胺时，检测的灵敏度不高、选择性较差。二极管列阵检测器本质上也是紫外检测器，但因为是全波长扫描，与紫外检测器相比，二极管列阵检测器在灵敏度方面有所损失。仅适用于丙烯酰胺含量高的食品检测。

HPLC、UPLC及与MS联用由于柱效更高、分离效果更好等优点，是较普通液相色谱使用更广泛的方法。GB 5009.204-2014将$^{13}C_3$标记的丙烯酰胺作为内标溶液，基于稳定同位素稀释技术，通过水溶剂萃取和纯化后，利用 LC-MS/MS 进行测定。该方法无须对丙烯酰胺进行衍生等处理，且操作过程简便、检测结果准确，是目前丙烯酰胺检测最为常用的方法。

丙烯酰胺是一种热不稳定的有机物，挥发性较差，而气相色谱法要求分析对象须有一定的热稳定性和可挥发性，因而，用气相色谱检测丙烯酰胺时，通常先进行衍生化。丙烯酰胺碳链较短、极性高，故色谱保留能力较弱，可对丙烯酰胺进行溴加成衍生化避免在气相色谱检测中会面临的以上问题。经过溴化衍生化的产物，相对分子质量较丙烯酰胺增大，可降低气相色谱检测时的背景噪声，且样品的挥发性和电负性提高，可以实现高灵敏度检测，更利于质谱定性分析。气相色谱法所用的检测器一般有火焰离子化检测仪（FID）、紫外检测仪（UV）和电子俘获检测器（ECD）等。

气质联用（GC-MS）技术检出限低、灵敏度高，也是目前食品中丙烯酰胺检测常用的方法之一。运用 GC-MS 检测丙烯酰胺已被广泛认可。目前已经颁布的 GB 5009.204—2014 将 GC-MS 作为食品中丙烯酰胺检测的第二法。

二、新型快速检测方法

传统的丙烯酰胺检测方法虽然具有灵敏度高、选择性好，但是所用仪器设备较为昂贵，对检测人员专业素质要求较高，且样品前处理过程比较复杂、样品检测费用较高。因此，很多操作简单、费用较低、检测速度较快的新型快速检测技术应运而生，如毛细管电泳法（CE）、酶联免疫吸附法（ELISA）、生物传感器以及其他检测技术，表 5-3 列举了几种新型快速检测方法在部分热加工食品中对丙烯酰胺检测的应用。

表 5-3　部分丙烯酰胺新型快速检测方法的应用

方法	食品种类	线性范围/（μg/L）	检出限/（μg/kg）	定量限/（μg/kg）	相对标准偏差	来源
FASI-CE-MS/MS	面包	25~2000	8	20	<15%	Bermudo et al., 2007
CE-C_4D	薯片	7~200	0.16	0.52	<5.6%	Yang et al., 2019
ELISA	土豆泥	50~1280	50	350	—	付云洁等，2011
ELISA	薯片、饼干等	26.3~221.1	18.6	60.6	—	Quan et al., 2011
Nafion/Hb-Fe_3O_4MNPs/GCE	薯片	71~7100	63.5	—	—	李青叶，2018
双链 DNA 和金纳米颗粒的荧光猝灭生物传感器	薯片	71~355000	3.55	—	<3.12%	Asnaashari et al., 2018

（一）毛细管电泳法

毛细管电泳法（CE）是以弹性石英毛细管为分离通道，以高压直流电场为驱动力，依据样品中各组分之间淌度和分配行为上的差异而实现分离的电泳分离分析方法（Ravelo-Perez et al.，2009）。毛细管电泳法是检测食品中丙烯酰胺的一种较新且发展迅速的分析方法，毛细管电泳法的灵敏度通常取决于所用的检测器，主要有紫外检测器（UV）、激光诱导荧光检测器（LIF）、质谱检测器（MS）及电导检测器（ELCD），其中 MS 或 MS/MS 常用作丙烯酰胺分析的检测器。

CE-MS 在其各种操作模式下特别适合于离子、弱离子和高极性化合物的快速分离，具有很高的分辨率。其主要优点是样品和试剂消耗少，成本低，分析速度快，相比于传统方法有机溶剂消耗的减少，相对环保。目前已有研究介绍了 CE-MS 技术在食品丙烯酰胺分析中的应用，Bermudo 等（2007）使用 2-巯基苯甲酸将丙烯酰胺进行衍生，得到一种可以用毛细管电泳分析的电离化合物，采用反极性场放大进样（FASI），建立了一种 FASI-CE-MS/MS 方法对食品中丙烯酰胺进行检测。该研究通过 CE-MS 耦合提高了检测方法的灵敏度，此外，利用预富集技术和高分辨率质谱技术可以进一步提高 CE-MS 的灵敏度。然而，CE-MS 相对于 LC-MS 或 GC-MS 稳定性和可靠性略差。

还有其他检测方法，如殷斌等（2017）在 15kV 恒压下以 20mmol/L 硼砂（pH 8.4）作缓冲溶液对样品中的丙烯酰胺进行分离测定，该方法的检测的线性范围为 10～200μg/mL，检出限（LOD）为 0.62μg/mL，样品中丙烯酰胺的回收率为 85.7%～96.4%。该方法操作简单、灵敏度高、净化效果好，并且具有较高的回收率，可以用于检测米制品中的丙烯酰胺。Yang 等（2019）提出了以半胱氨酸为衍生试剂的丙烯酰胺高效衍生化方法，引入电容耦合非接触电导检测系统（C_4D），C_4D 是一种基于目标分析物与背景缓冲的电导差进行分析的新型检测器，C_4D 理论上可以对所有带电物质进行检测，特别适用于没有紫外吸收和本体荧光的物质的检测，并通过毛细管电泳电容耦合非接触式电导率检测（CE-C_4D）对所得衍生物进行了分析，C_4D 与毛细管电泳法进行联用具有仪器构造简便、价格低廉、易于仪器便携化等优点。通过系统考察催化剂用量（0～20mmol/L）、反应时间（1～60min）、反应温度（30～90℃）、半胱氨酸浓度（0.2～3.6mmol/L），并以 4mmol 正丁胺为催化剂，在 70℃ 下对丙烯酰胺进行 2.0mmol/L 半胱氨酸高效标记 10min。应用 10mmol 三乙胺作为分离缓冲液，标记的丙烯酰胺在 2min 内进行分析，迁移时间和峰面积的相对标准偏差分别小于 0.84% 和 5.6%，具有良好的精密度（Abd et al.，2015）。丙烯酰胺衍生物的 C_4D 信号与丙烯酰胺浓度在 7～200μmol/L 范围内呈良好的线性关系，相关系数为 0.9991，其 LOD 为 0.16μmol/L，定量限为 0.52μmol/L。在 QuEChERS 样品前处理的辅助下，开发的衍生化策略和随后的 CE-C_4D 方法成功应用于马铃薯制品中丙烯酰胺的测定，取得了良好的效果（Abd et al.，2015）。

总之，毛细管电泳法具有分辨率高、不受复杂的基质干扰等优点，因而受到广大研究者的青睐。但其缺点也较为明显，其制备能力差、灵敏度较其他检测方法低，且电渗会因样品的组成而变化从而影响分离的重现性，因而在后续的研究中需要加以改进。

（二）酶联免疫吸附法

酶联免疫吸附法（ELISA）是荷兰学者 Weeman 和 Schurrs 在 1971 年提出的。酶联免疫吸附法是基于抗原和抗体之间的一种非常特殊的反应（特异性识别该抗原），通过利用抗原和抗体的高特异性结合所产生的酶催化反应和免疫学反应，对要检测的目标物质进行快速定量检测的方法（李娜等，2018）。该方法用于捕获和检测被测试材料中的特定抗原或抗体，这些抗体与适当的酶结合，通过检测酶催化底物产生颜色反应，从而对目标物定量分析。酶联免疫吸附法具有高特异性和选择性的特点，可检测食品中微量污染物质。

分子质量在 1000u 以下的物质不具有免疫原性，不会诱导抗体，由于丙烯酰胺分子质量低，缺乏强表位基团，本身无法诱导特异性抗体的合成，因而，酶联免疫吸附法在丙烯酰胺定量中的应用需要合成特异性抗体。丙烯酰胺结合抗体的分离使食品中丙烯酰胺的定量测定成为可能。Preston 等（2008）将丙烯酰胺作为半抗原与免疫刺激载体蛋白偶联刺激特异性抗体合成。选择溶解度好、分子质量适中、有足够的官能团与丙烯酰胺结合的载体蛋白，如胎球蛋白（BTG）、人血清白蛋白（HSA）等，运用 Michael 反应，该反应是基于不饱和化合物和亲核蛋白基团（通常是胺或硫醇基团）之间的反应，基于 Ade-3-MBA-HSA 抗原与其抗体之间的反应，催化产生有颜色的产物，从而通过测量特定的吸光度，对丙烯酰胺进行定量检测。另外，也可利用生物素——亲和素和多克隆抗体来定量测定食品中的丙烯酰胺，使用结构类似丙烯酰胺的 *N*-丙烯氧琥珀酰亚胺（NAS）作为抗原，与免疫刺激物如牛血清白蛋白（BSA）结合，用于刺激抗体的合成，从而基于抗原抗体反应测定食品中的丙烯酰胺。免疫酶学方法的进步导致了化学发光技术的应用。免疫分析的敏感性强烈地依赖于特异性抗体的亲和力和检测方法的敏感性。增强化学发光（ECL）反应提供了提高免疫分析灵敏度的可能性，这种技术利用化学发光标记物（鲁米诺）在反应过程中发出特定波长的光，从而能够测量目标物质的浓度。增强化学发光的光强在反应开始后 1~2min 内达到最大，可以快速检测分析信号。

付云洁等（2011）先用戊二醛法合成丙烯酰胺-牛血清白蛋白免疫抗原，注入实验兔体内以产生抗丙烯酰胺的多克隆抗体。根据动物实验中的丙烯酰胺可能对机体产生危害的剂量，建立了相应的酶联免疫吸附法。虽然本方法的灵敏度不及传统的色谱方法，对食品中丙烯酰胺的检测结果影响不大。但该方法特异性强，且操作简便，解决了色谱、色谱联用等检测技术测定中存在的不足之处，适用于检测热加工食品中的丙烯酰胺，具有良好的应有价值。

Quan 等（2011）通过用 Nacryloxysuccinimide（NAS）和钥孔血蓝蛋白（KLH）偶联物对实验兔进行免疫，获得了丙烯酰胺的多克隆抗体，开发了一种基于该抗体的酶联免疫吸附法，可增强化学发光检测食品样品中的丙烯酰胺。优化了检测条件，如抗体和酶偶联物的浓度以及竞争时间，研究了离子强度和 pH 的影响。加标样品的回收率范围为 74.4%~98.1%，这些结果与使用高效液相色谱法差异不显著，这表明 ECL-ELISA 适用于食品样品中丙烯酰胺的特异性检测和常规监测。

Singh 等（2013）针对丙烯酰胺和 3-巯基苯甲酸（3-MBA）衍生的半抗原，制备了多克隆抗体。建立了一种间接竞争酶联免疫吸附测定法，以快速定量复杂食品基质和水中的丙烯酰胺。该实验对丙烯酰胺-3-MBA 衍生物特异性非常强，对食物中形成丙烯酰胺的主要前体天冬酰胺、天冬氨酸、丙烯酰胺或 3-MBA 没有交叉反应。该方法灵敏度高，模型食品基质检出限为 5.0ng/g，水中检出限为 0.1μg/L。在所有测试的基质中都观察到良好的丙烯酰胺回收率，该方法的结果与质谱方法的结果相当。

目前，酶联免疫吸附法试剂盒已有大量的商业化产品（Franek et al.，2014）。用酶联免疫吸附法检测丙烯酰胺和高效液相色谱法检测效果相当，与传统方法相比，这种方法既不需要专业的操作人员和昂贵的仪器设备，也不需要多步样品制备过程，可以用于多个样品的常规分析。酶联免疫吸附法检测丙烯酰胺时，准确性、灵敏度较高，且具有检测成本低，检测时间短和操作简单的优点，然而如何获得合适的抗体等相关问题还有待解决。

（三）生物传感器法

传感器可以在线监测被测物质与识别物之间的结合反应元素，将生成的生物信号转换为可定量处理的信号，如电、光等，达到分析检测的目的。生物传感器作为一种新兴的分析策略，在该领域得到了深入的发展。在食品安全方面，设计了各种类型的生物传感器用于分析食品成分及有害物质。目前在丙烯酰胺检测中使用较多的有电化学荧光传感器和生物传感器。

1. 电化学生物传感器

电化学传感器是利用测定目标解析物的物理化学或电化学特性，完成定量分析或定性分析的一种检测方法。电化学传感器的工作原理是目标分析物经过分散直达指定的作业电极片表层，在电极片表层形成电极反应，生成电化学数据信号并利用信号切换组件转换为工作电压、瞬时电流、电导等电子信号，随后电化学分析仪对电子信号实施扩大、切换等处置，最终将处置后的数据信号传送至电脑实施转换显示，就可以完成对检测样品中目标分析物成分的检查测量。丙烯酰胺不能产生直接的电化学信号，因此用于检测丙烯酰胺的电化学传感器主要利用血红蛋白（Hb）或谷胱甘肽（GSH）对丙烯酰胺进行间接检测，且常常需要引入纳米材料发挥信号放大作用，纳米材料的介入能够增加传感器的灵敏度，提高传感器的稳定性。电化学传感器的信号转导和性能依赖于表面结构，传感元件与生物样品之间利用电化学的传感通常涉及参比电极、工作电极或氧化还原电极（用作传导元件）和计数器或辅助电极（实现与电解液连接以支持工作电极）。目前常用的丙烯酰胺检测工作电极包括碳糊电极、玻碳电极（GCE）、石墨电极、金电极、CNT丝网印刷电极、铵离子选择电极，以及最近的铂电极、碳离子电极、碳离子液体糊电极、硼掺杂金刚石电极。

电化学生物传感器检测丙烯酰胺大多数采用血红蛋白作为识别元件，丙烯酰胺与血红蛋白中N-端缬氨酸的α-NH_2之间相互作用，再结合伏安法构建电化学传感器（费永乐等，2015）。原理是丙烯酰胺与血红蛋白的N-端缬氨酸—NH_2基团反应形成加合物。这种相互作用是一种新的伏安生物传感器检测丙烯酰胺的基础。生物传感器是用碳糊电极修饰血红蛋白构建的，血红蛋白含有四个前列腺基血红素-铁（Ⅲ）。该电极呈现出Hb-Fe^{3+}/Hb-Fe^{2+}可逆的还原/氧化过程。通过降低Hb-Fe^{3+}还原的峰值电流，观察到血红蛋白与丙烯酰胺之间的相互作用。该电极的检出限极低（1.2×10^{-10}mol/L），在薯片水浸法制备的基质中进行了验证，表明该电极适用于食品样品中丙烯酰胺的直接测定（Stobiecka et al.，2007）。构建电化学生物传感器检测丙烯酰胺的关键是提高血红蛋白在电极上的电子转移效率（郭敬轩，2016）和固定效率（魏芳，2014）。由于将血红蛋白直接修饰于电极上会导致血红蛋白的氧化还原中心位于绝缘的肽链中从而抑制其活性。Asnaashari等（2019）利用双链DNA/血红蛋白修饰的丝网印刷金电极（SPGE）设计了一种用于丙烯酰胺检测的电化学传感器。通过循环伏安法确定ssDNA1-SH在SPGE表面的固定化，通过琼脂糖凝胶表征ssDNA2-NH_2与Hb的比例为1∶1的相互作用。采用方波伏安法（SWV）测定了丙烯酰胺和血红蛋白加合物以及Hb-Fe^{3+}/Hb-Fe^{2+}还原/氧化过程的变化对该生物传感器的良好响应。该生物传感器在pH 8.0时响应最佳。丙烯酰胺的线性检测范围为$2.0\times10^{-6}\sim5.0\times10^{-2}$mol/L，检测限为$1.58\times10^{-7}$mol/L，该生物传感器可直接测定薯条水提液中的丙烯酰胺，重复性好、稳定性高。

Krajewska等（2008）用缬氨酸末端的—NH_2基团与丙烯酰胺反应，使丙烯酰胺与血红蛋白形成加合物。在这项工作中，提出了使用涂有单壁碳纳米管（SWCNTs）和血红蛋白的玻璃碳电极对水溶液中的丙烯酰胺进行伏安检测。该电极的检出限极低（1.0×10^{-9}M），在薯片水浸法制备的基质中进行验证，表明该电极适用于食品样品中丙烯酰胺的直接测定。景俊贤（2018）采用金纳米粒子/介孔材料/血红蛋白（CMK-Au-Hb）修饰电极，采用试剂和滴涂技术分散制备介孔材料敏感膜并修饰在电极上，同时采用电化学交流阻抗法和循环伏安法研究丙烯酰胺在所制备传感器上的电化学行为，发现丙烯酰胺浓度在$1.0\times10^{-11}\sim1.0\times10^{-4}$mol/L，浓度与峰电流的负对数呈良好的线性关系。

分子印迹技术是一种分子识别技术，合成的印记模板可作为识别元件用于开发食品分析检测方法（Song et al.，2014）。目前已有一些研究将其用于电化学传感器制备，毛禄刚等（2015）将丙烯酰胺溶胶凝胶分子印迹膜沉积在多壁碳纳米管-壳聚糖修饰的电极表面构建电化学传感器检测丙烯酰胺，该方法的线性检测范围为0.2～10μg/mL，检出限为0.079μg/mL，该方法操作简单并且准确，但构建的传感器使用时间相对较短。还有利用丙烯酰胺电化学特性进行直接检测的，如Zargar等（2009）将Co^{2+}离子加入丙烯酰胺中溶液中，在-1.35V处观察到一个与丙烯酰胺浓度呈正比的催化峰。结果表明，丙烯酰胺在200～800ng/mL范围内呈良好的线性关系，回归系数为0.9989。该方法的检出限为3.52～300ng/mL。该方法简单快速，但在高浓度的碱土金属离子溶液中，尤其是Na^+存在时不灵敏。因Na^+在食品中广泛存在而限制了该方法的推广使用。

李青叶（2018）用血红蛋白构建电化学传感器检测丙烯酰胺，利用血红蛋白的氨基与丙烯酰胺进行加成反应，从而获得电信号，并引入纳米材料Fe_3O_4MNPs，利用Fe_3O_4MNPs具有良好的生物相容性，通过特殊的电子构型和化学键合作用促进电子的转移，解决了血红蛋白空间结构复杂、电活性中心位于多肽链中不易暴露、电化学信号难以获得的问题，制备了Nafion/Hb-Fe_3O_4MNPs/GCE电极用于检测丙烯酰胺。Pei等（2019）用玻碳板（GCP）作为工作电极，用对苯二胺和4-硝基苯胺处理生成芳基重氮盐的混合单层，使用AuNPs孵育形成Au—NH键与玻碳板的氨基相连，将4-硝基苯基基团电化学还原为4-氨基苯基，防污剂附着，进一步修饰玻碳板，用马来酰胺酸孵育，形成了抗丙烯酰胺抗体的结合位点（半抗原），制备出用于丙烯酰胺检测的免疫传感器，利用抗体解离引起的电阻率下降来定量检测丙烯酰胺。

Lau等（2019）通过置换测定开发了一种无须样品预处理的电化学免疫传感器。其是用于直接检测液态食品中丙烯酰胺的置换法电化学免疫传感器。基本原理是采用位移格式并且无须前处理的方法检测，负电势的加入使表面结合抗体的解离增强，而正电势的加入使表面结合抗体的解离增强，像仅仅将改性电极表面放入液体样品中一样简单。其利用实际实验装置优化抗体从表面结合半抗原游离到游离丙烯酰胺的置换条件，并通过理论统计研究加以验证。Box-Behnken实验设计是一种经济高效的优化方法，与实验结果吻合较好。电脉冲-800mV、持续10min最佳条件下的电阻率变化最大，这表明抗体的数量是最高的。Bex-Behnken实验设计中，丙烯酰胺是最显著的因素；从实验装置中也得到了类似的结果，表明在没有游离的丙烯酰胺分析物的情况下，电阻率没有显著变化，从而表明抗丙烯酰胺抗体对其抗原丙烯酰胺具有特异性的生物亲和性作用。该免疫传感器结合了增强电斥力和抗体特异性，为零前处理步骤的丙烯酰胺样品定量检测提供了一种高效并且有前途的方法。利用抗体解离引起的电阻率下降来定量检测丙烯酰胺，建立的免疫传感器的准确性通过标准方法GC-MS验证，开发了一种稳定性好、重现性好、简单可靠的负电驱除电化学免疫传感器，可直接用于定量检测丙烯酰胺，但其只能用于检测液体食品样品。

总之，电化学方法具有选择性好、受环境干扰小、检测成本较低、省时快速、检测简单等优点，能够满足快速检测和在线检测的需要，但由于灵敏度不足，常需要引入纳米材料提高传感器的灵敏性。

2. 荧光传感器法

荧光传感器以荧光的形式表达分子识别产生的信号（荧光强度和波长的变化）实现信息传输。碳点（CDs）、量子点（QDs）和金属纳米簇（NCs）等，由于具有较宽的激发带、窄的发射带、水溶性好、光漂白性低、合成过程简单等优点被认为是理想的荧光纳米材料，被广泛应用于荧光传感器的构建中。为了使传感器在单激发波长的激发下出现两个互不干扰的吸收峰，通常通过嵌入、组装或共轭的方式将两个荧光基团杂交。目前，人们已经开发出各种混合方式，如染料-CDs、两种不同的 CDs 混合、染料-AuNCs、CDs-AuNCs 和 QDs-AuNCs。

荧光检测法因其检测快速以及高灵敏度应用于食品样品中丙烯酰胺的检测（Alpmann et al.，2008）。Hu 等（2014）提出了一种基于丙烯酰胺聚合诱导量子点间距增加的新型荧光传感方法，用于检测薯片中的丙烯酰胺。通过与 *N*-丙烯氧基琥珀酰亚胺（NAS）结合制备了功能量子点，并通过傅里叶红外光谱（FR-IR）对其进行了表征。NAS 修饰量子点的碳碳双键在光引发剂的辅助下在紫外线照射下聚合，导致量子点随着荧光强度的降低而靠近。样品中的丙烯酰胺参与聚合，并诱导荧光强度增加。该方法线性检测范围为 $3.5\times10^{-5}\sim3.5$g/L（$r^2=0.94$），检出限为 3.5×10^{-5}g/L。虽然该方法的灵敏度和特异性无法与标准的 LC-MS/MS 分析方法相比，但该方法所需时间和成本都大大减少，有望用于食品加工过程中丙烯酰胺的在线快速检测。Liu 等（2014）测定丙烯酰胺通过 Hofmann 反应降解生成的乙烯基胺，乙烯基胺与荧光胺反应生成吡咯啉酮，在 480nm 处产生强荧光发射。Hofmann 反应是荧光法测定丙烯酰胺的关键步骤，对反应条件进行了研究和优化，在最佳条件下，荧光强度随丙烯酰胺浓度的增加而增加。荧光强度与丙烯酰胺浓度平方根的线性检测范围为 $0.05\sim20\mu$g/mL，相关系数 $r^2=0.9935$。检出限为 0.015μg/mL，回收率为 66.0%～110.6%。该方法与《中华人民共和国出入境检验检疫局规范》（SN/T 2281-2009）标准进行了对比，其结果是可行的，但是这种方法仅适用于能够发出紫外光的物质。Asnaashari 等（2018）基于金纳米粒子（AuNPs）和 6-羧基荧光素（FAM）标记的双链 DNA（FAM-dsDNA），研制出一种简便、快速、准确的用于检测丙烯酰胺的荧光传感器，这种方法可以使有无丙烯酰胺时的荧光强度有明显的差别。在丙烯酰胺存在下，形成单链 DNA（ssDNA）和丙烯酰胺加合物。因此，FAM-labeled complementary strand DNA（FAM-csdna）在环境中是游离的，吸附在 AuNPs 的表面，导致 FAM 被 AuNPs 淬灭。在优化的条件下，该方法对丙烯酰胺具有较高的选择性，线性检测范围为 $1\times10^{-7}\sim0.05$mol/L，检出限为 1×10^{-8}mol/L。该方法对薯条水提物中丙烯酰胺具有良好的检测性能，检出限为 0.5×10^{-6}mol/L。Liu 等（2017）利用分析印记技术将 Mn^{2+} 掺杂 ZnS 量子点固定在氧化石墨烯表面，洗去丙烯酰胺后形成丙烯酰胺印迹模板，该方法的线性检测范围为 0.5～60mol/L，检出限为 0.17μmol/L，此方法在检测样品时需要结合高效的丙烯酰胺分离富集方法，以此来去除杂质干扰，来保证检测准确度。

Yan 等（2018）基于丙烯酰胺与荧光物质之间的荧光猝灭效应，分子印迹聚合物（MIPs）的特异识别能力和量子点的荧光发光性质，开发出了一种用于丙烯酰胺的高选择性荧光探针。合成 Mn-ZnS 量子点，利用 3-巯丙基三甲氧基硅烷（MTPs）修饰，弥补量子点稳定性不足的缺点，修饰后的 Mn-ZnS 量子点表面的—OH 基团与功能单体（甲基丙烯酸）反应形成了带有丙烯酰胺印记的聚合物（丙烯酰胺-MIP）。当丙烯酰胺在氢键作用下进入印迹位置时，丙烯酰胺-MIP 的荧光强度会发生明显猝灭，且丙烯酰胺含量与荧光猝灭程度呈正相关，以此可对样品中的丙烯酰胺进行定量。

荧光传感方法具有操作方便、不需要大型仪器等优点。然而，与传统方法相比灵敏度低、选择性欠佳。未来荧光传感器的开发应朝着对新荧光材料的探索、提高其检测的灵敏性、克服共存物干扰以及更好地提高其选择性的方向发展。

第二节　杂环胺

杂环胺（heterocyclic aromatic amines，HAAs）是食物在热加工时产生的一类具有致突变性、致癌性的杂环芳香族化合物。随着经济的发展，人民的生活水平逐渐提高，对于食品中存在的各类有毒有害物质形成了广泛的关注，食品由于所含营养成分复杂，在高温烹调时会形成包括杂环胺、丙烯酰胺等各种有毒有害物质，影响人民的身体健康。这些有害物质能增加人体疾病的发生风险（张苏苏等，2017）。因此食品中杂环胺的形成、快速检测是当前消费者和研究员关注的热点问题。目前有超过 30 种杂环胺已被分离鉴定纯化（Gibis et al.，2017）（表 5-4），按照化学结构和生成途径分类，将杂环胺分为两类。氨基咪唑氮类杂环胺是由碳水化合物、氨基酸在加热温度 100~250℃，通过美拉德反应生成主要骨架，进一步与肌酸等必要物质反应生成的，氨基咪唑氮类杂环胺均有一个 *N*-甲基-氨基咪唑主体，按结构分为喹喔啉类、喹啉类和吡啶类，称为 IQ 型杂环胺（Ozdestan et al.，2014）；另一种为氨基咔啉类杂环胺，该物质主要在 250℃以上高温加热时，由食品中的氨基酸、蛋白质等营养物质直接裂解形成，并且该类物质称为非 IQ 型杂环胺（Wong et al.，2012；Szterk，2015）。家庭烹饪条件下以 IQ 型杂环胺为主，并且 IQ 型杂环胺危害比非 IQ 型杂环胺更大（Sugimura，1982；Pearson et al.，1992；Sugimura，1992）。基于此，本节主要从杂环胺的快速检测方法等方面进行介绍，并且探索、讨论杂环胺快速检测方法发展方向，旨在为后续热加工中杂环胺的快速检测技术的发展提供较为系统的借鉴和参考，为进一步发展杂环胺快速检测技术提供理论依据。

表 5-4　30 种从食品中分离和鉴定的杂环胺

序号	化学名称
1	2-氨基-1,6-二甲基咪唑并［4,5-b］-吡啶
2	3-氨基-1,5,6-三甲基咪唑并［4,5-b］-吡啶
3	2-氨基-3,5,6-三甲基咪唑并［4,5-b］吡啶
4	2-氨基-3,5,6-三甲基咪唑并［4,5-b］吡啶
5	2-氨基-1-甲基-6-(4′-羟基苯基)-咪唑并［4,5-b］-吡啶
6	2-氨基-1,6-二甲基-呋喃并［3,2-e］咪唑并［4,5-b］-吡啶
7	2-氨基-3-甲基咪唑并［4,5-f］喹啉
8	2-氨基-1-甲基-3*H*-咪唑啉［4,5-f］喹诺啉
9	2-氨基-3,4-二甲基咪唑并［4,5-f］-喹诺啉
10	2-氨基-1-甲基咪唑并［4,5-b］喹诺啉
11	2-氨基-3-甲基咪唑并［4,5-f］喹喔啉
12	2-氨基-3,4-二甲基咪唑并［4,5-f］-喹诺啉
13	2-氨基-3,8-二甲基咪唑并［4,5-f］-喹诺啉
14	2-氨基-3,7,8-三甲基咪唑并［4,5-f］-喹诺啉
15	2-氨基-3,4,8-三甲基咪唑并［4,5-f］-喹诺啉
16	2-氨基-4-羟甲基-3,8-二甲基咪唑并［4,5-f］-喹诺啉
17	2-氨基-3,4,7,8-四甲基咪唑并［4,5-f］-喹诺啉
18	2-氨基-1-甲基咪唑并［4,5-g］-喹诺啉
19	2-氨基-1,7-二甲基咪唑并［4,5-g］-喹诺啉
20	2-氨基-1,6,7-三甲基咪唑并-1*H*-［4,5-g］-喹诺啉
21	2-氨基-1,7,9-三甲基咪唑并［4,5-g］-喹诺啉
22	2-氨基-5-苯基吡啶
23	2-氨基-9*H*-吡啶并［2,3-b］吲哚
24	2-氨基-3-甲基-9*H*-吡啶并［2,3-b］吲哚
25	1-甲基-9*H*-吡啶并［3,4-b］吲哚
26	9*H*-吡啶并［3,4-b］吲哚
27	3-氨基-1,4-二甲基-5*H*-吡啶并［4,3-b］吲哚

续表

序号	化学名称
28	3-氨基-1-甲基-5*H*-吡啶并［4,3-b］吲哚
29	2-氨基-6-甲基二吡啶并［1,2-a:3′,2′-d］咪唑
30	2-氨基二吡啶并［1,2-a:3′,2-d］咪唑盐酸盐

随着人们对食品安全愈发关注，对于食品中杂环胺的快速检测技术提出了越来越高的需求，但是由于杂环胺在食品中的含量低，检测难度大。目前杂环胺的主要检测方法为高效液相色谱法、高效液相色谱-质谱联用法、荧光标记法、酶联免疫吸附法以及一些新兴的快速检测方法（李海霞等，2020）。

一、液相色谱-质谱检测技术

液相色谱-质谱（liquid chromatography-mass spectrometry，LC-MS）可以将含有多种干扰因子的待测试剂中的各种物质分离，随后对特定物质进行定性定量检测。由于食品基质中含有的杂质较多，检测杂环胺难度较大，而LC-MS符合杂环胺检测需求。因此，配备高灵敏性质谱检测器的LC-MS在食品中杂环胺的分析检测中的应用十分常见。Cai等（2017）在在线固相萃取盘上制备了精氨酸修饰的还原氧化石墨烯复合物，将合成的复合材料与高效液相色谱联用，提高了高效液相色谱效率，采用复合材料后对2-氨基-3-甲基-咪唑并［4,5-f］-喹啉的吸附效率提升，吸附容量为52.7mg/g。复合材料使用后检出限较低、回收率高，目前该方法已经应用于牛肉干中杂环胺的检测。Cardenes等（2004）研究建立了一种基于固相微萃取（SPME）的高效液相色谱联用的检测方法，采用紫外二极管阵列检测器（DAD）多角度分析杂环胺的吸附特性。与其他检测杂环胺的方法相比，该方法可以降低前处理所需时间和减少有机溶剂的用量。此外，Aeenehvand等（2016）通过研究改善前处理水平提高高效液相色谱效率，在高效液相色谱前用微波辅助萃取和分散液相微萃取进行复杂基质的前处理。并且将该方法用于汉堡肉饼中三种极性杂环芳烃的测定。改善了微萃取过程对基质的处理效率。实验结果的相对偏差（RSD）在3.2%～6.5%。肉饼中化合物的回收率在90%～105%。检出限在0.06～0.21ng/g之间。该方法简单、快速、选择性高、灵敏度高，对实际汉堡肉饼样品中的卤乙酸具有良好的富集倍数和检出限。Manful等（2019）通过研究发现一种快速检测杂环胺的改良方法。该方法以甲醇作为溶剂溶解基质，进一步通过加压加速溶剂提取器提取杂环胺，提高杂环胺提取效率，然后添加内标，最后以超高效液相色谱-高分辨率精确质谱检测（UHPLC-HRAMS）对溶液中的杂环胺进行检测。与现有/传统的杂环胺分析方法相比，该方法快速、准确、重现性好，并且在UHPLC-HRAMS分析前不需要进行彻底的样品预处理。Gao等（2021）研究建立了一种快速、可靠的超高效液相色谱-质谱联用方法（UHPLC-QE），可以用于对热加工食品中包括丙烯酰胺、5-羟甲基糠醛以及14种杂环胺的同时定量检测和验证。通过对预处理方法的优化，16种不同极性的有害化合物被同时提取并一步净化。通过详细研究各种采集模式，在正离子模式下使用电喷雾电离源进行质谱平行反应监测可获得形状良好的色谱峰，从而提高对基质中分析物的定量能力。该方法在68.85%~146.42%的范围内表现出良好的定量回收率。定量限在0.1~50ng/mL，该方法不仅仅停留于实验室阶段，已经用于同时对热加工食品中16种有害物质的检测。高分辨率的全碎片离子方法能够显著减少样品检测中由峰排列软件引起的假阳性峰检测。提出的同位素稀释UHPLC-QE/MS方法已经过验证，证明对于在一次进样中同时定量多种污染物是灵敏、准确和精确的。Wu等（2022）通过引入磺酸基团和磁性纳米粒子，构建了一种多孔磁性吸附剂，并且通过构建新型吸附剂，提高了对杂环胺的吸附效率，有助于对杂环胺的检测，同时配合高效液相色谱，可以一次性检测蛋糕中的5种杂环胺。基于高效液相色谱法，建立了一种新的数字成像比色法，用于准确、快速地检测糕点中的杂环胺。采用HPLC对热加工食品中的杂环胺快速检测的主要问题为对样品的预处理，即如何减少杂质对杂环胺检测过程的影响，提高杂环胺的相对浓度。为了减少检测样品中杂质的干扰，目前的研究热点也着重于样品前处理的操作。

二、酶联免疫吸附法

酶联免疫吸附法（enzyme-linked immunesorbent assay，ELISA）是一种以抗体的特异性原理为核心进而发展的一种新型快速检测方法。酶联免疫吸附法主要是利用抗原抗体特异性结合的原理，将抗体与相对应底物结合，然后测定吸光度值，确定物质的性质或物质的含量（冉旭芹，2014；王静等，2017）。Sheng等（2016）首次建立了一种简单、选择性好、灵敏度高的直接竞争酶联免疫吸附试验。以1*H*-吡咯并［2,3-f］喹啉（PQ）作为前体物质，PQ与IQ结构类似，将PQ与双碳臂连接得到目标物半抗原PQ酸（PQA），将PQA制备成PQA-牛血清白蛋白（BSA），并以BSA为免疫原制备多克隆抗体。实验证明该抗体没有呈现出与杂环胺类似物的交叉反应活性，表明所制备单克隆抗体对IQ具有高度特异性。目前此抗体已经成功用于油炸牛肉、油炸猪肉、鱼松样品中IQ含量的定量检测，回收率在84.96%~116.23%，相对标准偏差为4.96%~17.26%。加工食品中的检出限为15μg/kg。此外，Sheng等（2020）制备了一种广谱抗体，并用于建立一种间接竞争ELISA（ic-ELISA）来同时测定8种杂环胺，包括MeIQ、IQ、IQx、2-氨基-3,8-二甲基咪唑并［4,5-f］喹喔啉等，该ic-ELISA方法的检测结果与UPLC-MS/MS方法在实际样品中的检测结果一致，表明该ic-ELISA方法可用于检测热加工肉制品中8种杂环胺的总量。使用广谱抗体是同时进行具有相似结构的食品风险因素的免疫测定的有效策略。赵秋霞等（2019）制备了一种广谱型杂环胺抗体，能够对多种杂环胺同时检测，该方法的检测结果与LC-MS的检测结果一致性理想，该实验开发了一种间接竞争酶联免疫分析方法。酶联免疫吸附法由于其对抗体的特异性选择的特点，成为热加工制品中简洁、快速、高效的测量杂环胺方法。

三、荧光检测法

荧光检测法是以荧光素酶、ATP反应为原理的一种自然发光检测方法，能够对相对应物质进行定性定量分析，短时间内即可得出结果。该方法具有检测灵敏、检测效率高、成本低、结果容易观察等优点，目前已广泛用于食品分析检测领域（王奕璇，2019）。Sun等（2022）发展了一种检测PhIP的新技术，该技术基于瓜环的分子空腔与PhIP之间强有力的客体识别特性。该方法的检出限低，回收率为89.0%~96.4%。目前，该方法实用前景广阔，可能成为第一种用于杂环胺的快速检测方法。Zhang等（2021）提出了一种新的和敏感的荧光免疫传感器，用于同时检测热处理肉类样品中的八种杂环胺。首先在二氧化硅纳米颗粒上连接可以同时识别八种杂环胺的抗体、被标记过的ssDNA和氨基酸修饰的ssDNA，进一步将其制备成生物免疫信号探针。荧光猝灭剂为抗原与AuNPs偶联制得，由猝灭剂与分析物之间对探针的竞争关系出发，分析物越多，结合到信号探针的猝灭剂的量越少，荧光强度越强。该荧光免疫传感器的检测结果与UPLC-串联质谱法和ELISA法的检测结果一致。这种免疫荧光传感器同样可以有效检测食品中的杂环胺含量。Andres等（2011）采取填充吸附剂的微萃取方法，将该吸附剂与带荧光检测的毛细管液相色谱在线联用。整个装置作为筛选/确认系统，用于监测尿样中的非极性杂环胺，用甲醇/水洗脱保留的杂环胺并直接注入荧光检测器检测，与一般检测方法相比，该方法检测杂环胺速度更快，并且通过筛选系统可以避免非荧光物质造成的实验干扰。荧光检测法目前在快速检测中的应用程度较高，主要是由于其检测速度快，但是在检测过程中可能存在其他杂质影响荧光检测。因此，降低制品待测物质中非荧光物质在检测中的干扰，以及新型高效的荧光检测传感器的开发与研究是当下的研究重点，该法同样拥有很高的应用价值。

四、其他快速检测方法

目前，如何快速高效地检测杂环胺是杂环胺检测研究的重点方向。Holland等（2004）建立了一种快速简便的串联溶剂固相萃取方法，通过反相液相色谱分离杂环胺，并通过电喷雾电离串联质谱，使用选择性反应监测进行定量，对食用了酸或碱的烤牛肉餐的志愿者的尿液进行预处理后，杂环胺的浓度增加了6倍，表明存在母体化合物的Ⅱ相结合物。进一步通过使用ESI四极杆飞行时间质谱对分子的精确质量和产物离子谱进行分析，表明这种串联溶剂固相萃取LC/ESI/MS/MS程序可以用于对尿液中微量杂环胺的含量测定。Yan等（2021）研究基于快速、简便、经济、有效、耐用、安全的提取方法，改进四极杆/静电场轨道阱分辨质谱检测法，建立了一种准确、快速、灵敏的对猪肉中 4 种主要杂环胺的定性和定量检测方法。检出限和定量限分别为 0.2～1.2μg/kg 和 0.6～3.5μg/kg，实际检测后发现回收率在 78.1%～97.4%，检测精密度控制在 2.6%～4.5%。Bueno 等（2016）建立了一种用安培检测法灵敏测定六种有代表性的致突变胺的色谱方法。首先制备了多壁碳纳米管修饰的玻碳电极，并且新型电极通过了相应的灵敏度、稳定性检测。玻碳电极灵敏度实验所得数据的统计分析表明，新制备的玻碳电极比传统电极的灵敏度更高。对杂环胺检出限控制在 3.0～7.5ng/mL，而定量限控制在 9.5～25.0ng/mL，回收率在 92%～105%。除相关研究外，Zhao（2022）等研究发现负载金属有机骨架颗粒的分级多孔纳米纤维素气凝胶 CMC-CNC-UiO-66，是可通过强静电相互作用、范德华力和空间效应捕获 14 种卤乙酸的简单快速的吸附剂。结合超高效液相色谱-串联质谱检测，CMC-CNC-UiO-66 的平均回收率在 86.68%～115.33%，表明 CMC-CNC-UiO-66 在杂环胺吸附定量分析中具有潜在的应用价值。

五、 结论与展望

国内外关于热加工制品中杂环胺的快速检测技术的研究越来越多，由于热加工食品中杂环胺含量低且食品中杂质多，杂环胺快速检测依然面临着许多的难题。目前主要研究集中于：①加工食品的前处理，减少杂质对快速检测杂环胺的影响，提高杂环胺的检测速度；②采用特异性抗体识别，加速杂环胺的检测。后者问题主要集中于抗体的合成方面，以及杂质的影响。随着检测方法的更迭，检测技术手段的不断提高，对于复杂基质成分中的物质检测的灵敏度也会相应改善。目前可以通过改善提取条件、进一步纯化以及对样本进行预浓缩协同处理提高杂环胺检测液浓度，然后采用高灵敏的检测手段如 GC-MS、LC-MS 可以对复杂基质进行低含量杂环胺检测，也可以通过开发新型特异性抗体以及新型技术的使用，提高杂环胺快速检测方面的应用。在以后的研究中，还可以利用各种尖端技术，开展更广泛的应用，建立更加快速、更加灵敏的新型检测方法。

第三节　多环芳烃

多环芳烃（polycyclic aromatic hydrocarbons，PAHs）广泛存在于多种介质中，如空气、土壤、水和我们日常生活中遇到或消耗的各种食品中，多环芳烃分子结构由两个或两个以上苯环组成，由于它们中的许多在实验动物中都具有致癌性，因此人们普遍认为它们对人类的癌症的发生有很大影响。根据结构中苯环的数量，重质多环芳烃（4 个以上苯环）比轻质多环芳烃（2～4 个苯环）结构更稳定、毒性更大。

多环芳烃不是单独存在的，而是以混合物形式存在的。美国国家环境保护局指出，有16种多环芳烃是潜在的食品污染物（表5-5）。从事烟囱扫除、接触煤焦油产品的工人以及常烹饪的家庭妇女的职业性癌症通常被认为是暴露于多环芳烃的结果。多环芳烃本身具有化学惰性和疏水性，然而，它们在哺乳动物细胞中发生新陈代谢活化，与DNA共价结合，从而导致DNA复制错误和引发致癌过程的突变（王桂山等，2001）。

表5-5 美国和欧盟公布的优先控制的多环芳烃

编号	中文名称	英文名称	分子式	相对分子质量	致癌级别	备注
1	苯并[a]芘	Benzo [a] pyrene	$C_{20}H_{12}$	252	1	美国/欧盟
2	䓛	Chrysene	$C_{18}H_{12}$	228	2B	美国/欧盟
3	苯并[a]蒽	Benz [a] anthracene	$C_{18}H_{12}$	228	2B	美国/欧盟
4	苯并[b]荧蒽	Benzo [b] fluoranthene	$C_{20}H_{12}$	252	2B	美国/欧盟
5	苯并[k]荧蒽	Benzo [k] fluoranthene	$C_{20}H_{12}$	252	2B	美国/欧盟
6	苯并[ghi]苝	Benzo [ghi] perylene	$C_{22}H_{12}$	276.33	3	美国/欧盟
7	二苯并[a,h]蒽	Dibenzo [a,h] anthracene	$C_{22}H_{14}$	278	2B	美国/欧盟
8	茚并[1,2,3-cd]芘	Indeno [1,2,3-cd] pyrene	$C_{22}H_{12}$	276	2B	美国/欧盟
9	苯并[c]荧蒽	Benzo [c] fluoranthene	$C_{20}H_{12}$	252.3	3	欧盟
10	环戊稀[cd]芘	Cyclopental [cd] pyrene	$C_{18}H_{10}$	226.27	3	欧盟
11	二苯并[a, e]芘	Dibenzo [a,e] pyrene	$C_{24}H_{14}$	302.37	2A	欧盟
12	二苯并[a,h]芘	Dibenzo [a,h] pyrene	$C_{24}H_{14}$	302.37	3	欧盟
13	二苯并[a, i]芘	Dibenzo [a,i] pyrene	$C_{24}H_{14}$	302.37	2B	欧盟
14	二苯并[a, l]芘	Dibenzo [a,l] pyrene	$C_{24}H_{14}$	302.37	2A	欧盟
15	5-甲基䓛	5-methyl chrysene	$C_{19}H_{14}$	242.31	2B	欧盟
16	苊	Acenaphthene	$C_{12}H_{10}$	154.08	3	美国
17	苊稀	Acenaphthylene	$C_{12}H_{8}$	152.19	—	美国
18	蒽	Anthracene	$C_{14}H_{10}$	178	3	美国
19	荧蒽	Fluoranthene	$C_{16}H_{10}$	202	3	美国
20	芴	Fluorene	$C_{13}H_{10}$	166	3	美国
21	萘	Naphthalene	$C_{10}H_{8}$	128	2B	美国

续表

编号	中文名称	英文名称	分子式	相对分子质量	致癌级别	备注
22	菲	Phenanthrene	$C_{10}H_8$	128	3	美国
23	芘	Pyrene	$C_{16}H_{10}$	202	3	美国

注:国际癌症研究机构（IARC）分类，1=对人类致癌，2A=对人类很可能致癌，2B=对人类可能致癌，3=对人类致癌性尚不清楚。

人类在很大程度上是由食物的摄入和通过环境污染暴露于多环芳烃的，且食用肉类和肉类产品（炸鸡腿、烤肉和熏肉）是人类摄入多环芳烃的最常见途径。就多环芳烃摄入量而言，每个国家所规定的标准较有差异，我国多环芳烃的人均摄入量为3.56μg/d。从多环芳烃的标志物苯并芘（benzo［a］pyrene，BaP）来看，苯并芘是一种影响儿童认知发展的内分泌干扰物，欧洲食品科学委员会（the european scientific committee on food，SCF）建议苯并芘的最大残留量（maximum residue levels，MRL）为2μg/kg，据报道，从食物中摄入苯并芘的最大量的估计数据约为6~8ng/(kg · d)，而欧盟（EU）和世界卫生组织（WHO）规定在供人类食用的水中，苯并芘的最大容许浓度为10ng/L。因此，多环芳烃的污染对人体中的限量显得极其重要，需要对多环芳烃的检测开发出高度灵敏的分析程序。

目前，传统检测样品中多环芳烃的方法主要分为色谱检测、光谱检测和免疫化学检测（秦正波等，2022；王庆国等，2022；邢巍等，2021），其中色谱检测和光谱检测利用了多环芳烃的荧光特性和特征官能团的结构，即可根据荧光响应值计算样品中多环芳烃的含量，免疫化学检测方法作为一种新型的分析方法，以其设备成本低、操作简单、速度快和灵敏度高等优点，在食品快速检测中得到了广泛的应用。

一、 色谱检测

色谱检测一直是分析多环芳烃的常规检测方法，各种色谱技术（如高效液相色谱、气相色谱）与多种检测器（紫外检测器、火焰离子化检测器、质量选择离子检测器等）的结合使用，能够准确检测出食品中的痕量多环芳烃。为了检测出食品中10^{-12}和10^{-9}水平的多环芳烃含量，研究人员大都选用色谱技术。但色谱技术操作繁琐、检测时间很长，需要对样品进行复杂的预处理，不能大量处理样品，不适于食品规模化生产流程的现场使用。

（一）气相色谱

气相色谱法通常是用于鉴定挥发性和非极性化合物的定量技术，是继液相色谱法之后用于分析所有类型食品样品中多环芳烃的最常用和最受欢迎的技术。其以气体代替液体作为流动相。气体作为流动相可与固定相实现快速平衡，从而在短时间内以高精度进行快速分析，但是气相色谱分析仅限于热稳定的挥发性样品。而气相色谱与质谱的联用（GC-MS）对检测多环芳烃有更低的检出限，在众多用于分析多环芳烃的官方方法中，通常都推荐使用GC-MS技术。

对于GC-MS方法，由于多环芳烃碎片的稳定性，不易实现多环芳烃的裂解。因此，MS/MS碎裂技术被开发出来，利用气体电池碰撞产生的高压，可以识别更重的多环芳烃的特定产物。GC-MS/MS可提高重质多环芳烃在定量分析中分离效率。此外高分辨率气相色谱法（HRGC-MS）的应用也可对多环芳烃碎片的裂解、对于具有多种异构体的多环芳烃的分析有较好的效果，但对食品中多环芳烃的检测应用较少。还有使用同位素标记介导的GC-MS对橄榄果渣中8种多环芳烃进行鉴定和定量，检出限（0.1~0.4μg/kg）低于可接受的最大允许极限2μg/kg。因此，可以利用同位素稀释的GC-MS追踪和补偿分析物的损失，从而使结果更加准确（王冰聪等，2022）。

（二）液相色谱

液相色谱法能够实现非挥发性和痕量极性化合物的分离，液相色谱不能像气相色谱一样提供有关每个多环芳烃和烷基取代的多环芳烃的完整信息，但液相色谱与荧光或质谱检测器的联用，提供了一种测定复杂混合物中单个多环芳烃的有效方法。

高效液相色谱法是在液相色谱法的基础上，与气相色谱的理论相结合，采用高压输送流动相，而新型色谱柱的研制，使其检测效果远远高于经典液相色谱。高效液相色谱法是食品中多环芳烃最普遍的检测方法。与其他色谱检测方法一样，HPLC通过与荧光检测器（FLD）以及MS结合使用大大提高了分析的灵敏度。但是，由于FLD具有良好的特异性和灵敏性，HPLC更多地与FLD组合使用。

在HPLC的基础上，仪器不断改进，陆续诞生了超高效液相色谱（UPLC）、超高压液相色谱（UHPLC），区别是UHPLC的使用压力超过100MPa，UPLC的使用压力在40~100MPa。除了增加压力的改进之外，色谱柱填料采用更小的粒径，提高了分辨率和分离度，仪器的其他部位则改进得更适应高压带来的风险。

二、光谱检测

光谱检测的定性基于多环芳烃苯环结构构成了一类共轭π电子，能够利用光谱进行分子水平表征，并且无须对样品进行复杂的萃取，也不用消耗大量试剂，可以对样品进行快速检测。目前食品中多环芳烃的光谱检测方法有荧光光谱和拉曼光谱，还未开发出红外光谱、太赫兹光谱等快速无损检测技术。

（一）荧光光谱

荧光光谱法是早期用于食品中多环芳烃的传统检测方法，由于高效液相色谱和GC-MS在萃取食品中多环芳烃时消耗大量试剂和造成过程损失，而荧光光谱法具有灵敏度高、检测限低、选择性强等明显优于前者特点，且能快速、简单筛选出食品中的多环芳烃。荧光光谱法是通过测量物质发射的荧光强度得出被测液体浓度的一种方法，由于多环芳烃表现出很强的天然荧光，荧光光谱法特别适用于多环芳烃的监测，会在特定波长下为每个多环芳烃生成特征光谱，其激发波长在245~400nm，发射波长在280~550nm，然而，多环芳烃结构类似，导致严重的光谱重叠以及其他干扰化合物的频繁存在极大地限制了常规荧光光谱在食品多组分分析中的应用。因此，已经开发了多种旨在提高光谱分辨率的技术（杨仁杰等，2019）。

荧光光谱检测通常在室温下进行。由于溶液中的各种非线性展宽因素，频带通常更宽。随着温度的降低，介质的黏度增加，荧光分子与溶剂发生碰撞的机会增加，分子的内能转化效应大大降低，荧光物质的荧光量子产率和荧光强度增加，因此，在低温条件下就能给出灵敏的荧光光谱，这就为食品中多环芳烃的定量测定提供了可能。

常规的荧光光谱法在实际应用中常常受到限制。对某些复杂混合物的分析通常会遇到光谱重叠的难题，而且难以区分。与传统的荧光光谱法相比，同步荧光光谱法具有光谱简化、谱带变窄、选择性提高和光散射干扰减少的特点，特别适合于多组分混合物的分析。已经开发了多种同步荧光技术，包括恒定波长同步光谱（CWSFS）、恒定能量同步光谱（CESFS）、可变角度同步荧光光谱（VASFS）和基质等电位同步荧光光谱（MISFS）。此外，VASFS 和 MISFS 组合使用，而不是使用单一的同步扫描模式，比单一技术有更好的灵活性和选择性。通过与一阶导数光谱法相结合，可以进一步提高灵敏度。

（二）拉曼光谱

拉曼光谱是一种散射光谱技术，可用于分析和检测分子振动，旋转或其他低频模式。但是，由于拉曼散射信号较弱（通常是入射光强度的百万分之一），常规拉曼光谱无法应用于痕量物质的分析和检测。因此，为了克服这个问题，已经开发了各种拉曼信号增强技术，如增强拉曼散射（GERS）和紫外线共振拉曼（UVRR）（刘君玉等，2022；王山等，2020）。

表面增强拉曼散射（SERS）检测通过金属纳米颗粒和纳米图案结构表面的表面等离子体共振现象将拉曼散射信号放大，从而显著提高了常规拉曼光谱的检出限。有研究发表了使用肌醇六磷酸（IP6）修饰的金纳米颗粒 SERS 成功检测食用油中 10^{-9}级苯并芘含量的研究结果，IP6-金纳米颗粒 SERS 的检出限可达 1μg/L。作为 SERS 的另一种形式，出现了一种石墨烯增强拉曼散射（GERS）检测方法，以石墨烯代替 Au 或 Ag 用作 SERS 衬底。此前已报道 GERS 对胸腺嘧啶分子的研究结果，信号增强速率高达 500 倍，并且信号灵敏度远低于金属 SERS。

三、 免疫学检测

免疫分析是基于抗原与抗体的特异性、可逆性结合反应的分析技术。二十世纪八十年代，环境科学家就开发了用于检测多环芳烃的免疫化学方法。而使用多种免疫传感器、生物传感器与免疫化学方法结合，这些测定采用电位、荧光和紫外线检测等形式，能够提供高灵敏、高选择性来提供快速检测。与其他分析技术相比，其仪器设备的微型化、预处理过程简单、测试样品需求量少、有机溶剂的消耗量小，这都简化了检测过程。

（一）细胞计数免疫分析

细胞计数免疫分析是一种基于细胞免疫分析的最新方法，用于检测受污染的小麦粉和鲤鱼中的苯并芘，检测限为800~1700μg/L。尽管这种技术已被广泛用于临床诊断，但还是首次使用颜色编码的微珠对食品中的苯并芘进行定量。发现样品中苯并芘的浓度为96~100μg/L，这些结果是GC-MS检测结果（49.5μg/L）的两倍。

（二）酶联免疫吸附法

酶联免疫吸附法（ELISA）是在免疫酶技术基础上发展起来的一种新型免疫测定法。其原理是根据抗原和抗体之间的特异性反应定性或定量分析被测物质。酶联免疫吸附法可以用于环境或食品样品中相关多环芳烃的广谱检测。有学者采用高灵敏度间接竞争酶联免疫吸附法方法检测饮用水中的苯并芘，并在实验研究中对其进行优化，以确定干扰最小、灵敏度最高的检测条件。开发了一种结合分子印迹固相萃取（MISPE）和酶联免疫吸附法的方法来分析植物油中的苯并芘，但是当用GC-MS同时测量时，发现苯并芘的浓度低了将近2倍，这可能是由于分子印迹聚合物的选择性、酶联免疫吸附法的交叉反应性以及油样中各种多环芳烃的存在。

（三）电化学免疫分析

电化学免疫分析（ECIA）是将电化学检测与免疫技术相结合的测定方法。在各种类型的ECIA中，电化学免疫传感器方法是常用的测定方法，可以通过将抗原和抗体之间的反应信号转换为电化学信号，然后根据靶标浓度不同而产生的信号强度进行检测。具有操作简单、快速，成本低廉，灵敏度高等特点。有研究基于PAMAM/GS/IL构建免疫传感器测定食用油中苯并芘，测定结果与高效液相色谱法的结果基本一致，因此该方法用于食品中苯并［a］芘的快速测定是可行的。

（四）安培免疫分析

有研究使用涂有抗原的牛血清白蛋白（BSA），抗体是单克隆小鼠抗菲的安培传感器分析自来水中的菲。该方法的检出限为0.25~23ng/mL，但是，该免疫传感器对菲并不是特异的，表现出与其他多环芳烃化合物不同程度的交叉反应，因此，这种类型的传感器还不够可靠，只能作为有限用途的现场传感器。

四、其他检测方法

（一）毛细管电泳

毛细管电泳（CE）法是一种以毛细管为分离通道，以高静电电压场为驱动力的电泳分离与分析方法。毛细管区带电泳（CZE）是最常规的毛细管电泳法之一，可用于分析带电的溶质，已经开发出基于优化的环糊精（CD）修饰的搪瓷 CZE 方法，可以在不到 15min 的时间内同时分离出食用油中的 19 种多环芳烃，使多环芳烃的检测更容易、更快和更具选择性。

（二）电化学分析法

电化学分析法是基于电能和化学能之间的相互转换实现定量的分析技术。通过在开路下，预浓缩 100nmol/L 苯并芘在乙腈-水中 10min，将苯并芘吸附在玻璃碳电极（GCE）上，然后转移到空白乙腈-水溶液中进行差分脉冲伏安法测量，开发了一种灵敏和选择性检测苯并芘的简便电化学分析方法，并成功地运用于分析饮用水。

参考文献

[1] 陈昭华．食品中丙烯酰胺致小鼠睾丸生殖细胞凋亡的研究［J］．食品科学，2006，27（11）：510-512.

[2] 费永乐，王丽然，李书国．基于纳米技术的血红蛋白生物快速测定油炸食品的丙烯酰胺［J］．现代食品科技，2015，31（2）：268-273.

[3] 付云洁，李琦，陈江源，等．ELISA 法测定热加工食品中的丙烯酰胺［J］．中国酿造，2011，230（5）：77-79.

[4] 郭敬轩．基于纳米金复合物材料的血红蛋白传感器用于丙烯酰胺的检测研究［D］．郑州：河南工业大学，2016.

[5] 景俊贤．基于介孔碳的电化学生物传感器检测丙烯酰胺［J］．辽宁化工，2018，47（9）：849-857.

[6] 赖怡，陈佳红，张航．丙烯酰胺对 F344 大鼠肝毒性的分子机制研究［J］．癌变·畸变·突变，2016，28（3）：174-177.

[7] 李海霞，黄俊源，何昀桐，等．不同食品基质中杂环胺的检测技术研究进展［J］．食品研究与开发，2020，41：204-211.

[8] 李娜，许翎婕，李清明，等．食品中丙烯酰胺检测方法的研究进展［J］．食品研究与开发，2018，39：213-219.

[9] 李青叶．基于 Fe_3O_4 磁性纳米材料的传感器用于丙烯酰胺检测的研究［D］．郑州：河南工业大学，2018.

[10] 刘君玉，管亮，胡叶帆，等．便携式拉曼光谱仪快速检测水溶液中多环芳烃［J］．当代化工，2022，51：81-84.

[11] 毛禄刚．分子印迹电化学传感器检测食品中丙烯酰胺的研究［D］．长沙：湖南农业大学，2015.

[12] 秦正波，汪桥林，王林，等．食品中多环芳烃检测方法的研究进展［J］．安徽师范大学学报（自然科学版），2022，45：29-34.

[13] 冉旭芹．杂环胺酶联免疫检测方法的研究［D］．天津：天津科技大学，2014.

[14] 苏碧玲，谢维平，欧阳燕玲．超高效液相色谱-串联质谱法测定咖啡中丙烯酰胺 [J]．海峡预防医学杂志，2022，28（1）：79-81.
[15] 王冰聪，周欣蕊，吕卓，等．食品中多环芳烃检测方法的相关研究 [J]．食品安全导刊，2022，14：187-189.
[16] 王川丕，孙文闪，周敏，等．气相色谱三重四极杆质谱测定食品中丙烯酰胺 [J]．食品工业，2022，43（1）：330-333.
[17] 王桂山，仲兆庆，王福涛．PAH（多环芳烃）的危害及产生的途径 [J]．山东环境，2001，2：41.
[18] 王静，马宁宁，宋洋．杂环胺人工抗原的合成以及多克隆抗体的制备 [J]．食品科学，2017，38：45-50.
[19] 王庆国，肖潇，杨忠俊，等．QuEChERS-气相色谱质谱测定谷物中16种欧盟优控多环芳烃 [J]．职业与健康，2022，38：1181-1185.
[20] 王山，王翠萍，吴国强，等．金纳米膜顶空固相萃取—表面增强拉曼光谱法快速检测挥发性多环芳烃 [J]．分析试验室，2020，39：880-884.
[21] 王奕璇．荧光分析法在药物分析中的应用新进展 [J]．广东化工，2019，46：116-117.
[22] 魏芳．丙烯酰胺的电化学检测方法研究 [D]．郑州：河南工业大学，2014.
[23] 邢巍，刘兴运，许朝阳，等．食品中痕量多环芳烃检测技术的研究进展 [J]．食品安全质量检测学报，2021，12：7036-7042.
[24] 杨仁杰，王斌，董桂梅，等．基于二维相关荧光谱土壤中PAHs检测方法研究 [J]．光谱学与光谱分析，2019，39：818-822.
[25] 殷斌．基质固相分散萃取-毛细管电泳测定米制品中丙烯酰胺 [J]．分析测试学报，2017，36（2）：280-283.
[26] 张苏苏，苑冰冰，赵子瑞，等．肉制品加工中有害物检测及控制技术研究进展 [J]．食品安全质量检测学报，2017，8：1954-1960.
[27] 赵秋霞，生威，王璐璐，等．一种检测杂环胺类化合物的酶联免疫检测方法的建立 [J]．食品工业科技，2019，40：58-64.
[28] EL-HADY D A, ALBISHRI H M. Simultaneous determination of acrylamide, asparagine and glucose in food using short chain methyl imidazolium ionic liquid based ultrasonic assisted extraction coupled with analyte focusing by ionic liquid micelle collapse capillary electrophoresis [J]. Food Chemistry, 2015, 188: 551-558.
[29] AEENEHVAND S, TOUDEHROUSTA Z, KAMANKESH M, et al. Evaluation and application of microwave-assisted extraction and dispersive liquid-liquid microextraction followed by high-performance liquid chromatography for the determination of polar heterocyclic aromatic amines in hamburger patties [J]. Food Chemistry, 2016, 190: 429-435.
[30] ALPMANN A, MORLOCK G. Rapid and sensitive determination of acrylamide in drinking water by planar chromatography and fluorescence detection after derivatization with dansulfinic acid [J]. Journal of Separation Science, 2008, 31: 71-77.
[31] ARBYN M, BOSCH X, CUZICK J, et al. IARC monographs programme on the evaluation of

carcinogenic risks to humans [J]. IARC Monographs on the Evaluation of Carcinogenic Risks to Humans, 2007, 90: 9-31.

[32] ASNAASHARI M, ESMAEILZADEH K R, FARAHMANDFAR R, et al. Fluorescence quenching biosensor for acrylamide detection in food products based on double-stranded DNA and gold nanoparticles [J]. Sensors and Actuators B: Chemical, 2018, 265: 339-345.

[33] ASNAASHARI M, KENARI R E, FARAHMANDFAR R, et al. An electrochemical biosensor based on hemoglobin-oligonucleotides-modified electrode for detection of acrylamide in potato fries [J]. Food Chemistry, 2019, 271: 54-61.

[34] BECALSKI A, LAU B P Y, LEWIS D, et al. Acrylamide in foods: Occurrence, sources, and modeling [J]. Journal of agricultural and food chemistry, 2003, 51 (3): 802-808.

[35] BECALSKI A, LAU B P Y, LEWIS D, et al. Acrylamide in French fries: Influence of free amino acids and sugars [J]. Journal of agricultural and food chemistry, 2004, 52 (12): 3801-3806.

[36] BERMUDO E, NUNEZ O, MOYANO E, et al. Field amplified sample injection-capillary electrophoresis-tandem mass spectrometry for the analysis of acrylamide in foodstuffs [J]. Journal of Chromatography A, 2007, 1159 (1-2): 225-232.

[37] BORTOLOMEZZI R, MUNARI M, ANESE M, et al. Rapid mixed mode solid phase extraction method for the determination of acrylamide in roasted coffee by HPLC-MS/MS [J]. Food Chemistry, 2012, 135 (4): 2687-2693.

[38] BUENO A M, MARIN M, CONTENTO A M, et al. Determination of mutagenic amines in water and food samples by high pressure liquid chromatography with amperometric detection using a multiwall carbon nanotubes-glassy carbon electrode [J]. Food Chemistry, 2016, 192: 343-350.

[39] CAI L M, XU N, XIA S J, et al. Preparation of arginine-modified reduced graphene oxide composite filled in an on-line solid-phase extraction disk and its application in the analysis of heterocyclic aromatic amines [J]. Journal of Separation Science, 2017, 40: 2925-2932.

[40] CARDENES L, AYALA J H, AFONSO A M, et al. Solid-phase microextraction coupled with high-performance liquid chromatography for the analysis of heterocyclic aromatic amines [J]. Journal of Chromatography A, 2004, 1030: 87-93.

[41] DE ANDRES F, ZOUGAGH M, CASTANEDA G, et al. Screening of non-polar heterocyclic amines in urine by microextraction in packed sorbent-fluorimetric detection and confirmation by capillary liquid chromatography [J]. Talanta, 2011, 83: 1562-1567.

[42] FRANEK M, RUBIO D, DIBLIKOVA I, et al. Analytical evaluation of a high-throughput enzyme-linked immunosorbent assay for acrylamide determination in fried foods [J]. Talanta, 2014, 123: 146-150.

[43] GAO J X, QIN L, WEN S Y, et al. Simultaneous Determination of Acrylamide, 5-Hydroxymethylfurfural, and Heterocyclic Aromatic Amines in Thermally Processed Foods by Ultrahigh-Performance Liquid Chromatography Coupled with a Q Exactive HF-X Mass

Spectrometer [J]. Journal of Agricultural and Food Chemistry, 2021, 69: 2325-2336.

[44] GIBIS M, WEISS J. Inhibitory effect of cellulose fibers on the formation of heterocyclic aromatic amines in grilled beef patties [J]. Food Chemistry, 2017, 229: 828-836.

[45] HOLLAND R D, TAYLOR J, SCHOENBACHLER L, et al. Rapid biomonitoring of heterocyclic aromatic amines in human urine by tandem solvent solid phase extraction liquid chromatography electrospray ionization mass spectrometry [J]. Chemical Research in Toxicology, 2004, 17: 1121-1136.

[46] HU Q, XU X, LI Z, et al. Detection of acrylamide in potato chips using a fluorescent sensing method based on acrylamide polymerization- induced distance increase between quantum dots [J]. Biosensors & Bioelectronics, 2014, 54: 64-71.

[47] KRAJEWSKA A, RADECKI J, RADECKA H, et al. A voltammetric biosensor based on glassy carbon electrodes modified with single-walled carbon nanotubes/hemoglobin for detection of acrylamide in water extracts from potato crisps [J]. Sensors, 2008, 8: 5832-5844.

[48] LAU P Y, NG K L, YUSOF N A, et al. A sample pre-treatment-free electrochemical immunosensor with negative electro-pulsion for the quantitative detection of acrylamide in coffee, cocoa and prune juice [J]. Analytical Methods, 2019, 11: 4299-4313.

[49] LIU C, LUO F, CHEN D, et al. Fluorescence determination of acrylamide in heat-processed foods [J]. Talanta, 2014, 123: 95-100.

[50] LIU Y, HU X, BAI L, et al. A molecularly imprinted polymer placed on the surface of graphene oxide and doped with Mn (Ⅱ) -doped ZnS quantum dots for selective fluorometric determination of acrylamide [J]. Mikrochim Acta, 2017, 185: 1-8.

[51] MANFUL C F, VIDAL N P, PHAM T H, et al. Rapid determination of heterocyclic amines in ruminant meats using accelerated solvent extraction and ultra-high performance liquid chromatograph-mass spectrometry [J]. MethodsX, 2019, 6: 2686-2697.

[52] NOTARDONATO I, AVINO P, CENTOLA A. Validation of a novel derivatization method for GC-ECD determination of acrylamide in food [J]. Analytical & Bioanalytical Chemistry, 2013, 405 (18): 6137-6141.

[53] OZDESTAN O, KACAR E, KESKEKOGLU H, et al. Development of a New Extraction Method for Heterocyclic Aromatic Amines Determination in Cooked Meatballs [J]. Food Analytical Methods, 2014, 7: 116-126.

[54] PEARSON A M, CHEN C H, GRAY J I, et al. Mechanism (s) involved in meat mutagen formation and inhibition [J]. Free Radical Biology and Medicine, 1992, 13: 161-167.

[55] PEI Y L, NG K L, YUSOF N A, et al. Sample pre-treatment free electrochemical immunosensor with negative electro-pulsion for quantitative detection of acrylamide in coffee, cocoa and prune juice [J]. Analytical methods, 2019, 11 (33): 4299-4313.

[56] PRESTON A, FODEY T, ELLIOTT C. Development of a high-throughput enzyme-linked immunosorbent assay for the routine detection of the carcinogen acrylamide in food, via rapid derivatisation pre-analysis [J]. Analytica Chimica Acta, 2008, 608 (2): 178-185.

[57] QIN L, ZHANG Y Y, XU X B, et al. Isotope dilution HPLC - MS/MS for simultaneous quantification of acrylamide and 5 - hydroxymethylfurfural (HMF) in thermally processed seafood [J]. Food Chemistry, 2017, 232: 633-638.

[58] QUAN Y, CHEN M, ZHAN Y, et al. Development of an enhanced chemiluminescence ELISA for the rapid detection of acrylamide in food products [J]. Journal of agricultural and food chemistry, 2011, 59: 6895-6899.

[59] RAVELO-PEREZ L M, ASENSIO-RAMOS M, HERNANDEZ-BORGES J, et al. Recent food safety and food quality applications of CE-MS [J]. Electrophoresis, 2009, 30: 1624-1646.

[60] SHENG W, RAN X Q, HU G S, et al. Development of an enzyme-linked immunosorbent assay for the detection of 2-amino-3-methylimidazo 4, 5-f quinoline (IQ) in processed foods [J]. Food Analytical Methods, 2016, 9: 1036-1045.

[61] SHENG W, ZHANG B, ZHAO Q X, et al. Preparation of a broad - spectrum heterocyclic aromatic amines (HAAs) antibody and its application in detection of eight HAas in heat processed meat [J]. Journal of Agricultural and Food Chemistry, 2020, 68: 15501-15508.

[62] SINGH G, BRADY B, KOERNER T, et al. Development of a highly sensitive competitive indirect enzyme-linked immunosorbent assay for detection of acrylamide in foods and water [J]. Food Analytical Methods, 2013, 7: 1298-1304.

[63] SONG X, XU S, CHEN L, et al. Recent advances in molecularly imprinted polymers in food analysis [J]. Journal of Applied Polymer Science, 2014, 131: 40766.

[64] STADLER R H, BLANK I, VARGA N, et al. Food chemistry: Acrylamide from Maillard reaction products [J]. Nature, 2002, 419: 449.

[65] STOBIECKA A, RADECKA H, RADECKI J, et al. Novel voltammetric biosensor for determining acrylamide in food samples [J]. Biosens Bioelectron, 2007, 22: 2165-2170.

[66] SUGIMURA T. Multistep carcinogenesis - a 1992perspective [J]. Science, 1992, 258: 603-607.

[67] SUGIMURA T. Mutagens, carcinogens, and tumor promoters in our daily food [J]. Cancer, 1982, 49: 1970-1984.

[68] SUN L L, WANG Z J, HOU J, et al. Detection of heterocyclic amine (PhIP) by fluorescently labelled cucurbit 7uril [J]. Analyst, 2022, 147: 2477-2483.

[69] SZTERK A. Heterocyclic aromatic amines in grilled beef: The influence of free amino acids, nitrogenous bases, nucleosides, protein and glucose on HAAs content [J]. Journal of Food Composition and Analysis, 2015, 40: 39-46.

[70] TAREKE E, RYDBERG P, KARLSSON P, et al. Analysis of acrylamide, a carcinogen formed in heated foodstuffs [J]. Journal of agricultural and food chemistry, 2002, 50 (17): 4998-5006.

[71] WONG D, CHENG K W, WANG M F. Inhibition of heterocyclic amine formation by water-soluble vitamins in Maillard reaction model systems and beef patties [J]. Food Chemistry, 2012, 133: 760-766.

[72] WU X H, LIU X Z, YU L, et al. Rapid detection of heterocyclic aromatic amines in cakes by digital imaging colorimetry based on magnetic solid phase extraction with sulfonated hyper-cross-linked polymers [J]. Food Chemistry, 2022, 385: 132690.

[73] YAN L, XINAO H, LU B, et al. A molecularly imprinted polymer placed on the surface of graphene oxide and doped with Mn (Ⅱ) -doped ZnS quantum dots for selective fluorometric determination of acrylamide [J]. Mikrochimica Acta: An International Journal for Physical and Chemical Methods of Analysis, 2018, 185 (1): 48.

[74] YAN X T, ZHANG Y, YANG M L, et al. An accurate, rapid, and sensitive method for simultaneous determination of four typical heterocyclic amines in roasted pork patties: Application in the study of inhibitory effects of astaxanthin [J]. Journal of Separation Science, 2021, 44: 1852-1865.

[75] YANG S, LI Y, LI F, et al. Thiol-ene click derivatization for the determination of acrylamide in potato products by capillary electrophoresis with capacitively coupled contactless conductivity detection [J]. Journal of agricultural and food chemistry, 2019, 67 (28): 8053-8060.

[76] ZARGAR B, SAHRAIE NR, KHOSHNAM F. Catalytic square - wave voltammetric determination of acrylamide in potato chips [J]. Analytical Letters, 2009, 42: 1407-1417.

[77] ZHANG B, LI C, JIA W J, et al. A broad - spectrum antibody based bio - barcode fluorescence immunosensor for simultaneous detection of eight heterocyclic aromatic amines (HAAs) in heat processed meat [J]. Sensors And Actuators B - Chemical, 2021, 337: 129759.

[78] ZHAO Q, CHEN X, ZHANG G L, et al. Hierarchical porous nanocellulose aerogels loaded with metal-organic framework particles for the adsorption application of heterocyclic aromatic amines [J]. ACS applied materials & interfaces, 2022, 14 (25): 29131-29143.

第六章　食品热加工危害因子在线监控技术

第一节　丙烯酰胺

一、 毛细管电泳法

毛细管电泳法（capillary electrophoresis，CE）具有分离效率高、分析速度快、样品和溶剂用量少等优点，有不少研究者将毛细管电泳与质谱、核磁共振及串联质谱等结合应用到丙烯酰胺的在线检测中。

Tezcan 和 Erim（2008）将非水毛细管电泳（nonaqueous capillary electrophoresis，NACE）中的场放大样品堆积（FASS）技术引入丙烯酰胺在线浓度检测中，通过在线观察丙烯酰胺的电泳图的注入时间、峰宽以及峰高的变化情况，对注射方式、注射电压和注射时间等条件进行了优化，从而进一步提高了 210nm 处在线紫外检测丙烯酰胺浓度的灵敏度。该方法简便快速并且成本低廉，可广泛应用于食品样品中丙烯酰胺的在线监测。

胶束电动毛细管色谱（micellar electrokinetic capillary chromatography，MEKC）是毛细管电泳的一种重要分离方式，它可以将分子在水相和伪固定胶束相之间分配。Zhou 等（2007）用胶束电动毛细管色谱能检测薯片中低浓度的丙烯酰胺含量。通过对丙烯酰胺的电泳图分析，在实验过程中对其 pH、缓冲液浓度、SDS 浓度、外加电压等因素对此法的影响进行了系统的考察。此法将丙烯酰胺的滞留时间控制在 20min 以内，并且省去了色谱分析中的固相萃取柱的清理程序，可以对丙烯酰胺实现快速、省时的监测。而 Bermudo 等（2004）还研究了微乳液电动色谱（microemulsion electrokinetic chromatography，MEEKC）操作条件对丙烯酰胺迁移的影响，在未包被的二氧化硅毛细管中，用 0.8% 的正戊醇、3.3% 的十二烷基硫酸钠（SDS）、6.6% 的 1-丁醇和 89.3% 的 40mm 磷酸盐缓冲液组成的微乳液进行分离，再通过分析电泳图来监测炸薯条样品中丙烯酰胺的含量。验证了 MEEKC 方法的适用性，建立了丙烯酰胺的 MEEKC 在线监测方法。

二、 传感器检测

（一）荧光传感器

Yao 等（2021）采用溶剂热法制备了稀土金属/过渡金属—有机框架 Eu/Zr-

MOFs 双波段荧光传感器，通过分析 Eu/Zr-MOFs 在不同丙烯酰胺浓度下的荧光光谱，研究发现 Eu/Zr-MOFs 在 430nm 和 615nm 处两个发射峰的荧光强度与丙烯酰胺含量呈线性关系，可以在线监测丙烯酰胺含量。该传感器对丙烯酰胺的检测具有超高的选择性，而且在监测环境中其他有机小分子几乎不会干扰它，荧光传感方法有望实现食品中丙烯酰胺的在线监测。

（二）拉曼光谱

拉曼光谱技术是指在一定入射光的照射下，基底上的分子与金属表面的等离子体发生共振效应，从而使得拉曼信号增强，这一增强现象就是表面增强拉曼散射（surface enhanced raman scattering，SERS）。基于表面增强拉曼散射传感器可用于在线监测食品中的丙烯酰胺含量，由于拉曼光谱与丙烯酰胺含量具有线性关系，可以通过分析拉曼光谱强度来实时在线监测丙烯酰胺含量。如基于 QuECHERS 和 SERS 技术，通过还原石墨烯上沉积出的纳米金颗粒，从而使拉曼光谱的信号增强，该方法在 5～100μg/kg 浓度范围内线性良好（$R^2=0.983$），检出限为 2μg/kg。Cheng 等（2019）首次建立了油炸食品中丙烯酰胺的表面增强拉曼光谱检测方法。此外还可以在生物可降解平台上使用 SERS 作为丙烯酰胺的潜在检测平台对食品中丙烯酰胺进行监测，其拉曼光谱特征峰在 1447cm^{-1}处，线性范围为 10μg/mL～10mg/mL，检出限为 10μg/mL（Gezer，2016）。

三、 机器视觉方法

机器视觉方法是基于 Maillard 反应过程中天冬酰胺和还原糖反应会生成丙烯酰胺，并且此过程会伴随颜色的变化。因此可以通过机器在线获取食品样品的图片并实时进行数据分析，对食品加工过程中产生的丙烯酰胺进行实时在线监测。此方法快捷简单且无须复杂的样品前处理步骤。如王成琳（2013）运用计算机视觉技术在线实时监测熏烤肉中的丙烯酰胺，利用 GC-MS 测定肉被熏烤过程中丙烯酰胺的含量，获取熏烤肉表面的图像，并比较烤肉表面颜色变化。研究发现丙烯酰胺含量与烤肉两个表面的 a^* 分量的平均值的相关性很强，从而可以通过计算烤肉表面颜色值来在线监测丙烯酰胺含量。而 Gökmen 等（2006）研究了不同食物（包括小麦粉、青咖啡和薯片）在不同温度条件下 $L^*a^*b^*$ 和丙烯酰胺形成的 CIE 色空间参数对加热产生颜色的影响。通过结果分析可知，加热过程中丙烯酰胺的变化与红度参数 a^* 之间有相似之处，因此，颜色变化可能是检测食品中产生丙烯酰胺含量的一个可靠指标。因此，可通过机器视觉法监测食品图像的颜色变化，并通过多种算法对图像进行处理，从而建立起丙烯酰胺浓度与颜色变化值之间的关系，来对食品中丙烯酰胺的含量进行在线监测（Gökmen et al，2010）。

四、 光谱法

在线监测食品中丙烯酰胺常用的光谱法主要包括比色法和红外光谱法等，利用不同的方法对丙烯酰胺进行实时在线监控检测。

（一）比色法

比色法来检测丙烯酰胺的原理是其在一定反应条件下生成有颜色的物质，并通过物质颜色的深浅来测定丙烯酰胺的含量。如在甲醇-乙醚溶液环境条件下，丙烯酰胺可与重氮甲烷反应生成吡唑啉衍生物，吡唑啉衍生物与4-二甲基肉桂醛反应可以生成亮紫色的螯合物，最后根据色差对丙烯酰胺含量进行在线测定。Hu 等（2016）还提出了一种基于亲核引发的巯基烯迈克尔加成反应的视觉在线监测丙烯酰胺的比色法，可以通过金纳米粒子（AuNPs）的分散态变化来对丙烯酰胺的浓度进行在线监测。AuNPs 由于配体置换可被谷胱甘肽（GSH）聚集，从而颜色由红变紫。当丙烯酰胺存在时，丙烯酰胺在亲核试剂的催化作用下与 GSH 发生巯基迈克尔加成反应，丙烯酰胺会将 GSH 的巯基消耗掉，从而阻碍了随后的配体置换和 AuNPs 的聚集，该方法线性检测范围为 0.1~80μmol/L，检出限为 28.6nmol/L，选择性优于已经报道出来的荧光传感测定方法。虽然比色法快速简便并且可以直接观察到颜色结果，但容易受到介质中其他有机物质的干扰，使此法灵敏度低并在测定含量低的样品时产生较大误差。比色法只适用于监测可见光区的化合物，又因为此法的精密度和灵敏度都不高，所以有关丙烯酰胺的单纯比色法研究不多。

（二）红外光谱法

红外线是一种电磁波，属于不可见光，只要化合物的温度高于-273℃，在化合物内部的原子就会做无规则的运动，从而产生热红外能量，再通过红外光谱（infrared spectroscopy，IRS）就可以检测这些化合物，红外光谱法可应用于食品中丙烯酰胺的检测。近红外（near infrared spectroscopy，NIR）是一种常用的对不同原料和产品进行常规化学分析的技术，Segtnan 等（2006）利用近红外和目视（visual，VIS）技术研究了薯片中的丙烯酰胺含量，该技术可作为一种可能的工具用于薯片中高含量丙烯酰胺的筛选与鉴定。Pedreschi 等（2010）探讨利用近红外光谱在线监测薯片中的丙烯酰胺，利用 VIS/NIR 相互作用扫描器在线测量了 60 份炸薯片样品，薯片中丙烯酰胺含量与 VIS/NIR 光谱的关系比较稳定，可通过 VIS/NIR 值来在线监测丙烯酰胺含量。并且发现了 VIS/NIR 值与常规 HPLC-MS 测量的丙烯酰胺值之间的相关性较高（0.83）。Ayvaz 等（2013）还应用衰减全反射（attenuated total reflectance，ATR）中红外显微光谱（mid-infrared microspectroscopy，IRMS）法检测薯片中的丙烯酰胺，研究表明，IRMS 可以作为一种高通量并且简单快速的在线筛选丙烯酰胺的工具。

五、质子传递反应质谱检测

质子传递反应质谱（proton transfer reaction mass spectrometry，PTR-MS）是一种适合于顶空样品挥发性化合物快速在线测定的方法。Pollien 等（2003）利用 PTR-

MS 在线实时监测美拉德反应样品和食品系统中的加工污染物。实验装置建立在对反应系统释放的挥发物直接顶空取样的基础上。反应容器由一个体积为 240mL 的玻璃容器组成，它被放置在一个温度可控制的烤箱中，顶部有气体入口和气体出口，用于净化顶部空气。气体流量由两个流量控制器 FC1 和 FC2 控制，管线由发热丝加热。FC2 保持净化气体流量（零空气）在每分钟 670cm^3（101.325kPa，20℃）。空气被预热到 130℃引入，容器内的顶空被净化气体扫过，并离开反应容器。将出口侧油管加热到 120℃，以避免冷凝。通过在 55℃时加入干燥空气的混合物来降低样品气体的温度和湿度，以保持 PTR-MS 反应室（漂移管）中主要离子和反应物气体之间的简单反应动力学，从而确保漂移管的正常工作。FC1 控制稀释气体的流量，并保持在 5250cm^3/min，此外，用于马铃薯样品试验中的 FC1 为 1150cm^3/min。因为 PTR-MS 允许实时监测释放的丙烯酰胺，其有望成为食品生产过程中过程控制和过程优化的一种有价值的方法。

六、 其他在线监测方法

目前关于丙烯酰胺的检测技术已经发展得比较成熟的主要包括 GC、HPLC 及 GC-MS、HPLC-MS、HPLC-MS/MS，也是当今国际常用来检测丙烯酰胺含量的方法。利用这些方法也可进行丙烯酰胺的在线监测，如采用在线 SPE-UPLC-MS/MS 外标检测方法，通过直接进样，对水样中 6 种有机污染物（微囊藻毒素、联苯胺、莠去津、甲萘威、呋喃丹和丙烯酰胺）进行同时批量检测，简并了预处理过程和进样程序，根据各物质的离子对保留时间定性，利用导出的工作曲线对水样进行分析，实现了水样中丙烯酰胺的在线监测（万巧玲等，2018）。Cook 等（2005）利用在线 MS/MS 技术研究黑麦、小麦和马铃薯在蒸煮过程中丙烯酰胺的生成，向气相释放的丙烯酰胺被连续监测，建立了一种基于常压化学电离质谱（atmospheric pressure chemical ionization mass spectrometry，APCI-MS）的在线质谱分析方法，用于监测水合马铃薯片体系中丙烯酰胺的生成，并将 180℃在线结果与 GC-MS 分析得到的相同系统的数据进行比较，两种技术之间的一致性是显著的，证明在线 MS/MS 监测丙烯酰胺浓度随时间的变化是有意义的。

近些年来消费者对于健康食品愈发关注，食品的安全性受到了更多重视，各个国家对于食品中危害物的含量把控越来越严格。而很多熏炸烤食品中丙烯酰胺含量及其安全性也因此越来越受到各方关注，因此开发出了更多的实时在线监测丙烯酰胺的方法。实时在线监测能真实地反映生产过程的变化，通过反馈线路，可立即用于生产过程的控制和优化。以上这些在线监测丙烯酰胺的方法都具有较高的灵敏度且快速简便，监测的成本也十分低廉，具有非常大的开发和实际应用前景。随着新兴科学技术发展，自动化和微量化将会是今后食品检测技术的发展趋势，丙烯酰胺实时在线监测技术也应向快速简单、高效灵敏及成本低廉等方向发展，为丙烯酰胺的在线监控提供新的方法。

第二节　杂环胺

迄今为止，已在不同的熟食中分离出超过 25 种杂环胺并对其进行了表征（Cheng et al，2006）。食品具有较复杂的基质，且通常杂环胺的含量也较低，因此需要选择高效的样品前处理方法和灵敏的分析手段。目前，常用样品前处理方法有溶剂萃取、固相萃取、微波辅助萃取、超临界流体萃取、磁性固相萃取等，分析检测方法有气相色谱、液相色谱、液相色谱串联质谱、高效液相色谱串联质谱等。然而，传统的检测方法在实际生产过程中存在滞后，不能及时反映样品存在的问题，导致不能及时调整不合理的生产状态。因此，出现了大量可以将分析仪器直接安装在生产线上的在线检测技术，可以实现对样品和工艺过程的关键质量品质进行实时的监控（冷胡峰等，2022）。本节综述了近年来的杂环胺在线监测技术，为杂环胺的相关研究提供系统性的理论指导。

一、　在线固相萃取

（一）固相萃取

杂环胺分析中一种常用的样品预处理技术就是固相萃取（solid-phase extraction，SPE），固相萃取由液固萃取柱和液相色谱技术相结合发展而来，比传统的液液萃取法具有更高的分析物回收率。由于食品基质的复杂性，为达到更好的效果，固相萃取常与其他方法结合。固相萃取法提取杂环胺最早出现在 Gross 提出的方案中，该方案是液液萃取串联固相萃取，以实现样品基质清理和复杂样品基质中的杂环胺提取（Gross et al.，1992）。

目前，在线 SPE 与液相色谱-质谱联用（LC-MS）技术已逐渐成熟。该技术将 SPE 柱与 LC-MS 连接起来，从而实现样品处理和样品分析的一体化（卢敏萍，2016）。在线 SPE 是传统离线 SPE 的有效替代技术，该技术提供自动化和省时的样品上样、分析物富集、纯化和洗脱（Anumol et al.，2015）。Cai 等（2017）使用通过精氨酸修饰过的石墨烯复合材料填充到 SPE 盘中，开发了一种基于在线 SPE 圆盘与 HPLC 耦合的分析方法，用于检测牛肉干中的杂环胺。在此方法中，制备好的样品经过 0.22μm 的膜过滤器后，将所有萃取剂注入在线固相萃取盘中。该方法已成功用于牛肉干中的杂环胺的在线检测，方法检出限为 0.03～0.49ng/g，回收率为 82.0%～111.5%。Zou 等（2022）采用填充了 6 种吸附剂（C_{18}、高交联聚合物、阳离子交换树脂、阴离子交换树脂）的在线 SPE 技术，成功的从环境水样中回收了痕量有机污染物，并将在线 SPE 与液相色谱-串联质谱（LC-MS/MS）相结合，建立一种全自动的分析方法。Ma 等（2020）使用 0.2% 甲酸乙腈溶液提取样品，在线 SPE 装置和 HLB 柱纯化与 HPLC-MS 技术结合，检测了猪肉和鱼类样品中的 15 种磺胺类药物残留。检出限在 0.125～2.00μg/kg，定量限在 0.250～5.00μg/kg，回收率在 78.3%～99.3%。分子印迹技术建立在对目标物特异吸附的基础上，与固相萃取相结合，将分子印迹聚合物作为 SPE 的吸附剂，对食品样品中微量物质的分离纯化有较好的效果（Zhou et al，2011；翟春晓等，2008）。He 等（2008）采用表面分子印迹技术与溶胶-凝胶法制备了选择性印迹氨基官能化硅胶吸附剂，用于在线 SPE-HPLC 测定猪肉和鸡肉中的三种微量磺胺类物质。

（二）固相微萃取

固相微萃取是基于固相萃取发展起来的一项技术，能在萃取的同时对分析物进行浓缩。Zhang 等（2015a）使用丙烯酰胺改性石墨烯（AMG）作为在线微固相萃取的高效吸附剂，研发了一种基于 AMG、μ-SPE 结合 HPLC 技术的在线分析方法，测定了烤鱼、炸鸡样品中的痕量杂环胺。此方法首先建立了杂环胺的富集程序（图 6-1），提取过程分为 4 个步骤：样品加载和预处理、提取、清洗、解吸程序。预处理时将样品切碎，在 2.0mL 正丁醇、25mL 三乙胺和 25mL 25% 氨水中使用超声波提取。在解吸时，以 200μL/min 的流速将提取出的杂环胺从 μ-SPE 柱解吸至分析柱。所有的色谱分离均在 C_{18} 柱上进行，使用的流动相是乙腈/水，紫外线检测

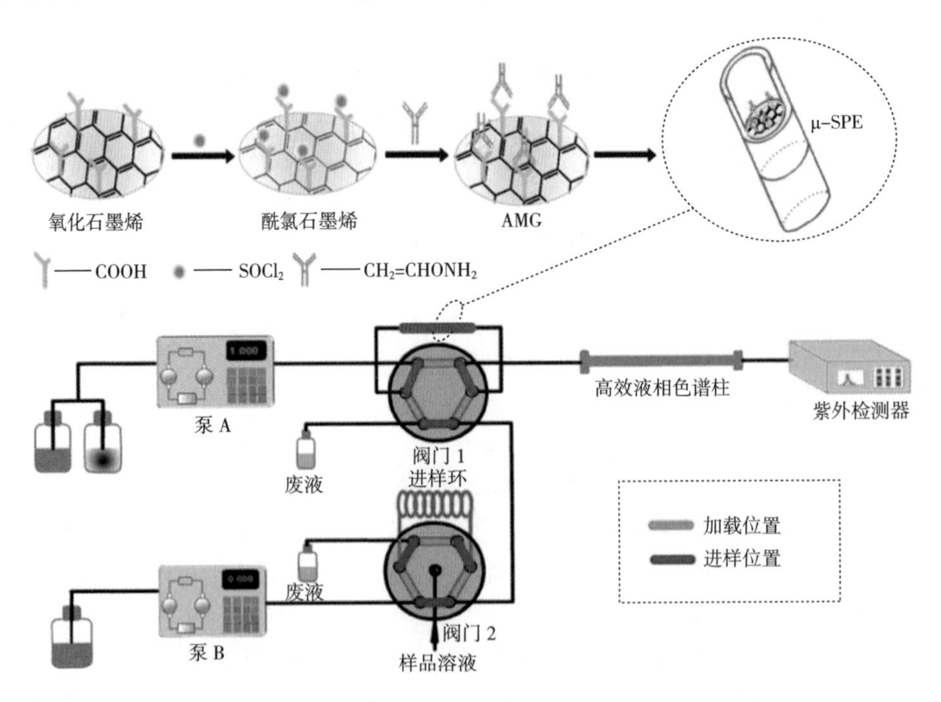

图 6-1 AMG 填充微柱和在线 μ-SPE-HPLC 系统的制备方案

波长为 263nm。此外，该方法的一大特点是由 sp2 键合碳原子构成一个理论表面积高达 $2630m^2/g$ 的单原子厚的平面薄片石墨烯。Zhang 等（2015b）在测定烤羊、牛肉中的杂环胺中同样使用在线固相微萃取-HPLC 技术，利用了硼酸盐亲和色谱（BAC）来选择性分离和富集化合物，采用一步原位聚合法使用乙烯基苯基硼酸和乙二醇二甲基丙烯酸酯制备了用于固相微萃取硼酸盐亲和整体柱。在此项研究中，杂环胺的富集程序如下图所示（图 6-2），浓缩过程分为 4 个步骤：抽取、清理、解吸、进样。在进行抽取时，将阀门 1 和阀门 2 切换至注入位置，使样品溶液通过萃取柱时流速为 200mL/min；之后将阀门 2 保持不变，阀门 1 切换到负载位置，用水清理萃取柱；解吸时阀门 1 切换至注入位置，阀门 2 设置为加载位置；最后将阀门 1 和阀门 2 切换到进样位置，启动分析泵，基于在线 SPME-HPLC-UV 对杂环胺进行分析。测量结果的重复性良好，相对偏差为 1.6%～8.2%，烤牛肉和烤羊肉中的杂环胺的回收率分别为 74.3%～116% 和 91.3%～119%，表明此方法的灵敏、准确。固相微萃取除了能够分析食品样品，也可应用于其他样品。

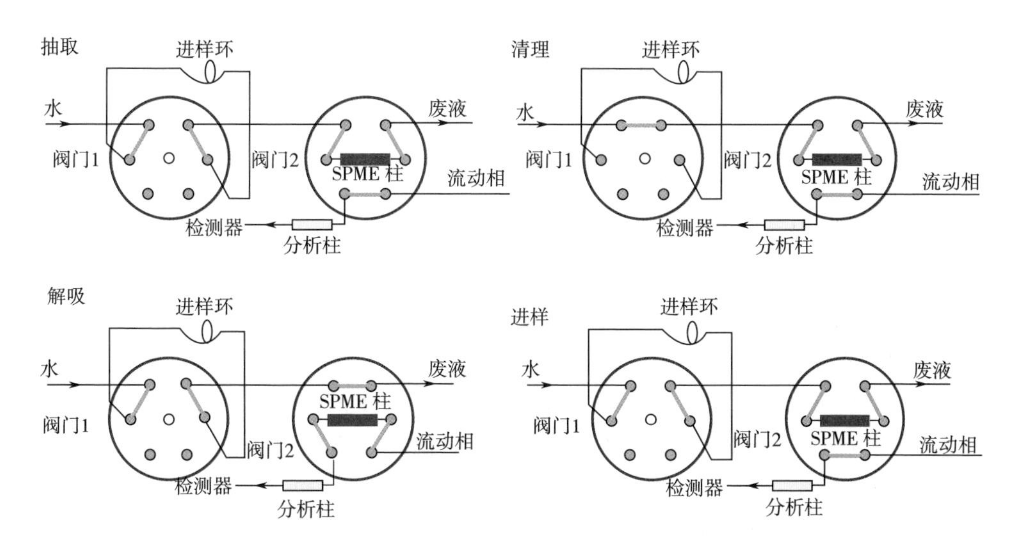

图 6-2　在线 VPBA-co-EGDMA 聚合物单体-HPLC 系统示意图

二、毛细管电泳法

毛细管电泳法具有高分离效率。缓冲液 pH、有机改性剂、缓冲液浓度、毛细管温度和电场强度等因素均会影响电离化合物的迁移行为。毛细管电泳是分离带电蛋白质、肽、无机离子和有机离子的有力工具。由于紫外和紫外二极管阵列（UV-DAD）可以检测所有的杂环胺，因此常与毛细管电泳结合使用。为了提高 UV-DAD 的检出限，可采用在线预浓缩与 CE 相结合的方法（Puignou et al，1997；Wu et al，

1995）。在线预浓缩是使用毛细管电泳技术开发分析方法的一个方面，包括正常叠加法、场放大进样（FASI）和扫描法。该技术只需通过注入大量样品溶液即可进行，是一种提高检测器的浓度灵敏度的有用技术（Simpson et al.，2008）。这种技术基于电泳，利用电导率和迁移率的差异从而实现预浓缩分析物。Fei 等（2007）使用了基于场放大进样（FASI）的在线预浓缩，利用毛细管电泳和 UV-DAD 检测技术测定了肉类样品中的 8 种杂环胺。在 FASI 模式下，样品首先溶解在电导率低于运行溶解质的溶剂中，然后以电动模式注入样品，低电导率区的电场强度增加，电泳速度也增加。Sentellas（2003）同样使用了 FASI 作为在线预浓缩方法，利用 CE-MS 分析了样品中的杂环胺。Tezcan 和 Erim（2008）在非水毛细管电泳（NACE）中使用乙腈作为背景电解质（BGE）培养基，并结合在线 FASI 和场扩增样品堆叠（FASS）分析了食品基质中存在的丙烯酰胺。

三、数字图像比色法

数字图像比色（DIC）法近年来被认为是一种功能强大、成本低且便捷的分析方法，可以通过内置摄像头获得的数字图像的颜色变化来测量目标分析物。在进行检测时，图像采集应在合适的颜色空间下并且使用特定的图像软件来进行颜色量化。可利用图像量化软件来提取拍摄图像的色度值，然后研究色度值与分析物浓度之间的相关性，以此建立使用标准物质的标准曲线，设计相应样品的应用程序，可以使用智能手机直接读取浓度并在线共享结果（Fan et al，2021）。基于 DIC 确定多种成分已经变得很有前景，图像在其构成中呈现像素，一部分被光吸收、透射和反射。透射和反射可以通过扫描仪、计算机、智能手机等设备获取，这些设备与软件相关联，能够处理图像数据，从而实现对化学物质进行定性和定量分析。Wu 等（2022）建立的 DIC 方法已成功用于准确、快速地对烘焙蛋糕中杂环胺的监测。在此项研究中使用智能手机在同一区域拍摄了 3 块在相同条件下烘烤的蛋糕，其他所有摄影条件都保持不变，读取每张图像的 50 个印刷四分色模式（CMYK）值并选择 M 和 Y 通道进行分析。为了验证 DIC 的可靠性，蛋糕样品在不同时间使用了 MSPE-HPLC 进行检测。结果表明，使用两种方法在烘烤时间为 25～35min 时检测到的杂环胺没有显著差异，DIC 在杂环胺测定中的可靠性与 MSPE-HPLC 相同。这两种方法都有各自的优点，DIC 更适合用于食品的实时在线检测。目前，DIC 用于食品中的目标化合物检测的研究并不多见，其方法开发还需要参考其他更成熟的测试技术。

四、超临界流体萃取

超临界流体萃取（SFE）利用超临界流体，将传统的蒸馏和有机溶剂萃取结合为一体，从不同的固体样品中消除不同类型的干扰物质，从基质中有效分离、提取和纯化目的萃取物。CO_2是这个方法中使用的主要材料，因此 SFE 是一种清洁、对环境友好的方法。已有各种超临界流体被用于色谱或萃取。SFE 与 SPE 通常是分开使用的，但专用的在线 SFE-SPE 系统已经出现。在线分析系统可以减少样品处理过程以节省时间。SFE 因其环保无污染以及持续时间短而具有吸引力，其与 SFE 进行耦合是有意义的。SFE－GC 或 SFE－CE 等都是有效的在线方法（Gros et al，2021）。Hamada 等（2019）构建了由 SFE 和反相液相色谱/质谱（RPLC/MS）组成的新型在线系统，用于食品中部分脂溶性组分的在线萃取和反相分离。该技术使用疏水阀柱和高压六通阀将在线 SFE 耦合于 RPLC/MS，并使用稀释在线浓缩提取物改善峰形。Wicker 等（2018）通过在线 SFE-SFC-MS 定量土壤中各类型的多环芳烃，优化了在线提取参数，最大限度地简化样品的制备过程。该方法检出限为 0.001～5ng/g，定量限为 5～15ng/g。Eller 等（2005）使用超临界二氧化碳用于大豆油中己烷的分离，开发了在线超临界色谱来实时监测这种分离。这种使用液态二氧化碳在线提取的方法是连续的，无须浓缩步骤，并且可以重复进行 SFC 分析以监测提取过程。

杂环胺主要存在于热加工的肉制品中，但由于食品基质较为复杂，因此，存在于食品中的杂环胺种类虽多，但含量却很少，想要准确高效地分析测定食品中的杂环胺依旧很难。目前，在线固相萃取、毛细管电泳等方法由于食品基质的复杂性都具有一定的局限性。在未来，探索更加高效、灵敏的在线监控技术来对食品中危害物进行检测具有重要的研究价值。

第三节　多环芳烃

一、熏肠

（一）基于 BP 神经网络的烟熏香肠多环芳烃的预测研究

对烟熏肉制品而言，烟熏工艺条件特别是烟熏时间和烟熏温度以及肉品的组成成分会影响多环芳烃的含量。而且这些影响因素及因素之间对多环芳烃的形成呈现典型的非线性关系。为了研究烟熏这些工艺参数对多环芳烃含量的影响，通过香肠的烟熏实验，研究了烟熏温度、烟熏时间、肉品肥瘦比对香肠在烟熏过程中多环芳烃含量的影响，利用 BP 神经网络的非线性系统建立多环芳烃含量的预测模型，再与实际的检测结果进行比较分析，来验证模型的可靠性。

利用 MATLAB R2015a 提供的神经网络工具箱 V8.3 建立人工神经网络模型进行烟熏香肠多环芳烃含量的预测（Xing et al.，2022）。选择 11 种 BP 神经网络学习算法进行烟熏香肠多环芳烃含量预测试验。根据不同 BP 神经网络学习算法的特点，结合输入-输出数据进行优化设计，通过调整隐含层神经元个数、学习速率以及动量系数使其预测性能达到最佳。一个三层的 BP 神经网络的非线性映射可以达到预测的目的

（图 6-3）。BP 神经网络的输入参数为烟熏香肠加工条件，包括烟熏温度（50、60、70、80℃），烟熏时间（20、40、60、80、100、120min）和肥瘦比（0：10、1：9、2：8、3：7、4：6）；输出参数为苯并［a］芘、PAH4 和 PAH12 的含量（μg/kg）。同时，对于一个三层的 BP 神经网络，隐含层的节点数影响预测的效果，一个合适的节点数将显著提高预测模型的准确率，降低误差。根据隐含层节点选择的经验公式，隐含层节点数分别以 3~15 进行实验，通过预测均方误差（MSE）来评判最优的节点数。此外，选择合适的学习速率可以缩短训练时间和加快收敛速度，提高系统的稳定性。一般选取较小的学习速率来保证稳定性，通常在 0.01~0.9 选取。最后，动量系数的引入，可以提高学习速率并且增加算法的可靠性，这是由于它在神经网络算法训练过程中降低了振荡趋势，从而使收敛性提高。一般动量系数选取范围是 0~1。所有的试验和测定重复三次。试验收集的 120 组数据集将随机分为三组：训练集 80%、验证集 10%、预测集 10%（Zhu et al.，2020）。

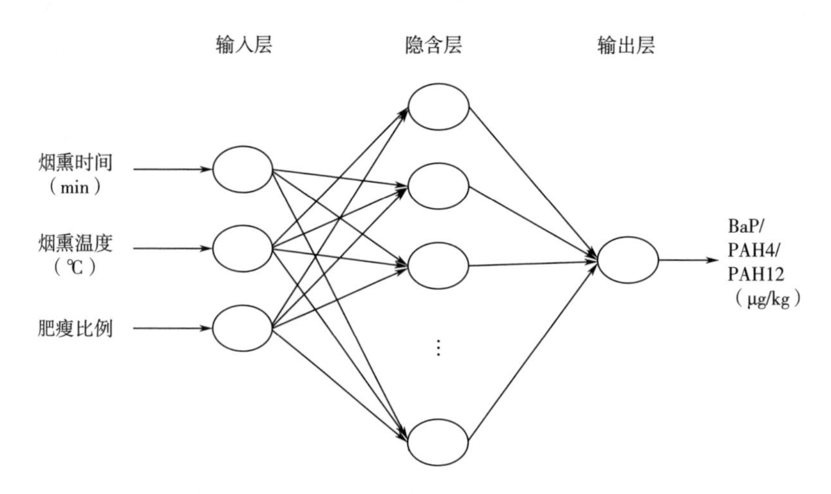

图 6-3　BP 神经网络预测苯并［a］芘、PAH4 和 PAH12 示意图

（二）基于 BP 神经网络的烟熏香肠多环芳烃的预测模型结果分析

试验通过对 BP 神经网络算法的选择，并利用试错法寻找最优的隐含层神经元个数、学习系数及动量系数，对烟熏香肠苯并［a］芘、PAH4 和 PAH12 含量进行预测，其中苯并［a］芘和 PAH4 含量预测获得了较为理想的 BP 神经网络模型，测试的误差下降曲线如图 6-4 所示。而预测 PAH12 含量的 BP 神经网络模型误差相对较大，结果较差，其测试的误差下降曲线如图 6-5 所示。

对苯并［a］芘含量的预测，利用 Levenberg-Marquardt 算法，构建网络拓扑结构为 3-7-1，学习速率 lr＝0.40，动量系数 mc＝0.50 的 BP 神经网络，当迭代运算 12 次时，验证集的 MSE 达到最低，如图 6-6（1）所示。从图 6-6（2）可以看出，当利用动量算法，构建网络拓扑结构 3-5-1，学习速率 lr＝0.30，动量系数 mc＝0.60，

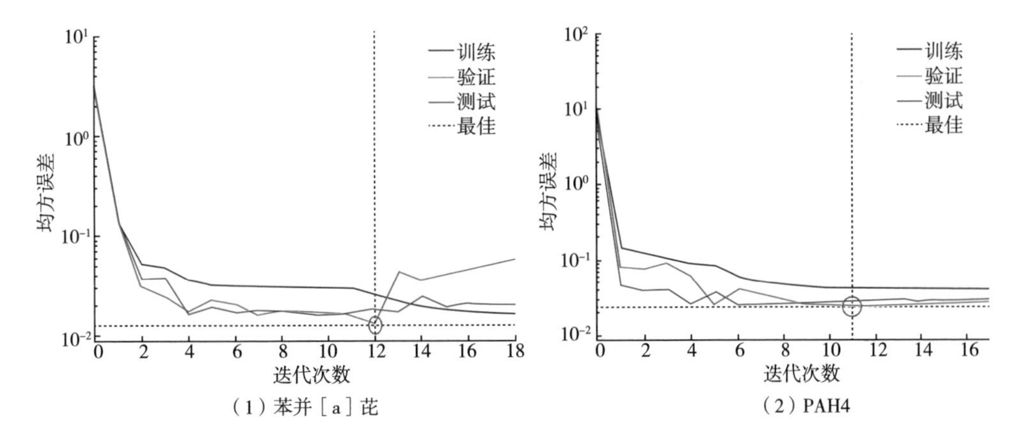

(1) 苯并［a］芘　　(2) PAH4

图 6-4　预测苯并［a］芘和 PAH4 含量的均方误差下降曲线

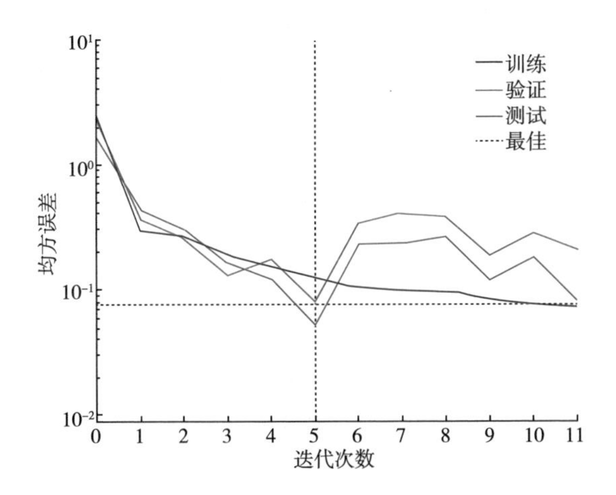

图 6-5　预测 PAH12 含量的均方误差下降曲线

在 PAH4 含量的预测过程中，当迭代运算 11 次时，验证集的 MSE 达到最低。

但在对 PAH12 含量的预测中利用 Levenberg-Marquardt 算法，构建网络拓扑结构 3-7-1，学习速率 lr=0. 30，动量系数 mc=0. 20 的 BP 神经网络，在迭代运算 5 次后，验证集的 MSE 达到最低，为 0. 076，大于 0. 050，如图 6-7 所示。

为了对所获得的预测模型进行测试，模型的适用性和可靠性需要经过数学检验，对测试集的 12 组数据的测量值和预测值进行拟合。

对测试集 12 组苯并［a］芘含量的测量值和预测值进行拟合，得到线性回归模型，回归方程为 $y=0.7654x+0.1894$，相关系数 R^2 为 0. 866，残差平方和（SSE）为 0. 397，均方根误差（RMSE）为 0. 199，如图 6-6（1）所示。对测试集 12 组 PAH4 含量的测量值和预测值进行拟合，得到线性回归模型，回归方程为 $y=1.3600x-$

6.082，R^2为0.706，SSE为0.772，RMSE为8.49，如图6-6（2）所示。试验都得到较为良好的测量值和预测值之间的线性关系，其预测结果是可以接受的。

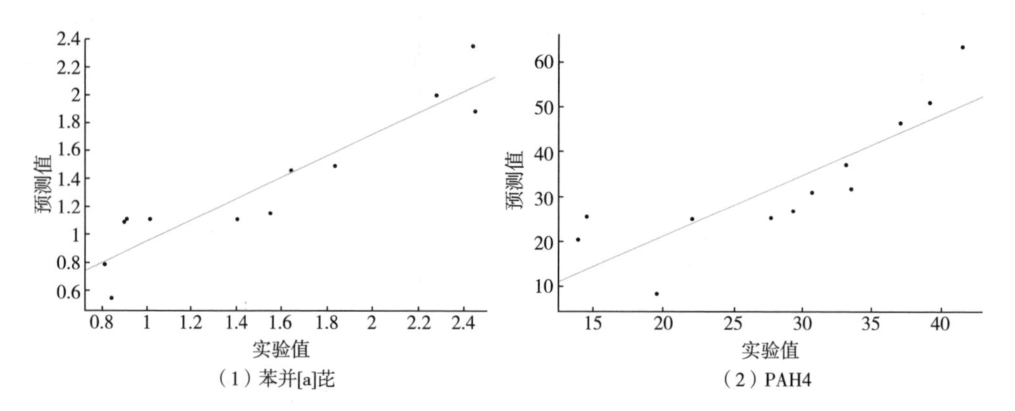

图6-6　苯并［a］芘和PAH4的实验值和预测值拟合曲线
［（1）基于Levenberg-Marquardt算法的BP神经网络预测烟熏香肠苯并［a］芘含量的检测模型，
（2）动量算法的BP神经网络预测烟熏香肠PAH4含量的检测模型］

需要说明的是，对神经网络建立的苯并［a］芘和PAH4含量预测模型的性能测试结论及拟合的数学检验都属于建模数据的固有检验，如果需要全面检验与预测模型的拟合能力，还可以重新选取试验条件并输入BP神经网络模型进行扩展检验（Yang et al.，2022）。但在对测试集12组PAH12含量的测量值和预测值进行拟合，得到线性回归模型，回归方程为$y=0.5365x+82.26$，R^2为0.568，SSE为2.466×10^4，RMSE为49.66，如图6-7所示。PAH12含量的测量值和预测值之间没有明显的线性关系，因此认为此次优化获得的BP神经网络预测模型不能很好地预测PAH12含量。

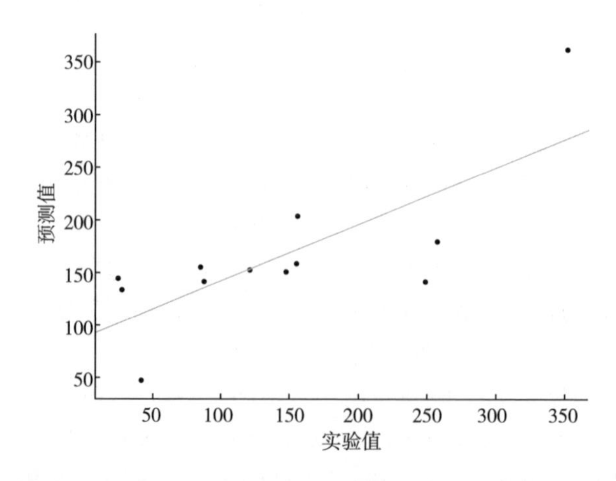

图6-7　基于Levenberg-Marquardt算法预测烟熏香肠PAH12的实验值和预测值拟合曲线

基于 BP 神经网络建立的烟熏香肠多环芳烃的预测模型，实现了对烟熏香肠苯并[a]芘和 PAH4 含量的预测，通过性能测试得出测试集测量值与预测集的线性模型，R^2分别为 0.866 和 0.706。

二、烤肠

（一）基于 PSO-BP 神经网络和计算机视觉的烤肠多环芳烃的预测研究

烧烤类肉制品作为一种传统肉制品，其质量与安全越来越受到人们的关注，通过建立烧烤肉制品多元品质预测模型，有利于传统肉制品加工过程的质量控制。食品自身品质特性和加工工艺条件是影响肉制品品质的关键因素，因此建立食品自身特性和加工工艺条件与肉制品品质之间相关联的预测模型就显得尤为重要（姜鹏飞等，2021；柳琦等，2020）。

肉制品烧烤过程中发生的美拉德反应会使肉表面产生特有的色泽，此外，美拉德反应中期阶段产生的 Amadori 化合物经过高温分解产生的多环芳烃是肉制品热加工常见的危害物。为了探讨在不同加工工艺下肉制品烧烤过程中基于美拉德反应的颜色变化对多环芳烃生成的影响，利用 PSO-BP 神经网络建立色泽与多环芳烃变化的预测模型，通过与真实检测结果进行比较分析，验证预测模型性能，为传统肉制品烧烤过程中多环芳烃的调控机制研究提供研究依据和理论基础。此外，利用计算机视觉系统的非接触性特性，可以快速无损得到肉制品的全部颜色特征信息，与色差仪只能检测肉制品部分色泽形成鲜明对比。为了探讨在不同加工工艺下肉制品烧烤过程的颜色变化对多元安全品质的影响，建立香肠烧烤过程色泽变化与多环芳烃的预测模型。

利用 MATLAB R2019a 软件进行 BP 神经网络和粒子群算法（PSO）的程序优化。通过改进 BP 算法提高预测性能，本实验选取了 8 种改进 BP 算法，包括即最速下降 BP 算法（steepest descent backpropagation，SDBP）、动量 BP 算法（momentum back-propagation，MOBP）、学习速率可变 BP 算法（variable learning rate back. propagation，VLBP）、弹性算法（resilient back-propagation，RPROP）、Fletcher-Reeves 变梯度修正算法（Fletcher-Reeves conjugate gradient back-propagation）、拟牛顿 BFGS 算法（BFGS quasi-newton back-propagation）、拟牛顿 OSS 算法（OSS quasi-newton back-propagation）和 L. M 算法（levenberg-marquardt）。合适的隐含层节点数能影响预测模型的性能，降低误差，选择 1~20 个节点进行实验。此外，合适的学习速率和动量系数可以提高训练速率、减少训练时间，一般学习速率的选取范围是 0.01~8，动量系数的选取范围是 0~1。优化后的 BP 神经网络训练次数为 50 次，PSO-BP 神经网络训练次数为 10 次，最后选取最优的训练结果。BP 神经网络结构图如 6-8 所示，使用三层 BP 神经网络结构建立模型，输入层选取 L^*、a^*、b^* 和 ΔE 作为输入层参数，隐含层根据优化结果而确定，输出层则选取脂肪氧化作为输出层参数。PSO 参数设置如下：种群规模 40，迭代次数 70，加速因子 $c1=c2=1.49445$，粒子位置和速度的间隔分别为［-5，5］和［-1，1］。选取实验数据的 80% 作为训练集、10% 作为验证集、10% 作为预测集。

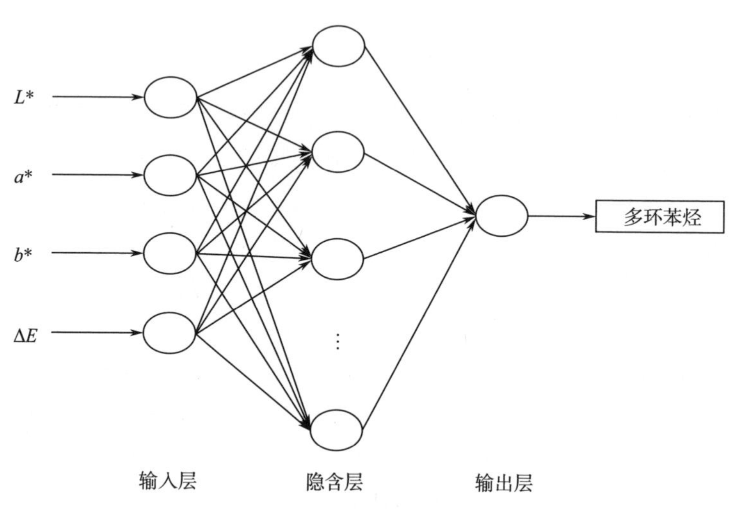

图 6-8　BP 神经网络预测烤肠多环芳烃

（二）基于 PSO-BP 神经网络的烤肠多环芳烃的预测模型结果分析

图 6-9 所示为两种模型关于多环芳烃预测值与实际值之间预测误差的比较。预测模型中的绝对误差与多环芳烃的实验值在可控制的预测误差范围内（10%），可以看出PSO-BP神经网络模型比 BP 神经网络模型的预测误差更小，但 PAH15 的预测误差较大，这表明 PAH15 的预测性能一般，该预测模型需要继续改进。图 6-10 所示为 PSO-BP 神经网络模型均方误差随着迭代计算的下降曲线，PAH4 预测模型经过 8 次

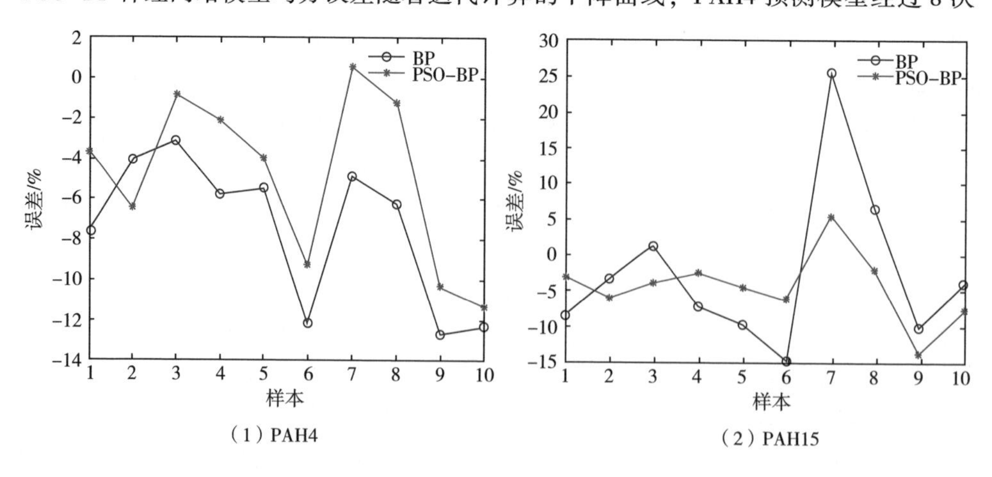

（1）PAH4　（2）PAH15

图 6-9　多环芳烃预测值与实际值之间绝对误差的比较

迭代计算后，验证集和测试集的均方误差达到最低，PAH15 预测模型经过 6 次迭代计算后，验证集和测试集的均方误差达到最低，这表明 PSO-BP 预测模型具有快速迭代寻优计算，两种预测模型均方误差都小于 0.05，因此 PAH15 预测模型不能较好的显示真实数据变化。图 6-11 所示为三种模型实际值与预测值的比较曲线，我们发现 PSO-BP 神经网络模型预测值比 BP 神经网络模型预测值更接近实际值，这表明 PSO-BP 神经网络预测准确性较高，仔细观察 PAH15 预测模型实际值与预测值可以看出二者差异较大，这表明其对 PAH15 的预测性能一般（邢巍等，2022）。

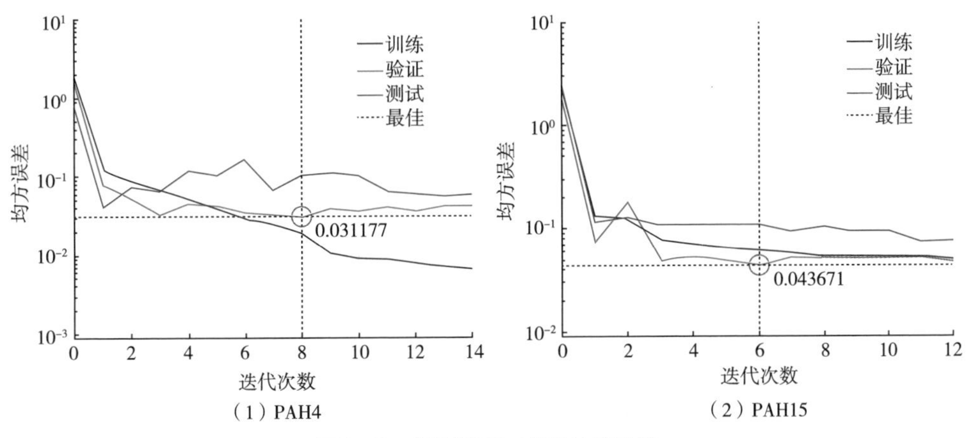

图 6-10　多环芳烃均方误差下降曲线

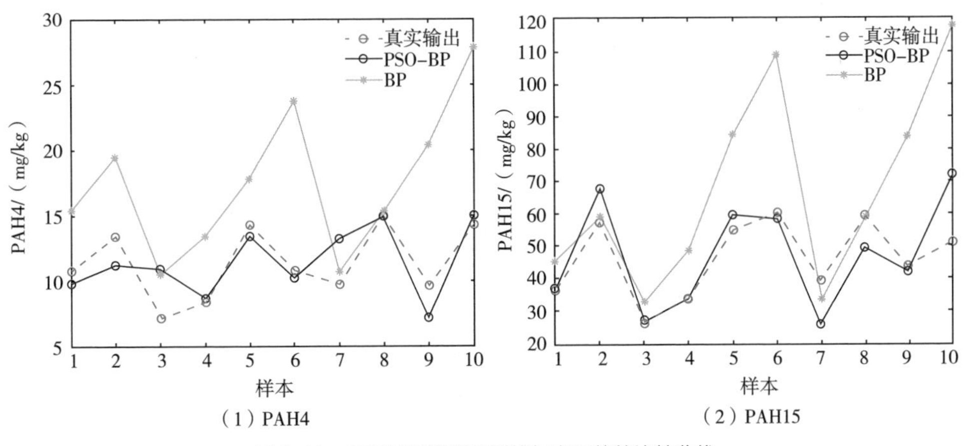

图 6-11　多环芳烃模型预测值与实际值的比较曲线

通过 PSO-BP 神经网络和 BP 神经网络模型建立的预测模型的相关系数（R^2）可以确定实验输出数据（预测值）和实验数据（真实值）之间的相关性。由图 6-12 可知，PSO-BP 神经网络的 PAH4 预测模型的训练、验证、测试和全局数据的相关系数（R^2）分别为 0.93、0.93、0.90、0.92，PAH15 预测模型的训练、验证、测试和

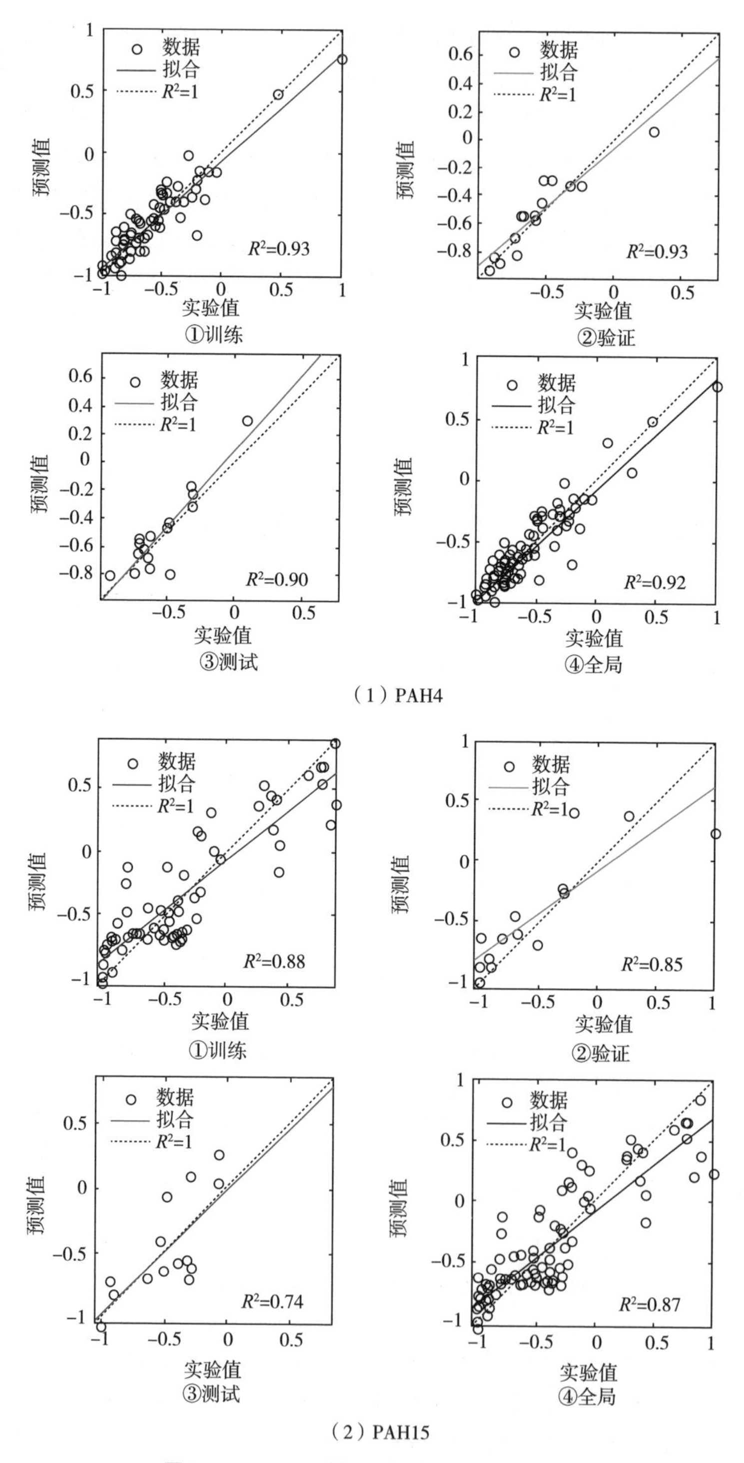

图6-12 PSO-BP模型预测多环芳烃相关系数

全局数据的 R^2 分别为 0.88、0.85、0.74、0.87，这表明 PSO-BP 神经网络模型在预测 PAH4、PAH15 时具有良好的预测性能。由图 6-13 可知，BP 神经网络的 PAH4 预测模型的训练、验证、测试和全局数据的 R^2 分别为 0.82、0.79、0.71、0.80，PAH15 预测模型的训练、验证、测试和全局数据的 R^2 分别为 0.88、0.85、0.75、0.87，这表明 BP 神经网络模型在预测 PAH4、PAH15 时预测性能一般，可以看出 PSO-BP 神经网络模型比 BP 神经网络模型预测 PAH4、PAH15 的预测性能更好、更稳定，而且 PSO-BP 神经网络只需要几次训练就能优化结果。

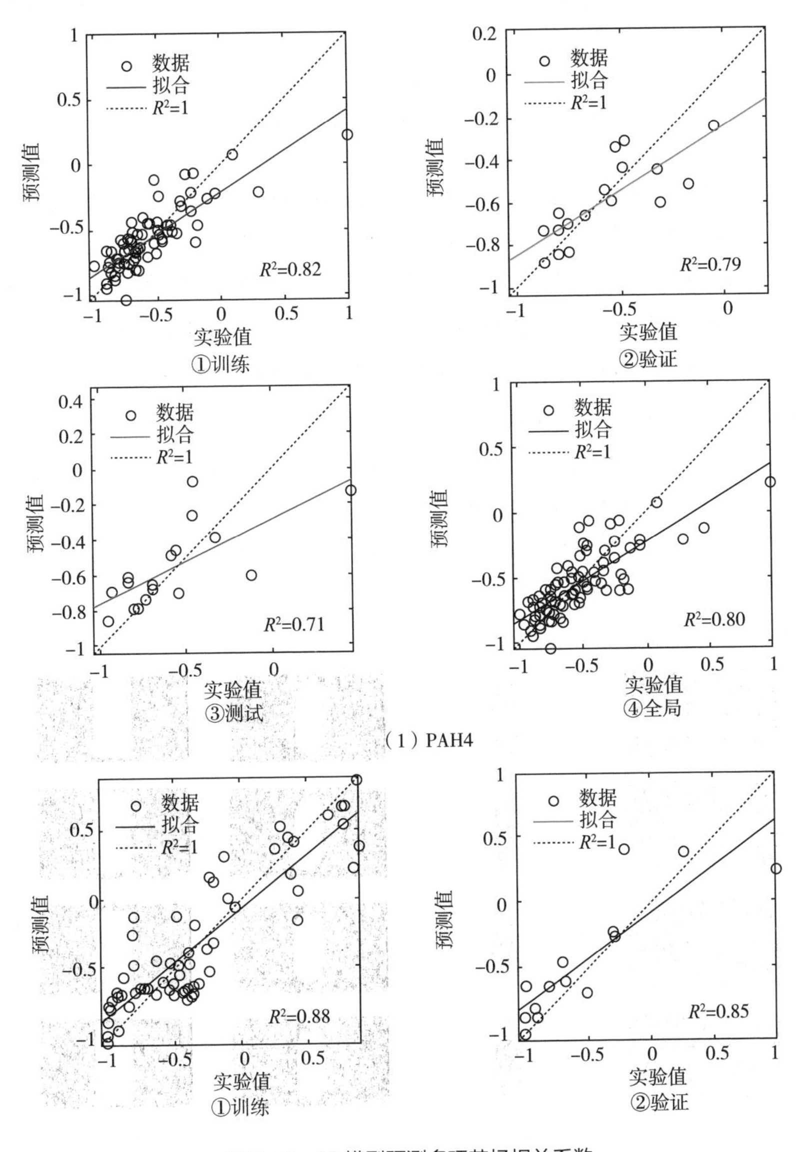

图 6-13　BP 模型预测多环芳烃相关系数

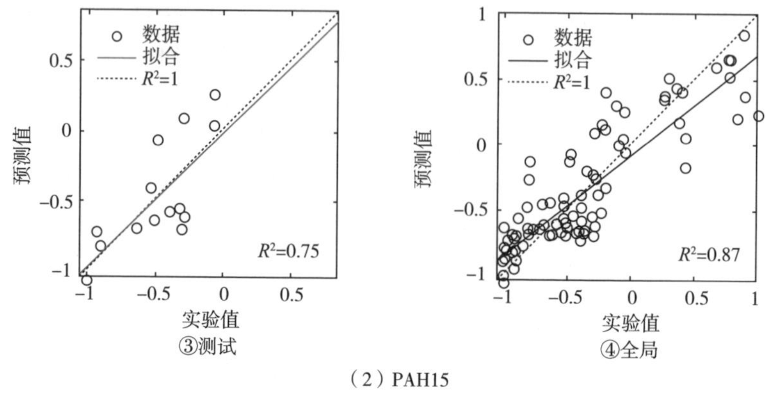

（2）PAH15

图6-13　BP模型预测多环芳烃相关系数（续）

PSO-BP神经网络模型与BP神经网络模型均能较好地预测香肠烧烤过程中多环芳烃的生成，该研究为烤肠危害物的快速预测提供了一种可行的参考。并且PSO-BP神经网络模型比BP神经网络模型的预测性能更好。其对PAH4预测性能较好，相关系数能达到0.85以上，PAH15预测模型相关系数在0.74~0.88，预测性能一般。

（三）基于计算机视觉的烤肠多环芳烃的预测模型结果分析

选取肥瘦比2∶8、经过180℃不同烧烤时间加工的香肠样品拍照取样后［图6-14（1）］，利用MATLAB R2019a软件进行图像预处理，采用标准判别分析方法将图片中样品与其他部分分割开来［图6-14（2）］，以0为阈值对图像进行阈值分割，得到二值图像［图6-14（3）］，将二值图像区域分割得到ROI区域［图6-14（4）］。利用算法程序将图像RGB色彩空间转换为Lab色彩空间，并获取L^*、a^*、b^*的矩阵值（陈炎，2017）。

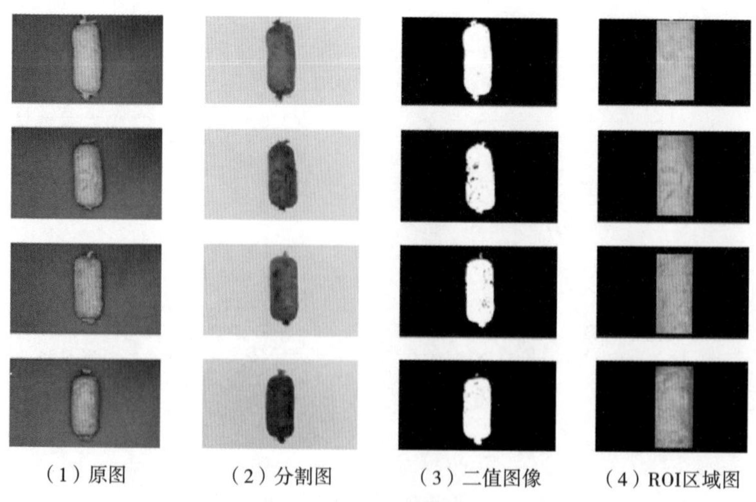

（1）原图　（2）分割图　（3）二值图像　（4）ROI区域图

图6-14　香肠样品图像预处理

香肠样品 RGB 色彩空间的矩阵对应的三路数组，大小为 {960，1280，3}（其中 960 是像素行数，1280 是像素列数，3 对应于 R、G、B 颜色通道）展开为 {（960×1280），3} 二维矩阵，包含行中的所有像素和列中的 R、G 和 B 通道（图 6-15），样品的 RGB 值相对平稳。然后将 RGB 色彩空间转换为 Lab 色彩空间，矩阵对应的三路数组，大小为 {960，1280，3}（其中 960 是像素行数，1280 是像素列数，3 对应 L、a、b 颜色通道）展开为 {（960×1280），3} 二维矩阵，包含行中的所有像素和列中的 L、A 和 B 通道。计算单个样品 L^*、a^*、b^* 的平均值，采用上文的 PSO-BP 神经网络模型，以这些数据的平均值作为 PSO-BP 神经网络的输入参数，多元品质参数作为输出参数（图 6-16），建立一种计算机视觉系统，以香肠色泽预测其多元品质。

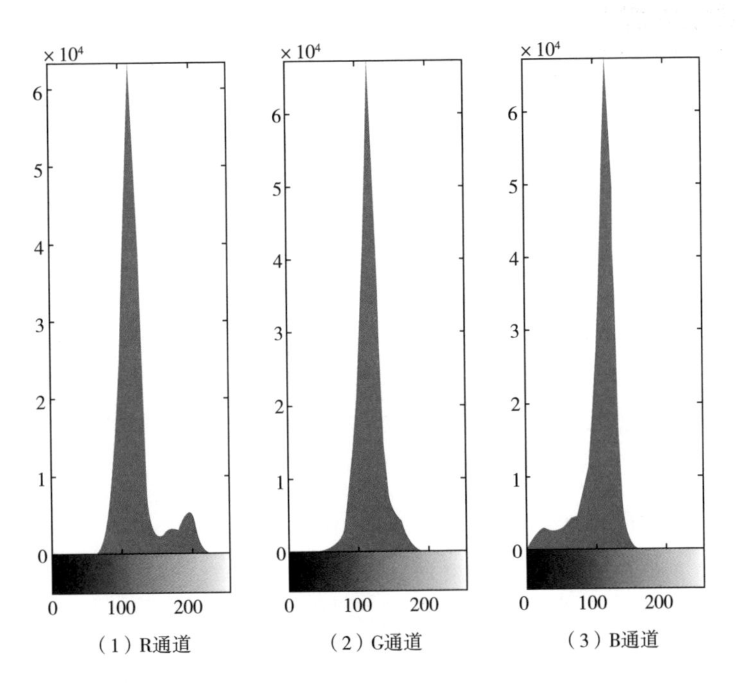

图 6-15　单个香肠样品图像 RGB 通道值直方图

总共有 100 个试验数据用于 PSO-BP 模型的建立和评估，10 个随机样本数据作为模型的预测集，以验证模型预测性能。图 6-17 所示为 PSO-BP 神经网络模型关于预测值与实际值之间预测误差的比较。可以看出 PAH4 预测模型只有一个随机样本值的预测误差高于 10%，而 PAH15 预测模型误差较大（Bao et al.，2019）。

图 6-18 所示为 PSO-BP 神经网络模型均方误差随着迭代计算的下降曲线。而只有 PAH15 预测模型的均方误差大于 0.05，这表明该模型不能较好的显示真实数据变化。

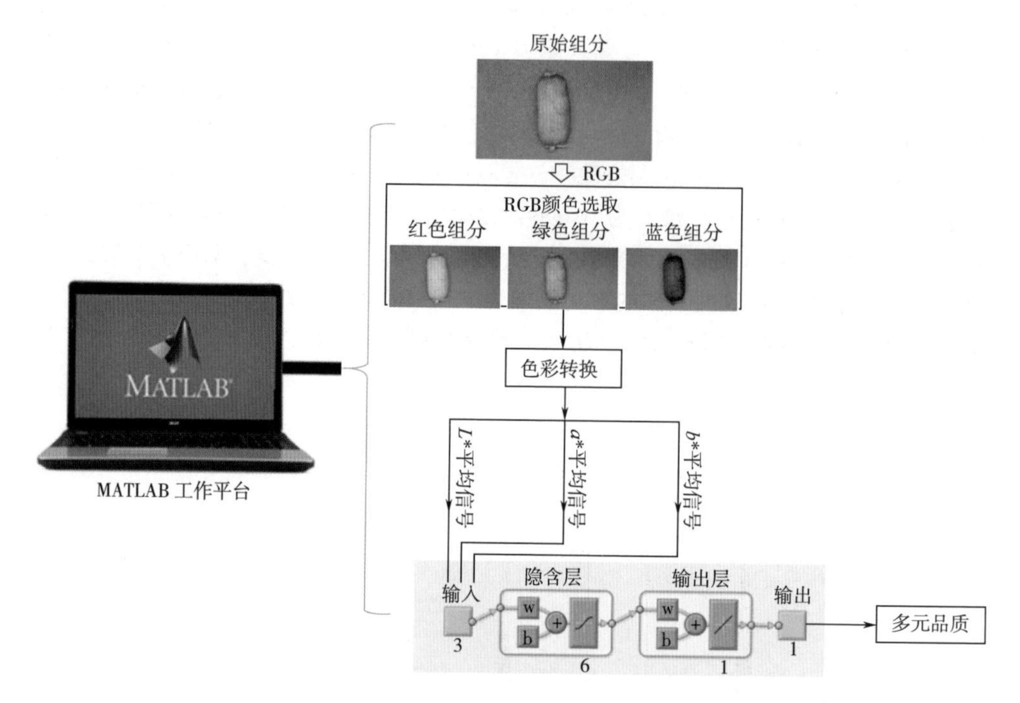

图 6-16 数字图像与神经网络结合模型系统

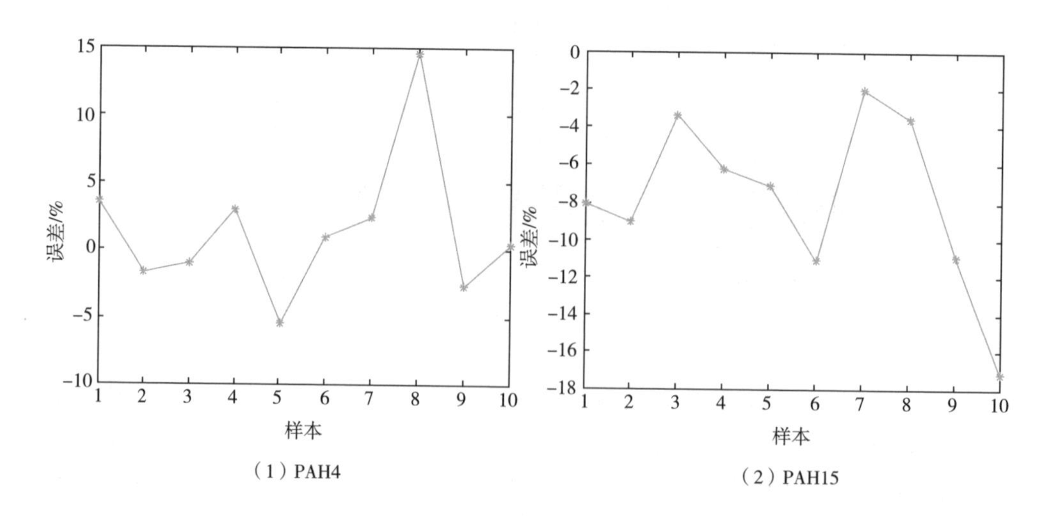

图 6-17 多环芳烃预测值与实际值之间绝对误差的比较

图 6-19 所示为多环芳烃预测模型实际值与预测值的比较曲线。尤其是 PAH15 预测模型实际值与预测值差异较大，这表明这些预测模型的预测性能较差。

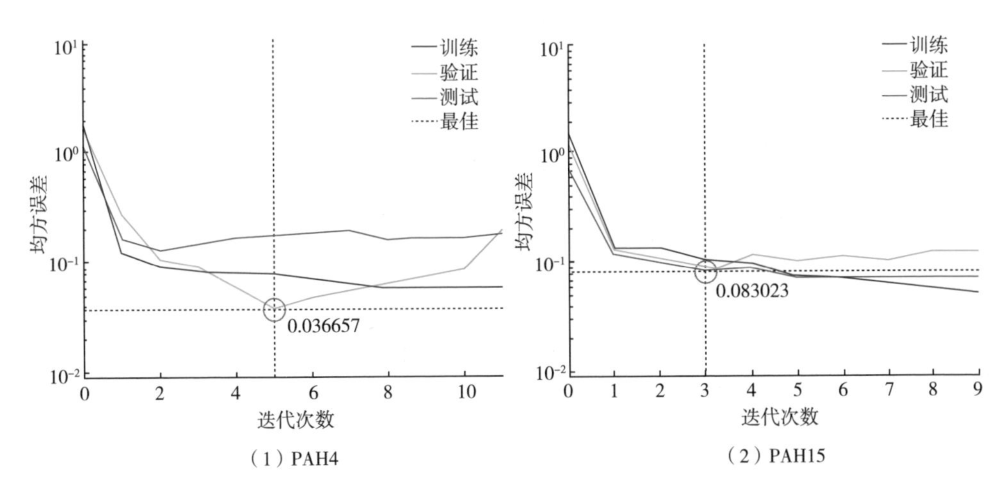

图 6-18　多环芳烃均方误差下降曲线

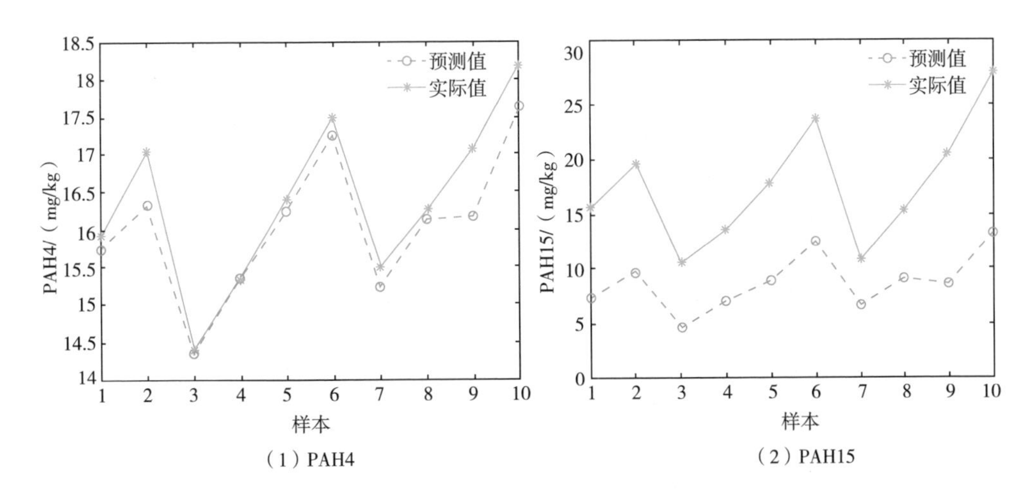

图 6-19　多环芳烃模型预测值与实际值的比较曲线

通过 PSO-BP 神经网络建立的预测模型的相关系数（R^2）可以确定实验输出数据（预测值）和实验数据（真实值）之间的相关性。由图 6-20 可知，多环芳烃预测模型中，PAH4 预测模型的训练、验证、测试和全局数据的 R^2 分别为 0.91、0.84、0.90、0.89，而 PAH15 预测模型的训练、验证、测试和全局数据的 R^2 分别为 0.83、0.73、0.76、0.79，这表明 PSO-BP 神经网络模型在预测 PAH4 具有良好的预测性能，但在预测 PAH15 上性能较差。

基于计算机视觉系统提取的烤肠 L^*、a^*、b^* 值构建的危害物预测模型中，PAH4 预测模型显示出较好的预测性能，PAH15 预测模型预测性能较差。PAH4 预测

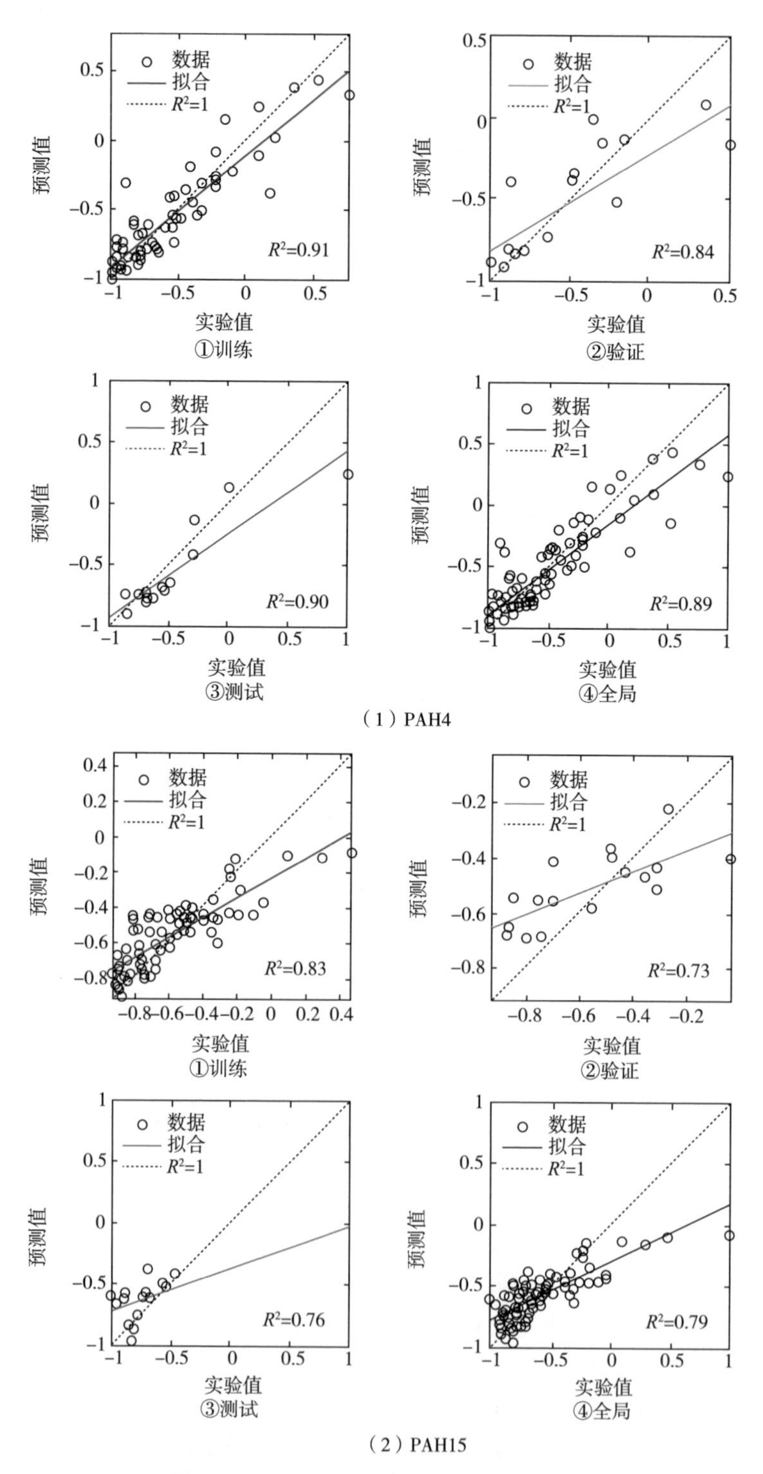

图 6-20 PSO-BP 模型预测多环芳烃相关系数

模型中绝大部分预测误差低于 10%，均方误差为 0.037，$R^2=0.84\sim0.91$。PAH15 预测模型中预测误差低于 16%，均方误差为 0.083，$R^2=0.76\sim0.83$。

参考文献

[1] 陈炎．基于 BP 人工神经网络的烟熏香肠多元品质预测研究 [D]．合肥：合肥工业大学，2017.

[2] 姜鹏飞，于文静，孙娜，等．人工神经网络在食品工业中的应用 [J]．食品研究与开发，2021，42：188-196.

[3] 冷胡峰，龙勇涛，万小伟．中药智能提取在线检测技术的应用 [J]．机电信息，2022，2：63-65.

[4] 柳琦，涂郑禹，陈超，等．计算机视觉技术在食品品质检测中的应用 [J]．食品研究与开发，2020，41：208-213.

[5] 卢敏萍．在线 SPE/液相色谱-线性离子阱质谱法在几类法庭毒物分析中的应用研究 [D]．南宁：广西大学，2016.

[6] 万巧玲，王龙，余薇薇．在线 SPE-UPLC-MS-MS 同时快速检测水样中 6 种优先控制痕量有机物 [J]．给水排水，2018（增刊 2）：227-230.

[7] 王成琳．基于计算机视觉技术的熏烤肉安全检测方法研究 [D]．齐齐哈尔：齐齐哈尔大学，2013.

[8] 邢巍，刘兴运，许朝阳，等．利用粒子群算法优化反向传播人工神经网络模型预测熏肠中 4 种多环芳烃含量 [J]．肉类研究，2022，36：34-40.

[9] 翟春晓，都述虎，刘文英．MISPE-HPLC 在线联用新技术及其在微量组分表征中的应用 [J]．药学进展，2008，32：8.

[10] ANUMOL T, SNYDER S A. Rapid analysis of trace organic compounds in water by automated online solid-phase extraction coupled to liquid chromatography-tandem mass spectrometry [J]. Talanta, 2015, 132: 77-86.

[11] AYVAZ H, PLANS M, RIEDL K M, et al. Application of infrared microspectroscopy and chemometric analysis for screening the acrylamide content in potato chips [J]. Analytical Methods, 2013, 5 (8): 2020-2027.

[12] BAO H, WANG J, LI J, ZHANG H, WU F. Effects of corn straw on dissipation of polycyclic aromatic hydrocarbons and potential application of backpropagation artificial neural network prediction model for PAHs bioremediation [J]. Ecotoxicology and Environmental Safety, 2019, 186: 109745.

[13] BERMUDO E, RUIZ-CALERO V, PUIGNOU L, et al. Microemulsion electrokinetic chromatography for the analysis of acrylamide in food [J]. Electrophoresis, 2004, 25 (18-19): 3257-3262.

[14] CAI L M, XU N, XIA S J, et al. Preparation of arginine-modified reduced graphene oxide composite filled in an on-line solid-phase extraction disk and its application in the analysis of heterocyclic aromatic amines [J]. Journal of Separation Science, 2017, 40: 2925-2932.

[15] CHENG J, ZHANG S, WAN S, et al. Rapid and sensitive detection of acrylamide in fried food using dispersive solid-phase extraction combined with surface- enhanced Raman spectroscopy [J]. Food Chemistry, 2019, 276: 157-163.

[16] CHENG K W, CHEN F, WANG M. Heterocyclic amines: Chemistry and health [J]. Molecular Nutrition & Food Research, 2006, 50: 1150-1170.

[17] COOK D J, TAYLOR A J. On-line MS/MS monitoring of acrylamide generation in potato- and cereal-based systems [J]. Journal of Agricultural and Food Chemistry, 2005, 53 (23): 8926-8933.

[18] ELLER F J, TAYLOR S L, PALMQUIST D E. Supercritical fluid chromatographic analysis for on-line monitoring of hexane removal from soybean oil miscella using liquid carbon dioxide [J]. Journal of Chromatograph A, 2005, 1094: 183-186.

[19] FAN Y, LI J, GUO Y, et al. Digital image colorimetry on smartphone for chemical analysis: A review [J]. Measurement, 2021, 171: 108829.

[20] FEI X Q, LI C, YU X D, et al. Determination of heterocyclic amines by capillary electrophoresis with uv-dad detection using on-line preconcentration [J]. Journal of Chromatography B Analytical Technologies in the Biomedical & Life Sciences, 2007, 854: 224-229.

[21] GEZER P G, LIU G L, KOKINI J L. Detection of acrylamide using a biodegradable zein- based sensor with surface enhanced Raman spectroscopy [J]. Food Control, 2016, 68: 7-13.

[22] GROS Q, DUVAL J, WEST C, et al. On-line supercritical fluid extraction-supercritical fluid chromatography (sfe-sfc) at a glance: A coupling story [J]. TrAC Trends in Analytical Chemistry, 2021, 144: 116433.

[23] GROSS G A, GRUTER A. Quantitation of mutagenic/carcinogenic heterocyclic aromatic amines in food products [J]. Journal of Chromatography A, 1992, 592: 271-278.

[24] GÖKMEN V, MOGOL B A, et al. Computer vision-based image analysis for rapid detection of acrylamide in heated foods [J]. Quality Assurance and Safety of Crops & Foods, 2010, 2: 203-207.

[25] GÖKMEN V, ŞENYUVA H Z, et al. Study of colour and acrylamide formation in coffee, wheat flour and potato chips during heating [J]. Food Chemistry, 2006, 99: 238-243.

[26] HAMADA N, HASHI Y, YAMAKI S, et al. Construction of on-line supercritical fluid extraction with reverse phase liquid chromatography-tandem mass spectrometry for the determination of capsaicin [J]. Chinese Chemical Letters, 2019, 30 (1): 99-102.

[27] HE J, WANG S, FANG G, et al. Molecularly imprinted polymer online solid-phase extraction coupled with high-performance liquid chromatography-UV for the determination of three sulfonamides in pork and chicken [J]. Journal of Agricultural & Food Chemistry, 2008, 56: 2919-2925.

[28] HU Q, FU Y, XU X, et al. A colorimetric detection of acrylamide in potato chips based on nucleophile-initiated thiol-ene Michael addition [J]. Analyst, 2016, 141 (3): 1136-1143.

[29] MA J M, FAN S F, SUN L, et al. Rapid analysis of fifteen sulfonamide residues in pork and fish samples by automated on - line solid phase extraction coupled to liquid chromatography - tandem mass spectrometry [J]. Food Science and Human Wellness, 2020, 9: 363-369.

[30] PEDRESCHI F, SEGTNAN V H, KNUTSEN S H. On-line monitoring of fat, dry matter and acrylamide contents in potato chips using near infrared interactance and visual reflectance imaging [J]. Food Chemistry, 2010, 121 (2): 616-620.

[31] POLLIEN P, LINDINGER C, YERETZIAN C, et al. Proton transfer reaction mass spectrometry, a tool for on-line monitoring of acrylamide formation in the headspace of Maillard reaction systems and processed food [J]. Analytical chemistry, 2003, 75 (20): 5488-5494.

[32] PUIGNOU L, CASAL J, SANTOS F J, et al. Determination of heterocyclic aromatic amines by capillary zone electrophoresis in a meat extract [J]. Journal of Chromatography A, 1997, 769: 293-299.

[33] SEGTNAN V H, KITA A, MIELNIK M, et al. Screening of acrylamide contents in potato crisps using process variable settings and near-infrared spectroscopy [J]. Molecular Nutrition & Food Research, 2006, 50 (9): 811-817.

[34] SENTELLAS S, MOYANO E, PUIGNOU L, et al. Determination of heterocyclic aromatic amines by capillary electrophoresis coupled to mass spectrometry using in-line preconcentration [J]. Electrophoresis, 2003, 24: 3075-3082.

[35] SIMPSON S L, JR., QUIRINO J P, TERABE S. On-line sample preconcentration in capillary electrophoresis. Fundamentals and applications [J]. Journal of Chromatography A, 2008, 1184: 504-541.

[36] TEZCAN F, ERIM F B. On-line stacking techniques for the nonaqueous capillary electrophoretic determination of acrylamide in processed food [J]. Analytica Chimica Acta, 2008, 617: 196-199.

[37] WICKER A P, CARLTON JR D D, TANAKA K, et al. On-line supercritical fluid extraction-supercritical fluid chromatography-mass spectrometry of polycyclic aromatic hydrocarbons in soil [J]. Journal of Chromatography B Analytical Technologies in the Biomedical and Life Sciences, 2018, 1086: 82-88.

[38] WU J, MING K W, LI S, et al. Combination of orthogonal array design and overlapping resolution mapping for optimizing the separation of heterocyclic amines by capillary zone electrophoresis [J]. Journal of Chromatography A, 1995, 709: 351-359.

[39] WU X H, LIU X Z, YU L, et al. Rapid detection of heterocyclic aromatic amines in cakes by digital imaging colorimetry based on magnetic solid phase extraction with sulfonated hyper-cross-linked polymers [J]. Food Chemistry, 2022, 385: 132690.

[40] XING W, LIU X, XU C, et al. Application of artificial neural network to predict benzo [a]

pyrene based on multiple quality of smoked sausage [J]. LWT-Food Science and Technology, 2022, 163: 113571.

[41] YANG R, CHEN J. Recent Application of Artificial Neural Network in Microwave Drying of Foods: A mini-review [J]. Journal of the Science of Food and Agriculture, 2022, 102 (14): 6202-6210.

[42] YAO J, XIE M, LI Y. Dual-emissive bimetallic organic framework hybrids with Eu (Ⅲ) and Zr (Ⅳ) for ratiometric fluorescence sensing of acrylamide in fried and baked foods [J]. Microporous and Mesoporous Materials, 2021, 317: 110831.

[43] ZHANG Q C, CHENG Y Y, LI G K, et al. Porous boronate affinity monolith for on-line extraction coupled to high-performance liquid chromatography for sensitive analysis of heterocyclic aromatic amines in food samples [J]. Chinese Chemical Letters, 2015, 26: 1470-1477.

[44] ZHANG Q, LI G, XIAO X. Acrylamide-modified graphene for online micro-solid-phase extraction coupled to high-performance liquid chromatography for sensitive analysis of heterocyclic amines in food samples [J]. Talanta, 2015, 131: 127-135.

[45] ZHOU X U, DING L, JIAO Y N, et al. Preparation and evaluation of superparamagnetic surface molecularly imprinted polymer submicron-particles for selective extraction of bisphenol a in river water [J]. Chinese Journal of Analysis Laboratory, 2011, 3: 1737-1744.

[46] ZHOU X, FAN L Y, ZHANG W, et al. Separation and determination of acrylamide in potato chips by micellar electrokinetic capillary chromatography [J]. Talanta, 2007, 71 (4): 1541-1545.

[47] ZHU N, WANG K, ZHANG S L, et al. Application of artificial neural networks to predict multiple quality of dry-cured ham based on protein degradation [J]. Food Chemistry, 2020, 344 (12): 128586.

[48] ZOU J, YAO B, YAN S, et al. Determination of trace organic contaminants by a novel mixed-mode online solid-phase extraction coupled to liquid chromatography-tandem mass spectrometry [J]. Environmental Pollution, 2022, 303: 119112.

第七章　食品热加工过程油烟控制技术

第一节　基于机械分离的油烟控制技术

机械分离法是指使油烟气体随流动方向发生强烈转向使其中悬浮的颗粒在旋转惯性作用下到达沉积面（碰撞面）进而与气流分离的方法。机械净化设备一般均应配备折叠筛板、滤网、蜂窝波纹筛等，使烟尘颗粒能够直接与金属滤网或格栅碰撞黏附以进行分离。滤网清洗装置一般可集中安装并配置在金属集气罩系统内，或单独集成设置安装在净化设备前端，大大降低滤网清洗和设备维护的压力（汤虹等，2022）。该处理方法具有机械装置制造简单、电阻能源消耗低、成本低等突出优点，广泛应用于我国小型现代化家庭厨房或工厂。为了提高整个厨房油烟净化处理的效率，通常采取调整集油板、设计适当形状和尺寸、增加排油烟通道、加大排油烟范围等手段和措施。

目前来看，对较小粒径烟尘颗粒污染物直接有效捕集与利用效率低，依然是该技术比较明显的缺点，且无直接有效除臭及杀菌功能。由于挡板一般不能确保去除全部挥发性有机物（volatile organic compounds，VOCs）污染物，需对挡板进行定期清洗。清洗液一旦过量很易引起对挡板的二次污染，此外，挡板中的滤网结构很脆，易被侵蚀破裂。挡板上吸附的固体颗粒物黏度相对较大，清洗更换或检修维护挡板时工作量大，因此，机械分离法适宜于对油烟污染物进行净化预处理，或与其他空气净化处理装置联合使用。机械分离法一般分为挡板过滤技术、旋风过滤技术和动态油烟分离技术。

一、挡板过滤技术

挡板过滤技术基于油烟颗粒与过滤器表面碰撞并粘附的工作原理。通常，挡板过滤器安装在排气系统风道进口处的排气罩中，除了要高效过滤烹饪过程中产生的烹饪油烟（cooking oil fumes，COFs），还要具有阻燃、便于清洁、制造与安装成本低的特点。挡板过滤器通常位于倾斜位置，以便当颗粒物积聚在通道内时，颗粒物滑下挡板并被引导至储液罐（张欢欢等，2020）。挡板过滤器的清洗周期一般较长，甚至可以终身不清洗，除非因腐蚀或其他原因进行更换。

二、旋风过滤技术

旋风过滤技术基于不同油烟颗粒物的离心力不同而分离的工作原理。含有油滴杂质的烹饪油烟进入旋风过滤器槽后，在过滤器中旋转，颗粒在离心力作用下分离到过滤器壁中，污垢积聚到一定程度后从滤器内流入接渣槽，最终净化后的空气经过滤器排气管排出。旋风分离器技术主要特点是结构简单、工作效率高、安装检修与维护比较方便，可以直接分离捕获的颗粒直径一般在5~10μm，旋风分离设备系统中各种颗粒分子间的运动变化非常复杂。

旋风过滤筒上部截面为短圆柱形，下部截面为短圆锥形，烹饪油烟气流从筒体上部被吸入，在旋转离心力的作用下呈向下螺旋运动，并在惯性和离心力的双重作用下，颗粒混合物被迅速抛到壁面，与油烟气流实现分离，沿壁面向下落入底部出灰口。净化后的气体在上部沿中轴从下向上运动，最后从上部排气管排出。一般来说，向下运动的螺旋流称为外回旋流，向上运动的螺旋流称为内回旋流，内外腔气体旋转方向一致（苗利军等，2020）。

三、 动态油烟分离技术

动态油烟分离技术，主要通过分离装置的高速旋转对烹饪油烟中的油烟颗粒进行截留和离心，旋转导致颗粒和收集装置表面之间存在速度差，在这种情况下，由于颗粒与过滤介质之间的碰撞概率较高，从而分离效率较高（李文辉等，2017）。根据分离器结构特点，动态油烟分离器主要有两种类型：一种是旋转网板式，另一种是涡轮摆动式。

通常烹饪油烟中夹带的油烟颗粒直径为0.01~10μm，有学者提出了一种基于旋转网板的油烟颗粒分离器，通过倾斜安装增加了过滤面积，主要用于解决4μm以下油烟颗粒过滤效率低的问题。该过滤器不仅可以降低系统能耗，而且可以提高烹饪油烟的分离效率，与传统分离器相比，旋转网板分离器的分离效率有了显著提高。

第二节 基于过滤吸附的油烟控制技术

过滤法是最常用的去除油烟颗粒物的方法之一。它的工作原理是惯性碰撞和拦截，主要用于去除1.0~4.0μm的油烟颗粒。烹饪油烟过滤材料主要由纤维材料制造而成，根据纤维结构，主要分为合成纤维、玻璃纤维和组合纤维。

为节约能源，首选高效、低压降的过滤材料。研究人员利用静电纺丝技术将丝素蛋白和聚乙烯醇混合制成纳米纤维过滤器，可实现在50Pa的压降下，PM2.5的去除效率达99.11%。此外，还开发了基于聚合物的静电纺丝技术的纳米纤维过滤器，如聚丙烯腈、聚氨酯、聚砜、聚醚酰亚胺和壳聚糖等，并将其用于油烟中颗粒物的去除，它们对PM2.5的过滤效率可达96%~99%（李亚倩等，2018）。然而，烹饪油烟含有大量的油烟颗粒，这些颗粒黏性很强，难以清洁，在应用过程中，纳米纤维空气过滤器的过滤性能会急剧下降。

三维间隔织物结构独特，具有良好的压缩回弹性、透气性、高体积、轻质和耐热性，近年常被研究用于油烟过滤清除。研究表明，带有黏胶纤维织物层的3D间隔织物组合过滤器在1.5m/s的气流速度下初始压降仅为23Pa，与玻璃纤维过滤器相比降低了42%。在风道中加入多孔亲脂滤料，使油烟均匀通过风道并将油烟颗粒吸附在滤料中，达到去除油烟的效果。这种方法具有处理效率高、操作简单、投资少的优点，但缺点是滤料长期使用后会造成排风不良或风道堵塞，随着使用时间的增加，其处理效率也会逐渐降低。

吸附法是去除挥发性有机物最传统的方法。吸附法是指利用吸附介质（如活性炭等）吸附油烟中的污染物，从而达到净化油烟的效果，该方法不仅可以去除污染物，而且对油烟气味有明显的净化效果，设备结构简单，油烟净化效率高（Liao et al.，2021）。活性炭、分子筛和硅胶是具有大表面积介质的多孔材料，用于物理和化学吸附。常见的吸收剂含有无机盐（如铵盐和亚硫酸氢盐），并由氨基形成如尿素及其衍生物、肼和含氨基聚合物。物理吸附是指挥发性油烟污染物被截留在活性炭、活性氧化铝和分子筛等材料上，而不改变其原始形态。利用化学方式吸收可处理高水溶性挥发性有机物（如甲醛），然后被溶液中的氧化剂、填充剂还原或分解。

吸附法设备在运行的初期吸附效果良好，但随着使用时间的增加，油烟中颗粒分子开始被逐步黏附在材料表上，吸附的膜层随之开始变厚，吸附膜的吸附容量也开始逐渐降低，阻力大幅增加，需要定期地进行再生操作和更换吸附剂。目前，市场上较常用的挥发性有机物吸附剂产品主要有氧化铝、碳基吸附剂、分子筛、硅胶和有机碳骨架材料等。无机碳材料因其超高的比表面积、强大稳定的吸附能力、低成本和高效率等优点被广泛使用。提高新型碳材料产品的表面吸附和反应能力是当前研究热点。研究人员采用直接炭化法制备了油茶壳炭，分析发现有许多孔径大小不同的分子孔隙，并将其应用于油烟的净化（魏玉滨等，2019）。此外，经改性芬顿（Fenton）试剂修饰，吸附材料可产生大量的羟基、羰基羟基、羧基羟基等吸附基团，有效改善了油茶壳碳的表面吸附效果。

近年来，分子筛材料和金属有机骨架材料也被广泛用于吸附剂。分子筛材料因其规则的多孔结构和高度可调节的硅铝比，已成为疏水性吸附过滤材料制造的重要选择，被广泛应用于空气污染物的吸附与净化。金属有机骨架材料具有比表面积大，密度、孔径可调，可表面改性等众多优点，在挥发性有机物净化处理领域具有极好的应用前景。从吸附剂设计角度来看，吸附剂容量受金属有机骨架的化学结构、改性官能团和掺杂程度的影响，其机制上归根于吸附剂材料表面的三维结构、水和其他化合物的相互竞争。为了提高金属有机骨架材料对各种挥发性有机物的吸附能力，要首先详细了解骨架材料表面孔径分布和二维几何形状。通过对材料结构、形状分布和孔径性质改性，如适当添加官能团以增强分子之间相互作用，修饰连接配体并调整孔径的连接形状、结构和截面大小。例如，用2,6-萘二甲酸二甲酯取代连接配体对苯二甲酸、使用柔性连接配体等。油烟中所含的水和酸碱化合物也会对吸附量有一定影响，如竞争吸附和配位键的破坏。通过屏蔽在金属团簇骨架之间的微弱配位键，并用疏水性连接配体连接，可以有效消除水和酸碱化合物对金属骨架形成的不利影响，疏水的基团也就可以直接添加到骨架材料表面上以达到改善吸附能力的目的。

第三节 基于洗涤吸收的油烟控制技术

洗涤吸收技术，通常也称为液体吸收技术，是指使用水或其他吸收剂形成水膜和细水雾，与油烟颗粒经过相互惯性碰撞、扩散、滞留和冷凝，实现油烟颗粒与气流分离。其原理是化学中的相似相溶理论，即具有相似结构的物质更易混溶，如果物质在结构上相似，它们之间的相互作用就会增强。如果选择具有类似目标物质结构的吸收剂，则可以吸收特定目标物质。常用的吸收剂包括水溶液、矿物油或其他非挥发性油。保证吸收效果的关键是选择合适的吸收剂，理想的吸收剂应具有选择性强、无毒、对挥发性有机物的溶解性高和化学稳定性良好的特点（刘云等，2006）。

为了能实现吸收剂的再生利用，通常还会对吸收液进行处理，将油烟污染物通过程序升温等方式从吸收剂中回收出来，通过冷凝去除，如果冷凝过程处理不当容易造成二次污染。吸收法在工业生产领域应用较为广泛，适用于处理湿度较高的有机气体，但吸收剂成本较高，该方法多应用于回收具有价值的挥发性有机物，并且需要常更换吸收剂，这一劣势制约了该技术的发展与应用，因此，开发新型低成本吸收剂刻不容缓。

离子液体近年来被认为是该领域最有潜力的吸收剂。离子液体通常是指熔点低于100℃的有机盐，大多数离子液体的阳离子部分由有机成分构成，如咪唑、*N*-烷基吡啶等，而阴离子部分可以是有机的，也可以是无机的，包括卤化物、硝酸盐、乙酸盐。大多数离子液体具有低蒸气压、低熔点和高极性，化学和热稳定性好，与常规吸收剂相比具有显著优势。

尽管离子液体被认为是传统有机溶剂的绿色替代品，其蒸气压可以忽略不计，可以最大限度地减少向大气扩散，但它们仍然会对水生和陆地环境造成一些风险。离子液体目前还没有在工业规模上得到应用，因为其黏度较高且价格昂贵，难以直接应用于工业过程。

第四节 基于静电沉积的油烟控制技术

静电沉积技术，是一种基于电流体动力学的烹饪油烟净化方法，该方法基于电晕放电使油烟污染物带电，在电场中实现分离。静电沉积技术具有低阻力和方便清洁的优点，可实现对超微粒排放的控制。两级静电除尘器布置多个收集板以提高分离效率，并具有较小的板间距和体积，因此，基于静电沉积技术的静电除尘器对于去除工厂、厨房和船舱中的油烟非常有效（宋云安等，2021；Kamal et al.，2017）。

影响静电除尘器性能的因素很多，如结构参数（电晕线的直径、间距和数量）和运行参数（外加电压和气流速度）。国外学者研究了交流和直流电压对两级静电除尘器收集效率的影响，结果表明，在交流电压和直流电压下，除尘器对PM2.5的质量收集效率分别大于90%和96%。此外，还研究了合流式或逆流式除尘器对静电除尘器收集效率的影响，发现PM2.5颗粒的数量和质量收集效率分别高于96%和99%，几何尺寸、电压参数和工作条件对静电除尘器除尘性能有较大影响。

为了探索细微颗粒去除的机理，研究人员通过数值模拟研究了静电除尘器中5~100nm颗粒的收集效率，其被确定为具有不同电荷数的粒子的每个收集效率的加权和。对于直径小于20nm的粒子，很难获得多个单位的电荷，而直径大于20nm的粒子可能会更容易获得多个单位的电荷，这主要取决于离子浓度和放电时间的乘积。此外，由于超细颗粒的静电迁移率较高，粗颗粒的荷电率较高，颗粒尺寸和收集效率（在粒径为30nm、离子浓度为$8\times10^{12}s/m^3$时超过95%）曲线通常出现峰值（翟美丹等，2021）。

通过实验评估主要运行参数对静电除尘器收集性能的影响，发现在风速为1.2m/s时，PM2.5的质量收集效率大于85%，阻力很小，当风速为3.0m/s时，压降小于7Pa，几乎可以忽略不计。许多公司还提出了多项专利技术来提高静电除尘器的油烟收集效率，如可调静电板、收集板弯曲结构、安装在第一收集级下游的第二收集级，质量收集效率可提升到90%以上。

静电沉积技术的收集效率相对较高，也可以在高温高压下净化气体。然而，电场强度将随着油烟沉积在收集板上而减弱，这也导致收集效率显著降低。在运行过程中，需要外部电源，也需要更加关注火灾隐患（穆桂珍等，2020）。一般情况下，不建议将该技术直接用于商业厨房的净化系统，应在至少一个或两个烹饪油烟分离阶段后作为高级净化设备使用。

第五节 基于等离子体的油烟控制技术

等离子体又称为电浆，是指气体经高压电离和放电后产生的高能电子、自由基和其他活性粒子组成的电离气体物质，主要由电磁力来控制运动。它广泛的存在于宇宙中，通常被科学家视为自然界除固体、液体和稀薄气体三种物质状态之外的第四种物质状态。等离子体可分为两种：高温等离子体和低温等离子体。等离子体温度分别用电子温度和离子温度表示，两者数值相等的称为高温等离子体，不相等的则称低温等离子体。高温等离子体只有在温度足够高时才产生，如核聚变，低温等离子体是在室温下发生作用的等离子体，如气体放电等（Hu et al.，2021）。

等离子体技术自 20 世纪 80 年代初开始逐步应用于治理环境问题，有研究团队发现低温等离子体结合催化技术将比传统上的单一等离子体方法具有更高的去除率。低温等离子体反应器活性更高、反应速度更快，对多种高、低浓度有机物污染均有良好的去除效果。低温等离子体反应器工艺中适当添加催化剂可以进一步降低能耗，同时，它不仅大大减少了过去单独应用反应器催化技术造成的环境二次有机污染问题，而且有效克服了以往单一催化法的去除效率低的缺点，使两者得以优势互补，挥发性有机物的去除率也进一步提高。

各种各样的非热等离子体反应器已经被开发出来，在初始阶段，将具有超短脉冲（亚微秒脉冲）通电的静电除尘器结构用于油烟净化。超短脉冲通电能以较小的能量降解各种有毒气体，表面放电型和阻挡放电型是最常用的电抗器类型，因为这两种电抗器在电极之间都有绝缘阻挡层，可以对这两种类型的反应堆施加高压，防止闪络放电（张亚飞等，2019）。

当使用低温等离子体分解有害气体污染物时，等离子体介质中含有的大量高能电子能发挥决定性作用。数以万计的高能电子与气体分子表面和内部原子表面发生强烈的非弹性碰撞，能量从电子转移到基态的分子和原子，经过激发、解离、电离反应等一系列物理过程后，气体分子被完全被激活。活性自由基的形成条件是电子能量小于 10eV，在产生活性自由基后，污染物分子在等离子体的激发下快速发生化学反应而被降解和去除。当污染物分子化学键之间的结合键能远小于这些电子之间的相对平均键能时，污染物分子内的化学键开始断裂并加速分解。

通常使用介质阻挡放电，通过在电极之间施加 10kV 或更高电压，在两极之间产生放电，以形成低温等离子体。油烟通过装置时，其化学键在装置中断裂并转变为等离子体状态，从而降解和去除油烟中的污染物。等离子体法已逐渐应用于各种空气污染物的处理，其设备的处理效率和稳定性不断得到提高（Tian et al.，2022）。

影响低温等离子体催化去除挥发性有机物的因素有很多，主要包括放电装置形式、反应器结构、催化剂分子组成、湿度、反应介质种类、停留时间、能量密度、温度分布等。研究也发现，在充分控制所有影响因素的情况下，苯的去除率甚至可以达到100%。目前，低温等离子体技术在油烟挥发性有机物处理中应用研究已持续十多年，但对等离子体催化和反应动力学尚不清楚，对主要中间活性产物的定性和关键中间活性产物的定量研究还不够深入，这些都有待科研工作者在今后继续探索。

第六节　基于生物降解的油烟控制技术

生物降解法的本质是吸收传质与生物氧化相结合的过程。其对油烟废气的净化实质是利用微生物的代谢活动将有害物质转化为简单的无机物质（如CO_2和H_2O）和细胞质。气态污染物与水接触并溶解在水中，在浓度差的驱动下，溶解在水中的污染物进一步扩散到附着在内部的生物膜上，并被其中的微生物吸收和转化。与其他方法相比，生物降解法可以解决多组分污染物之间相互抑制降解的问题，实现复杂多组分油烟污染物的高效去除。同时，对难降解的特征污染物，可以选择和培育具有高降解活性的专属菌株，根据微生物的代谢规律优化和调节菌群结构，构建复合微生物制剂，实现油烟生物净化的高效稳定运行。然而，该方法还存在一些问题，如菌种选育时间较长、受油烟废气温度和湿度影响较大，因此，其应用在一定程度上受到限制（Chung et al.，2019）。

生物降解法可进一步分为微生物驯化培养和活性污泥循环利用。在微生物驯化培养上，有必要驯化能够高效降解油烟中有害物质的特定微生物，并定期将该种微生物集中放置在烟气过滤净化塔反应器中，降解烟气并净化进入塔的各种油烟废气。活性污泥循环利用技术主要是利用生物活性污泥材料对油烟进行处理或净化，它主要利用活性污泥中微生物的氧化降解能力净化生物油烟废气。微生物驯化培养法虽然净化油烟效率高，但工艺不甚稳定，对生物反应条件要求相对严格，温度和pH等因素可能会直接影响烟气净化效率，在烟气净化之前，油烟需要先从气相转移到液相，整个过程操作繁琐复杂，运行成本高（于庆君等，2021）。活性污泥法虽然操作工艺条件相对简单，但油烟净化效率较低，很少用于厨房油烟的深度净化，其多用于微生物降解油烟效率的影响因素研究，通过实验得出的结论对其他生物降解技术开发具有指导意义。由于微生物特殊的生物反应特性，利用生物降解技术实现油烟净化效果容易受到环境温度的严重限制，净化效率普遍不高，特别在我国北方低温地区适应性差。

与其他物理和化学技术相比，生物降解技术仍然被认为是低浓度恶臭污染物和挥发性有机化合物的最佳处理方法，因为其具有成本低和环境友好的特性。已发现生物反应器在处理低浓度挥发性有机物（通常$<3g/m^3$）的废气具有较高的效益，并

且可以实现污染物99%的除臭。

第七节　基于催化燃烧的油烟控制技术

燃烧法是指利用燃烧产生的高温进行氧化反应，将油烟废气中的污染物转化为CO_2、H_2O等物质，从而达到净化的目的。燃烧法分为直接燃烧法和催化燃烧法，对于直接燃烧法，国外使用该技术较多，油烟中的有机物燃烧彻底，油烟净化效率高，但由于设备昂贵和维护成本高，不适合中小型餐饮单位和家庭使用，更适合大型餐饮单位和食品加工企业。催化燃烧法利用催化剂降低氧化反应的活化能和点火温度，促进反应物完全氧化。它通常与吸附法一起用于净化挥发性有机物，处理能力强，无二次污染，产生的热量可回收利用（黄永海等，2020）。现有比较成熟的蜂窝烟气净化系统大多仍然采用机械过滤法、静电法、离心法等，这些方法对烟气油滴杂质和其他细颗粒物有很好的去除效果，但对油烟中挥发性有机物的分离及去除效果十分有限。而催化燃烧法是将油烟中的有毒有害气体污染物（包括油烟颗粒和挥发性有机化合物）在一定温度和催化条件下进行氧化反应，将油烟中的污染物和挥发性有机物彻底转化为CO_2和H_2O。

催化燃烧技术的关键是开发低温、高活性、稳定性好的催化剂。用于催化燃烧技术的催化剂的活性成分可分为贵金属和非贵金属氧化物，贵金属催化剂通常用于低温下的催化燃烧，其优点是活性高，但缺点是活性成分易挥发和烧结、价格昂贵、资源匮乏；非贵金属氧化物催化剂主要包括复合氧化物催化剂、钙钛矿型催化剂、尖晶石型催化剂等，优点是相对便宜，具有良好的催化性能。

一、　贵金属催化剂

人们对贵金属催化剂性能的认识和研究较早，也较深入。贵金属催化剂通常是指一种负载型催化剂，在保证贵金属催化剂本身活性的基础上，可以减少贵金属原料的用量，降低生产成本。贵金属催化剂技术在中国应用于油烟净化等领域虽然要早于西方，但由于它本身存在某些技术缺点，近年来在国内用于油烟废气的催化控制的贵金属催化剂产品很少，常见的贵金属催化剂种类主要有铂钯、铂金、金、钌等。对贵金属催化剂当前主要研究以下几方面：优化不同性能的贵金属催化剂载体，采用不同类型的催化剂负载匹配方式，改善贵金属在催化载体上的动态分布，从而提高贵金属催化系统的整体催化活性。

二、　非贵金属氧化物催化剂

近年来，研究机构已转向开发一些价格较贵金属低、催化氧化性能较好的高性能无机非贵金属氧化物催化剂。过渡金属氧化物由于本身已经具有氧化的基本共混价态，可以通过加速它们在催化氧化还原反应的氧化过程，形成连续的氧化循环与氧化还原循环复合反应循环，提高催化各种有机物的综合催化燃烧活性。近年来，油烟净化催化剂相关的研究主要集中在过渡金属氧化物上，常使用的过渡金属氧化物催化剂一般指铬、锰、铁、钴、铜、铝、镍等，以及各种无机氧化物等组成的一类简单过渡氧化物。

第八节　基于催化氧化的油烟控制技术

催化氧化指使用氧化反应催化剂对油烟废气中的有机物进行氧化清除的方法。烹饪过程中，通过催化填料可直接氧化分解油烟中的硝基化合物，消除污染和气味。催化氧化目前可以将大部分挥发性的有机高分子化合物直接氧化降解为 CO_2、H_2O 和其他相对危害性低的物质。催化氧化技术研究目标首先是能够彻底氧化和破坏挥发性高分子化合物，研究表明催化氧化可有效地处理不同挥发性有机物浓度和流速的废气流，但最适用于中等流速和低浓度的废气流。

一、光催化氧化

光催化是指利用紫外线灯发出的特定波长的紫外线分解油烟中有机分子的净化方法。紫外线与空气中的氧气反应生成臭氧，臭氧可以氧化油烟，最终降解为水和二氧化碳，同时还消除了烟气中的异味。随着餐饮业污染物排放标准的提高，紫外催化氧化已成为净化气态污染物的常用方法之一，其一般使用汞灯作为紫外辐射光源，波长主要有 185nm、254nm 和 365nm 3 种，很多厂家（如帅康、锐士达、奥洁、天泷等）开发的油烟净化设备均采用紫外线法。此外，紫外线有生物伤害性，因此必须密封严实，且会带来臭氧污染（隗晶慧等，2021）。

基于目前厨房中初级、二级和以上的油烟净化设施结构特征及设备类型，厨房烟罩安装紫外搭配高压静电为现阶段厨房油烟综合治理的推荐性技术组合，根据中国环境保护产业协会相关数据统计，紫外光解技术+高压静电技术的复合式技术产品，目前在我国油烟综合净化装置市场占据相对的主导地位。光催化氧化因其在化学物质去除方面的独特性而备受关注，近年来，光催化氧化被认为是一种有效的去除室内油烟的技术，TiO_2 因其优异的稳定性、高光活性和带隙结构而成为研究最广泛的光催化剂，低成本和无毒性也是其主要优势。

光催化降解的基本机理是，有机物被氧化为 H_2O、CO_2或任何具有 · OH 或超氧阴离子自由基（$\cdot O_2^-$）的化合物，这些自由基在紫外线照射下在光催化剂（如 TiO_2）表面生成：

$$TiO_2 \xrightarrow{h\nu} h^+ + e^- \tag{7-1}$$

$$TiO_2 + h^+ \longrightarrow \cdot OH + H^+ \tag{7-2}$$

$$O_2 + e^- \longrightarrow \cdot O_2^- \tag{7-3}$$

在非均相反应系统中，TiO_2通过吸收大于或等于半导体带隙能量的光子激发，导致电子从价带过渡到导带，紫外线辐射可以在导带和价带分别产生电子和空穴（e^-/h^+）。辐照反应发生后，电子和空穴还可继续通过辐射与光催化剂表面被吸附覆盖原子发生氧化还原反应。除了挥发性有机物降解外，这些反应还可以用作消毒和灭菌(蒋宝等，2021)。

由于其高紫外吸收率、长使用寿命、高催化活性、无其他毒性作用以及对绝大多数挥发性有机物组分的良好催化降解能力，TiO_2已成为研究最多和最成熟的光催化剂，光催化技术具有常温运行、完全降解、无二次污染、催化剂可回收、能耗低等优点。

二、 臭氧催化氧化

臭氧催化氧化技术是一种有效降解油烟废气有机物的方法，与直接臭氧氧化相比具有很大的优势。臭氧催化氧化产生的羟基具有高氧化活性和无选择性。将有机物氧化分解为 CO_2、H_2O 等小分子物质，达到净化目的。它是一种方便、降解效率高的水和空气净化方法。

臭氧催化氧化反应是通过催化剂来提高臭氧分子的生物反应活性值和利用率，从而提高了有机物的降解速率。目前，虽然国内研究人员对臭氧催化氧化反应进行了一些理论研究，但大多集中在对水中一些有机污染物的氧化去除，而对油烟气体污染物净化理论研究较少。根据臭氧催化剂反应的各相态，臭氧催化氧化技术可分为均相臭氧催化氧化和非均相臭氧催化氧化（杨超等，2022)。

(一) 非均相臭氧催化氧化

非均相臭氧催化氧化主要通过臭氧在固体催化剂上的催化分解来降解有机物。催化剂主要包括过渡金属氧化物催化剂和贵金属催化剂。国外学者研究了氧和臭氧对 CoO_x/Al_2O_3催化剂上 VOCs 和 CO 的催化氧化，并用 X 射线光电子能谱技术、X 射线衍射仪和红外光谱仪对催化剂进行了表征。结果表明，在臭氧条件下，CoO_x/Al_2O_3即使在室温下也能保持较高的活性，且不随时间变化；臭氧与氧气相比具有更高的催化活性和较低的反应温度，在 348K 的条件下 CO 和丙醛的转化率可达 75% 和 60%(张振华等，2020)。在 Al_2O_3上制备了负载铂的铂-钯双金属催化剂，以研究其对苯的去除效果。双金属比单一贵金属具有更好的催化活性和催化稳定性，当铂钯比例为 3∶2、温度为 723K 时，去除率可达 100%。然而，在非均相臭氧催化氧化中，催化剂容易中毒，并且由于室温下反应速度慢或需要更高的反应温度，过渡金属催化剂的应用受到限制，虽然应用负载贵金属具有良好的去除率，但也增加了成本，不适合广泛应用。

（二）均相催化臭氧氧化

均相臭氧催化氧化主要通过过渡金属离子催化臭氧氧化分解。在臭氧氧化过程中，几种金属离子被证明具有有效的催化作用，在这些离子中，Mn^{2+}、Fe^{3+}、Fe^{2+}、$C_{O^{2+}}$、Cu^{2+}、Zn^{2+}和Cr^{3+}是较为常用的。有研究表明，在pH 2.0、Mn^{2+}浓度为0.01mmol/L的条件下，醛、酮有机物降解效率可达60%，比无催化剂时高35%，在均相催化剂浓度为5~10mol/L、pH为5.3、臭氧浓度为0.1mmol/L的条件下，$C_{O^{2+}}$作为臭氧氧化催化剂，草酸的降解效率可达60%。均相臭氧催化氧化主要用于去除水中的有机物，将其应用于去除气态油烟废气的情况相对较少。

第九节 基于组合净化的油烟控制技术

一、组合净化技术概述

鉴于油烟废气中成分的复杂性质和严格的排放标准，单一的净化技术通常都不能满足当前的要求，典型商业厨房的监测结果表明，机械分离、喷水和静电去除的净化效率（PM2.5）分别约为49%、52%和29%。因此，各种净化技术的组合已成为普遍现象，如机械分离和过滤、洗涤和过滤、离心分离和静电沉积。组合净化方法结合了两种或两种以上油烟净化技术，综合了不同装置的优点，弥补了单一装置和技术的不足，实现了净化效率的提高，常见的组合包括静电与机械吸附、过滤与等离子体、静电与湿式组合等（Lin et al，2015）。

在烹饪油烟净化设备市场上，静电（或组合静电）和机械净化设备最为普遍，约占90%。烹饪油烟净化系统通常采用两种净化技术相结合的策略，如将机械分离和静电沉积相结合，不仅提高了分离效率，而且延长了静电过滤器的清洗周期。洗涤、吸收和过滤相结合的方法不仅可以有效去除烹饪油烟中夹带的油烟颗粒，而且能够吸收气体污染物，最常见的组合策略是机械分离和静电沉积、湿喷涂（洗涤和吸收）和静电沉积。

然而，组合净化技术的主要问题是没有优化设计的不同净化技术的串联和叠加，导致每个净化单元的组合效率低下，此外，这使得烹饪油烟净化系统的设备变得非常庞大，从而导致流动阻力增大。

二、净化技术组合原则

对于多种净化技术的组合，在仅进行简单组合的情况下，组合技术的实施总数（N_{total}）按式（7-4）计算：

$$N_{total} = A_n^m \tag{7-4}$$

式中 n——净化技术总数，m——组合策略一次实施中使用的净化技术数量。

实际上，N_{total}中包含许多无效的组合。这是因为上游净化装置的排气用作下游净化装置的进气，如果上游装置的排气质量超过下游设备的有效运行条件，将直接恶化系统净化性能或导致下游净化装置倒塌。因此，可以通过式（7-5）计算有效组合策略（N_{eff}）的数量：

$$N_{eff} = N_{total} - N_{invalid} \tag{7-5}$$

式中 $N_{invalid}$——无效组合策略的数目。

为了充分发挥组合技术的优势，需要根据每种净化技术的特点，进行合理、有效的组合。在实施组合战略的过程中，应遵循以下原则（Kamal et al.，2016）：

（1）从易到难（去除颗粒物直径≥8μm） 油烟颗粒物≥8μm时通常具有质量大、惯性大的特点。这意味着这些粒子可以很容易地被惯性力移除或捕获，对于分离或过滤通道狭窄的净化装置，容易被大尺寸的颗粒直接堵塞，通常采用机械分离作为净化系统或预处理的第一阶段。

（2）防火和降噪（在机械分离下游放置防火过滤） 过滤主要是去除1~4μm的颗粒，所以建议将其作为净化系统的第二阶段。但是，当净化系统的噪声难以控制时，可以用过滤技术来代替机械分离，对于过滤材料，如聚丙烯，当它离炉子太近时，很容易造成火灾危险，通常与保温防火网或其他预防方法一起使用。

（3）静电沉积后置（最后一个净化单元） 根据先易后难的原则，静电沉积技术适合作为净化系统的最后一个单元。这是因为静电过滤器的净化效率相对较高，尤其是对于0.3~3μm的油烟颗粒，静电板上沉积质量较小的小尺寸颗粒对静电过滤器的净化性能影响不大，这可以延长静电过滤器的清洗周期，降低设备维护成本（Zhao and You，2021）。

（4）吸收和溶解（吸收未捕获的颗粒，溶解静电技术的副产品） 带电且未被静电过滤器收集的油烟颗粒在清洗和吸收净化装置中易于去除。这是因为带电的颗粒和洗涤剂之间存在作用力，静电沉积过程的副产品臭氧溶解在洗涤剂中并生成过氧化氢，有效减少了臭氧的排放。因此，吸收和溶解过程适合放置在静电过滤装置的下游。

参考文献

[1] 黄永海．餐饮油烟中VOCs代表物的排放特征及催化氧化研究［D］．北京：北京科技大学，2020.

[2] 蒋宝，孙成一，白画画，等．油烟净化器对餐饮VOCs排放和光化学特征的影响［J］．中国环境科学，2021，41：2040-2047.

[3] 李文辉，李双德，高佳佳，等．用动态旋转滤网分离烹饪油烟中的油脂 [J]. 环境工程学报，2017，11（5）：2926-2932.

[4] 李亚倩，李建军，李海娇．餐饮油烟废气污染及其净化技术进展 [J]. 四川化工，2018，21：13-16.

[5] 刘云，叶长明，方少明，等．水吸收法净化纺丝油剂油烟废气的研究 [J]. 郑州轻工业学院学报，2006（1）：25-26.

[6] 苗利军，李虹毅．油烟净化技术分类及其优缺点分析 [J]. 无线互联科技，2020，17：161-162.

[7] 穆桂珍，卢清，钟志强，等．静电油烟净化器对餐饮油烟中醛酮类VOCs的去除 [J]. 中国环境科学，2020，40：4697-4702.

[8] 宋云安，曲昌理，徐秋蕾．静电式油烟净化器吸附区参数优化设计 [J]. 中国环保产业，2021（10）：45-48.

[9] 汤虹，徐莉，谭梦琰．城市餐饮油烟污染现状及治理策略研究 [J]. 清洗世界，2022,38（2）：69-72.

[10] 隗晶慧，冯勇超，于庆君，等．餐饮油烟中典型VOCs催化氧化研究进展 [J]. 化工进展，2021，40：5730-5746.

[11] 魏玉滨，路琳，刘欣．负载MnO_2的蜂窝活性炭对油烟中细颗粒物和VOCs去除效果的初步探究 [J]. 广东化工，2019，46：43-45.

[12] 杨超，林子吟，邬坚平，等．餐饮油烟净化技术中紫外光解和高压静电产生臭氧的实证研究 [J]. 环境工程技术学报，2022，12：15-21.

[13] 翟美丹，米俊锋，马文鑫，等．静电除尘技术及其影响因素的发展现状 [J]. 应用化工，2021，50：2572-2577.

[14] 张欢欢，杨海健，王深冬，等．餐饮油烟污染物净化技术研究进展 [J]. 现代化工，2020，40：71-75.

[15] 张亚飞，刘悦，李亚飞，等．基于高压静电原理的几种复合型油烟净化技术的探讨 [J]. 山东化工，2019，48：212-213.

[16] CHUNG W C, MEI D H, TU X, et al. Removal of VOCs from gas streams via plasma and catalysis [J], Catalysis Reviews, 2019, 61 (2): 270-331.

[17] HU W, YE J, CHEN X, et al. Dining lampblack treatment processes in China [J]. Processes 2021, 9 (12): 2241.

[18] KAMAL M S, RAZZAK S A, HOSSAIN M M. Catalytic oxidation of volatile organic compounds (VOCs) - A review [J]. Atmospheric Environment. 2016, 140: 117-134.

[19] LIAO D, SHI W, GAO J, et al. Modified *Camellia oleifera* shell carbon with enhanced performance for the adsorption of cooking fumes [J]. Nanomaterials (Basel). 2021. 11 (5): 1349.

[20] LIN B, LIAW S L. Simultaneous removal of volatile organic compounds from cooking oil fumes by using gas-phase ozonation over $Fe(OH)_3$ nanoparticles [J]. Journal of Environmental Chemical Engineering. 2015, 3 (3): 1530-1538.

[21] SALAR-GARCÍA M J, ORTIZ-MARTÍNEZ V M, HERNÁNDEZ-FERNÁNDEZ F J, et al. Ionic liquid technology to recover volatile organic compounds (VOCs) [J]. Journal of Hazard Mater. 2017, 5: 484–499.

[22] TIAN, C, WANG, Y, ZHAO, Z, et al. Nonthermal plasma: An emerging innovative technology for the efficient removal of cooking fumes [J]. Journal of Environmental Chemical Engineering, 2022, 10 (3): 107721.

[23] ZHAO D, YOU X Y. Cooking grease particles purification review and technology combination strategy evaluation for commercial kitchens [J]. Building Simulation, 2021, 14: 1597–1617.

第八章　食品无烟熏制技术

第一节　液熏技术概述

一、传统烟熏

传统烟熏是将肉制品直接暴露于木材或木屑燃烧时产生的烟雾环境中，经过熏制加工后产品外观金黄、表面干燥、烟熏风味浓郁（Djinovic，2008）。传统烟熏加工实质上是产品吸收木材燃烧后的分解产物的过程，熏烟中多酚和有机酸可以赋予产品特有的烟熏风味，熏烤时的高温使制品表面呈现煳焦的状态，产生的煳香味可提高人们的食欲；熏烟中的酚和醛可在熏制品的表面形成良好的色泽，同时提高产品的贮藏性；产品经过熏制干燥后，表面水分减少，发生适度收缩，可以形成良好的质地（何宇洁，2012）。

近些年来，不断有研究报道传统烟熏方式的不足和弊端。如木材燃烧装置设备占地面积大，对于连续化生产的要求较高；木材燃烧产生的烟雾浓度和密度无法得到有效控制，会影响产品品质；温度难以控制及装置难以清洗等。最受消费者关注的是熏制的食品中大多含有多环芳烃及其衍生物，它们主要来自熏材燃烧产物的直接污染，或者熏制过程中食物脂肪的焦化以及蛋白质的高温分解。多环芳烃多具有致癌性，特别是苯并芘，苯并芘可诱导人或动物发生突变、畸变或癌变，并可损害中枢神经、血液，破坏淋巴细胞微核、肝脏功能和DNA修复能力等，其对人体内分泌系统也有一定干扰。现在许多国家已将苯并芘列为食品监测的重要有害物质之一，我国食品安全国家标准也限定苯并芘在肉制品中的残留量应在5μg/kg以下，欧盟限制在1μg/kg以下。因此，在保证食品烟熏风味的同时，研究新型烟熏风味制备技术，确保产品食用安全，是当前重要的研究方向（何宇洁，2012）。

二、液熏技术

为了解决传统烟熏方法存在的问题，无烟熏制技术逐渐被广泛应用，尤其以液熏技术为代表。液熏技术是在传统烟熏方法的基础上，发展起来的一种主要利用烟熏液对肉制品进行熏制的方法。

国外学者最初从初级烟雾冷凝物（primary smoke condensate，PSC）中提取到一种具有浓郁烟熏香气的液体香味料，并用其替代了传统的发烟熏制食品方法进行熏制（Pszczola，1995）。此后，经过多年研究和实践，这种烟熏香料在 20 世纪 80 年代开始以固体或液体形式大规模生产，并应用于许多食品的生产。目前，在国外液熏技术已经逐步取代了直接发烟烟熏技术，美国有 90% 的烟熏食品采用液熏法加工，烟熏液的年产量也逐渐增多。我国对液熏技术的研究起步相对较晚。1985 年，华东化工学院最先开始研制烟熏液，以山楂核为原料，在高温条件下干馏，收集一定温度下的烟熏蒸气冷凝液，通过静置吸附脱焦油，油状物经过滤后在常温、常压下采用密度分离法进行分离，获得的上层液再经分离得到的产品。这种采用密度分离法简化了工艺流程，具有减少投资、节约能源的优点。而后，上海香料研究所和山东微生物研究所等院所也开展了一系列研究与开发工作，并一直以山楂核为原料。在这一技术基础上，成立于二十世纪九十年代中期的济南华鲁食品有限公司充分发挥其处于山区且拥有大量山楂资源的优势，采用先进技术以山楂核作原料，成功研制了十几种山楂核烟熏香味料，既绿色天然，又性能显著。随着液熏技术在国内外的研究和应用，用烟熏液代替传统的发烟熏制，在自动化和高生产率的生产线上尤其常见。总之，液熏技术相比传统烟熏有以下优点。

1. 制备工艺

烟熏液制备工艺科学且卫生，几乎保留了熏烟的特殊香味，又严格去除了多环芳烃及其衍生物，特别是苯并芘等有毒物质。有研究对其安全性进行了评价，结果表明烟熏液为无毒、无致突变性的安全食品添加剂。并且使用烟熏液进行加工时，适用范围广、生产效率高、成本较低，更满足目前现代食品工业向机械化、连续化、规模化生产转变的要求。

2. 使用方式

在肉制品加工过程中，烟熏液的使用方式简单、方便、多样，可以采用少量手工操作，也可以实现大规模机械化操作。液熏技术可以应用在任何需要烟熏香味的食品中，但是需要根据液熏产品的种类对烟熏液及其使用方式进行选择，比如直接添加法适用于碎末食品，蘸取法适用于固体、块状食品，混合法适用于液体或流体食品。通过选择相应的方法，产品的色、香、味才能更加均匀，避免出现色、香、味不均的问题（王旗，2013）。

3. 产品品质

天然植物经干馏、提纯、精制等工艺制成烟熏液，多环芳烃等有害成分在制备过程中被除去，而具有烟熏味的成分被保留下来，如有机酸、酚类、羰基化合物、呋喃类、醛类、酯类等。它们具有增加香味、防止腐败、抗氧化等功能。因此，液熏技术在去除危害物的同时，发挥了增香、调味、除臭、显色、杀菌的作用，增加了液熏产品的价值。

4. 资源利用

中国森林资源非常丰富，树木种类繁多。尽管如此，许多树木并没有真正得到充分利用，反而作为一种废物被焚烧。这种做法不仅对环境造成污染，还产生了严重的资源浪费。目前，许多研究都是从木材类型入手，以其为原料制备烟熏液，以此丰富烟熏液的种类，也为合理利用森林资源开辟了一条新的途径。例如，桉树原产于澳大利亚，目前在我国的云南、贵州、福建等大部分地区都有种植，主要用于造纸行业、建筑行业，桉树叶可用于提取桉叶精油等。尽管桉树可作为制备烟熏液的植物木材，但是在种植过程中，枯萎的桉树或枝桠未能得到合理利用（刘辉，2011）。基于上述背景，有研究将桉树的枝桠收集起来用于制备桉树烟熏液，并且取得了良好的效果。因此，利用木材或者木材的枝桠、残渣等为原料制备烟熏液，不仅可以丰富烟熏液的种类，还可以最大限度地利用自然资源，尽量避免或减少向周围大气排放有害化学物质，避免与传统烟熏有关的火灾风险，保护环境并减少资源浪费（Lingbeck，2014）。

第二节　烟熏液的制备

一、制备工艺

烟熏液是由天然植物（如枣核、山楂核、苹果树等）经过干馏、冷凝、提纯、精制而制成的，也被称为烟熏香料或木醋液，具有良好的增香、防腐、抑菌效果，主要用于加工生产制作各种具有独特烟熏风味的肉制品、调味料等。

二、影响因素

1. 原料

制备烟熏液的主要原料是木材，常用的木材有山毛榉、橡树、山核桃、枫树、桉树、苹果树、樱桃树、桦树、山胡桃树等。木材的类型是影响烟熏液品质的重要因素。由于不同木材含有不同比例的纤维素、半纤维素、木质素以及在微观结构上有很大差异，其灰分组分也各不相同，所以在干馏时，不同木材分解产生的酚类、羰基化合物的种类和含量大不相同。从植物学来讲，木材可分为两大类，即硬木和软木。硬木和软木木质素的分解产物各有不同，硬木的木质素经高温不完全燃烧后主要生成一些混合物，如愈创木酚（guaiacols）和丁香酚（syringols）的混合物，而软木主要生成丁香酚。因此，制备烟熏液时，选择原料是很重要的步骤，一般宜选用天然硬木，因为硬木树脂含量较低、防腐活性物质含量高，像果木、山核桃木、桦树木等，燃烧时不会产生浓郁的黑烟。有研究将桉树、波罗蜜、椰壳作为制备烟熏液的原料，对其制备的烟熏液进行比较，发现以桉树为原料制备而成的烟熏液虽然能产生更多的风味物质，但从安全角度而言，以波罗蜜制备的烟熏液更适合熏制食品（胡武，2014）；以椰壳为原料制备的烟熏液中有害物质的含量要显著低于以竹蔗渣制备的烟熏液。

木材的厚度是影响烟熏液中活性物质含量的另一个重要因素。以红柳木烟熏液为例，研究木材厚度、干馏温度、干馏时间对烟熏液中酚类、羰基化合物以及产率的影响，发现木材厚度对羰基化合物含量和烟熏液产率的影响最大，而对酚类的含量影响较小（阿依姑丽等，2021）。此外，原料的粒径也会影响烟熏液的品质。以菠萝、桉树、椰壳和竹蔗渣为例，随着原料粒径的增大，菠萝、椰壳和竹蔗渣制得的烟熏液中酚类和羰基化合物的含量先升高后降低，苯并芘的含量升高；然而，桉树烟熏液中酚类、羰基化合物和苯并芘的含量呈上升趋势（胡武，2014）。

2. 热解工艺

木材热解过程中会产生可凝和不可凝的气体，进而与循环水相接触。经过冷却、浓缩和归一化后，烟熏液被分离成水馏分和焦油馏分。这两种馏分都可以单独使用，但焦油馏分必须进一步加工以去除具有毒性的多环芳烃。在进一步加工之前，水馏分继续经过多次过滤步骤以净化烟熏液，然后可以通过蒸馏或萃取对水馏分进行浓缩。为了提高其储存时的稳定性，通常需要添加一定量的乳化剂，如聚山梨酯（Lingbeck，2014）。

在上述热解过程中最重要的是热解温度，即干馏温度。温度对产物化学成分有非常大的影响，通常温度在400~500℃，在低温分解时，容易增加烟熏液中羰基化合物和焦油的含量。温度的选择取决于所使用的反应方法以及所需的活性化合物的种类。有研究发现不同干馏温度下（200℃、300℃、400℃）制备的精制龙眼木烟熏液中挥发性化合物种类及含量有显著差异，其中400℃下制备的烟熏液挥发性化合物种类最多。该结果与山楂核等烟熏液中鉴定出的成分种类数量存在一定的差异，这可能与木材种类、制备过程、检测方法等有关（韩明等，2018）。此外，热解过程中，时间也是导致烟熏液中组成成分和含量差异的重要因素，随着干馏时间的延长，木材中原有的半纤维素和纤维素物质缓慢分解，进而容易导致烟熏液的产率、羰基化合物含量的变化及有害物质的产生。

3. 精制方法

近年来，随着液熏技术的发展，烟熏液的生产技术也在逐步完善，各种提纯精制方法层出不穷。目前，烟熏液精制的工艺有静置、蒸馏、精馏、膜过滤，活性炭吸附，大孔树脂吸附，有机溶剂提取等。然而，不同的提纯工艺会对烟熏液的物理化学性能产生较大的影响。常规的精制工艺都是在常温下进行沉淀静置、过滤，易导致某些毒性、有害成分无法完全去除，进而可能生产出含苯并芘类致癌物的烟熏液。

大孔吸附树脂（macroporous absorption resin，MAR）是一种物理化学性质稳定的化合物，是在离子交换树脂的基础上发展起来的。其是一种不含离子基团、含有多孔结构的新型高分子有机聚合物的吸附剂。它具有极性、非极性或微极性特性，对有机化合物有很强的吸附能力，可用于从复杂提取物中纯化和浓缩活性化合物。大孔吸附树脂集合了离子交换剂和吸附剂的优点，以苯乙烯等作为聚合单体，然后又在其中加入一定的致孔剂、分散剂和交联剂单体等聚合加工而成。大孔吸附树脂在吸附目标分子或者其他一些小分子时，目标分子之间可以通过静电力、氢键相互作用、络合和尺寸筛分被大孔吸附树脂有效吸附。与此同时，大孔吸附树脂本身具有较大的吸附孔径，对于吸收一些表面含有的不同大小的分子的物质组成的化合物时，具有分子筛的作用。因此根据多环芳烃的特殊化学性质，选择合适孔径范围的大孔吸附树脂用于制备烟熏液将有较好的应用前景（刘辉，2011；王路，2012）。

硅藻土是一种自然界形成的特殊有机生物硅质岩，由硅藻壳体和其他微生物的硅质残余物或代谢产物组成，具有独特微孔结构、大的比表面积、高的孔隙率、强吸附性能和高化学稳定性等多方面优点。其颗粒表面通常带有负电荷，对正电荷有很强的吸附能力。因此，目前国内对生物硅藻土的研究重点主要集中在其对有害重金属离子的选择性去除上。在多环芳烃的吸附和去除上，有利用改性硅藻土吸附非极性芳烃的研究，结果发现硅藻土对水中残留的萘有一定的去除率和吸附率。也有研究发现，水中的游离的有机氯离子可能更有利于进一步改善多环芳烃在改性硅藻土表面的吸附速率。

活性炭吸附有机物的过程类似于树脂，受溶质极性和分子大小的影响。活性炭因其本身溶解度偏低、亲水性较差、极性弱等特点，而具有很强的吸附能力。国外有学者初步得出结论，活性炭对多环芳烃的去除能力取决于内部的微孔体积，而活性炭内部的中孔体积影响较小，与多环芳烃的挥发性呈负相关（Mastral et al. 2002）。

目前，国内外的研究均表明采用低温冷冻或低温冻结并结合过滤处理，可以使焦油和烟熏液较为彻底地分离，且对苯并芘类化合物脱除效果良好，是一种有效的脱毒方式。因此，在进行烟熏液制备时，需要综合考虑多方面条件，选取合适的工艺条件进行干馏、精制，从而获取具备优良效果的烟熏液。

第三节　烟熏液活性成分及其作用

烟熏液中包含各种酚类、羰基化合物、有机酸以及呋喃、醇、酯、烃类、杂环类化合物等200多种化学成分。酚类成分是导致烟熏液产生特殊烟熏香味的最主要的化学成分，其次是醛类、呋喃和酯类。给烟熏液提供色泽的是羰基化合物和游离氨基酸发生反应时生成的物质，酚类物质和其他有机酸化合物在烟熏液色泽的最终形成过程中也发挥一定的协同作用。此外，酚类化合物还有极强的抗氧化性，可广泛作用于各种烟熏液防腐剂的分解杀菌，羰基化合物、醇类和多种有机酸也有一定程度的氧化杀菌保护作用，在各种烟熏液产品的氧化防腐、杀菌保鲜技术方面发挥重要作用。

一、 酚类

先前的许多研究已表明，酚类是木材熏烟香气的主要贡献者。从结构上讲，酚类是由苯组成的芳香烃，苯上附着不同数量的羟基。此外，酚类化合物可以具有其他官能团，如醛基、羰基、羧基和酯基。单质酚溶于水时表现酸性，而在碱性条件下，它们通过离解溶解形成酚酸盐。苯环上羟基导致产生的苯酚与金属反应强烈，对光和氧敏感。一羟基苯酚的沸点为183℃，而添加第二个羟基会将沸点提高到270℃（Hendriks et al. 2009；Laureano-Perez et al. 2005）。低沸点（60~90℃）馏分主要由苯酚、甲酚、愈创木酚、甲基愈创木酚和乙基愈创木酚组成，具有热和苦的味道；中等（91~132℃）馏分含有顺式和反式异丁香酚、丁香酚和甲基丁香酚，具有纯正和特有的烟味；高沸点（133~200℃）苯酚馏分具有酸性，质量差（Maga，2018）。

酚类物质也是烟熏液风味成分中的一类主要有机成分，同时也在烟熏呈色等方面起着决定性的作用。目前已分离、提纯及理化鉴定的主要酚类物质约为20多种，其中愈疮木酚、4-甲基愈疮木酚、苯酚、4-乙基愈疮木酚、邻位甲酚、间位甲酚、对位甲酚、4-丙基愈疮木酚、香兰素、2,6-双甲氧基-4-甲基木酚以及2,6-双甲氧基-4-丙基酚等物质对熏烟“熏香”的形成起重要作用，是烟熏香味的主要来源。在烟熏的腌制品如烟熏鱼、肉等中，酚类物质主要发挥有抗氧化、防腐抑菌和呈色呈味等作用。酚类化合物是烟熏液具有杀菌效果的主要化学成分之一。酚类化合物与有机酸、羰基化合物、醇类也具有协同杀菌的作用（韩明等，2018）。酚类化合物可以在短期内很大程度上地直接损伤活菌体细胞的细胞膜，并通过加速凝固活菌体中的蛋白质来达到间接抑制细菌生长的作用（Faith et al. 1992）。

二、 羰基类

醛类、酮类和有机酸类化合物等是烟熏液中的主要羰基类物质，它们通过相互作用为食品提供特殊的烟熏风味。其中，具有代表性的5-甲基糠醛具有浓郁的焦糖味、坚果香气，多用来加工制作成高级的可食用坚果香料等；酮类化合物还具有性质结构更简单稳定、香味持久浓郁的特点。纤维素和半纤维素在高温下发生热解生成有机酸，在烟熏液中起到主要的抑菌作用，同时协同形成烟熏液的色泽（Anggraini et al. 2014），常见的有机酸是丁酸和乙酸等。酸类物质可以降低烟熏制品的pH，并加快与制品中含有的亚硝酸盐的反应，从而增强腌制的效果。

除了能够为烟熏液提供特殊的烟熏风味，羰基化合物还能与食品中的一些氨基酸发生反应，生成褐色物质。羰基化合物是食品外部形成金黄色或棕褐色的根本原因（Yusnaini et al.，2012），羰基化合物含量越高，色泽效果越深。此外，羰基化合物参与了烟熏食品与蛋白质相互作用引起的结构变化，并与氨基酸发生美拉德反应，产物使烟熏产品呈棕褐色。因此，羰基化合物含量高的烟熏液常应用于食品，作为褐变剂。

熏制产品颜色的变化是由于对羰基化合物的吸收，这也是食品外部形成金黄色或棕褐色的根本原因（赵冰等，2016）。导致烟熏色泽形成的主要有羰基化合物与氨基发生的褐变反应、酚类化合物与醛类化合物的氧化聚合反应、肉类蛋白质本身在加工过程中发生的褐变反应。同时，有机酸通过与羧酸结合，会在肉的表面形成一层膜，也发挥了保护颜色的效果（王电等，2015）。

三、其他类

除了酚类、羰基类物质以外，烟熏液中还有酯类、呋喃类、醇类、醚类、烃类、杂环类等活性物质，在风味、色泽的形成等方面发挥着重要作用。而当烟熏液中只有酚类化合物时，其气味是比较单调的，但是如果含有糠醛、乙酰呋喃等物质的话，就会使烟熏制品形成香甜味，可以使浓烈的烟熏味变得柔和、宜人并且可接受（王电等，2015）。

烟熏液中还含有大量酯类，常见的有乙酸甲酯、丙酸甲酯等，其他如糠醛甲酯和戊酸甲酯具有果香味和酒香味。此外，烟熏液中的醇类化合物和有机酸有着相同的杀菌作用，如糠醇、环戊二醇等。烟熏液中常见的呋喃类化合物有2-乙酰呋喃、2-丙酰基呋喃以及2-甲氧基呋喃，这类化合物可以缓解烟熏液中的烟熏味。

第四节　液熏技术的应用

一、液熏技术

1. 直接添加法

直接添加法是将具有烟熏风味的烟熏液按照配方直接与食品混合，再根据加工工艺的要求制作出具有烟熏味的食品。一般烟熏液的用量为食品原料质量的0.05%～0.10%，也可根据当地饮食习惯和产品特点适当调整。直接添加法主要适用于鱼糜、肉类等原料的熏制，由于烟熏液添加比例较低，可以给食物带来烟熏风味，但是不能形成特有烟熏色泽。

2. 喷雾法

喷雾法是指利用雾化系统，将烟熏液定量地喷射成小液滴，然后在产品上涂抹或喷涂，使之均匀分布，完成喷涂后，再按照工艺制作成型。此法适用于小形状食物，如烟熏豆、烟熏豆块、烟熏鱼等。对于该方法，烟熏液的含量、温度以及与食品的接触面积和时间是影响风味和色泽的关键因素。

3. 浸渍法

浸渍法是指取适量的烟熏液和其他香辛料混匀制成浸渍液，再把鱼、肉类等原料放在浸渍液中。浸渍一定时间后，再根据一定的工序生产成品。在浸渍过程中需关注原材料的状况，以了解浸泡程度。对个体较大的材料，则必须切开后使用浓稠的烟熏液浸泡一段时间。

4. 置入法

置入法是指把定量的烟熏液加入罐中，然后按一定的方法密封杀菌。采用高温杀菌可以使烟熏液的分布更加均匀，该方法适用于形成罐头食品的烟熏风味，而关于罐头中固形物的色泽、质量等问题，则按原有的工艺方法进行确定。该方法也可以应用于经过烟熏的罐装产品，如油熏鸡、兔肉、鱼罐头等。

5. 注射法

注射法是指使用注射器在大块的肉制品各部位均匀地注射配制好的烟熏液，滚揉均匀后，再按照工艺制成成品。此做法适合大块的食物，包括各种火腿、腊肉等肉制品。肉又大又硬，该法使得烟熏液很容易在短时间里就进入食物中。

6. 涂抹法

涂抹法是指一些小块状的东西，如熏肉、熏鱼、熏鸡、鸭子、鹅等可以用毛刷在其表面涂刷定量的烟熏液体，经反复涂刷后即可。

7. 混合法

混合法是指本方法适合饮料、汤料等液态、流质食物。方法是在液体食品中加入一定量的烟熏液，稍微搅拌一下即可。

二、 液熏技术在食品中的应用

液体技术自1985年被发明以来已广泛应用于肉制品、鱼制品和调味品中。法国、德国等国，在很早就已经使用焦油、木醋液等对食物进行熏制以获得烟熏风味和延长食物保质期。如挪威最知名的烟熏产品烟熏三文鱼，以精细的肉质、醇厚的熏香得到了国内外消费市场的普遍青睐。由于挪威有大量的三文鱼市场，挪威科学家对烟熏三文鱼也做了大量的科学研究。大多数的烟熏三文鱼都使用冷熏的方式，容易感染李斯特菌，从而影响烟熏三文鱼的品质。之前的研究表明（Nithin，2020），李斯特菌是热敏性细菌，冷熏的即食食品极有可能被李斯特菌污染。有学者使用不同的烟熏液加工三文鱼片，并在2℃环境下储存，深入研究了三文鱼片的细胞构造和生化特性。结果显示，经冷熏后的三文鱼片硬度好、韧性好、黏聚度高、耐嚼性强，而且水溶性蛋白量、油脂含量和水分含量都较低，并且在贮藏45d期间上述参数的变动也不大。此外印度学者研究了一种印度传统的熏制水产品Masmin，采用商业烟熏液，对喷涂、浸泡生产Masmin薄片的工艺参数进行了标准化。在1L/h的流速和45℃的室内温度下，将商用烟熏液用蒸馏水按1∶3的比例稀释并添加9.25%的盐

（质量体积比）喷洒 90min，可以得到与传统 Masmin 味道相匹配的产品。所开发产品总多环芳烃含量为（67. 99±19. 30）μg/kg，且产品中未检测到苯并芘。研究还发现，即使在储存 12 个月后，这些产品仍能保持货架稳定。因此液熏技术的使用大大降低了传统方法中危害物积累的风险，且能够保证产品品质。

近年来，随着液熏技术在全球范围内的广泛应用与发展，我国也越来越意识到液熏技术的必要性与优势，目前液熏技术已广泛应用于我国食品加工。我国自主开发的第一个烟熏液是山楂核系列烟熏液，产品主要是液体，其中所含物质包括酚类、有机酸等。该烟熏液味道较浓，烟熏色天然，香味均匀，质量稳定，对产品具有防腐、抗氧化功能。此外还能够提高香味、除臭、发色、杀菌等。合肥工业大学蔡克周课题组以山核桃壳为材料制备了烟熏液，并深入研究了山核桃壳烟熏液对香肠的感官品质、质量和贮存稳定性的影响。研究结果显示，山核桃壳烟熏液对香肠感官品质有显著改善效果，并且最佳用量为 0. 2%。在香肠中加入山核桃壳烟熏液能够明显降低肉制品的过氧化值，有效控制细菌繁殖，提高肉制品的贮藏性能。综上所述，烟熏液中苯并芘的浓度相对较低，并且烟熏液可有效控制微生物繁殖，而且采用适当的化学工艺方式处理烟熏液，可较大限度地消除含有苯并芘的生物毒性或有害物质。所以，烟熏液在现代烟熏肉制品加工中的广泛使用，不但能够确保现代液熏食品拥有和传统烟熏食品基本一致的风味，而且能够获得更加卫生和安全的产品。

参考文献

［1］阿依姑丽·吾布力，木娜瓦尔·朱买，巴吐尔·阿不力克木．响应面法优化红柳枝烟熏液制备工艺及其理化特性分析［J］．肉类研究，2021，35（4）：16-23.

［2］韩明，郑玉玺，陈烽华，等．荔枝木烟熏液的精制及挥发性成分分析［J］．林业科技，2018，43（1）：54-56.

［3］何宇洁．液熏灌肠加工工艺研究及其挥发性风味物质的检测［D］．合肥：合肥工业大学，2012.

［4］胡武．新型食品烟熏液的制备及两种烟熏肉制品的工艺研究［D］．湛江：广东海洋大学，2014.

［5］刘辉．不同原料烟熏液的制备、精制及灌肠液熏工艺的研究［D］．湛江：广东海洋大学，2011.

［6］王电，周国君，王晓静，等．3 种贵州烟熏腊肉品质特征分析［J］．肉类研究，2015，29（11）：1-6.

［7］王路．食品烟熏液的制备和精制工艺研究及香气成分的分析［D］．湛江：广东海洋大学，2012.

［8］王旗．山楂核烟熏液的成分分析及在灌肠食品中的应用研究［D］．合肥：合肥工业大

学, 2013.
[9] 赵冰, 李素, 王守伟, 等. 苹果木烟熏液的品质特性 [J]. 食品科学, 2016, 37 (8): 108-114.
[10] ANGGRAINI S A, YUNININGSIH S. Utilization of various types of agricultural waste became liquid smoke using pyrolisis process [J]. Chemical and Process Engineering Research, 2014, 28: 60-65.
[11] DJINOVIC J, POPOVIC A, JIRA W. Polycyclic aromatic hydrocarbons (PAHs) in traditional and industrial smoked beef and pork ham from Serbia [J]. European Food Research and Technology, 2008, 227 (4): 1191-1198.
[12] FAITH N G, YOUSEF A E, LUCHANSKY J B. Inhibition of Listeria monocytogenes by liquid smoke and isoeugenol, a phenolic component found in smoke [J]. Journal of Food Safety, 1992, 12 (4): 303-314.
[13] LINGBECK J M, CORDERO P, O'BRYAN C A, et al. Functionality of liquid smoke as an all-natural antimicrobial in food preservation [J]. Meat Science, 2014, 97 (2): 197-206.
[14] MAGA J A. Smoke in food processing [M]. Florida, USA: CRC Press, 2018.
[15] MASTRAL A, GARCÍA T, CALLÉN M, et al. Sorbent characteristics influence on the adsorption of PAC: I. PAH adsorption with the same number of rings [J]. Fuel processing technology, 2002, 77: 373-379.
[16] NITHIN C, JOSHY C, CHATTERJEE N S, et al. Liquid smoking-a safe and convenient alternative for traditional fish smoked products [J]. Food Control, 2020, 113: 107186.
[17] PSZCZOLA D E. Tour highlights production and uses of smoke-based flavors [J]. Food technology, 1995, 49 (1): 70-74.
[18] YUSNAINI Y, SOEPARNO S, SURYANTO E, et al. Physical, chemical and sensory properties of Kenari (*Canariun indicum* L.) shell liquid smoke-immersed-beef on different level of dilution [J]. Journal of the Indonesian Tropical Animal Agriculture, 2012, 37 (1): 27-33.

第九章　适温加工技术

第一节　水油混炸

油炸是食品生产中常用的加工工艺，油炸是利用高温油脂的热传导迅速降低食品中的水分含量并在食品表面形成干硬外壳的过程。油炸过程中，食品中的蛋白质与还原糖发生美拉德反应，形成金黄的色泽。因此油炸食品具有色泽金黄、香气浓郁、质构酥脆等特点。但是，食品在油炸过程中极易产生杂环胺（heterocyclic amines，HCAs）、反式脂肪酸（trans fatty acids，TFAs）等有害物质，尤其在食品的工业化生产中，油炸用油经常被反复使用，可能导致杂环胺、反式脂肪酸的进一步富集，从而影响食品的安全性。

水油混炸是一种新型油炸方式，其原理是利用水和油的密度差形成较为稳定的分层，油炸过程中产生的固体残渣通过重力作用进入水层，避免了残渣的反复油炸（汤锦添，2013）。与传统油炸相比，水油混炸具有自动过滤、自我洁净的功能，可以降低油脂劣变速度，延长油脂使用寿命（刘洪义等，2011）。研究发现，对比水油混炸和传统油炸对鸡排、油炸用油的影响，发现水油混炸可以延缓反复油炸过程中油脂品质劣变速度，同时，鸡排的感官品质优于传统油炸（Ma et al.，2016）。此外，有报道指出，水油混炸可抑制油脂中反式脂肪酸的生成（Son et al.，2012）。

第二节　水油混炸对食品中危害物形成的影响

油炸温度、油炸时间、油炸方式（传统油炸和水油混炸）及油炸次数影响水油混炸效果。

一、杂环胺和反式脂肪酸含量随油炸温度的变化

新鲜皮层（鸭皮）和精肉（鸭胸肉）中未检出杂环胺，在油炸作用下，皮层和精肉中形成的杂环胺种类和含量均随油炸温度的提高而显著升高。对于皮层，150℃时，只检出 Norharman 和 Harman 两种杂环胺；170℃时，检出了 AαC，含量为 0.10ng/g；190℃时，开始检出 IQ，含量为 9.79ng/g。皮层的 Norharman 含量从 150℃

下的 0.37ng/g 上升到 190℃下的 0.71ng/g，增加了 91.89%，而 Harman 含量由 0.29ng/g 上升为 0.66ng/g，增加了 127.59%。精肉中的杂环胺变化规律与皮层相似。170℃检出 AαC，190℃时检出了 IQ。Norharman 和 Harman 是两种主要杂环胺，含量随温度的升高显著上升（表 9-1，表 9-2）。皮层和精肉对比，精肉中的杂环胺含量高于皮层。

表 9-1　皮层中杂环胺含量随油炸温度的变化　　单位：ng/g

杂环胺	油炸前	150℃	170℃	190℃
IQ	ND	ND	ND	9.79±0.11[a]
Norharman	ND	0.37±0.02[c]	0.49±0.03[b]	0.71±0.02[a]
Harman	ND	0.29±0.04[b]	0.58±0.05[a]	0.66±0.08[a]
AαC	ND	ND	0.09±0.01[a]	0.10±0.00[a]
Total	ND	0.66	1.16	11.26

注：数值表示为平均值±标准差，同行不同上标字母表示差异显著（$P<0.05$）。

表 9-2　精肉杂环胺含量随油炸温度的变化　　单位:ng/g

杂环胺	油炸前	150℃	170℃	190℃
IQ	ND	ND	ND	10.66±0.20[a]
Norharman	ND	0.82±0.02[c]	0.92±0.03[b]	1.01±0.00[a]
Harman	ND	0.65±0.12[b]	0.71±0.02[b]	1.00±0.00[a]
AαC	ND	ND	0.10±0.00[a]	0.11±0.01[a]
Total	ND	1.47	1.73	12.78

注：数值表示为平均值±标准差，同行不同上标字母表示差异显著（$P<0.05$）。

由表 9-3 可知，皮层脂肪含量随油炸温度的提高变化不显著，三种油炸温度下皮层脂肪含量无显著差异。与新鲜鸭胸肉的皮层相比，油炸提高了鸭胸皮层的脂肪含量，150℃和 170℃下的鸭胸皮层脂肪含量显著高于新鲜鸭皮。这可能是鸭皮脂肪含量过高，无法容纳更多的脂肪。新鲜鸭皮中检测出了 C16：1-9*t* 和 C18：1-9*t* 两种反式脂肪酸，含量分别为 0.19mg/g 和 0.92mg/g。

表 9-4 所示为精肉（鸭胸肉）在 150℃、170℃和 190℃三个温度梯度下脂肪和反式脂肪酸含量变化。油炸对精肉脂肪含量的升高有促进作用，且油温越高，脂肪含量越高，反式脂肪酸含量与脂肪变化情况一致。150℃油炸的精肉反式脂肪酸含量

与新鲜鸭胸相当，但显著低于170℃和190℃油炸的精肉。反式脂肪酸的形成需要较为极端的环境，氢化大豆油在200℃下加热24h，仍未生成反式脂肪酸（Liu et al.，2007）。油炸10min不会对产生反式脂肪酸较大影响，170和190℃下精肉中反式脂肪酸显著升高，可能是这两个温度条件下精肉的脂肪含量升高的原因。

比较表9-3和表9-4，皮层检出了2种反式脂肪酸（C16：1-9*t*和C18：1-9*t*），而精肉只检出了1种（C18：1-9*t*），并且反式脂肪酸相对集中于皮层。这说明鸭胸中的反式脂肪酸含量和种类分布不均，皮中的反式脂肪酸较多。天然反式脂肪酸一般存在于反刍动物乳汁及脂肪中（Baer，2012），新鲜鸭胸皮层和精肉中检测到微量反式脂肪酸，这可是因为鸭饲料中存在部分反式脂肪酸。

表9-3 皮层脂肪及反式脂肪酸随油炸温度的变化

类别	油炸前	150℃	170℃	190℃
脂肪含量/%	42.80±1.74^{b}	47.28±0.36^{a}	48.29±0.79^{a}	46.29±2.16^{ab}
C16:1-9*t*/(mg/g)	0.19±0.01^{b}	0.22±0.02^{ab}	0.24±0.01^{a}	0.20±0.02^{ab}
C18:1-9*t*/(mg/g)	0.92±0.00^{b}	1.08±0.02^{a}	1.03±0.01^{ab}	1.08±0.11^{a}

注：数值表示为平均值±标准差，同行不同上标字母表示差异显著（$P<0.05$）。

表9-4 精肉脂肪及反式脂肪酸随油炸温度的变化

类别	油炸前	150℃	170℃	190℃
脂肪含量/%	3.41±0.34^{d}	4.91±0.02^{c}	6.78±0.18^{b}	7.20±0.23^{a}
C18:1-9*t*/(mg/g)	0.07±0.01^{b}	0.05±0.01^{b}	0.11±0.00^{a}	0.11±0.00^{a}

注：数值表示为平均值±标准差，同行不同上标字母表示差异显著（$P<0.05$）。

二、杂环胺及反式脂肪酸含量随油炸时间的变化

油炸时间对杂环胺的影响如表9-5、表9-6所示。随着炸制时间的延长，皮层和精肉中杂环胺的种类和含量都有显著升高。皮层油炸10min后检出AαC，20min后检出IQ、PhIP和Trp-P-1。油炸20min的鸭胸皮层，其Norharman和Harman含量分别为油炸5min的2.52和9.45倍。油炸5min，精肉检出2种杂环胺，总量为1.48ng/g；油炸10min，检出3种，总量为1.76ng/g；油炸20min，检出6种杂环胺，总量为16.04ng/g。Norharman和Harman是油炸鸭胸中生成量最高的两种杂环胺。225℃下烹饪的猪肉残渣中检出含量最高的杂环胺为PhIP，含量高达32ng/g（Skog et al.，1997），这可能与不同肉基质的差异有关。

表 9-5 皮层中杂环胺含量随油炸时间的变化 单位：ng/g

杂环胺	油炸前	5min	10min	20min
IQ	ND	ND	ND	8.86±0.20[a]
Norharman	ND	0.52±0.00[c]	0.63±0.05[b]	1.31±0.04[a]
Harman	ND	0.22±0.00[c]	0.57±0.01[b]	2.08±0.06[a]
PhIP	ND	ND	ND	0.41±0.01[a]
Trp-P-1	ND	ND	ND	0.19±0.00[a]
AαC	ND	ND	0.08±0.00[b]	0.12±0.00[a]
Total	ND	0.74	1.28	12.97

注：数值表示为平均值±标准差，同行不同上标字母表示差异显著（$P<0.05$）；ND 表示未检出。

表 9-6 精肉中杂环胺含量随油炸时间的变化 单位：ng/g

杂环胺	油炸前	5min	10min	20min
IQ	ND	ND	ND	11.95±0.61[a]
Norharman	ND	1.01±0.01[c]	1.09±0.01[b]	1.32±0.05[a]
Harman	ND	0.47±0.03[b]	0.57±0.03[b]	1.98±0.08[a]
PhIP	ND	ND	ND	0.44±0.01[a]
Trp-P-1	ND	ND	ND	0.22±0.01[a]
AαC	ND	ND	0.10±0.00[b]	0.13±0.01[a]
Total	ND	1.48	1.76	16.04

注：数值表示为平均值±标准差，同行不同上标字母表示差异显著（$P<0.05$）；ND 表示未检出。

油炸时间对脂肪及反式脂肪酸的影响见表 9-7 和表 9-8。油炸提高了样品皮层脂肪含量，但是延长炸制时间，其含量没有发生显著变化。皮层检出两种反式脂肪酸 C16：1-9*t* 和 C18：1-9*t*，其中 C18：1-9*t* 随油炸时间的延长没有显著变化，而 C16：1-9*t* 在油炸 10min 的样品中含量高于 5min 的样品。精肉的脂肪含量随时间的延长显著增高。这是因为时间的延长有利于油炸用油渗入肉中。肉中脂肪的集聚引发反式脂肪酸含量升高，油炸 20min 的样品中 C18：1-9*t* 含量显著高于 5min 和 10min 的样品。

表 9-7 皮层中脂肪及反式脂肪酸含量随油炸时间的变化

类别	油炸前	5min	10min	20min
脂肪含量/%	40.80±1.54[b]	43.76±2.56[a]	44.36±1.12[a]	42.26±0.99[a]
C16:1-9*t*/(mg/g)	0.19±0.01[b]	0.18±0.01[b]	0.21±0.01[a]	0.21±0.02[a]
C18:1-9*t*/(mg/g)	0.92±0.00[a]	0.99±0.00[a]	0.93±0.05[a]	0.92±0.01[a]

注：数值表示为平均值±标准差，同行不同上标字母表示差异显著（$P<0.05$）；ND 表示未检出。

表 9-8 精肉中脂肪及反式脂肪酸含量随油炸时间的变化

类别	对照	5min	10min	20min
脂肪含量/%	3.60±0.37[c]	4.45±0.17[c]	6.29±0.83[b]	8.25±0.75[a]
C18:1-9*t*/(mg/g)	0.08±0.01[b]	0.08±0.01[b]	0.09±0.01[b]	0.14±0.01[a]

注：数值表示为平均值±标准差，同行不同上标字母表示差异显著（$P<0.05$）。

三、杂环胺、反式脂肪酸含量随油炸方式及油炸次数的变化

油炸方式及次数对杂环胺含量的影响分别见表 9-9、表 9-10。样品皮层中的杂环胺种类和含量随着油脂使用次数的增加而增加。油炸 1 次，检出 Norharman、Harman、AαC 3 种杂环胺，油炸 30 次，开始检出 PhIP。除 Harman 和 PhIP 之外，两种油炸方式油炸 60 次的样品中各种杂环胺含量均显著高于油炸 1 次的样品。随油炸进程的持续，肉渣持续累积并不断产生杂环胺。杂环胺的具有一定油溶性，Norharman、Harman 在 pH=8 的条件下，$K_{o/w}$（油水分配系数）分别为 36.8 和 38.4（Randel et al.，2007）。油中杂环胺及其前体物的累积可能是杂环胺含量随着油炸次数显著升高的主要原因，此外，反复油炸时油脂的氧化也可能是导致杂环胺随油炸次数增多而增加的原因。研究表明，不饱和脂肪酸的氧化产物，尤其是 2,4-二烯醛，2-烯醛等对 PhIP 的生成具有显著促进作用（Zamora et al.，2012）。水油混炸对抑制皮层中 Norharman 的形成有一定效果：油炸 30 次以后，水油混炸的皮层中 Norharman 的含量低于对应传统油炸样品的含量，并且与油炸 60 次的样品间差异显著（$P<0.05$）。对于其他 3 种杂环胺，相同油炸次数下，两种油炸方式之间并无显著差异，这可能是油炸时产生较多的 Norharman，并且其在油中累积较多导致的。油炸方式及油炸次数对鸭胸精肉杂环胺的影响与对皮层的影响类似。传统油炸 30 次的精肉检出 PhIP，第 60 次时检出 MeAαC，含量为 0.03ng/g。两种油炸方式油炸 60 次的样品中各种杂环胺含量均显著高于油炸 1 次的样品。油炸 1 次，传统油炸和水油混炸的鸭胸精肉杂环胺总量分别为 1.15、1.41ng/g，油炸 60 次时，分别为 2.08、2.11ng/g。两种油炸方式下，精肉杂环胺含量无显著差别。相较于皮层，精肉在油炸后表面迅速

表 9-9　皮层杂环胺含量随油炸方式及油炸次数的变化

油炸次数	Norharman		Harman		PhIP		AαC		Total	
	传统油炸	水油混炸	传统油炸	水油混炸	传统油炸	水油混炸	传统油炸	水油混炸	传统油炸	水油混炸
油炸前	ND	ND	ND	ND	ND	ND	ND	ND	ND	ND
1	0.25±0.02^{dx}	0.28±0.01^{dx}	0.27±0.04^{ax}	0.32±0.02^{ax}	ND	ND	0.09±0.00^{dex}	0.10±0.02^{dex}	0.61	0.70
10	0.33±0.01^{cx}	0.34±0.00^{bx}	0.28±0.03^{ax}	0.30±0.01^{ax}	ND	ND	0.16±0.01^{bex}	0.08±0.02^{ey}	0.77	0.72
20	0.39±0.03^{bcx}	0.42±0.02^{ax}	0.30±0.01^{ax}	0.26±0.00^{by}	ND	ND	0.13±0.01^{cdx}	0.15±0.00^{bcx}	0.82	0.83
30	0.34±0.02^{cx}	0.31±0.01^{cx}	0.28±0.12^{ax}	0.28±0.04^{abx}	0.12±0.02^{bx}	0.14±0.03^{ax}	0.08±0.02^{ex}	0.11±0.01^{dex}	0.82	0.84
40	0.44±0.06^{abx}	0.40±0.01^{ax}	0.34±0.03^{ax}	0.31±0.02^{ax}	0.15±0.01^{ax}	0.17±0.01^{ax}	0.11±0.02^{dex}	0.12±0.01^{cdx}	1.04	1.00
50	0.45±0.02^{abx}	0.43±0.01^{ax}	0.36±0.02^{ax}	0.34±0.04^{ax}	0.15±0.01^{ax}	0.16±0.01^{ax}	0.20±0.02^{abx}	0.17±0.01^{abx}	1.16	1.10
60	0.49±0.03^{ax}	0.43±0.02^{ay}	0.37±0.12^{ax}	0.34±0.04^{ax}	0.15±0.02^{ax}	0.17±0.02^{ax}	0.22±0.02^{ax}	0.19±0.01^{ax}	1.23	1.13

注：数值为平均值±标准差，同行上标字母（x,y）不同者差异显著（$P<0.05$）；同列上标字母（a,b,c）不同者差异显著（$P<0.05$）；ND 表示未检出。

表 9-10 精肉中杂环胺含量随油炸方式及油炸次数的变化

油炸次数	Norharman		Harman		PhIP		AαC		MeAαC		Total	
	传统油炸	水油混炸	传统油炸	水油混炸	传统油炸	水油混炸	传统油炸	水油混炸	传统油炸	水油混炸	传统油炸	水油混炸
油炸前	ND	ND	ND	ND	ND	ND	ND	ND	ND	ND	ND	ND
1	0.47 ± 0.00 ^{ey}	0.66 ± 0.02 ^{cx}	0.59 ± 0.01 ^{bcx}	0.68 ± 0.08 ^{bx}	ND	ND	0.09 ± 0.01 ^{bx}	0.07 ± 0.03 ^{cx}	ND	ND	1.15	1.41
10	0.58 ± 0.05 ^{dx}	0.73 ± 0.03 ^{bcx}	0.63 ± 0.07 ^{abcx}	0.70 ± 0.02 ^{bx}	ND	ND	0.15 ± 0.01 ^{abx}	0.10 ± 0.05 ^{bcx}	ND	ND	1.36	1.53
20	0.58 ± 0.04 ^{dy}	0.83 ± 0.06 ^{bx}	0.51 ± 0.10 ^{cx}	0.64 ± 0.02 ^{bx}	0.13 ± 0.00 ^{ax}	0.17 ± 0.01 ^{ax}	0.13 ± 0.00 ^{abx}	0.11 ± 0.02 ^{abcx}	ND	ND	1.35	1.75
30	0.77 ± 0.06 ^{cy}	1.00 ± 0.03 ^{ax}	0.59 ± 0.00 ^{bcx}	0.67 ± 0.05 ^{bx}	0.11 ± 0.02 ^{bx}	0.15 ± 0.02 ^{abx}	0.15 ± 0.01 ^{abx}	0.13 ± 0.01 ^{abx}	ND	ND	1.62	1.95
40	0.87 ± 0.07 ^{bx}	0.99 ± 0.13 ^{ax}	0.73 ± 0.10 ^{abx}	0.82 ± 0.14 ^{abx}	0.12 ± 0.00 ^{abx}	0.15 ± 0.01 ^{abx}	0.18 ± 0.07 ^{abx}	0.14 ± 0.01 ^{abx}	ND	ND	1.90	2.10
50	0.87 ± 0.02 ^{bx}	0.98 ± 0.05 ^{ax}	0.71 ± 0.02 ^{abx}	0.93 ± 0.14 ^{ax}	0.12 ± 0.00 ^{abx}	0.13 ± 0.01 ^{bx}	0.20 ± 0.06 ^{ax}	0.15 ± 0.01 ^{abx}	ND	ND	1.90	2.19
60	1.01 ± 0.03 ^{ax}	0.99 ± 0.05 ^{ax}	0.76 ± 0.02 ^{ax}	0.81 ± 0.06 ^{abx}	0.12 ± 0.00 ^{abx}	0.15 ± 0.01 ^{abx}	0.16 ± 0.05 ^{abx}	0.16 ± 0.02 ^{ax}	0.03 ± 0.01 ^{ax}	ND	2.08	2.11

注：数值为平均值 ± 标准差，同行上标字母（x,y）不同者差异显著（$P<0.05$）；同列上标字母（a,b,c）不同者差异显著（$P<0.05$）；ND 表示未检出。

形成一层硬壳，阻碍了油与精肉内部的物质交换，而皮层本身脂肪含量很高，容易与油脂发生物质交换。

表9-11为皮层反式脂肪酸含量随油炸次数的变化。皮层检出两种反式脂肪酸：C16：1-9*t*和C18：1-9*t*。其中，C16：1-9*t*仅存在于皮层，且含量随油脂使用次数的增多显著增大。传统油炸第50次时，皮中的C16：1-9*t*相较于第1次显著增加，而水油混炸第60次时才表现出显著差异。比较第60次和第1次样品皮层的C16：1-9*t*含量，传统油炸从0.17mg/g上升到0.22mg/g，增长了29.41%；水油混炸从0.16mg/g上升到0.20mg/g，增长了25.00%。两种油炸方式下鸭胸皮层的C16：1-9*t*的增长速度相当。对于C18：1-9*t*，其在两种条件下的均呈上升趋势。与油炸1次的样品相比，传统油炸第40的样品C18：1-9*t*显著增多，而水油混炸50次的样品表现出显著性差异。油炸方式对皮层两种反式脂肪酸的影响无显著差异。对于C16：1-9*t*，油炸40次以后，水油混炸皮层中的C16：1-9*t*含量低于传统油炸，但无显著差异。对于C18：1-9*t*，相同次数下同样无显著差异。

表9-11 皮层中反式脂肪酸含量随油炸方式及油炸次数的变化 单位：mg/g

次数	C16：1-9*t*		C18：1-9*t*	
	传统	水油	传统	水油
油炸前	0.19 ± 0.01^{bcx}	0.18 ± 0.01^{abx}	0.90 ± 0.00^{bx}	0.92 ± 0.02^{cx}
1	0.17 ± 0.01^{cx}	0.16 ± 0.02^{bx}	1.07 ± 0.11^{bx}	1.01 ± 0.25^{bcx}
10	0.17 ± 0.01^{cx}	0.18 ± 0.00^{abx}	1.08 ± 0.05^{bx}	1.11 ± 0.01^{abcx}
20	0.17 ± 0.01^{cx}	0.18 ± 0.00^{abx}	1.07 ± 0.04^{bx}	1.06 ± 0.04^{abcx}
30	0.16 ± 0.01^{cx}	0.17 ± 0.01^{abx}	1.05 ± 0.03^{bx}	1.10 ± 0.10^{abcx}
40	0.18 ± 0.00^{bcx}	0.16 ± 0.00^{by}	1.20 ± 0.07^{ax}	1.20 ± 0.02^{abx}
50	0.20 ± 0.00^{bx}	0.19 ± 0.02^{abx}	1.25 ± 0.13^{ax}	1.28 ± 0.02^{ax}
60	0.22 ± 0.01^{ax}	0.20 ± 0.00^{ax}	1.31 ± 0.22^{ax}	1.29 ± 0.07^{ax}

注：数值为平均值±标准差，同行上标字母（x,y）不同者差异显著（$P<0.05$）；同列上标字母（a,b,c）不同者差异显著（$P<0.05$）；ND表示未检出。

表9-12所示为精肉反式脂肪酸含量随油炸次数的变化。其在精肉中的种类低于皮层，仅检出C18：1-9*t*。C18：1-9*t*含量随油炸次数的增多呈现上升趋势，但是无论哪种油炸方式，第1次和第60次样品的C18：1-9*t*含量都没有显著差异。

表 9-12　精肉中反式脂肪酸含量随油炸方式及油炸次数的变化

单位：mg/g

次数	C18：1-9*t*	
	传统	水油
油炸前	0.07±0.01[dx]	0.07±0.01[dx]
1	0.08±0.01[abcx]	0.09±0.01[bcdx]
10	0.09±0.00[abx]	0.08±0.01[cdx]
20	0.07±0.00[cdy]	0.08±0.00[cdx]
30	0.07±0.01[bcdx]	0.07±0.02[dx]
40	0.10±0.00[ax]	0.11±0.01[abx]
50	0.08±0.00[bcdy]	0.12±0.01[ax]
60	0.09±0.00[abx]	0.10±0.01[bcx]

注：数值为平均值±标准差，同行上标字母（x,y）不同者差异显著（$P<0.05$）；同列上标字母（a,b,c）不同者差异显著（$P<0.05$）。

食品中杂环胺的生成和加热条件密切相关。众多研究证实，杂环胺的种类和含量随着加热温度和加热时间的延长而增加（Isleroglu et al.，2014；Persson et al.，2003）。YAO 等（2013）研究烧鸡油炸时皮层和精肉杂环胺的生成量，结果表明，160℃油炸 1min 的精肉和鸡皮杂环胺总量分别为 2.83 和 0.66ng/g，油炸 8min，杂环胺总量分别为 23.02 和 2.00ng/g，并且 8min 时精肉中开始检出 Trp-P-1。加热时间同样影响杂环胺生成，添加 1%冰糖和 10%酱油的猪肉（98±2）℃下卤煮 16h，其杂环胺总量是卤煮 1h 的 3.65 倍（Lan et al.，2004）。Sugimura 等（1981）通过同位素示踪法证实色氨酸是 Norharman 和 Harman 的前体物。Diem 等（2001）在葡萄糖和色氨酸的模拟体系中也检出 Norharman 和 Harman。随着加热温度（时间）的提高，杂环胺的前体物（肌酸、氨基酸、还原糖）随水分越来越多地迁移到肉的表面，导致杂环胺含量增加（Persson et al.，2003）。

杂环胺的生成和加热方式有关。Liao 等（2012）以鸭胸脯肉为原料，研究不同加热方式下杂环胺的变化情况，发现生成量由低到高依次为水煮、微波、烘烤、油炸、炭烤和煎炸，然而尚未见到水油混炸对杂环胺影响的报道。Ma 等（2016）研究了水油混炸对调理鸡排的影响，发现水油混炸可以延缓油脂的劣变，但是并未研究其对杂环胺的影响。对比传统油炸，水油混炸对鸭胸皮层和精肉杂环胺的影响不大，绝大部分数据与传统油炸无显著差异。但油炸 60 次的鸭胸皮层中的 Norharman 显著降低（$P<0.05$），并且传统油炸 60 次的精肉中检出了 MeAαC，这在水油混炸的样品中并未检出。两种油炸方式下的油温均保持（170±5）℃，鸭胸肉暴露在几乎同样的油温和介质下，因此大部分数据无显著差异。随着油炸次数的增多，色氨酸等前体物不断在油脂中富集，在高温环境下裂解为 Norharman。而水油混炸时，肉渣及时

落入水层，避免了肉渣中蛋白质及氨基酸在高温下的持续裂解。水油混炸在油水界面处温度较低，一般为55℃以下（张炳文等，2000），延缓了杂环胺在油脂中的生成速率。因此，水油混炸大豆油中的Norharman浓度可能低于传统油炸。此外，皮层脂肪含量很高，与大豆油的脂质交换作用强于易形成干硬外壳的精肉，因而水油混炸60次皮层中的Norharman含量低于传统油炸。MeAαC由蛋白质热解产生，其生成需要较高的温度。在微波、烧烤等鸡肉和鱼肉中并未检出MeAαC（OZ et al.，2010）。仅在传统油炸60次的精肉中检出微量的MeAαC，这可能与MeAαC在油脂中的逐渐累积有关。

油炸食品的工业生产中，为了降低成本，经常将油脂反复使用，而油炸油使用次数对杂环胺的影响未见报道。研究结果显示，随着油炸次数的增多，皮层和精肉检出的杂环胺种类和含量均有所增加（表9-7、表9-8）。Wang等（2015）研究油炸油使用次数对草鱼鱼饼杂环胺的影响，发现反复油炸增加了杂环胺的种类，但并未发现其总量与油炸次数之间的规律。Wang等（2015）将杂环胺生成量的无规律性解释为不同批次鱼饼油炸时水分蒸发的速率不同，鱼饼水分蒸发速率与其内部的孔隙有关，很难保持不同批次鱼饼内部孔隙的分布和孔隙率的一致性。由于杂环胺具有一定油溶性，随着油炸次数的增多，油脂中的杂环胺前体物不断增多，杂环胺的总量也呈上升趋势。此外，油脂的氧化对杂环胺的生成具有一定影响，模型体系研究表明，油脂氧化产物，尤其是2-烯醛可促进PhIP的生成（Zamora et al.，2012）。而反复油炸过程中，由鸭肉带入的铁离子加速了油脂氧化，对杂环胺的生成具有一定的促进作用。油脂的反复使用促进了Norharman、Harman、PhIP和AαC生成。PhIP可与DNA形成加合物，产生致癌或致突变效应（谭文等，1998；Turesky et al.，2004）。国际癌症研究机构已将PhIP和AαC划归为2B级致癌物（IARC，2020）。Norharman、Harman在Ames试验中并不具有致突变性，但是它们可以增加Trp-P-1、Trp-P-2、3,4-苯并芘等物质的致突变性（Nagao et al.，1978）。为了避免反复油炸带来的健康隐患，油炸油使用次数不宜超过20次。

反式脂肪酸一般由顺式不饱和脂肪酸在较为极端条件下（如高温、高压）双键发生异构化而形成（Liu et al.，2007）。高温油炸及油脂氢化、精炼过程易产生反式脂肪酸（陈银基等，2006）。天然反式脂肪酸通常分布于反刍动物的脂肪及其乳制品中（Misra et al.，2011）。牛精肉中反式脂肪酸含量为0.33~1.87g/100g，牛脂肪中含量为1.43~9.83g/100g（Arakawa et al.，2014）。新鲜鸭胸中存在少量反式脂肪酸，皮层检出C16：1-9*t*和C18：1-9*t*，含量分别为0.19mg/g和0.92mg/g；精肉检出C18：1-9*t*，含量为0.07mg/g，分别约为牛肉脂肪和精肉的2%和0.6%。鸭的消化系统远没牛发达，因此鸭肉中的少量反式脂肪酸与肠道微生物无关，可能与鸭饲料中存在少部分反式脂肪酸有关。油炸温度（时间）增加，皮和肉的脂肪含量有所上升，因此反式脂肪酸含量有所升高。油炸次数增加，油脂持续在光和热作用下，脂肪酸的顺式结构转变为反式，因此大豆油中的C18：1-9*t*显著增多。Sanchez-Muniz等

（1992）发现沙丁鱼的脂肪酸组成与油炸油脂相似，证实了油脂的脂肪酸构成会影响油炸食品的脂肪酸组成，因此皮层中 C18：1-9*t* 随油炸次数增加而增加与大豆油中 C18：1-9*t* 的累积有关。

参考文献

[1] 陈银基，周光宏．反式脂肪酸分类、来源与功能研究进展［J］．中国油脂，2006（5）：7-10.

[2] 刘洪义，杨旭，吴泽全，等．食品油炸技术及其关键设备的研究［J］．农机化研究，2011，33（6）：95-98.

[3] 谭文，林东昕，肖颖，等．大白菜抑制大鼠体内致癌物 PhIP-DNA 加合物形成及其可能的作用机理［J］．中华肿瘤杂志，1998（6）：8-11.

[4] 汤锦添．油水混合电热炸炉的设计和研制［J］．包装与食品机械，2013，31（1）：32-35.

[5] 张炳文，郝征红．水油混合深层油炸食品工程技术［J］．适用技术市场，2000（6）：32-33.

[6] ARAKAWA F, KOZONO M, ISHIGURO T, et al. Survey of content of trans-fatty acids in meat [J]. Japanese Journal of Food Chemistry and Safety, 2014, 21 (1): 1-7.

[7] BAER D J. What do we really know about the health effects of natural sources of trans fatty acids? [J]. The American Journal of Clinical Nutrition, 2012, 95 (2): 267-268.

[8] DIEM S, HERDERICH M. Reaction of tryptophan with carbohydrates: Identification and quantitative determination of novel β-carboline alkaloids in food [J]. Journal of Agricultural and Food Chemistry, 2001, 49 (5): 2486-2492.

[9] ISLEROGLU H, KEMERLI T, ÖZDESTAN Ö, et al. Effect of oven cooking method on formation of heterocyclic amines and quality characteristics of chicken patties: Steam-assisted hybrid oven versus convection ovens [J]. Poultry Science, 2014, 93 (9): 2296-2303.

[10] LAN C M, KAO T H, CHEN B H. Effects of heating time and antioxidants on the formation of heterocyclic amines in marinated foods [J]. Journal of Chromatography B, 2004, 802 (1): 27-37.

[11] LIAO G Z, WANG G Y, ZHANG Y J, et al. Formation of heterocyclic amines during cooking of duck meat [J]. Food Additives & Contaminants. Part A, Chemistry, Analysis, Control, Exposure & Risk Assessment, 2012, 29 (11): 1668-1678.

[12] LIU W H, STEPHEN INBARAJ B, CHEN B H. Analysis and formation of trans fatty acids in hydrogenated soybean oil during heating [J]. Food Chemistry, 2007, 104 (4): 1740-1749.

[13] MA R, GAO T, SONG L, et al. Effects of oil-water mixed frying and pure-oil frying on the quality characteristics of soybean oil and chicken chop [J]. Food Science and Technology, 2016, 36: 329-336.

[14] MISRA A, SHARMA R, GULATI S, et al. Consensus dietary guidelines for healthy living and prevention of obesity, the metabolic syndrome, diabetes, and related disorders in Asian Indians [J]. Diabetes Technology & Therapeutics, 2011, 13 (6): 683-694.

[15] NAGAO M, YAHAGI T, SUGIMURA T. Differences in effects of norharman with various classes of chemical mutagens and amounts of S-9 [J]. Biochemical and Biophysical Research Communications, 1978, 83 (2): 373-378.

[16] OZ F, KABAN G, KAYA M. Effects of cooking methods and levels on formation of heterocyclic aromatic amines in chicken and fish with Oasis extraction method [J]. LWT - Food Science and Technology, 2010, 43 (9): 1345-1350.

[17] PERSSON E, SJÖHOLM I, SKOG K. Effect of high water-holding capacity on the formation of heterocyclic amines in fried beefburgers [J]. Journal of agricultural and food Chemistry, 2003, 51 (15): 4472-4477.

[18] RANDEL G, BALZER M, GRUPE S, et al. Degradation of heterocyclic aromatic amines in oil under storage and frying conditions and reduction of their mutagenic potential [J]. Food and Chemical Toxicology, 2007, 45 (11): 2245-2253.

[19] SANCHEZ-MUNIZ F J, VIEJO J M, MEDINA Rafaela. Deep-frying of sardines in different culinary fats. Changes in the fatty acid composition of sardines and frying fats [J]. Journal of Agricultural and Food Chemistry, 1992, 40 (11): 2252-2256.

[20] SKOG K, AUGUSTSSON K, STEINECK G, et al. Polar and non-polar heterocyclic amines in cooked fish and meat products and their corresponding pan residues [J]. Food and Chemical Toxicology, 1997, 35 (6): 555-565.

[21] SON J Y, KANG K O. Effect of an oil-water fryer on quality properties of deep frying oil used for chicken [J]. Korean Journal of Food and Cookery Science, 2012, 28 (4): 443-450.

[22] TURESKY R J, VOUROS P. Formation and analysis of heterocyclic aromatic amine - DNA adducts in vitro and in vivo [J]. Journal of Chromatography B, 2004, 802 (1): 155-166.

[23] WANG Y, HUI T, ZHANG Y W, et al. Effects of frying conditions on the formation of heterocyclic amines and trans fatty acids in grass carp (*Ctenopharyngodon idellus*) [J]. Food Chemistry, 2015, 167: 251-257.

[24] YAO Y, PENG Z Q, SHAO B, et al. Effects of frying and boiling on the formation of heterocyclic amines in braised chicken [J]. Poultry Science, 2013, 92 (11): 3017-3025.

[25] ZAMORA R, ALCÓN E, HIDALGO F J. Effect of lipid oxidation products on the formation of 2-amino-1-methyl-6-phenylimidazo [4,5-b] pyridine (PhIP) in model systems [J]. Food Chemistry, 2012, 135 (4): 2569-2574.

第十章　天然产物添加技术

第一节　食盐、黄酮类化合物对危害物形成的影响

一、 NaCl 对热加工危害物的影响

NaCl 会引起水分、脂质、蛋白质等食品组分的物理化学变化，食品经高温加热后会在这些变化的基础上发生更为复杂的反应，因此，NaCl 对热加工危害物的形成也有一定的影响。Gökmen 等（2007）发现在糖-天冬酰胺模型中氯盐可以显著降低体系中丙烯酰胺的生成，一价阳离子（如 Na^+）可使丙烯酰胺含量减半，但其效果弱于二价阳离子，这主要是因为阳离子阻止了其形成重要的中间体——天冬酰胺席夫碱的形成。值得注意的是，Na^+的加入提高了葡萄糖的分解速率，但大多数天冬酰胺仍未反应，而糖分解速率的增加又可能会促使它攻击肌酸来阻断咪唑喹喔啉的形成（Skog et al.，1990）。Fiore 等（2012）还观察到 NaCl 显著增强蔗糖降解速率从而生成了更多的 3-脱氧葡萄糖醛酮。NaCl 与氨基酸的相互作用可产生氨基酸的钠盐和氯盐，加热后可生成 HCl，从而增加美拉德反应混合物的酸度和氯化电位（Rahn et al.，2015）。Li 等（2021）认为 NaCl 会通过诱导蛋白质氧化促进羧甲基赖氨酸和羧乙基赖氨酸的产生，离子强度的增加既能够促进铁离子的释放，又能够使机体更易受到自由基的影响，还能够增加外表面温度，促进危害物生成。NaCl 会增加饼干烘焙过程中糠醛和 5-羟甲基-2-糠醛（5-hydroxymethylfurfural，HMF）的形成（Kocadagli et al.，2016），Persson（2003）发现，在添加 NaCl/三聚磷酸盐（tripolyphosphate，TPP）的牛肉汉堡的油炸过程中，PhIP、MeIQx 和 2-氨基-3,4,8-三甲基咪唑并［4,5-f］喹恶啉（4,8-二甲基喹啉）含量降低。Li（2020）发现不同离子强度的盐会增加肉饼的硬度和外表面温度，对于 PhIP 的形成有促进作用。NaCl 和其他氯盐能够通过作用于美拉德反应来影响多环芳烃的产生（Li et al.，2021）。NaCl 还能够作为氯供体促进氯丙醇酯的形成（Calta et al.，2004；Li et al.，2016；张渊博，2018）。

（一）NaCl 对多环芳烃的影响

随着 NaCl 含量的增加，烤肉中䓛（Chr）和苯并［b］荧蒽（BbF）两类多环芳烃受 NaCl 影响较为明显，且它们的含量较多，分别为 0.33～0.70μg/kg 和 0.36～0.95μg/kg，而苯并［a］芘（BaP）和苯并［a］蒽（BaA）含量较少。随着 NaCl 含量逐渐升高，䓛的含量逐渐降低，苯并［b］荧蒽的含量逐渐升高，PAH4 总含量整

体呈先下降后上升趋势，当 NaCl 添加量为 1.5%时，PAH4 含量最低，为 1.12μg/kg，不同种类的多环芳烃其变化趋势各有不同，这与它们的形成机制也有关系，但目前对于多环芳烃的具体生成机制仍未探明。有人尝试加入了美拉德反应抑制剂——亚硫酸钠后发现，随着美拉德反应的减少，PAH4 的含量随之降低，其中苯并［a］芘和苯并［a］蒽降低最为明显，䓛和苯并［b］荧蒽次之，这从侧面说明了与另外两种多环芳烃相比，美拉德反应在䓛和苯并［b］荧蒽形成过程中占比相对较少，肉制品中其他的反应如脂肪氧化、蛋白质氧化以及它们与碳水化合物的互作产物都对䓛和苯并［b］荧蒽的形成有影响，NaCl 的添加可能是通过对一系列氧化反应或者对反应的中间产物有抑制或促进从而导致 PAH4 的含量随之发生改变，但具体原因还需结合每一种多环芳烃的形成进一步验证（Li et al.，2021）。

牛肉经烤制后 PAH4 中的䓛含量相对较多，随着肉类加工工艺的不同，其各种多环芳烃生成含量也有所差别，尤其是在使用烟熏液或不同种类木炭熏制后，不同来源的烟雾会带给烤制品不同种类的多环芳烃（李雨竹，2020；Hitzel et al.，2013）。在烤制过程中，滴落的脂肪会随着持续的加热继续热解，极易产生含有多环芳烃的烟雾，沉积在肉的表面。原料肉中最初存在的脂肪量以及水分的流动性是多环芳烃生成水平差异的可能原因，选择脂肪含量较低的牛里脊肉，且油脂低落时未与热源直接接触，PAH4 整体含量也相对较低。

NaCl 的添加会使水分含量增加，致使体系中的水变得不易流出，前体物与危害物的迁移变少，肉饼内部湿度增大，在外界高温下能够降低内部温度，减少反应热能提供，从而抑制热解危害物的形成。Min（2018）发现在模拟加热体系中湿环境下产生的多环芳烃明显少于干燥环境，可能是因为水在加热时会提供氧源，从而抑制了脂质大分子的燃烧；NaCl 还有可能抑制美拉德反应初期席夫碱的形成从而抑制热加工危害物的产生。Alnoumani（2017）测定了盐煮牛肉中席夫碱水平，发现随着时间的推移和 NaCl 的增加，席夫碱水平逐渐降低。Gökmen（2007）发现在果糖-天冬酰胺模型体系中，二价阳离子 Ca^{2+} 和一价阳离子 Na^{+} 能够降低葡萄糖与氨基酸反应的作用，从而抑制丙烯酰胺的关键中间体天门冬酰胺席夫碱的形成（Gökmen et al.，2007）。NaCl 调节脂质氧化和蛋白质氧化进而影响多环芳烃的产生，然而影响多环芳烃形成的机制尚不明确。

（二）NaCl 对杂环胺的影响

如表 10-1 所示，烤肉样品中共检出 10 种杂环胺，随着 NaCl 添加量的增加，除 PhIP 和 Tri-P-2 受其影响较小外，其余杂环胺都有较为明显变化，其中喹啉类杂环胺含量较高（0.92～3.31μg/kg），咔啉类含量较少（0.21～0.4μg/kg），4，8-DiMeIQx、7，8-DiMeIQx 和 MeIQx 生成较多，IQx、Norharman 和 Harman 次之。除 IQx 和 MeIQx 外，其他杂环胺生成量随 NaCl 添加量的增加，整体上都呈现先下降后上升的趋势。当 NaCl 添加量为 1.5%时，烤肉杂环胺总含量较低，为 1.4μg/kg。

表 10-1　添加 NaCl 的烤牛肉饼中杂环胺的含量

单位：μg /kg

杂环胺分类	杂环胺	未加 NaCl	0.5% NaCl	1% NaCl	1.5% NaCl	2% NaCl	2.5% NaCl	3% NaCl
咔啉类	Norharman	0.18 ± 0.01^{a}	0.16 ± 0.01^{b}	0.15 ± 0.01^{bc}	0.13 ± 0.01^{cd}	0.13 ± 0.01^{d}	0.10 ± 0.00^{e}	0.14 ± 0.01^{cd}
	Harman	0.08 ± 0.02^{ab}	0.06 ± 0.01^{bc}	0.06 ± 0.00^{bc}	0.06 ± 0.02^{bc}	0.04 ± 0.02^{c}	0.07 ± 0.02^{abc}	0.09 ± 0.01^{a}
	AαC	0.03 ± 0.00^{a}	0.02 ± 0.00^{b}	0.02 ± 0.00^{bcd}	0.02 ± 0.01^{cd}	0.01 ± 0.01^{d}	未检出	0.02 ± 0.00^{bc}
	MeAαC	0.04 ± 0.00^{a}	0.02 ± 0.00^{bc}	0.02 ± 0.00^{bcd}	0.02 ± 0.00^{cd}	0.01 ± 0.00^{d}	0.02 ± 0.00^{bcd}	0.03 ± 0.01^{ab}
	Trp-P-2	0.07 ± 0.01^{a}	0.02 ± 0.00^{b}	0.01 ± 0.00^{b}	0.02 ± 0.01^{b}	0.02 ± 0.00^{b}	0.02 ± 0.00^{b}	0.01 ± 0.00^{b}
	总量	0.4 ± 0.03^{a}	0.29 ± 0.01^{bc}	0.26 ± 0.01^{cd}	0.24 ± 0.02^{de}	0.21 ± 0.02^{e}	0.21 ± 0.02^{e}	0.29 ± 0.01^{bc}
喹(喔)啉类	IQx	0.22 ± 0.03^{b}	0.15 ± 0.00^{d}	0.17 ± 0.00^{cd}	0.18 ± 0.01^{c}	0.11 ± 0.00^{e}	0.22 ± 0.00^{ab}	0.24 ± 0.00^{a}
	4,8-DiMeIQx	2.23 ± 0.17^{a}	1.90 ± 0.04^{ab}	0.46 ± 0.02^{e}	0.20 ± 0.13^{e}	0.75 ± 0.47^{de}	1.22 ± 0.09^{cd}	1.48 ± 0.05^{bc}
	7,8-DiMeIQx	0.59 ± 0.07^{a}	0.49 ± 0.05^{ab}	0.27 ± 0.02^{cd}	0.08 ± 0.00^{d}	0.1 ± 0.00^{d}	0.32 ± 0.08^{bc}	0.50 ± 0.11^{ab}
	MeIQx	0.27 ± 0.03^{d}	0.59 ± 0.10^{abc}	0.71 ± 0.14^{a}	0.45 ± 0.10^{cd}	0.26 ± 0.04^{d}	0.47 ± 0.07^{bcd}	0.68 ± 0.08^{ab}
	总量	3.31 ± 0.22^{a}	3.13 ± 0.1^{a}	1.61 ± 0.13^{c}	0.92 ± 0.1^{d}	1.22 ± 0.44^{cd}	2.24 ± 0.24^{b}	2.92 ± 0.16^{a}
吡啶类	PhIP	0.02 ± 0.00^{a}	0.01 ± 0.00^{b}	0.01 ± 0.00^{b}	0.01 ± 0.00^{b}	0.01 ± 0.00^{b}	0.01 ± 0.00^{b}	0.01 ± 0.00^{b}
	总量	4.13 ± 0.25^{a}	3.72 ± 0.11^{ab}	2.13 ± 0.15^{d}	1.4 ± 0.1^{e}	1.65 ± 0.45^{e}	2.68 ± 0.22^{c}	3.51 ± 0.16^{b}

注：同行不同字母表示差异显著（$P<0.05$）。

NaCl 的添加使肉饼中的水分含量增加，水分含量对不同类型杂环胺的形成也有着不同的作用，研究发现 NaCl 的加入会抑制了煎炸过程中的肌酸向水溶性更强的肌酐转化，降低杂环胺的产生，而 PhIP 是最主要的以肌酐为前体物的杂环胺。研究表明湿环境下加热更有利于 MeIQx 与 IQx 的产生，而干燥环境下加热更适合 PhIP 的产生，喹喔啉类和 β-咔啉类杂环胺在有水的体系中产生量更多，尤其是在水分活度达到 0.75 时，2-甲基吡嗪和吡嗪的生成量达到最大，它们是形成喹喔啉类杂环胺的重要中间产物（Borgen et al.，2001；Skog et al.，2000）。Persson 等（2003）在添加了持水性化合物后进一步研究证明，在有水的体系中添加肌酐、色氨酸或铁时会促进 MeIQx 的形成，同时抑制 PhIP 形成。肌肉种类也对杂环胺的种类有一定影响，由于前体物含量的差异，牛肉、猪肉含有更多的 MeIQx 或 4,8-DiMeIQx，鸡肉中 PhIP 含量高。一级动力学显示 PHIP 的活化能较高，较高的焓变也意味着反应需要更高的温度，而 Norharman 和 Harman 活化能较低，温度依赖性较低，也就更易在体系中形成。由于 NaCl 的添加，较高的水分含量降低了体系内部的温度，并减少了肌酐-肌酸的转化与其他前体物的迁移与暴露，导致了 PhIP 生成量的减少。

色氨酸的 Amadori 重排产物被分开并重新排列成两类 β-羧酸盐，其中一种就是 Norharman。色氨酸不仅促进 β-咔啉类杂环胺的形成，有时还会促进 IQx 化合物的形成。Harman 和 Norharman 很容易在肉制品中形成，即使在煮制牛肉中也可检测到，在 100℃ 下加热的水性肉汁模型系统中也可得到证明，并且在 100~225℃ 的温度范围内 Harman 和 Norharman 都是浓度最高的杂环胺。Li（2021）发现随着离子强度的增加，肉饼表面升温更快，导致形成更多危害物。当 NaCl 添加量越来越大时，体系中水分含量逐渐保持稳定，它对危害物形成的影响小于外表面温度升高的影响，这或许是随着 NaCl 含量增加危害物的产量升高的原因。

（三）NaCl 对烤肉中 α-二羰基化合物生成的影响

α-二羰基化合物是在美拉德反应过程中，由 Amadori 重排产物裂解产生的。在酸性条件下 α-二羰基化合物会发生 1,2-烯醇化反应，产生 3-脱氧葡萄糖醛酮（3-deoxy-D-glucosone，3-DG）；碱性条件下产生 1-脱氧葡萄糖醛酮（1-deoxy-D-glucosone，1-DG），还有部分会裂解产生乙二醛（glyoxal，GO）和丙酮醛（methylglyoxal，MGO）。这些中间产物是非常活泼的小分子物质，能够继续与氨基酸反应，既能够生成风味化合物，又能够产生醛类和杂环化合物，是丙烯酰胺、晚期糖基化终产物、杂环胺等多种危害物的前体物，具有 DNA 结合毒性，在富含碳水化合物的食物中含量较高。

随着 NaCl 的添加，牛肉饼中 MGO 和 GO 呈显著下降趋势（$P<0.05$），但 3-脱氧葡萄糖醛酮含量显著上升（$P<0.05$），3-DG 的含量是 GO 和 MGO 含量的十倍以上。NaCl 可能通过抑制脂质氧化从而降低乙二醛和丙酮醛的含量。

3-DG 属于长链二羰基化合物，一些研究表明它可以通过反醇醛缩合生成 MGO

或通过烯醇化氧化路径生成 GO，它主要是由葡萄糖或果糖与氨基酸直接降解或经由 Amadori 重排产物生成（Hofmann et al.，1999；Troise et al.，2018）。NaCl 可能通过促进蛋白质氧化，其降解产物会促使氨基酸形成酮醛类物质。卢键媚等（2022）发现金属离子可能会催化已糖水解，促进 3-DG 和 5-HMF 的生成，且随金属离子浓度递增。MGO 可以通过糖的自氧化、美拉德反应、脂质降解和微生物发酵等外源性途径生成（Wang et al.，2012）。脂肪在热氧化下会生成各种低分子质量自由基，包括 $\cdot CH_3$、$\cdot CO$ 和 $\cdot CHO$，这些自由基会生成乙二醛和丙酮醛（Jiang et al.，2013）。

二、　黄酮类化合物对热加工危害物的影响

黄酮类物质广泛分布于自然界中，目前已经达到 8000 多种，主要存在于植物的叶和果实中。在植物体内，黄酮类物质大多与糖结合成糖苷类，小部分以游离态存在。黄酮类物质是一系列含氧杂环的天然有机物，具有酚羟基的两个苯环通过中央三级碳原子互相连结，形成 C6-C3-C6 基本骨架结构，见图 10-1。根据结构的不同，将黄酮类物质分为黄酮、二氢黄酮、黄烷酮、黄酮醇、二氢黄酮醇、异黄酮、二氢异黄酮、查耳酮、橙酮、花色素等（胡云霞等，2014）。

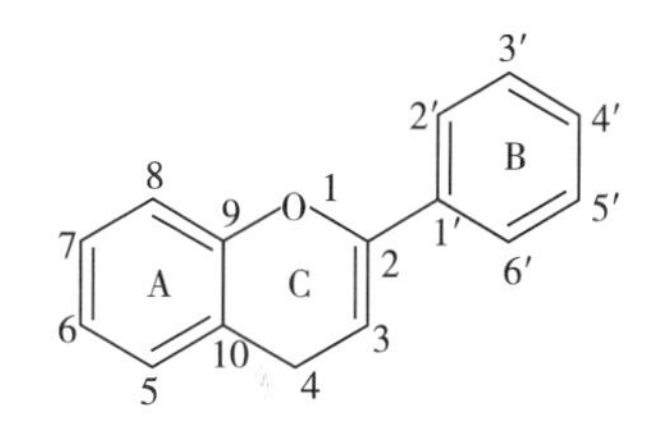

图 10-1　黄酮类物质基本结构

黄酮类物质具有多种生物学活性，其中以其强抗氧化性最为显著。此外，黄酮类物质都是从植物中提取出来的，对人体安全无毒，有些在国内已作为甜味剂、食用色素、抗氧化剂等用于食品加工过程中（陈晓慧等，2006）。黄酮类物质具有很强的清除自由基的能力，其作用机制为（郭维玲，2007）：

（1）黄酮类物质的酚羟基与自由基发生抽氢反应，形成稳定的半醌式自由基，中断自由基的链式反应；

（2）黄酮类化合物与脂氧自由基或脂质自由基发生反应，终止脂质氧化链式反应；

（3）黄酮类物质还可以与金属离子的络合，抑制自由基的产生。

黄酮类物质作为天然抗氧化剂，早在 1992 年 Lee 等已经把黄酮添加到甘氨酸、肌酐和葡萄糖的模拟体系中研究黄酮对杂环胺生成的影响，发现杂环胺 MeIQx 和7,8 DiMeIQx 的致突变性都有所减弱（Lee et al.，1992）。黄酮类物质对杂环胺生成的影响可能是源于黄酮的强抗氧化性、清除自由基能力或是黄酮与中间产物发生反应。黄酮类物质抑制杂环胺的能力与羟基的数目、位置密切相关，Cheng 等（2007）研究了各种天然黄酮类物质对模拟体系和牛肉饼中杂环胺的影响，发现在柑橘类水果中含量最丰富的柚皮素对加热模拟体系和牛肉饼中产生的杂环胺具有很好的抑制作用（Cheng et al.，2007）。Zhang 等（2014）研究发现竹叶提取物和黄酮类物质，对模拟

体系中杂环胺 PhIP 的生成具有抑制作用，主要是因为竹叶提取物含有大量黄酮类、多酚类化合物、生物活性多糖、特种氨基酸等多种抗氧化物质（Zhang er al.，2014）。

（一）黄酮类物质对杂环胺 PhIP 形成的影响

在 0.1mmol 肌酐和 0.1mmol 苯丙氨酸的溶液模拟体系中分别加入 0.0125mmol 的原花青素、槲皮素、黄芩素、儿茶素、异甘草素、甘草素、葛根素、异鼠李素、橙皮苷和芦丁，以不添加黄酮类物质的溶液模拟体系为空白对照组，发现十种黄酮类物质均抑制杂环胺 PhIP 的产生。十种黄酮类物质对杂环胺 PhIP 的抑制率依次是：原花青素>芦丁>槲皮素>儿茶素>甘草素>葛根素>异鼠李素>异甘草素>橙皮苷>黄芩素。原花青素对杂环胺 PhIP 的抑制率最高（88.74%），其次是芦丁（58.54%）、槲皮素（51.94%），抑制率最低的是黄芩素（6.17%）。相同添加量的十种黄酮类物质，其结构和性质的不同，羟基的位置和数量的不同，抗氧化性的强弱以及清除自由基能力的大小不同，使得其对杂环胺 PhIP 的抑制率有所不同。不同的黄酮类物质因为化学结构不同，具有不同程度的抗氧化能力，在同样的添加量下，呈现出对杂环胺 PhIP 的不同程度的抑制；对于同一种黄酮类物质，随着添加量的增加，对 PhIP 的抑制率逐渐增大，有可能是黄酮通过清除溶液模拟体系中产生的自由基，发挥了抗氧化活性。黄酮类物质具有很强的清除自由基的能力，作为食品天然抗氧化剂，具有广泛的开发前景。

黄酮类物质对杂环胺 PhIP 有明显的抑制作用。例如，Weisburger 等研究表明，大豆苷元和染料木素均可以抑制杂环胺 PhIP 的形成（Weisburger，1998）；Oguri 等证实了表没食子儿茶素没食子酸酯、槲皮素等黄酮类物质减少了 80% 的杂环胺 PhIP 的生成（Qguri et al.，1998），Cheng 等综合考察了多种黄酮类物质对模拟体系和牛肉饼中杂环胺 PhIP 的抑制效果，发现柚皮素、根皮苷和槲皮素能明显抑制杂环胺 PhIP 的生成（Cheng et al.，2007）。黄酮类物质对油炸猪肉和溶液模拟体系中杂环胺 PhIP 生成都具有抑制作用（Zhang et al.，2013）。目前关于黄酮类物质对杂环胺 PhIP 的抑制作用机理，大多认为是其发挥了抗氧化性质，黄酮类物质抗氧化性主要表现为可以有效清除氧自由基。许多研究发现杂环胺的生成过程中自由基也参与了反应，尤其是咪唑并喹喔啉类的杂环胺。Kikugawa 等通过电子自旋共振波谱仪和自旋捕获技术，发现葡萄糖和甘氨酸体系发生美拉德反应产生不稳定的吡嗪阳离子，进一步和肌酐发生反应，生成了咪唑并喹喔啉类杂环胺，加入的黄酮类抗氧化剂通过清除吡嗪阳离子，减少了杂环胺的产生（Kikugawa，1999）。基于上述理论，黄酮类物质对杂环胺 PhIP 的抑制作用有可能是通过清除模拟体系反应中产生的自由基实现的。另外，Cheng 等针对黄酮类物质能够抑制杂环胺 PhIP 形成的现象提出一个全新的理论，他们实验证实了柚皮素对杂环胺 PhIP 的抑制作用，主要是由于柚皮素和苯丙氨酸热解产物苯乙醛发生加合反应，阻断了苯乙醛与肌酐的进一步反应（Cheng et al.，2008）。黄酮对杂环胺 PhIP 的抑制作用有可能是通过减少中间产物苯乙醛的量从而减少了终产物的量。

香辛料中含大量黄酮类化合物，是抗氧化剂的良好来源。据报道，通过添加一些香料（如迷迭香、百里香、鼠尾草和大蒜）可以减少熟肉中杂环胺的形成（Murkovic et al.，1998；Nerurkar et al.，1999；Smith et al.，2008；Tikkanen et al.，1996），洋葱、大蒜等调味料的添加可减少猪肉中 PAH4 的生成（Janoszka，2011）。有研究发现，烤鸡在 200℃烘烤 40min 条件下加入 3%的迷迭香，能显著抑制杂环胺的形成（Hsu et al.，2020）。Puangsombat 等的研究表明，在 0.2%的添加量下，姜黄对烤牛肉饼中 MeIQx 和 PhIP 两种杂环胺总量的抑制率可达 39.22%（Puangsombat et al.，2011）。迷迭香乙醇提取物在 204℃烹制 15min 的牛肉饼中，对 MeIQx 和 PhIP 的抑制率分别为 91.7%和 85.3%（Puangsombat et al.，2010）。迷迭香粉末在烤牛肉饼中，对 MeIQx 和 PhIP 的抑制分别为 69%和 66%（Tsen et al.，2010）。添加火炬姜和柠檬草对牛肉饼杂环胺抑制率分别为 66.96%和 71.94%，但具有更高抗氧化活性的咖喱叶抑制率仅为 21.3%（Sepahpour et al.，2018）。Yu 等发现添加有香辛料的水煮武定鸡中，前体物质（总脂肪酸、游离氨基酸以及水溶性低分子量化合物）和挥发性风味化合物含量显著高于对照组，并且提高了鸡肉产品的口感品质（Yu et al.，2020）。

烘烤牛肉饼后产生包括 Norharman、Harman、AαC、MeAαC、Trp-P-2 在内的 5 种非极性杂环胺。在上述 5 种杂环胺中，Norharman 和 Harman 产生量较多（图 10-2）。添加香叶、迷迭香、青花椒、良姜、桂皮、肉桂这 6 种香辛料，可对有效减控烤制牛肉饼中非极性杂环胺，抑制率为 5.06%～65.19%。将迷迭香添加至牛肉饼中进行烘烤后，产生的非极性杂环胺含量最少，仅为 0.65ng/g，杂环胺抑制率达 65.19%，其次为肉桂、香叶、青花椒、桂皮和良姜，对非极性杂环胺抑制率可分别达到 31.68%、25.40%、24.64%、19.96%和 5.06%。然而，添加 0.5%的八角、丁香、陈皮丝和姜黄促进了非极性杂环胺的产生，促进率分别为 117.07%、93.31%、42.11%和 15.88%。

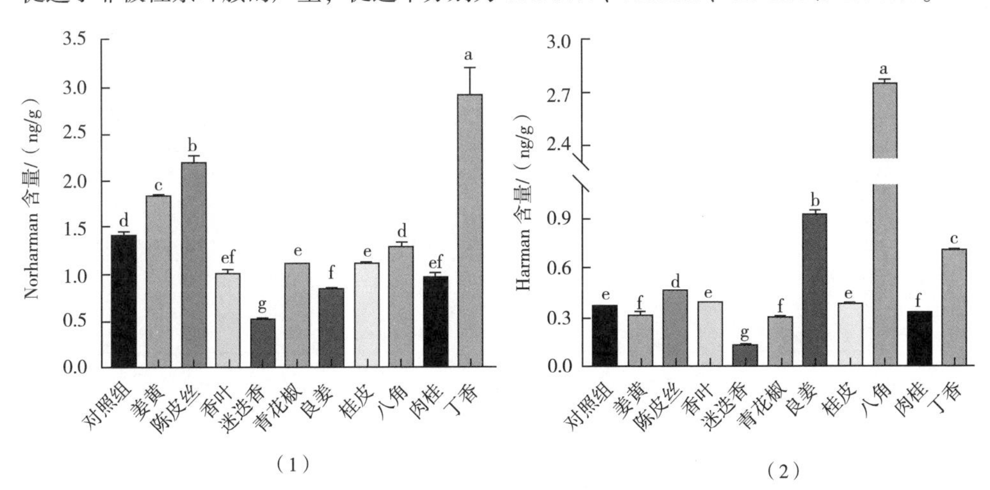

图 10-2　香辛料对烤牛肉饼中非极性杂环胺的影响

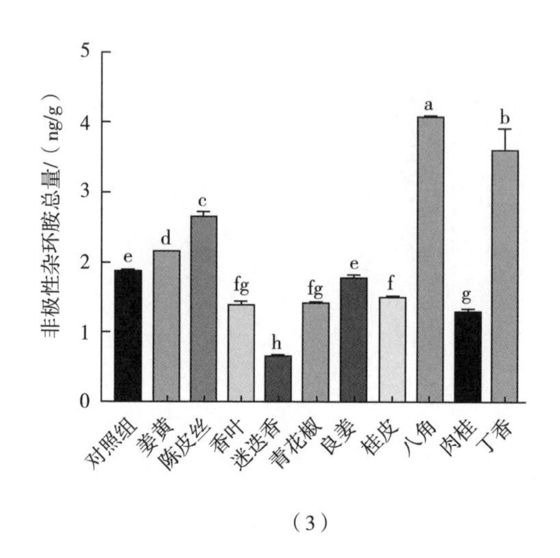

（3）

图 10-2 香辛料对烤牛肉饼中非极性杂环胺的影响（续）

［图中不同字母表示差异显著（P <0.05）］

图 10-3 所示为烘烤牛肉饼后产生包括 PhIP、IQ、IQx、MeIQ、MeIQx、7,8-DiMeIQx 和 4,8-DiMeIQx 在内的 7 种极性杂环胺，PhIP 和 MeIQx 产生量较多。添加香辛料，均可有效减控烤制牛肉饼中极性杂环胺的生成，抑制率区间为 36.79%~90.19%。将迷迭香添加至牛肉饼中进行烘烤后，产生的极性杂环胺含量最少，仅为 0.12ng/g，抑制率达 90.19%；其次为姜黄、桂皮、肉桂、丁香、陈皮丝、良姜、香叶、青花椒、八角，对极性杂环胺抑制率可分别达到 87.84%、87.38%、86.19%、85.46%、85.89%、82.95%、77.63%、76.97%、36.79%。

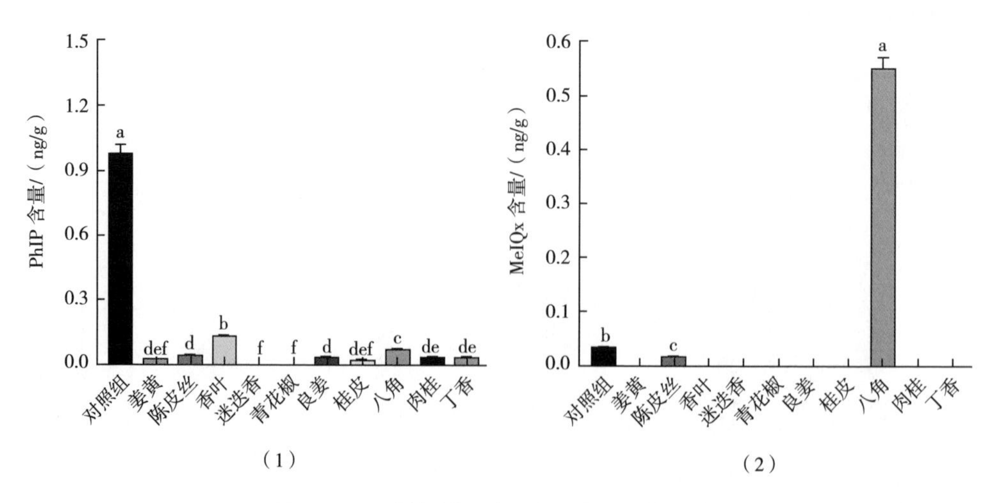

图 10-3 香辛料对烤牛肉饼中极性杂环胺的影响

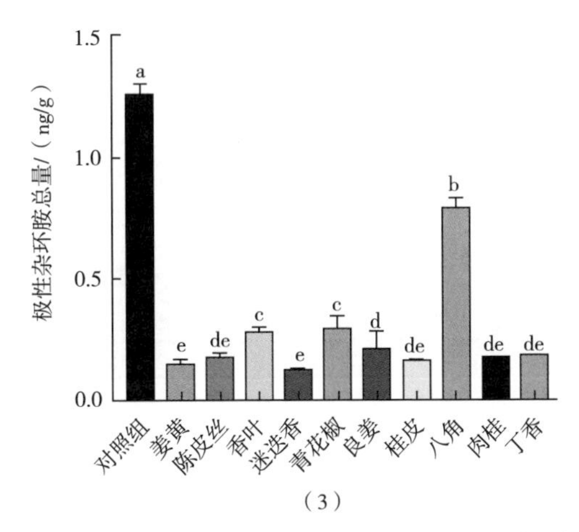

（3）

图 10-3 香辛料对烤牛肉饼中极性杂环胺的影响（续）
[图中不同字母表示差异显著（$P<0.05$）]

图 10-4 所示为烘烤牛肉饼后产生的极性与非极性共 12 种杂环胺总量。添加姜黄、陈皮丝、香叶、迷迭香、青花椒、良姜、桂皮、肉桂，均可有效抑制烤制牛肉饼中杂环胺的生成，抑制率区间为 9.50% ~ 75.27%。将迷迭香添加至牛肉饼中进行烘烤后，产生的杂环胺含量最少，仅为 0.77ng/g，抑制率达 75.27%。肉桂、桂皮、香叶、青花椒、良姜、姜黄、陈皮丝，对杂环胺抑制率可分别达到 53.66%、47.14%、46.46%、45.74%、36.47%、25.94%、9.50%。然而，0.5% 八角和丁香的添加促进了杂环胺的产生，分别促进了 55.03% 和 21.23%。表 10-2 相关性分析表明，12 种杂环胺中，非极性杂环胺 TrP-P-2、AαC、MeAαC 极性杂环胺与 PhIP、IQ、MeIQ、4,8-DiMeIQx 的生成量与香辛料抗氧化能力密切相关，香辛料的铁离子还原/抗氧化能力（ferric ion reducing antioxidant power，FRAP）与烘烤肉制品中杂环胺总量呈负相关。

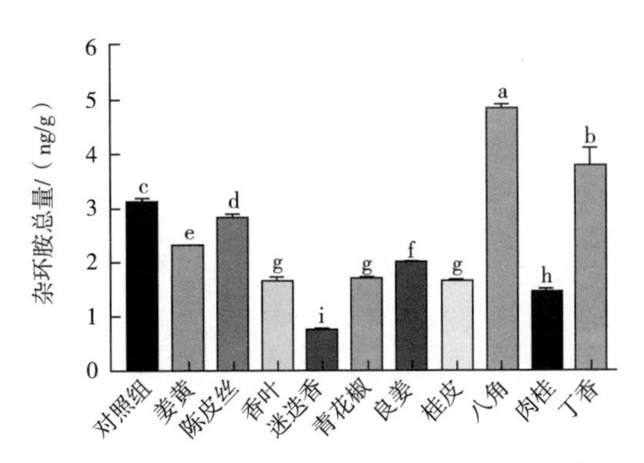

图 10-4 香辛料对烤牛肉饼中杂环胺总量的影响
[图中不同字母表示差异显著（$P<0.05$）]

表 10-2　香辛料抗氧化能力与杂环胺生成量相关性分析

杂环胺	总酚含量	黄酮含量	DPPH 自由基	ABTS 自由基	铁离子还原/抗氧化能力
Norharman	-0.056	-0.220	-0.025	-0.056	-0.474**
Harman	0.069	0.124	0.110	0.140	0.115
TrP-P-2	-0.942**	-0.471**	-0.977**	-0.979**	-0.704**
AαC	-0.680**	-0.343	-0.692**	-0.669**	-0.393*
MeAαC	-0.869**	-0.572**	-0.957**	-0.951**	-0.613**
IQ	-0.689**	-0.518**	-0.738**	-0.726**	-0.532**
MeIQ	-0.630**	-0.220	-0.567**	-0.542**	-0.458**
PhIP	-0.899**	-0.619**	-0.990**	-0.982**	-0.643**
4,8-DiMeIQx	-0.377*	-0.228	-0.469**	-0.442**	-0.030
MeIQx	-0.038	0.107	0.035	0.058	0.080
IQx	0.075	-0.017	0.068	0.087	0.019
7,8-DiMeIQx	-0.174	-0.280	-0.219	-0.192	-0.172
总杂环胺	-0.257	-0.214	-0.227	-0.220	-0.381*

注：*表示在 0.05 级别（双尾）显著相关；**表示在 0.01 级别（双尾）显著相关；DPPH 为 1,1-二苯基-2-三硝基苯肼，ABTS 为 2,2′-联氮-二（3-乙基-苯并噻唑-6-磺酸）二铵盐。

（二）黄酮类物质对丙烯酰胺形成的影响

添加原花青素、槲皮素、黄芩素、儿茶素、异甘草素、甘草素、葛根素、异鼠李素、橙皮苷和芦丁这 10 种香辛料，均可对显著降低烤制牛肉饼中丙烯酰胺的生成，抑制率达 2.80%~79.04%。将肉桂添加至牛肉饼中，进行烘烤后，产生的丙烯酰胺含量最少，仅为 24.87ng/g，丙烯酰胺抑制率达 79.04%；其次为丁香、八角、桂皮、姜黄、迷迭香、陈皮丝、香叶、良姜、青花椒，对丙烯酰胺抑制率可分别达到 70.71%、69.87%、54.47%、46.43%、44.08%、42.69%、39.84%、8.76%、2.80%。综上所述，不同香辛料作为烘烤肉制品中天然抗氧化剂的来源，会对丙烯酰胺的形成产生一定的抑制作用，相关性分析表明，香辛料中总酚（$r=-0.394$，$P<0.05$）与黄酮（$r=-0.466$，$P<0.01$）含量以及 DPPH（$r=-0.670$，$P<0.01$）、ABTS+（$r=-0.657$，$P<0.01$）、FRAP（$r=-0.466$，$P<0.01$）自由基清除能力，与烘烤肉制品中丙烯酰胺含量呈负相关，即烘烤肉样中添加的香辛料抗氧化能力越强，产生的丙烯酰胺含量相对越低。

（三）黄酮类物质对多环芳烃形成的影响

欧盟委员会条例（EC）835/2011 规定，肉制品以及热加工肉中 PAH4 和 BaP 含量分别不超过 30ng/g 和 5ng/g。香辛料对 PAH4 的影响如图 10-5 所示，BaP_{MAX}（丁

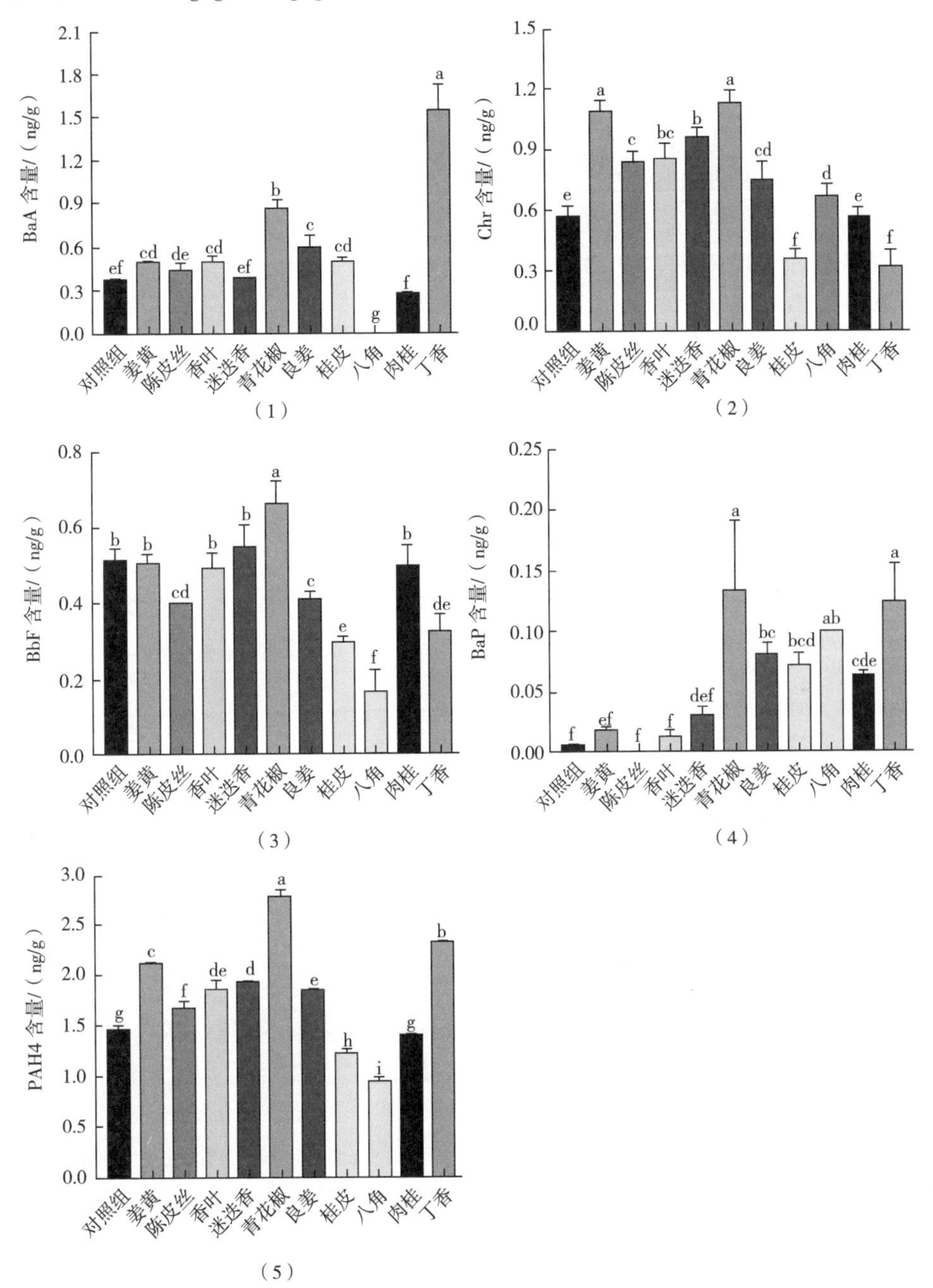

图 10-5　香辛料对烤牛肉饼中多环芳烃的影响

香）= 0.12ng/g，$PAH4_{MAX}$（青花椒）= 2.78ng/g。桂皮、八角、肉桂对 PAH4 的生成具有抑制作用，青花椒对 PAH4 的生成具有明显促进作用（$P<0.05$）。从 BaA 分析，丁香组中产生的最多，为 1.54ng/g，青花椒组次之，为 0.87ng/g，八角组产生的最少，没有达到检出限。从 Chr 分析，青花椒组中产生的最高，为 1.15ng/g，姜黄组次之，丁香组产生的最少。从 BbF 分析，青花椒组中产生的最高，为 0.63ng/g，迷迭香组次之，八角组产生的最少。从 BaP 分析，包括未添加香辛料的样品与添加香辛料组在内的所有烤制肉样，所产生的 BaP 含量均非常低。综上所述，添加不同香辛料作为烘烤肉制品中天然抗氧化剂来源，会对多环芳烃的形成产生一定的影响，青花椒对 PAH4 的生成具有明显促进作用。此外，相关性分析表明，香辛料中总酚（$r=-0.466$，$P<0.01$）含量以及 DPPH（$r=-0.417$，$P<0.05$）、ABTS+（$r=-0.514$，$P<0.01$）、FRAP（$r=-0.508$，$P<0.01$）自由基清除能力与烘烤肉制品中 Chr 含量呈负相关，即烘烤肉样中添加的香辛料抗氧化能力越强，产生的 Chr 含量越低。

第二节　花椒成分对危害物形成的影响

花椒是一种传统香辛料，常用在肉类加工过程中，赋予肉制品独特浓郁的风味。作为“中国八大调味料之一”花椒的副产物花椒叶已被证明富含多酚类化合物，并具有较好的抗菌和抗氧化活性，通常用于提取香精、制作调料和椒茶等（史劲松等，2003）。

一、花椒概述

在全世界范围内花椒属（*Zanthoxylum*）有 250 多种，其中在我国有 45 种，包含了 14 个变种。植物学分类上，花椒（*Zanthoxylum bungeanum* Maxim.）属于芸香科花椒属，广泛种植于中国、日本、印度、韩国等地（Zhang et al.，2017）。1977 年，花椒属植物就被列入《中华人民共和国药典》，自此以后，有 30 多个含有花椒的处方应用于治疗腹痛、腹泻、牙痛、呕吐、湿疹、消化不良等病症。目前，已经从花椒属植物中分离鉴定出 140 多种化合物，包括生物碱、萜类、类黄酮和游离脂肪酸等，以及少量的无机元素，为后续研究及应用提供了坚实基础（Yang，2008；Yang et al.，2013；Xia et al.，2011；魏刚才等，2008）。研究结果表明，花椒属植物有镇痛作用、抗炎作用、抗菌作用、抗氧化作用、对消化系统和循环系统的改善作用等多种药理活性（卢长庆等，1995；袁海梅等，2015）。随着对花椒的研究不断深入，科研人员发现花椒全身是宝，从花椒果皮、花椒籽到花椒叶，都具有很重要的经济和科学价值。花椒果皮是花椒属植物中最受欢迎的产品之一，在我国具有十分悠久的药用和商用历史，其因独特的香味和麻味而常被用作烹饪调味品，被称为最具有中国特色“八大调味品”之一（Xiang et al.，2016）。对采集自长春的花椒果皮中的挥发性成分进行分析，共鉴定出34种挥发性成分（Wang et al.，2010）。花椒籽是花椒的主要副产物，而采集自四川省汉源县的花椒籽油主要含有C18：3、C22：6、C20：4、C18：2、C18：1和C20：1等不饱和脂肪酸，占总量的84%；并且发现花椒籽油具有显著的清除DPPH自由基的能力，其含有大量的不饱和脂肪酸是其潜在抗氧化活性的重要原因（Xia et al.，2011）。

二、 花椒叶的化学成分

花椒叶（*Z. bungeanum* leaves）因具有特殊的麻香味和丰富的营养而具有重要的食用价值，通常用于提取香精、制作调料和椒茶等（史劲松等，2003）。近年来，越来越多的学者致力于研究花椒叶的活性成分，发现其含有丰富的化学物质，包括挥发油、生物碱、酰胺、多酚类化合物、香豆素、木质素等，但目前多数研究集中在对挥发性成分的研究。史芳芳等（2020）研究发现，共有51种化合物从采集自四川省遂宁市的竹叶花椒叶挥发油中分离鉴定出来，相对含量较高的有芳樟醇（41.40%）、柠檬烯（21.95%）、α-葑烯（7.36%）、L-4-萜品醇（5.69%）、月桂烯等（3.59%）。张媛燕等（2016）则从福建采集的大叶臭花椒干叶和鲜叶中鉴定出以β-水芹烯、芳樟醇、异松油烯等为主的多种挥发性成分。花椒叶中存在的多种多酚化合物赋予其良好的抗氧化能力和广谱的抗菌活性，使其受到越来越多的关注。Yang等（2013）从采集自河北省的花椒叶中共鉴定出11种多酚化合物，包括4-葡糖苷-香草酸（22.75μg/g）、奎尼酸（58.58μg/g）、绿原酸（2515.96μg/g）、表儿茶素（77.80μg/g）、5-阿魏酰奎宁酸（16.63μg/g）、丁香苷（103.23μg/g）、芦丁（89.41μg/g）、金丝桃苷（886.36μg/g）、3-阿拉伯糖苷-槲皮素（118.75μg/g）、槲皮苷（645.82μg/g）、3-葡糖苷-异鼠李素（104.27μg/g）。李君珂（2015）对采集自陕西省的花椒叶乙醇提取物进行分析，发现主要含有8种多酚化合物，其中绿原酸（2.67g/100g）、金丝桃苷（8.25g/100g）和槲皮苷（11.62g/100g）是含量最高的3种多酚。

三、 花椒叶的活性功能

在一些古籍中，如《本草纲目》等，曾有关于花椒叶药用价值的文字记录，现代学者也对花椒叶的活性功能进行了深入的科学探究。Chang等（2018）报道从四川汉源采集的花椒叶的甲醇提取物表现出对金黄色葡萄球菌的强效抗菌膜活性，并且分离鉴定出4种主要抗菌化合物，分别为新绿原酸（neochlorogenic acid）、绿原酸（chlorogenic acid）、隐绿原酸（cryptochlorogenic acid）和4-*O*-咖啡酰-2，3-二羟基-2-甲基丁酸（4-*O*-caffeoyl-2，3dihydroxy-2-methylbutyric acid），这4种物质抑制金黄色葡萄球菌的最低浓度为5mg/mL。孙晨倩等（2015）报道采集自陕西西安的“大红袍”花椒叶片的提取物可使黑腹果蝇体内超氧化物歧化酶（SOD）活性以及谷胱甘肽过氧化物酶（GSH-Px）活性显著提高；Li 等（2015）也发现花椒叶醇提物以及绿原酸、金丝桃苷和槲皮苷的添加能够提高白鲢咸鱼加工过程中背侧肌和腹侧肌的内源抗氧化酶、过氧化氢酶（CAT）、SOD 和 GSH-Px 的活性，降低脂质氧化程度，并认为主要是多酚物质的强抗氧化能力为此提供了必要条件。

四、 花椒叶醇提物对烤牛肉饼杂环胺形成的影响

陕西省的花椒叶富含多酚类物质，其中含量最高的 3 种多酚是绿原酸、金丝桃苷和槲皮苷；花椒叶具有良好的抗氧化活性，能够提高内源抗氧化酶活性，并能降低白鲢咸鱼加工过程中的脂质氧化程度（Li et al.，2015b）。

1. 花椒叶醇提物的制备方法

花椒叶醇提物（*Zanthoxylum bungeanum* Maxim. leaf alcohol extract，ZME）的制备方法简述如下：准确称取 500g 干燥的花椒叶粉末，按照 1∶20 的料液比加入 65% 体积比的乙醇溶液，超声波辅助萃取 30min。萃取液过滤后经旋转蒸发以除去乙醇，剩余水相用冷冻干燥机冻干后即得花椒叶醇提物，将花椒叶醇提物置于-20℃储存备用。

2. 花椒叶醇提物对烤牛肉饼中杂环胺形成的影响

如表 10-3 所示，在烤牛肉饼中共检测出 7 种杂环胺，其中包括 4 种极性杂环胺（PhIP、IQ、MeIQ 和 8-MeIQx）和 3 种非极性杂环胺（Harman、Norharman 和 AαC）。烤牛肉饼中总杂环胺的含量在 3.72～6.17ng/g，单一杂环胺的含量在低于检出限与 2.69ng/g（对照组的 MeIQ 含量）之间。

表 10-3 花椒叶醇提物对烤牛肉饼中杂环胺形成的影响

ZME 添加量	极性杂环胺/（ng/g）				非极性杂环胺/（ng/g）			总杂环胺/（ng/g）
	PhIP	IQ	MeIQ	8-MeIQx	Harman	Norharman	AαC	
对照组	0.85±0.05[a]	0.91±0.05[a]	2.69±0.13[a]	ND	0.67±0.04[a]	1.02±0.05[b]	0.02±0.00[a]	6.17±0.23[a]
0.15g/kg	0.51±0.05[b]	0.43±0.06[b]	2.29±0.06[b]	ND	0.52±0.03[b]	1.02±0.10[b]	ND	4.77±0.08[b]
0.30g/kg	0.32±0.03[c]	0.26±0.01[c]	1.71±0.09[c]	0.13±0.01[a]	0.46±0.05[bc]	1.02±0.06[b]	ND	3.90±0.14[c]
0.45g/kg	0.24±0.05[c]	0.20±0.03[c]	1.37±0.05[d]	0.09±0.01[a]	0.43±0.04[c]	1.39±0.07[a]	ND	3.72±0.08[c]

注：表内数据表示为平均值±标准差，同列肩标不同小写字母（a～d）表示不同处理间差异显著（$P<0.05$）；ND 表示未检出。

对于极性杂环胺，除 8-MeIQx 外，添加花椒叶醇提物的烤牛肉饼中 PhIP、IQ 和 MeIQ 的含量均显著低于对照组（$P < 0.05$），并且其含量随着花椒叶醇提物添加水平的增加而降低。MeIQ 是烤牛肉饼中含量最高的极性杂环胺，随着花椒叶醇提物添加量的增加，MeIQ 的生成量呈显著降低趋势（$P < 0.05$）。当添加量为 0.45g/kg 时，对 MeIQ 的抑制率最高（49.07%）。IQ 是含量第二丰富的极性杂环胺，与未添加花椒叶醇提物的样品相比，3 个添加水平的花椒叶醇提物对 IQ 的抑制率分别为 52.75%、71.43% 和 78.02%。PhIP 是肉制品中最为常见的杂环胺之一，花椒叶醇提物对 PhIP 的抑制效应呈剂量依赖型，当醇提物的添加量为 0.45g/kg 时，抑制率达到 71.76%。Tsen 等（2006）报道在 204℃的条件下炸牛肉饼（7.5min/面），通过添加 0.3% 的迷迭香粉可显著抑制 PhIP 的形成，平均抑制率为 77%。花椒叶醇提物对 8-MeIQx 的抑制效果与 PhIP、IQ 和 MeIQ 截然相反，未添加花椒叶醇提物的样品和添加 0.15g/kg 花椒叶醇提物的烤牛肉饼中 8-MeIQx 生成量低于检出限，而添加 0.30 和 0.45g/kg 醇提物显著促进 8-MeIQx 的形成（$P < 0.05$），其含量最高可达 0.13ng/g。花椒叶醇提物促进烤牛肉饼中 8-MeIQx 形成的可能原因有：一是 8-MeIQx 与其他类型杂环胺的形成过程不同，研究发现在模型体系中 8-MeIQx 可由 17 种不同的氨基酸形成，这使得其形成路径相较于其他杂环胺复杂得多（Johansson et al.，1995）；二是可能花椒叶醇提物中某些组分促进了 8-MeIQx 的形成。对于 Norharman，其形成机制较为特殊，研究证实色氨酸是 β-咔啉类杂环胺形成的重要前体物质（Pfau et al.，2004）。相同的条件下，过量的色氨酸会使 Harman 和 Norharman 的水平分别提高 70 和 20 倍（Skog et al.，2000）。研究发现一些富含多酚的植物提取物，包括黑胡椒、迷迭香和芙蓉提取物，均能够促进熟肉样品中 Norharman 的形成（Gibis et al.，2010；Tsen et al.，2006；Zeng et al.，2017）。已经证实 Norharman 在较低的温度下即能形成，且铁离子和铜离子的存在也会促进其形成（Ziegenhagen et al.，1999）。因此，花椒叶醇提物处理组中 Norharman 含量的增加可能与 Norharman 的形成机制以及本试验的加工条件和花椒叶醇提物本身所含的某些成分有关。

对于非极性杂环胺，3 个添加水平的花椒叶醇提物均能够 100% 抑制烤牛肉饼中 AαC 的形成。Tengilimoglu-Metin 等（2017）发现 1.0% 朝鲜蓟提取物能够 100% 抑制烤牛肉饼中 AαC 的形成。Harman 和 Norharman 均属于 β-咔啉类杂环胺，它们本身并不具有诱变性，只有在芳香胺如苯胺或邻甲苯胺存在时才会发生诱变。花椒叶醇提物对 Harman 和 Norharman 形成的影响不同，花椒叶醇提物的添加显著抑制 Harman 的形成（$P < 0.05$），并且随着添加量的增加，其抑制率增加，最大抑制率为 35.82%；而对于 Norharman，添加 0.45g/kg 的花椒叶醇提物显著促进其形成（$P < 0.05$），其生成量是对照组的 1.36 倍。不同浓度的花椒叶醇提物均可显著降低烤牛肉饼中的总杂环胺含量（$P < 0.05$），3 个添加水平下的醇提物对总杂环胺的抑制率分别为 22.69%、36.79% 和 39.87%。花椒叶醇提物对烤牛肉饼中杂环胺的形成有良好的抑制作用，具有应用于抑制牛肉制品有害物质形成的潜力。

花椒叶醇提物在总体上抑制了烤牛肉饼中杂环胺的形成，对总杂环胺的抑制率为22.69%~39.87%。大量研究表明一些天然植物提取物能够有效抑制杂环胺的形成，并且能够降低熟肉样品的诱变性，这主要与提取物中含有的多酚化合物有关（Ahn et al.，2005；Khan et al.，2019；Sabally et al.，2016；Tengilimoglu-Metin et al.，2017）。花椒叶醇提物富含多酚物质，主要的多酚有8种，分别为奎宁酸、绿原酸、5-阿魏酰奎宁酸、芦丁、金丝桃苷、槲皮素-3-阿拉伯糖苷、槲皮苷和杜荆素。芦丁对化学模型体系中IQx的形成有显著的抑制作用，抑制率达到了100%（Zeng et al.，2016）。有报道显示添加0.045%绿原酸对油炸草鱼杂环胺的抑制率达到94.85%（李君珂等，2020）。

3. 花椒叶主要多酚对PhIP形成的影响

从花椒叶醇提物中分离鉴定出包括酚酸和类黄酮在内的多种多酚类化合物，其中，绿原酸是含量最丰富的酚酸、金丝桃苷和槲皮苷是最主要的两种类黄酮化合物，其含量分别为2.67、8.25和11.62g/100g（Li et al.，2015a），近年来，多酚类化合物因其良好的抗氧化性和广谱抗菌活性而受到广泛关注（Singh et al.，2016），多酚类化合物不仅具有抑制高蛋白食品热加工过程中杂环胺形成的活性，而且能够通过捕获杂环胺的中间产物而转化为新的加合物，一些加合物具有潜在的健康益处。

绿原酸、金丝桃苷、槲皮苷3种多酚化合物在烤牛肉饼中的添加量见表10-4，它们对烤牛肉饼中PhIP形成的抑制作用如图10-6所示。统计分析结果表明，添加物及添加物和添加水平的相互作用对烤牛肉饼中PhIP的形成均有极显著影响（$P<0.01$）。PhIP的生成量随金丝桃苷添加量的增加而降低，当金丝桃苷的添加量从15μg/g增加到45μg/g时，烤牛肉饼中PhIP的生成量从0.61ng/g降低至0.25ng/g，

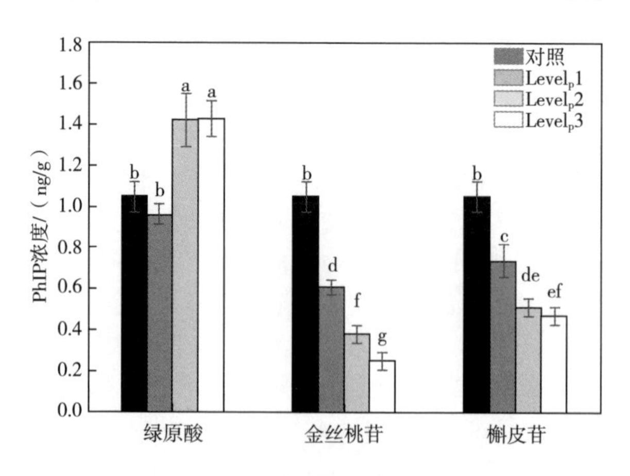

图10-6 不同添加水平多酚化合物对烤牛肉饼中PhIP形成的影响

[Level$_p$代表烤牛肉饼中各物质的添加水平，柱形图中不同小写字母（a~g）表示不同处理组间差异显著（$P<0.05$）]

并且任意两组间存在显著性差异（$P < 0.05$）。槲皮苷也表现出相似的抑制作用，与对照组相比，随着槲皮苷添加量的增加，其对 PhIP 的抑制作用逐渐增强。然而，与未添加组和添加 5μg/g 绿原酸的烤牛肉饼相比，添加 10μg/g 和 15μg/g 的绿原酸显著增加了 PhIP 的生成量（$P < 0.05$），这表明一定浓度的绿原酸会促进 PhIP 的形成。总体而言，金丝桃苷在 3 个添加水平下对 PhIP 形成的抑制作用显著强于其他两种多酚（$P<0.05$）。各处理组中，抑制效果最强的是添加 45μg/g 金丝桃苷，抑制率高达 76.19%，其次是添加 60μg/g 槲皮苷，抑制率为 55.24%。结果显示，除添加较高水平绿原酸的烤牛肉饼中的 PhIP 生成量显著高于对照组外，其余多酚组的 PhIP 生成量均显著低于对照组（$P < 0.05$），这表明 3 种多酚化合物均具有较好的 PhIP 抑制活性。

表 10-4 烤牛肉饼中三种多酚化合物的添加水平

处理组	$Level_p$ 1	$Level_p$ 2	$Level_p$ 3
绿原酸	5μg/g	10μg/g	15μg/g
金丝桃苷	15μg/g	30μg/g	45μg/g
槲皮苷	20μg/g	40μg/g	60μg/g

注：$Level_p$ 代表各物质在烤牛肉饼中的添加水平，1、2 和 3 代表 3 个不同的添加水平。

IQ 型杂环胺广泛存在于肉制品中，尽管常以微量水平（ng/g）检出，但长期摄入及在体内的积累作用对人类健康造成严重威胁。现有研究表明，一些植物提取物能够抑制 IQ 型杂环胺的形成，其主要原因是植物多酚类化合物能够清除 IQ 型杂环胺形成过程中产生的自由基（Ahn et al., 2005；Tengilimoglu-Metin et al., 2017）。3 种多酚化合物对 IQ 和 MeIQ 形成有明显影响，UPLC-MS 分析结果显示烤牛肉饼中 IQ 和 MeIQ 的含量分别为 0.15~0.59ng/g 和 0.96~2.39ng/g。3 种多酚化合物对烤牛肉饼中 IQ 形成的影响如图 10-7（1）所示，统计分析结果表明，多酚种类、添加水平及两者的交互作用对 IQ 的形成均有极显著影响（$P<0.01$）。与未添加组相比，3 种多酚不同程度地抑制了烤牛肉饼中 IQ 的形成（$P<0.05$）。绿原酸对 IQ 的抑制作用随其添加水平的增加而逐渐增强。当绿原酸的添加量从 5μg/g 增加至 15μg/g 时，IQ 的生成量从 0.36ng/g 降低至 0.15ng/g，且任意两处理组之间均存在显著性差异（$P<0.05$）。槲皮苷也表现出类似的抑制效果，其对应的 IQ 浓度介于 0.20~0.39ng/g，但 40μg/g 与 60μg/g 槲皮苷组之间差异不显著（$P > 0.05$）。然而金丝桃苷表现出与上述两种多酚不同的抑制效果，随着金丝桃苷添加量的增加，IQ 的生成量呈现先增加后降低的趋势，添加 15μg/g 金丝桃苷时，IQ 的生成量最低，为 0.22ng/g。在所有烤牛肉饼中，对 IQ 抑制效果最强的是添加 15μg/g 绿原酸，抑制率高达 74.58%，其次是添加 40μg/g 槲皮苷，其抑制率为 69.49%。图 10-7（2）所示为 3 种多酚化合物对烤牛肉饼中 MeIQ 形成的影响。从图中可以看出，MeIQ 的形成受到了 3 种多酚不同程度地抑制，添加多酚的烤牛肉饼中 MeIQ 的生成量比对照组均显著降低（$P<0.05$）。绿原酸和槲皮苷对 MeIQ 形成的抑制作用在同一添加水平下差异均不显著（$P>0.05$），抑制率分别为 30.13%～59.83% 和 26.78%～51.88%。金丝桃苷对 MeIQ 的抑制效应与模型体系相类似，当添加量为 45μg/g 时，其抑制率最高，为 50.21%。

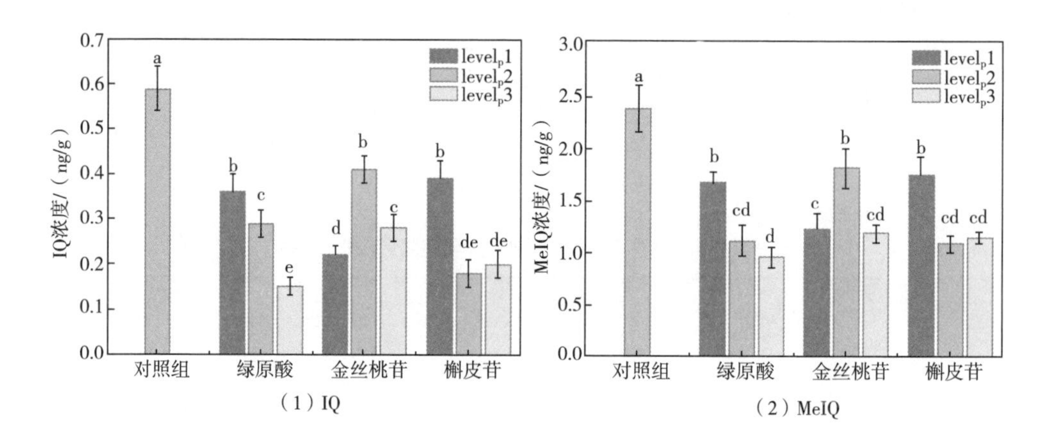

图 10-7 多酚化合物对烤牛肉饼中 IQ 和 MeIQ 形成的影响

[Level$_p$代表烤牛肉饼中各物质的添加水平，柱形图中不同小写字母（a～e）表示不同处理组间差异显著（$P<0.05$）]

参考文献

[1] 陈晓慧，徐雅琴．黄酮类化合物生物活性及在食品中的应用研究［J］．食品工程，2006（3）：12-14.

[2] 郭维玲．抗氧化剂清除自由基的作用机理及结构-活性关系研究［D］．济南：山东师范大学，2007.

[3] 胡云霞，樊金玲，武涛．黄酮类化合物分类和生物活性机理［J］．枣庄学院学报，2014（2）：72-78.

[4] 李君珂，孙雪梅，柳全文，等．绿原酸对不同加热方式的草鱼品质的影响［J］．食品科学，2020，41（4）：80-85.

[5] 李君珂．花椒叶醇提物对白鲢咸鱼加工中脂质氧化和内源抗氧化酶活性的影响［D］．南京：南京农业大学，2015.

[6] 李雨竹．减盐对培根加工过程多环芳烃生成的影响及机制研究［D］．合肥：合肥工业大学，2020.

[7] 卢长庆，路雪雅．不同品种花椒粗提物抗菌、抗氧化作用比较研究［J］．中国中药杂志，

1995 (12): 752-753.

[8] 卢键媚, 林晓蓉, 陈忠正, 等. 反应条件对糖-酸反应体系中3-脱氧葡萄糖醛酮及5-羟甲基糠醛形成的影响 [J]. 食品工业科技, 2022, 43 (2): 93-100.

[9] 史芳芳, 周孟焦, 梁晓峰, 等. 竹叶花椒叶挥发油提取及其化学成分的GC-MS分析 [J]. 中药材, 2020, 43 (5): 1191-1195.

[10] 史劲松, 顾龚平, 吴素玲, 等. 花椒资源与开发利用现状调查 [J]. 中国野生植物资源, 2003 (5): 6-8.

[11] 孙晨倩, 王正齐, 姚美, 等. 花椒叶的化学组成、叶提取物体外抗氧化活性及其对黑腹果蝇抗氧化酶活性的影响 [J]. 植物资源与环境学报, 2015, 24 (4): 38-44.

[12] 魏刚才, 谢红兵, 李学斌, 等. 火焰原子吸收光谱测定花椒及椒皮、椒籽中铜、锌、铁、锰含量 [J]. 光谱实验室, 2008 (3): 476-479.

[13] 袁海梅, 邱露, 谢贞建, 等. 花椒属植物生物碱类成分及其药理活性研究进展 [J]. 中国中药杂志, 2015, 40 (23): 4573-4584.

[14] 张渊博. 煎炸过程中单氯丙醇酯及缩水甘油酯的变化规律及其影响因素研究 [D]. 无锡: 江南大学, 2018.

[15] 张媛燕, 陈伟鸿, 纪鹏伟, 等. 大叶臭花椒果、叶挥发油化学成分的比较分析 [J]. 福建师范大学学报 (自然科学版), 2016, 32 (1): 65-70.

[16] AHN J, GRÜN I U. Heterocyclic amines: 2 inhibitory effects of natural extracts on the formation of polar and nonpolar heterocyclic amines in cooked beef [J]. Journal of Food Science, 2005, 70 (4): C263-C268.

[17] ALNOUMANI H, ATAMAN Z A, WERE L. Lipid and protein antioxidant capacity of dried Agaricus bisporus in salted cooked ground beef [J]. Meat Science, 2017, 129: 9-19.

[18] BORGEN E, SOLYAKOV A, SKOG K. Effects of precursor composition and water on the formation of heterocyclic amines in meat model systems [J]. Food Chemistry, 2001, 74 (1): 11-19.

[19] CALTA P, VELÍŠEK J, DOLEŽAL M, et al. Formation of 3-chloropropane-1, 2-diol in systems simulating processed foods [J]. European Food Research and Technology, 2004, 218 (6): 501-506.

[20] CHANG S Y, XIAO K, ZHANG J Q, et al. Antibacterial and antibiofilm effects of *Zanthoxylum bungeanum* leaves against *Staphylococcus aureus* [J]. Natural Product Communications, 2018, 13 (8): 345-351.

[21] CHENG K W, CHEN F, WANG M. Inhibitory activities of dietary phenolic compounds on heterocyclic amine formation in both chemical model system and beef patties [J]. Molecular Nutrition & Food Research, 2007, 51 (8): 969-976.

[22] CHENG K W, WONG C C, CHO C K, et al. Trapping of phenylacetaldehyde as a key mechanism responsible for naringenin's inhibitory activity in mutagenic 2-amino-1-methyl-6-phenylimidazo [4,5-b] pyridine formation [J]. Chemical Research in Toxicology, 2008, 21 (10): 2026-2034.

[23] FIORE A, TROISE A D, MOGOL B A, et al. Controlling the Maillard reaction by reactant encapsulation: sodium chloride in cookies [J]. Journal of Agricultural and Food Chemistry, 2012, 60 (43): 10808-10814.

[24] GIBIS M, WEISS J. Inhibitory effect of marinades with hibiscus extract on formation of heterocyclic aromatic amines and sensory quality of fried beef patties [J]. Meat Science, 2010, 85 (4): 735-742.

[25] GÖKMEN V, ŞENYUVA H Z. Acrylamide formation is prevented by divalent cations during the Maillard reaction [J]. Food Chemistry, 2007, 103 (1): 196-203.

[26] HITZEL A, PÖHLMANN M, SCHWÄGELE F, et al. Polycyclic aromatic hydrocarbons (PAH) and phenolic substances in meat products smoked with different types of wood and smoking spices [J]. Food Chemistry, 2013, 139 (1-4): 955-962.

[27] HOFMANN T, BORS W, STETTMAIER K, et al. Studies on radical intermediates in the early stage of the nonenzymatic browning reaction of carbohydrates and amino acids [J]. Journal of Agricultural and Food Chemistry, 1999, 47 (2): 379-390.

[28] HSU K Y, CHEN B H. Analysis and reduction of heterocyclic amines and cholesterol oxidation products in chicken by controlling flavorings and roasting condition [J]. Food Research International, 2020, 131: 109004.

[29] JANOSZKA B. HPLC-fluorescence analysis of polycyclic aromatic hydrocarbons (PAHs) in pork meat and its gravy fried without additives and in the presence of onion and garlic [J]. Food Chemistry, 2011, 126 (3): 1344-1353.

[30] JIANG Y, HENGEL M, PAN C, et al. Determination of toxic alpha-dicarbonyl compounds, glyoxal, methylglyoxal, and diacetyl, released to the headspace of lipid commodities upon heat treatment [J]. Journal of Agricultural and Food Chemistry, 2013, 61 (5): 1067-1071.

[31] JOHANSSON M A, FAY L B, GROSS G A, et al. Influence of amino acids on the formation of mutagenic/carcinogenic heterocyclic amines in a model system [J]. Carcinogenesis, 1995, 16 (10): 2553-2560.

[32] KHAN I A, LIU D, YAO M, et al. Inhibitory effect of Chrysanthemum morifolium flower extract on the formation of heterocyclic amines in goat meat patties cooked by various cooking methods and temperatures [J]. Meat Science, 2019, 147: 70-81.

[33] KIKUGAWA K. Involvement of free radicals in the formation of heterocyclic amines and prevention by antioxidants [J]. Cancer Letter, 1999, 143 (2): 123-126.

[34] KOCADAGLI T, GOKMEN V. Effects of sodium chloride, potassium chloride, and calcium chloride on the formation of α-dicarbonyl compounds and furfurals and the development of browning in cookies during baking [J]. Journal of Agricultural and Food Chemistry, 2016, 64 (41): 7838-7848.

[35] LEE H, JIAAN C Y, TSAI S J. Flavone inhibits mutagen formation during heating in a glycine/creatine/glucose model system [J]. Food Chemistry, 1992, 45 (4): 235-238.

[36] LI C, ZHOU Y, ZHU J, et al. Formation of 3-chloropropane-1, 2-diol esters in model systems

simulating thermal processing of edible oil [J]. LWT-Food Science and Technology, 2016, 69: 586-592.

[37] LI J, HUI T, WANG F, et al. Chinese red pepper (*Zanthoxylum bungeanum* Maxim.) leaf extract as natural antioxidants in salted silver carp (*Hypophthalmichthys molitrix*) in dorsal and ventral muscles during processing [J]. Food Control, 2015a, 56: 9-17.

[38] LI J, WANG F, LI S, et al. Effects of pepper (*Zanthoxylum bungeanum* Maxim.) leaf extract on the antioxidant enzyme activities of salted silver carp (*Hypophthalmichthys molitrix*) during processing [J]. Journal of Functional Foods, 2015b, 18: 1179-1190.

[39] LI Y Z, CAI K Z, HU G F, et al. Substitute salts influencing the formation of PAHs in sodium-reduced bacon relevant to Maillard reactions [J]. Food Control, 2021, 121: 107631.

[40] LI Y, HE J L, QUAN W, et al. Effects of polyphosphates and sodium chloride on heterocyclic amines in roasted beef patties as revealed by UPLC-MS/MS [J]. Food Chemistry, 2020, 326: 127016.

[41] LI Y, XUE C, QUAN W, et al. Assessment the influence of salt and polyphosphate on protein oxidation and Nepsilon- (carboxymethyl) lysine and Nepsilon- (carboxyethyl) lysine formation in roasted beef patties [J]. Meat Science, 2021, 177: 108489.

[42] MIN S, PATRA J K, SHIN H S. Factors influencing inhibition of eight polycyclic aromatic hydrocarbons in heated meat model system [J]. Food Chemistry, 2018, 239: 993-1000.

[43] MURKOVIC M, STEINBERGER D, PFANNHAUSER W. Antioxidant spices reduce the formation of heterocyclic amines in fried meat [J]. Zeitschrift für Lebensmitteluntersuchung und -Forschung A, 1998, 207 (6): 477-480.

[44] NERURKAR P V, MARCHAND L L, COONEY R V. Effects of marinating with Asian marinades or western barbecue sauce on PhIP and MeIQx formation in barbecued beef [J]. Nutrition & Cancer, 1999, 34 (2): 147-152.

[45] OGURI A, SUDA M, TOTSUKA Y, et al. Inhibitory effects of antioxidants on formation of heterocyclic amines [J]. Mutation Research, 1998, 402 (1-2): 237-245.

[46] PERSSON E, SJOHOLM I, SKOG K. Effect of high water-holding capacity on the formation of heterocyclic amines in fried beefburgers [J]. Journal of Agricultural and Food Chemistry, 2003, 51 (15): 4472-4477.

[47] PFAU W, SKOG K. Exposure to β-carbolines norharman and harman [J]. Journal of Chromatography B, 2004, 802 (1): 115-126.

[48] PUANGSOMBAT K, JIRAPAKKUL W, SMITH J S. Inhibitory activity of Asian spices on heterocyclic amines formation in cooked beef patties [J]. Journal of Food Science, 2011, 76 (8): 174-180.

[49] PUANGSOMBAT K, SMITH J S. Inhibition of heterocyclic amine formation in beef patties by ethanolic extracts of rosemary [J]. Journal of Food Science, 2010, 75 (2): 40-47.

[50] RAHN A K K, YAYLAYAN V A. Mechanism of chemical activation of sodium chloride in the presence of amino acids [J]. Food Chemistry, 2015, 166: 301-8.

[51] SABALLY K, SLENO L, JAUFFRIT J A, et al. Inhibitory effects of apple peel polyphenol extract on the formation of heterocyclic amines in pan fried beef patties [J]. Meat Science, 2016, 117: 57-62.

[52] SEPAHPOUR S, SELAMAT J, KHATIB A, et al. Inhibitory effect of mixture herbs/spices on formation of heterocyclic amines and mutagenic activity of grilled beef [J]. Food Additives & Contaminants: Part A, 2018, 35 (10): 1911-1927.

[53] SINGH J P, KAUR A, SINGH N, et al. In vitro antioxidant and antimicrobial properties of jambolan (*Syzygium cumini*) fruit polyphenols [J]. LWT - Food Science and Technology, 2016, 65: 1025-1030.

[54] SKOG K, JAGERSTAD M. Effects of monosaccharides and disaccharides on the formation of food mutagens in model systems [J]. Mutation research, 1990, 230 (2): 263-72.

[55] SKOG K, SOLYAKOV A, JÄGERSTAD M. Effects of heating conditions and additives on the formation of heterocyclic amines with reference to amino-carbolines in a meat juice model system [J]. Food Chemistry, 2000, 68 (3): 299-308.

[56] SMITH J S, AMERI F, GADGIL P. Effect of marinades on the formation of heterocyclic amines in grilled beef steaks [J]. Journal of Food Science, 2008, 73 (6): 100-105.

[57] TENGILIMOGLU-METIN M M, HAMZALIOGLU A, GOKMEN V, et al. Inhibitory effect of hawthorn extract on heterocyclic aromatic amine formation in beef and chicken breast meat [J]. Food Research International, 2017, 99: 586-595.

[58] TENGILIMOGLU-METIN M M, KIZIL M. Reducing effect of artichoke extract on heterocyclic aromatic amine formation in beef and chicken breast meat [J]. Meat Science, 2017, 134: 68-75.

[59] TIKKANEN L M, LATVA-KALA K J, HEINIO R L. Effect of commercial marinades on the mutagenic activity, sensory quality and amount of heterocyclic amines in chicken grilled under different conditions [J]. Food & Chemical Toxicology, 1996, 34 (8): 725-730.

[60] TROISE A D. Analytical strategies to depict the fate of the Maillard reaction in foods [J]. Current opinion in Food Science, 2018, 19: 15-22.

[61] TSEN S Y, AMERI F, SMITH J S. Effects of rosemary extracts on the reduction of heterocyclic amines in beef patties [J]. Journal of Food Science, 2006, 71 (8): C469-C473.

[62] TSEN S Y, AMERI F, SMITH J S. Effects of rosemary extracts on the reduction of heterocyclic amines in beef patties [J]. Journal of Food Science, 2010, 71 (8): C469-C473.

[63] WANG L, WANG Z, LI X, et al. Analysis of volatile compounds in the pericarp of *Zanthoxylum bungeanum* Maxim. by ultrasonic nebulization extraction coupled with headspace single-drop microextraction and GC-MS [J]. Chromatographia, 2010, 71 (5): 455-459.

[64] WANG Y, HO C T. Flavour chemistry of methylglyoxal and glyoxal [J]. Chemical Society Reviews, 2012, 41 (11): 4140-9.

[65] WEISBURGER J H. Inhibition of PhIp Mutagenicity by Caffeine, Lycopene, Daidzein, and Genistein [J]. Mutation Research, 1998, 416: 125-128.

[66] XIA L, YOU J, LI G, et al. Compositional and antioxidant activity analysis of *Zanthoxylum bungeanum* seed oil obtained by supercritical CO_2 fluid extraction [J]. Journal of the American Oil Chemists' Society, 2011, 88 (1): 23-32.

[67] XIANG L, LIU Y, XIE C, et al. The chemical and genetic characteristics of Szechuan pepper (*Zanthoxylum bungeanum* and *Z. armatum*) cultivars and their suitable habitat [J]. Frontiers in Plant Science, 2016, 7: 467.

[68] YANG L, LI R, TAN J, et al. Polyphenolics composition of the leaves of *Zanthoxylum bungeanum* maxim. grown in Hebei, China, and their radical scavenging activities [J]. Journal of Agricultural and Food Chemistry, 2013, 61 (8): 1772-1778.

[69] YANG X. Aroma constituents and alkylamides of red and green Huajiao (*Zanthoxylum bungeanum* and *Zanthoxylum schinifolium*) [J]. Journal of Agricultural and Food Chemistry, 2008, 56 (5): 1689-1696.

[70] YU Y, WANG G, LUO Y, et al. Effect of natural spices on precursor substances and volatile flavor compounds of boiled Wuding chicken during processing [J]. Flavour and Fragrance Journal, 2020, 35 (5): 570-583.

[71] ZENG M, LI Y, HE Z, et al. Discrimination and investigation of inhibitory patterns of flavonoids and phenolic acids on heterocyclic amine formation in chemical model systems by UPLC-MS profiling and chemometrics [J]. European Food Research and Technology, 2016, 242 (3): 313-319.

[72] ZENG M, ZHANG M, CHEN J, et al. UPLC-MS/MS and multivariate analysis of inhibition of heterocyclic amine profiles by black pepper and piperine in roast beef patties [J]. Chemometrics and Intelligent Laboratory Systems, 2017, 168: 96-106.

[73] ZHANG M, WANG J, ZHU L, et al. *Zanthoxylum bungeanum* maxim. (Rutaceae): A systematic review of its traditional uses, botany, phytochemistry, pharmacology, pharmacokinetics, and toxicology [J]. International Journal of Molecular Sciences, 2017, 18 (10): E2172.

[74] ZHANG Y, LUO Z, SHAO Z, et al. Effects of antioxidants of bamboo leaves and flavonoids on 2-amino-1-methyl-6-phenylimidazo [4,5-B] pyridine (PhIP) formation in chemical model systems [J]. Journal of Agricultural and Food Chemistry, 2014, 62 (20): 4798-4802.

[75] ZHANG Y, YU C, MEI J, et al. Formation and mitigation of heterocyclic aromatic amines in fried pork [J]. Food Additives & Contaminants: Part A, 2013, 30 (9): 1501-1507.

[76] ZHU Q, ZHANG S, WANG M, et al. Inhibitory effects of selected dietary flavonoids on the formation of total heterocyclic amines and 2-amino-1-methyl-6-phenylimidazo [4,5-b] pyridine (PhIP) in roast beef patties and in chemical models [J]. Food & Function, 2016, 7 (2): 1057-1066.

[77] ZIEGENHAGEN R, BOCZEK P, VIELL B. Formation of the comutagenic beta-carboline norharman in a simple tryptophan-containing model system at low temperature (40~80℃) [J]. Advances in Experimental Medicine and Biology, 1999, 467: 693-696.

第十一章　食品添加剂减量增效技术

第一节　包埋技术

一、食用防腐剂包埋

（一）微胶囊

微胶囊技术是一种使用可成膜的壁材对芯材（添加剂、活性物质等）进行包埋，最终形成几微米至几千微米的类似核壳结构的包合微粒物的技术。通常选用一种或几种具有良好流动性、不与芯材发生化学反应的天然或合成高分子材料作为壁材。芯材可以是液体、固体、气体，也可以是一种或几种物质的混合物。微胶囊通过在外界环境条件和需要保护的芯材之间建立屏障，对包埋物质起到性能支撑或化学保护的作用。

微胶囊依释放方式不同可分为缓释型、热敏型、光敏型等不同类型。在食品防腐剂的包埋中多使用缓释型微胶囊，被包埋的防腐剂通过微胶囊壁材上的微孔、裂缝或半透膜进行扩散，达到缓效释放、延长防腐剂作用时效的目的（李光水等，1998），同时可以实现减少添加量，达到更加绿色健康的目的。有专利报道，选用硬化油脂为壁材对山梨酸进行包埋形成微胶囊，可实现缓释效果，达到杀菌目的并有效延长食品货架期（王宗举等，2010）。此外，微胶囊为被包埋的防腐剂提供了一个相对密封的环境，避免其与外界环境直接接触，起到保护防腐剂的作用，增强了其在使用中的稳定性，从而能最大限度地发挥原有防腐作用。如微生物源天然食品防腐剂乳酸链球菌素由于和食品成分（如脂肪或蛋白质）之间的不良相互作用，直接添加于食品中时其抗菌活性和功效可能会受到不利影响，进行微胶囊包埋可避免乳酸链球菌素与食品组分间的不良相互作用，保证乳酸链球菌素稳定发挥作用。在实际应用中，防腐剂本身具有的一些不良特性，可能对防腐效果带来不利影响，微胶囊包埋可有效解决这一问题，对于易氧化（如多酚）、易挥发（如植物精油）的不良特性，微胶囊包埋可有效隔离防腐剂与外部环境，增强稳定性；对于水溶性差（如苯甲酸）、热稳定性差（如乳酸链球菌素）的不良特性，进行微胶囊包埋后可得到有效改善。微胶囊包埋还可有效掩饰防腐剂可能带来的不良气味，避免影响食品质量。孙林皓等将肉桂醛包埋在羧甲基多孔淀粉和壳聚糖内，获得的新型微胶囊减弱了肉桂醛的自身风味（孙林皓等，2018）。另外，微胶囊包埋技术可以改变防腐剂形态以便于运输、贮存和添加，如采用改性淀粉、乙基纤维素、硅胶等为壁材制成的高浓度固体防腐剂应用于食品、水果的包装袋中，缓慢释放乙醇蒸气而达到杀菌的目的（王宗举等，2010）。目前微胶囊技术包埋防腐剂在果蔬保鲜，肉类防腐及其他各类食品中均有广泛应用。

（二）纳米包埋

1. 纳米乳液

纳米乳液是一种粒径在 10～200nm 的微乳液运输体系，由水相、油相和表面活性剂按比例混合制成，由于有表面活性剂或助表面活性剂的存在，大量亲水性集团和疏水性集团改变了乳液水相和油相液滴的表面张力，从而形成液滴分散均匀且稳定性良好的乳液。普通乳液中，因为乳液中粒径较大，接近可见光波长，导致折射率不一致，所以乳液通常比较浑浊；而纳米乳的粒径通常在 10～200nm，小于可见光波长，所以乳液呈透明或半透明状。纳米乳液具有界面性能好、吸附能力强、制备过程相对容易、生物利用度高等特性，且其具有动力学稳定性（张潇元等，2020），在贮存过程中无絮凝、聚集、沉淀、陈化现象，是一种理想的包埋介质。

采用纳米乳液对防腐剂进行包埋，能有效增强防腐剂的抑菌活性，提高其利用率，实现减量增效。将食品防腐剂包封于纳米乳液中，一方面实现了对防腐剂的保护，另一方面纳米乳液能够将亲水和疏水分子转变为两亲性分子，从而改善防腐剂在水中的溶解度和分散度，使其在实际应用中更具高效性。采用超声处理法将百里香精油制备成纳米乳液，并与精油原液作对比，探究对食品腐败菌的抑菌效果，结果表明百里香精油纳米乳液的抗菌活性是其精油原液的 10 倍以上，有很强的防腐保鲜效果（Moghimi et al.，2016）。将柑橘精油制备成纳米乳液后，其抑菌活性提高，是纯精油的 2.5 倍（蒋书歌等，2021）。此外，纳米乳液包埋能极大限度地减少植物精油在感官特性上的负面影响，并且具备缓释和靶向等作用，因此，采用安全无毒的载体对食品防腐剂进行包埋，再以乳液的形式将其添加到食品中，已经逐渐成为食品防腐剂的新型添加方式。

2. 纳米颗粒

纳米颗粒是一种纳米载体，由材料性质可分为无机纳米颗粒和有机纳米颗粒，无机纳米颗粒主要有磁性纳米颗粒、二氧化硅纳米颗粒等，有机纳米颗粒包括壳聚糖纳米颗粒、环糊精蛋白颗粒及蛋白纳米颗粒等。纳米颗粒由于其高比表面积/体积比，优异的吸附性能，良好的包封效率和对被包埋物质的强保护性，成为一种理想的递送封装体系。使用壳聚糖纳米颗粒封装的百里香精油和肉桂精油已经被证明对单核细胞增生李斯特菌（*Listeria monocytogenes*）和金黄色葡萄球菌（*Staphylococcus aureus*）有较好的抑制效果（Sotelo et al.，2017）。制备的壳聚糖纳米颗粒呈球形，带正电荷，具有缓释效果。薰衣草精油经环糊精纳米颗粒包封后对金黄色葡萄球菌（*S. aureus*）、大肠杆菌（*Escherichia coli*）和白色念珠菌（*Candida albicans*）的最小抑菌浓度可提高3倍（Yuan et al.，2019）。将香芹酚、肉桂、丁香和百里香四种精油成分包埋在二氧化硅纳米颗粒中，抑菌效果较游离精油显著增强（Bernardos et al.，2015）。此外，一些纳米颗粒（如氧化锌纳米颗粒）本身具有抗菌性且无毒性，与食品防腐剂共同应用还可具有协同抑菌效果。

3. 纳米脂质体

纳米脂质体作为新一代纳米载体，是以天然或人工合成的高熔点固态类脂作为载体，使活性物质吸附或包裹于脂质基质中的新一代纳米载运系统，其粒径大小通常为20~500μm。纳米脂质体呈类细胞结构微型囊泡状，具有磷脂或胆固醇组成的双分子层结构，双层中空结构及双亲性脂质壁材赋予其可以同时包埋亲水性和疏水性物质的特性。在包埋不同溶解性的物质时，疏水部分进入脂质双分子层，而亲水分子则通过双分子层扩散到中空腔内，从而实现亲水物质和疏水性物质的共包埋。这一特性使其可以对两种防腐剂同时进行包埋，为实现防腐剂协同或复配增效提供了有力支持。纳米脂质体的另一优越性在于其结构与生物膜结构类似，基本都是由磷脂、胆固醇等天然物质组成，因此其安全性较高，无毒害作用。除此之外，纳米脂质体具有脂质双分子层结构，给其带来了较好的生物相容性，对所包埋物质也具有较好的保护性，纳米脂质体良好的吸附性使其具有更好的控释及靶向功能。

纳米脂质体的制备过程相对简单，其制备方法有很多，主要包括超声/高压均质法、微乳法、薄膜分散法、冷冻干燥法、溶剂分散法、pH 梯度法等，其中使用超声/高压均质法可以实现工业大规模生产。纳米脂质体在食品工业中的应用是比较晚的，但近年来受到越来越多的关注。纳米脂质体目前在食品防腐剂包埋方面常用于包埋化学性质不稳定的化合物，可大大提高其稳定性和生物利用度。纳米脂质体作为新型的天然人造载体，具有广泛的应用空间和光明的发展前景。

4. 纳米纤维

纳米纤维是指纤维直径小于1000nm的超微细纤维，还包括将纳米颗粒填充到普通纤维中对其进行改性的纤维。纳米纤维因其大比表面积、小孔径、高孔隙率、强封装能力、良好的稳定性、优良的力学性能以及靶向递送和缓释性能而备受关注。纳米纤维可通过生物制备法、相分离法、自组装法、静电纺丝法等方法制备。其中静电纺丝因其设备简单、工艺灵活、成本低廉及可扩大生产等优点而成为纳米纤维制造中最受欢迎和首选的技术。静电纺丝技术利用高压电场制备连续的高性能纳米纤维，其原料多为高分子聚合物，包括天然高聚物（蛋白质、多糖）、合成高聚物以及二者的混合物。天然高聚物由于来源广泛、成本低廉、生物相容性良好和生物可降解等优点被广泛应用，常用的多糖基包埋材料主要有壳聚糖、纤维素、葡聚糖、淀粉、海藻酸盐和环糊精等，蛋白基包埋材料主要有玉米醇溶蛋白、明胶、大豆分离蛋白、乳清蛋白分离物等。静电纺丝设备由高压装置、喷射装置、接收装置三部分构成，在电纺过程中，聚合物溶液被注射泵挤出使其在针尖处形成液滴。液滴在内部静电排斥力和外部库仑力的作用下逐渐由半球形表面变为锥形，在电场作用下聚合物溶液呈射流喷出并且发生旋转，射流在飞行过程中溶剂迅速挥发，最终固化在接收装置表面形成一层纳米纤维膜。

（三）活性涂膜技术

活性涂膜是指在食品的表面覆盖一层可食用的涂膜或涂层，一方面起到隔绝的作用，将氧气等其他致腐因子与食品表面隔绝；另一方面依靠活性涂膜本身的生物活性或者通过添加活性成分的方式为涂膜提供抗氧化活性和抗菌活性。活性涂膜技术由于具有可食用性、安全性和可降解性，被广泛应用于食品防腐保鲜领域。活性涂膜技术制备方法简单适用于连续化生产，且基材易获得、成本低廉，通常选择天然安全的脂质、蛋白质或多糖及其衍生物作为成膜基质，如壳聚糖、海藻酸盐、果胶等。在食品防腐中将单一组分或复合组分的防腐剂添加于活性涂膜中既可对防腐剂起到保护作用，又可实现缓释与增效作用。将负载防腐剂的活性涂膜溶液浸渍、喷洒或涂抹于食品表面形成活性涂膜，从物理隔绝和防腐剂缓慢释放两个方面共同作用，最终达到延缓水分流失、防止脂质氧化，保持产品原有感官特性的目的，实现良好的防腐保鲜效果。

（四）乳液凝胶

乳液凝胶是一种包含乳状液液滴的新型凝胶体系，具有独特的连续三维网络结构，呈具有弹性和黏性的固体状态。其形成过程大致为：乳状液在一定诱导方式的作用下，连续相形成一定的空间网络结构，而分散相填充在网络结构中，最终成为凝胶状的固体。在乳液凝胶体系中，通常将乳化的液滴称为“填料”，凝胶化的水相称为“基质”。按照凝胶基质的不同，可以分为蛋白质、碳水化合物和复合基质的乳液凝胶。根据乳液凝胶的结构特点又可以将其分为乳液填充凝胶和乳液颗粒凝胶两种类型。其中乳液填充凝胶是以蛋白质凝胶作为基质，内部包埋乳液液滴的结构，而乳液颗粒凝胶的结构为聚合的乳状液液滴。乳液凝胶具有优秀的生物相容性和药物释放性能，是天然活性物质的良好载体。当它作为包埋体系应用在食品中时，水溶性物质可以分散在凝胶结构中，脂溶性物质可以分散在乳状液的油滴中，不仅可以同时包埋亲水和疏水成分，而且被包埋物质既可以被凝胶网络结构保护又可以被凝胶结构固化，从而可以使其稳定性得到进一步增强（Torres et al.，2016），乳液凝胶凭借其良好的包埋稳定特性，在食品、药品及化妆品等行业均具有广泛的应用。目前乳液凝胶在食品领域多用于包埋难溶性营养成分和易挥发的风味物质，也可用于对易挥发、化学性质不稳定的防腐剂进行包埋。

二、食用着色剂包埋技术

（一）微胶囊包埋技术

微胶囊技术是指用特殊手段将固体、液体或气体物质包裹在一个微小的、半透性或封闭的胶囊中的过程。微胶囊技术发展前景广阔，广泛应用于食品添加剂工业，包括天然色素、茶多酚、食用酶、抗氧化剂、维生素等。

通过微胶囊化，可避免环境因素引起色素的变化，也能提高油溶性色素在水溶液中分散性和溶解性。天然色素微胶囊化研究较多的主要是类胡萝卜素，特别是β-胡萝卜素。天然胡萝卜素是一种安全无毒的天然色素，也是近年来悄然兴起的一种营养保健品，其抗癌、防老化、猝灭自由基的特殊功效，已被大量研究报道证实过。β-胡萝卜素是一种良好的自由基清除剂和辅集剂，对细胞具有抗氧化能力，现已作为预防及治疗恶性肿瘤的药品。β-胡萝卜素还具有维生素A活性，但β-胡萝卜素应用到食品工业中作为功能性添加剂或天然色素使用时仍然存在不少问题，最主要表现在β-胡萝卜素极易氧化，对光、氧及重金属离子不稳定，特别是光照条件下极不稳定，以及β-胡萝卜素难溶于水，只溶于油脂，因此对其微胶囊化是必要的。另一种引起微胶囊化研究人员兴趣的是番茄红色素，番茄红素是安全无毒的天然色素，和其他一些类胡萝卜素一样，人体不能自身合成，只能从食品中摄取。采用微胶囊技术进行包囊化处理，可以提高番茄红色素在功能性产品中的可用性，促进其生理功能的发挥。另外红曲色素作为天然色素的应用已有悠久的历史，具有着色好、色调丰富、安全性高等特点，但红曲色素却在稳定性方面存在问题，对光照、温度、酸碱性溶液稳定性不高，容易褪色，这在一定程度上限制了其在工业上的实际应用和发展，为此，开发天然红曲色素微胶囊产品以增强其氧化稳定性、延长色素的保存期是势在必行的。

目前国外对柠檬油、薄荷油、橘皮油、姜油、蒜油等精油的微胶囊化包埋研究较多。有研究运用喷雾干燥技术对食品添加剂进行微胶囊化处理，深入研究了壁材、芯材、水分含量等因素对处理过程的影响；并且还有研究证实了微胶囊化处理可大大减少花青素的降解，改善光照、温度、氧、pH等对色素的不利影响；研究添加不同水平的抗坏血酸和麦芽糊精的组合物利用喷雾干燥胶囊化技术制备出紫甘薯粉，并评价它们对生物活性成分、物理化学和形态学的性质的影响，结果显示，与非胶囊化粉相比，胶囊化粉中酶类化合物的总含量巧抗氧化物含量更高，并能够提高功能性食品原料的抗氧化活性（Adem et al.，2007）。

（二）色淀技术

食品的色彩是影响食品感官品质的一个重要因素。在肉制品的加工过程中，常添加亚硝酸钠以达到延长保质期及形成诱人的外观的目的，但是过多摄入亚硝酸钠有致癌风险，对人体造成潜在危害。食品添加剂工业正在经历绿色健康转型的大变革，在实际应用中，越来越多的具有安全风险的食品添加剂正被天然产物所取代。使用红曲色素等天然色素全部或者部分代替亚硝酸盐加入肉制品中进行呈色成为一个热点趋势。一般来说，食用色素可分为水溶性色素（如靛蓝二磺酸钠和诱惑红）和脂溶性色素（如叶绿素和类胡萝卜素），它们分别用来满足对高水分和高脂肪含量食品的染色需求。但无论是化学合成还是天然产物，都有减量增效的需要。在GB 2760—2014《食品添加剂使用标准》中，有9种着色剂（赤藓红、靛蓝二磺酸钠、亮蓝、柠檬黄、日落黄、苋菜红、新红、胭脂红和诱惑红）允许以铝色淀的形式使用。将水溶性色素加工成铝淀，不仅能够满足对高脂肪类食品的染色需求，也能直接对干粉类食品进行混合染色，同时提高色素的稳定性，增强其抗褪色能力。除了食品工业，在化妆品和药品的生产中也经常用到铝色淀。

1. 铝色淀技术

色淀被定义为通过将含有惰性基质的金属盐离子沉淀于可溶性色素，从而形成一种完整的产品，基质可能是氧化铝、氢氧化铝、黏土、二氧化钛、氧化锌、硅酸镁或者碳酸钙。现在常选用硫酸铝、氯化铝等的铝盐与碳酸钠等的金属盐反应的氢氧化铝，将其添加到色素水溶液中，通过沉淀而得到铝色淀，色淀几乎不溶于水及有机溶剂。色淀通过均匀分散在包衣薄膜表面上给予着色，可用来克服可溶性色素易在包衣薄膜表面发生颜色迁移的问题，因此色淀微粒的性质如大小、形状和尺寸分配都是很重要的，色素不被解离或溶解也是非常重要的，色素从色淀上的解离或溶解被归因于渗色。近些年，铝色淀已经被广泛应用于固态食品如糖果、蛋糕的着色。

商晓菁等（2004）发明了特种食品添加剂食用色淀的制备方法，并且在采用三氯化铝与碳酸氢钠为基质的基础上，对色淀化的温度、pH和配比条件进行调整和选择，使食用色淀产品色彩鲜亮、外观差异小、颗粒度小、耐水溶性好、含量范围增大、色谱规格齐全。黄德平等（2021）发明了一种降低芳香胺残留的偶氮色淀类有机颜料的制备方法，依次向芳香族伯胺磺酸或羧酸衍生物中加入无机碱、亚硝酸盐、无机强酸，生成重氮盐，向萘酚类化合物或其取代衍生物中加入无机碱制得偶合组分，将重氮盐和偶合组分混合反应生成可溶性偶氮染料，调节可溶性偶氮染料pH析出沉淀盐，过滤、漂洗得偶氮染料结晶体，将偶氮染料结晶体分散在水中，加入无机碱溶解，加入沉淀剂进行色淀化，然后经颜料化处理得到所述偶氮色淀类有机颜料。该方法可将偶氮色淀类有机颜料芳香胺残留从1000～5000mg/kg降低至500mg/kg以下，具有良好的应用前景。吉江诚（2018）发明了一种多色牙膏制剂，着色牙膏组合物（Ⅰ）和白色牙膏组合物（Ⅱ）邻接地填充于容器内，并且发明中所述的着色牙膏组合物（Ⅰ）中含有铝色淀，充分利用了铝色淀的稳定性等优势。

铝色淀技术，可以做到提高食品添加剂的效力和稳定性，然而，近年来越来越多的证据证明了铝元素并没有那么安全，所以寻找更为安全的基质来代替色淀中铝元素已经成为了色淀技术改善过程中不可避免的问题。与氢氧化铝相比较，更为安全的碳酸钙替代氢氧化铝作为基质来制备色淀，一方面可以避免过量摄入铝元素而对人体造成伤害，另一方面碳酸钙也可以作为一种钙补充剂被人体摄入。选用天然色素红曲色素，以碳酸钙作为色淀制备基质碳酸钙-红曲色素色淀可部分代替或全部代替亚硝酸钠在烟熏食品中增色的效果，并且增加红曲色素本身的稳定性能来达到减量增效，进而提升食品的安全性、营养性和经济性，这是食品添加剂绿色健康发展的必然趋势。

2. 碳酸钙色淀技术

碳酸钙是一种常见的食品添加剂，其应用广泛，可作为钙补充剂、着色剂、膨松剂和抗酸剂等。碳酸钙虽然不能像氢氧化铝那样在溶液中形成松散的絮状结构，无法达到巨大的比表面积，但因其表面灵活的可修饰性，及显著的表面电荷，其仍被用作吸附剂使用。固体碳酸钙可能是非晶体，也可以多种晶体形态存在，主要包括方解石（calcite）、霰石（aragonite）和球霰石（vaterite），相比而言，晶体状态更为稳定。目前在水溶液体系中制备碳酸钙微粒最常用的方式是混合钙盐（通常为氯化钙）和可溶性碳酸盐（通常为碳酸钠）产生碳酸钙沉淀。在这个过程中，溶液中首先形成的是碳酸钙纳米微粒，然后，纳米微粒聚集形成微米级的非晶颗粒并开始沉淀，之后，非晶颗粒开始自发转变生成晶体结构，这样干燥后便获得晶体结构的碳酸钙颗粒。要获取非晶结构的碳酸钙颗粒，在颗粒晶体化之前要及时将其过滤出水溶液体系，经去离子水和丙酮冲洗后干燥，操作相对复杂。

碳酸钙的表面电荷由其表面存在的 Ca^{+} 位点和 CO_3^{-} 位点及其可能的水解产物决定，或者可能由吸附的 HCO_3^{-}、CO_3^{2-}、Ca^{2+}、$CaHCO_3^{+}$ 和 $CaOH^{+}$ 等离子决定。碳酸钙的电荷零点（zero point of charge，ZPC）在 pH 8~9.5，同时当溶液的 pH 低于电荷零点时，碳酸钙微粒带正电荷，当 pH 高于电荷零点时，碳酸钙微粒带负电荷。为了实现对阴离子色素的吸附，工作 pH 应低于碳酸钙微粒的电荷零点，这样有利于静电吸附的进行。

碳酸钙对色素的吸附也被大量研究，阴离子色素刚果红（Congo red）与阳离子色素如亚甲蓝（methylene blue）通过离子吸附作用形成聚合物，然后在聚合物溶液中制备碳酸钙，通过碳酸钙对聚合物的吸附和物理包埋作用沉淀色素聚合物（Dan et al.，2009）。用该方法处理含色素的工业废水，效果非常明显，且形成的碳酸钙沉淀可用做塑料和橡胶生产的填充剂，同时可以通过制备不同晶体结构的碳酸钙对色素进行吸附，探究碳酸钙在不同晶型结构条件下对色素吸附的效果（Kai et al.，2014）。

很多金属离子对天然色素的稳定性产生影响，有的会起到护色作用，有的则导致色素褪色，其中有研究表明红曲色素基本上不受食品中常见金属离子的影响，在 Ca^{2+}、Mg^{2+}、Fe^{2+}、Cu^{2+} 存在条件下，红曲色素残存率均在 97 % 以上。赵文红等（2012）研究了金属离子对红曲色素稳定性的影响，结果表明在溶液中存在金属离子 Ca^{2+}、Mg^{2+}、K^{+} 或 Na^{+} 时，红曲色素比较稳定，但当溶液中存在金属离子 Fe^{2+} 和 Cu^{2+} 时，红曲色素的呈色有明显变化，并伴随着沉淀产生，这一现象将有助于本技术的实施与目标的达成。

3. 碳酸钙-红曲色素色淀技术

碳酸钙-红曲色素色淀的制备技术主要基于碳酸钙形成过程中吸附天然色素的过程。制备碳酸钙的方法有很多，根据其基本形成原理，我们可以分为两大类：Ca^{2+}-

H_2O-CO_2与$Ca^{2+}-CO_3^{2-}$，即碳化法与复分解法。碳化法是以$Ca^{2+}-H_2O-CO_2$为反应的制备体系，钙离子的存在形式可以为Ca（OH）$_2$乳浊液与含有$CaCl_2$溶液两种；而复分解法是以$Ca^{2+}-CO_3^{2-}$为反应的制备体系，将含有Ca^{2+}与CO_3^{2-}的两种盐溶液混合后发生复分解反应。提供Ca^{2+}的可以是可溶性盐如$CaCl_2$、Ca（NO_3）$_2$等，提供CO_3^{2-}的可以是无机盐也可以是有机物水解释放出来的CO_3^{2-}，在此体系中，可以通过调节体系反应溶液的浓度、控制剂的添加量剂体系温度等要素是影响碳酸钙形貌和晶体类型的主要因素。

袁栋栋等（2019）发明了一种基于碳酸钙的食用色淀的制备方法，这一方法将碳酸盐溶解在水中，得到碳酸盐溶液；将水溶性阴离子色素溶解在碳酸盐溶液中得到混合溶液，并将混合溶液的pH调节至7~10.5备用，将钙盐溶液溶于水中后加入混合溶液中超声1~10min，经过离心获得吸附有色素的碳酸钙沉淀。此项研究发明解决了现有技术中铝色淀存在安全隐患而无法解决的问题。基于此方法以及上述两种基础反应体系，碳酸钙-红曲红色淀制备技术采用$CaCl_2$提供Ca^{2+}，Na_2CO_3提供CO_3^{2-}，通过将天然色素充分溶解在Na_2CO_3溶液中形成混合溶液后，通过在混合溶液中添加Ca^{2+}发生复分解反应，在碳酸钙生成的过程中红曲色素被碳酸钙所吸附生成碳酸钙-红曲色素色淀。通过此方法制备出了碳酸钙-靛蓝二磺酸钠色淀、碳酸钙-赤藓红色淀、碳酸钙-诱惑红色淀、碳酸钙-苋菜红色淀、碳酸钙-胭脂红色淀、碳酸钙-亮蓝色淀、碳酸钙-柠檬黄色淀和碳酸钙-新红色淀。在这种共沉淀方法中，色素影响了或者参与了碳酸钙的生成过程中，吸附现象明显，所得色淀的颜色较深，上述所制备出的色淀除了胭脂红和新红的碳酸钙色淀颜色较浅之外，其他色素的碳酸钙沉淀物都呈现出相应的深色，满足被应用为色淀的基本要求。

在碳酸钙-红曲色素色淀制备过程中研究发现将碳酸钠、红曲色素混合溶液的pH调至10.5时碳酸钙可以吸附大量红曲色素，并且研究发现碳酸钙-红曲色素色淀与红曲色素的光稳定性相比较，碳酸钙-红曲色素色淀在同一光照条件下更稳定，可以达到提升红曲色素稳定性的目的，具有改善熏肠制备过程中产品的着色能力与储存售卖过程中由于透明包装而引起的褪色问题。在制备碳酸钙-红曲色素色淀的过程中，改变红曲色素的使用量可以达到改变色淀颜色深浅的目的。

第二节　天然产物替代技术

亚硝酸盐是一类含有亚硝酸根离子（NO_2^-）的盐，主要指亚硝酸钠。亚硝酸钠为白色至淡黄色粉末或颗粒状，味微咸，易溶于水，外观及滋味都与食盐相似。亚硝酸钠是肉制品加工过程中非常重要的食品添加剂之一，其作用包括发色、抗氧化、抑菌以及改善肉制品质地和风味等，亚硝酸钠的发色作用使其成为肉制品加工过程中最常用的发色剂。但是，亚硝酸钠摄入量过高可将人体血细胞中血红蛋白的Fe^{2+}氧化成Fe^{3+}，使其运输氧气的能力下降，造成人体缺氧，导致高铁血红蛋白血症或“蓝婴儿综合征”的发生（Brar et al.，2016）。此外，在肉制品加工过程中，亚硝酸钠可与肉中的二级胺类（仲胺）发生反应，形成*N*-亚硝胺类物质，长期摄入亚硝酸钠可引发鼻咽癌、食道癌、胃癌及肝癌等多种癌症，其中亚硝基二甲胺（NDMA）和亚硝基二乙胺（NDEA）被认为是致癌性和遗传毒性最强的挥发性*N*-亚硝胺类物质（Flores et al.，2021）。美国、加拿大、中国等多个国家已制定多项规定，严格控制亚硝酸盐在肉制品加工过程中的使用。我国食品添加剂使用标准中规定熏、烧、烤肉类以及油炸肉类中亚硝酸钠/钾的最大使用量为150mg/kg，最大残留量为30mg/kg（以亚硝酸钠计）。美国农业部食品安全检验局（FSIS）严格监管肉制品的生产，其规定生产的粉碎性产品中亚硝酸钠/钾的添加量最高为156mg/kg；干腌类产品中亚硝酸钠/钾的添加量最高为625mg/kg；湿腌类产品中亚硝酸钠/钾的添加量最高为200mg/kg。加拿大卫生部在《食品和药物条例》中规定腌肉及肉类副产品中亚硝酸钠/钾最高含量为200mg/kg，培根中最高为100mg/kg（Brar et al.，2016）。

因此，如何在保持肉制品品质的基础上，生产健康天然的低硝肉制品已成为肉制品加工行业亟待解决的问题。天然产物具有安全、无毒害、健康等特点，深受广大消费者欢迎；近年来，采用天然产物部分替代或完全替代亚硝酸盐已成为国内外研究的热点。

一、植物提取物替代亚硝酸盐技术

植物提取物是指采用合适的溶剂或方法，以植物为原材料提取或加工而成的具有一种或多种功效的物质。目前，采用芹菜、萝卜、生菜、甜菜等蔬菜提取物以及其与微生物发酵剂结合等方式在肉制品中部分替代亚硝酸盐已取得良好成效。

（一）技术原理

1. 植物提取物的发色原理

近年来，选取本身含有亚硝酸盐/硝酸盐的植物提取物部分替代肉制品中的亚硝酸盐，已成为肉制品加工行业的研究热点。一些蔬菜中含有大量的硝酸盐，可作为天然亚硝酸盐的来源，从而减少合成亚硝酸盐对人体的危害。芹菜、菠菜、萝卜和生菜中的硝酸盐含量高于2500mg/kg，将其榨成汁或冻干成粉添加到肉制品中，可有效部分替代亚硝酸盐的作用（Alahakoon et al.，2015）。这些含有硝酸盐的蔬菜提取物添加到肉中，肉中含有的某些硝酸盐还原菌可将硝酸盐还原成亚硝酸盐。

此外，将微球菌、肉葡萄球菌、木糖葡萄球菌等硝酸盐还原菌加入含硝酸盐的蔬菜汁中，再将其添加到肉中，在特定温度（38~42℃）下培养一段时间，可将硝酸盐还原成亚硝酸盐（Jo et al.，2020）。在培养过程中，肉中硝酸盐的转化率与所用的蔬菜种类以及培养时间均相关。目前，在肉制品腌制过程中，为缩短加工时间，工业上已生产出预先添加硝酸盐还原菌将硝酸盐转化成亚硝酸盐的蔬菜冻干粉，这种预转化的蔬菜粉添加方便，且使肉制品中亚硝酸盐含量大幅度降低，以提高其安全性（Jo et al.，2020）。

在肉制品加工过程中，无论是直接添加蔬菜提取物，还是添加预转化的蔬菜粉，其发色原理均与合成亚硝酸盐的发色原理类似，都是亚硝酸根离子在其中发挥作用，经过一系列反应与肉中的肌红蛋白反应生成亚硝基肌红蛋白，进而受热形成具有热稳定性的亚硝基血色原，使肉制品呈现良好的色泽。

2. 植物提取物的抑菌原理

在肉制品加工过程中，添加蔬菜提取物或预转化蔬菜粉相当于添加天然亚硝酸盐。植物提取物主要通过亚硝酸盐抑制微生物中代谢酶活性、限制氧气的吸收等作用，抑制微生物的生长繁殖（Jo et al.，2020），一氧化氮也可与铁结合，从而抑制需铁细菌的生长繁殖。

植物提取物中还含有酚类、类黄酮、单宁和皂苷等多种具有生物活性的物质，这些生物活性物质由于含有羟基从而具有较强的抑菌活性，比如酚类物质可以通过破坏细菌细胞壁上的蛋白质结构而抑制微生物的生长繁殖（Ferysiuk et al.，2020），这些化合物还可以破坏细胞膜导致细胞内容物渗漏从而抑制微生物的生长繁殖（Alahakoon et al.，2015）。

3. 植物提取物的抗氧化原理

植物提取物中的硝酸盐最终以亚硝酸盐的形式在肉中存在，因而其抗氧化作用主要与亚硝酸盐的抗氧化作用相关。在腌制过程中，肉中的 NO 与血红素铁结合，阻止其被氧化分解，且 NO 还可与游离铁结合，通过限制铁的促氧化活性降低脂质氧化。其次，NO 作为一种自由基可通过与不饱和脂肪酸中的碳碳双键发生反应，抑制氧自由基对脂质的攻击，从而终止脂质自动氧化反应（Alahakoon et al.，2015）。

植物提取物中含有多种类型的多酚类化合物、类黄酮、维生素 C 等生物活性物质，具有较强的自由基清除能力，从而具有抗氧化活性（Ferysiuk et al.，2020）。

（二）技术现状

硝酸盐会在植物中积累，植物又具有天然无毒害等特点，因为被食品加工业广泛用于替代亚硝酸盐。植物的不同部位含有的硝酸盐含量也不同，通常情况下植物各部位的硝酸盐含量排序如下：叶>茎>根。因此，在香肠、肉饼和火腿等肉制品的加工过程中多采用芹菜、菠菜、白菜、紫苏等叶茎类植物替代亚硝酸盐，除此之外，其还具有抑制肉制品中微生物生长繁殖、降低亚硝酸盐残留量、改善产品色泽等效果。如表 11-1 所示，在意式香肠的加工过程中，添加一定比例的欧芹提取物粉可在香肠中亚硝酸盐残留量降低 40% 的基础上，有效抑制单核细胞增生李斯特菌的生长繁殖，同时达到与正常添加亚硝酸盐产品相似的红度。质量浓度为 10% 的多脑槿乙醇提取物（相当于每1kg香肠中添加12.5g多脑槿提取物）可有效抑制发酵干香肠的脂肪氧化程度和大肠杆菌的繁殖。两种或多种植物提取物结合在肉制品加工中替代亚硝酸盐可达到不同的效果。在熟猪肉香肠的加工过程中添加0.150μL/g番茄渣提取物可提升香肠的红度，添加0.150μL/g有机薄荷精油则可以对菌落总数有最佳的抑制效果；同时添加0.075μL/g番茄渣提取物和0.075μL/g薄荷精油，对香肠中亚硝酸盐残留量和脂肪氧化程度的抑制效果最佳。

为了更好地发挥植物提取物中硝酸盐的作用，目前采用木糖葡萄球菌、肉葡萄球菌等硝酸盐还原菌与植物提取物相结合的方式，替代肉制品中的亚硝酸盐。不同的硝酸盐还原菌与不同的植物提取物结合使用，对肉制品品质的影响大不相同，而且植物提取物的添加量以及加入硝酸盐还原菌后培养时间的差异，也会引起肉制品品质的变化。如表11-1所示，在乳化香肠加工过程中添加芹菜汁粉和肉葡萄球菌，可达到与添加亚硝酸盐香肠相似的产品品质；肉葡萄球菌加入后培养120min，香肠的品质更接近传统香肠。在即食火腿中加入芹菜汁粉和肉葡萄球菌培养120min可改善产品色泽。通过对比芹菜冻干粉与木糖球菌、芹菜冻干粉与木糖葡萄球菌/戊糖片球菌对冷熏香肠的品质影响，发现芹菜冻干粉与两种发酵剂混合使用，更有助于冷熏香肠色泽的形成。采用硝酸盐还原菌预先将植物提取物中的硝酸盐转化成亚硝酸盐，然后将其添加到肉制品中的方式逐渐发展，该方式由于节省了时间，降低了生产成本。如表11-1所示，不同亚硝酸盐含量的预转化植物提取物在相同的肉制品中发挥不同的作用。

表11-1 植物提取物替代亚硝酸盐在肉制品中的应用

肉品种类	植物提取物种类	作用条件	效果	参考文献
意式香肠	欧芹提取物粉	在意式香肠加工过程中分别添加1.07%、2.14%、4.29%欧芹提取物粉	在28d贮藏期间，添加4.29%欧芹提取物粉明显抑制香肠中单核细胞增生李斯特菌的生长；在21d时其样品红度与添加亚硝酸盐样品的相似，且亚硝酸盐残留量降低40%	Riel et al.，2017
发酵干香肠	多脑槿乙醇提取物	在发酵干香肠加工过程中分别添加质量浓度为3%和10%的多脑槿乙醇提取物	添加质量浓度为10%的多脑槿乙醇提取物具有最佳的抗氧化效果；一定程度上抑制大肠杆菌的生长繁殖；与添加亚硝酸钠的香肠有相似的物理化学特性	Kurcubic et al.，2014

续表

肉品种类	植物提取物种类	作用条件	效果	参考文献
熟猪肉香肠	番茄渣提取物和有机薄荷精油	在熟猪肉香肠加工过程中分别添加 0.150μL/g 番茄渣提取物、0.075μL/g 番茄渣提取物+ 0.075μL/g 薄荷精油、0.150μL/g 薄荷精油	同时添加番茄渣提取物和薄荷精油的香肠亚硝酸盐含量和 TBARS 值均最低；番茄渣提取物可增加香肠的红度值；薄荷精油抑制香肠中菌落总数的效果最好	Sojic et al.，2020
冷熏香肠	芹菜冻干粉（亚硝酸盐含量约为5800mg/kg）	在冷熏香肠加工过程中，分别加入 2.85% 芹菜冻干粉和木糖葡萄球菌、2.85% 芹菜冻干粉和木糖葡萄球菌/戊糖片球菌	混合发酵剂的添加有助于冷熏香肠色泽的形成；芹菜冻干粉的添加对香肠生产工艺无负面影响	Eisinaite et al.，2020
乳化香肠	芹菜汁粉	在乳化香肠加工过程中添加 0.2%/0.4% 的芹菜汁粉和肉葡萄球菌并培养	添加芹菜汁粉和肉葡萄球菌乳化香肠的 TBARS 值和感官等品质与添加亚硝酸盐香肠相似；添加肉葡萄球菌培养 120min 比培养 30min 的香肠品质更接近添加亚硝酸盐香肠	Sindelar et al.，2007
即食火腿	芹菜汁粉	在即食火腿加工过程中添加 0.2%/0.35% 的芹菜汁粉和肉葡萄球菌并培养 120min	添加芹菜汁粉和肉葡萄球菌即食火腿的色泽与传统产品相似；添加 0.2% 芹菜汁粉的感官品质更接近于传统产品	Sindelar et al.，2007
发酵干香肠	甜菜根粉和萝卜粉	在发酵干香肠加工过程中分别添加 0.5%、1% 的甜菜根粉、萝卜粉和肉葡萄球菌	添加甜菜根粉不利于香肠色泽的形成；1% 萝卜粉是香肠中最佳的亚硝酸盐替代物	Ozaki et al.，2021
猪肉饼	预转化甜菜提取物	在猪肉饼加工过程中添加 5%/10% 预转化甜菜提取物和 0.05% 抗坏血酸	添加 10% 预转化甜菜提取物和 0.05% 抗坏血酸样品的整体可接受性与添加亚硝酸钠的相似；添加预转化甜菜提取物和抗坏血酸均可以降低样品的 TBARS 值、挥发性盐基氮含量以及菌落总数	Choi et al.，2017

续表

肉品种类	植物提取物种类	作用条件	效果	参考文献
熟食火鸡胸脯肉	预转化芹菜粉（亚硝酸盐含量为80mg/kg）	在火鸡胸脯肉加工过程中添加预转化芹菜粉	火鸡胸脯肉在4℃贮存12周后，添加预转化芹菜粉样品中单核细胞增生李斯特菌的抑制效果与亚硝酸钠相似	Golden et al.，2014
熟食火鸡胸脯肉	预转化芹菜粉（亚硝酸盐含量为100mg/kg）	在火鸡胸脯肉加工过程中添加预转化芹菜粉	添加预转化芹菜粉对样品中产气荚膜梭菌的抑制作用与亚硝酸钠相似	King et al.，2015
猪里脊肉	发酵牛皮菜粉溶液	在猪里脊肉腌加工过程中分别加入发酵牛皮菜粉溶液（水：发酵牛皮菜粉溶液分别为4：0、3：1、1：1、1：3、0：4），0、120mg/kg $NaNO_2$	样品TBARS值随发酵牛皮菜粉溶液添加量的增加而降低，红度值增加；添加发酵牛皮菜粉溶液（亚硝酸盐含量为128mg/kg）猪里脊肉的品质特性与添加亚硝酸钠的相似	Kim et al.，2019
熟猪肉饼	预转化牛皮菜粉和预转化芹菜粉	在熟猪肉饼加工过程中分别添加0、120mg/kg $NaNO_2$、2%预转化牛皮菜粉、2%预转化芹菜粉、1%预转化牛皮菜粉+60mg/kg $NaNO_2$	猪肉饼贮藏28d后，预转化牛皮菜粉抑制其脂肪氧化效果优于预转化芹菜粉和亚硝酸钠	Shin et al.，2017

（三）技术推荐

作为天然亚硝酸盐来源的植物提取物，具有天然、无危害、抗氧化活性和抗菌活性强等特点，在熏炸烤肉制品加工领域具有广阔的应用前景。采用植物提取物替代肉制品加工过程中的亚硝酸盐主要有以下特点：①不同的植物提取物中硝酸盐和亚硝酸盐含量不同、含有的多酚等生物活性物质含量和种类的不同，具有不同的发色、抗氧化和抗菌作用；②不同植物提取物本身具有颜色和味道，比如芹菜提取物呈绿色且具有较强的芹菜味；③相同植物提取物与不同发酵剂结合对肉制品的品质影响不同，多种发酵剂混合使用的效果更好；④同一植物提取物对不同加工工艺的肉制品品质影响不同。

因此，在实际生产中，应依据熏烧烤肉制品的原材料种类、加工工艺等合理选择植物提取物。熏制香肠等熏制类产品可以选择经木糖葡萄球菌、戊糖片球菌转化的芹菜、甜菜粉，直接添加到熏制香肠中，既可以有效替代亚硝酸改善香肠色泽，又可以抑制微生物生长繁殖、延长货架期。在熏鸡、烤鸭、烧鸡等熏烧烤类肉制品的加工是在高温条件下进行，且涉及腌制或者焖煮过程，可以选择番茄渣提取物、有机薄荷精油、发酵蔬菜粉溶液等多种制取提取物结合的方式替代亚硝酸盐。番茄渣提取物和有机薄荷精油中多酚类、类黄酮等生物活性物质含量较高，具有较强的抗氧化作用和抗菌作用，联合天然亚硝酸盐含量较高的发酵蔬菜粉溶液使用既可以抑制因高温加热引起的肉制品脂肪氧化和蛋白质氧化，又可以使肉制品形成良好的色泽，同时简化加工工艺。但是，在实际加工生产中，要考虑到由于植物提取物硝酸盐的含量受生长环境（土壤、温度等）以及植物种类等因素的影响，制备的植物提取物中亚硝酸盐含量会有所差异，因而在肉制品工业化生产中会出现不同批次产品品质和亚硝酸盐残留量而有所差异的情况。

二、非热等离子体替代亚硝酸盐技术

等离子体通常被视为是除固体、液体、气体以外物质存在的第四种状态，可以通过任何中性气体在高电压下高度电离产生，有正负离子、自由电子、自由基、激发或未激发的分子、原子及紫外光子等，整体呈电中性状态（韩格等，2019）。

根据带电离子的温度可将等离子体分为两种类型（图 11-1）：高温等离子体和低温等离子体（Lee et al.，2017）。高温等离子体在放电过程中电子和重粒子温度差不多，在 $1\times10^6\sim1\times10^8$ K 温度范围内以热平衡状态存在，又被称为平衡态等离子体（Lee et al.，2017）。低温等离子体在放电过程中电子温度远远高于重粒子温度，整个体系呈现低温状态（非热平衡状态），又被称为非平衡态等离子体（韩格等，2019）；其中在 4000~20000K 温度范围内以局部热平衡存在的为热等离子体，包括冷等离在 300~1000K 温度范围内以非热平衡状态存在的为冷等离子体（非热等离子体）（Lee et al.，2017）。

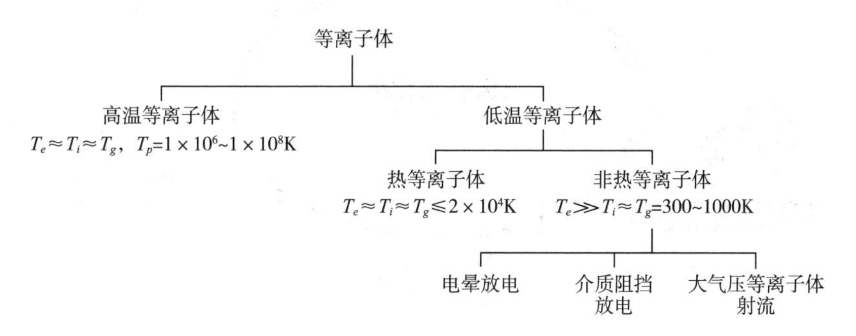

图 11-1　等离子体分类图（Lee et al.，2017）
（T_e—电子温度；T_i—重粒子温度；T_g—整体气体温度；T_p—等离子体温度）

冷等离子体技术作为一种新兴的非热处理技术，可在大气或低压及接近环境温度（30~60℃）的条件下，通过介质阻挡放电、辉光放电、电晕放电等放电系统，电离O_2、N_2及其混合气体以及空气等产生大量活性物质，如活性氧（ROS，O_3、H_2O_2、O_2^-·、HO_2·、RO·、ROO·、$^1O_2$、CO_3^-·）、活性氮（RNS，NO·、·NO_2、$ONOO^-$、OONOH、ROONO）。近年来，冷等离子体正被逐渐应用于食品行业，其中应用最广泛的是介质阻挡放电冷等离子体，其已在部分替代亚硝酸盐等方面取得良好成效。

（一）技术原理

1. 非热等离子体技术的抑菌原理

在食品加工过程中，非热等离子体可以有效抑制大肠杆菌、鼠伤寒沙门菌、金黄色葡萄球菌和单核细胞增生李斯特菌的生长繁殖（Pankaj et al.，2018）。如图11-2所示，此为介质阻挡放电冷等离子体发生装置，主要包括前端活性区域（样品暴露

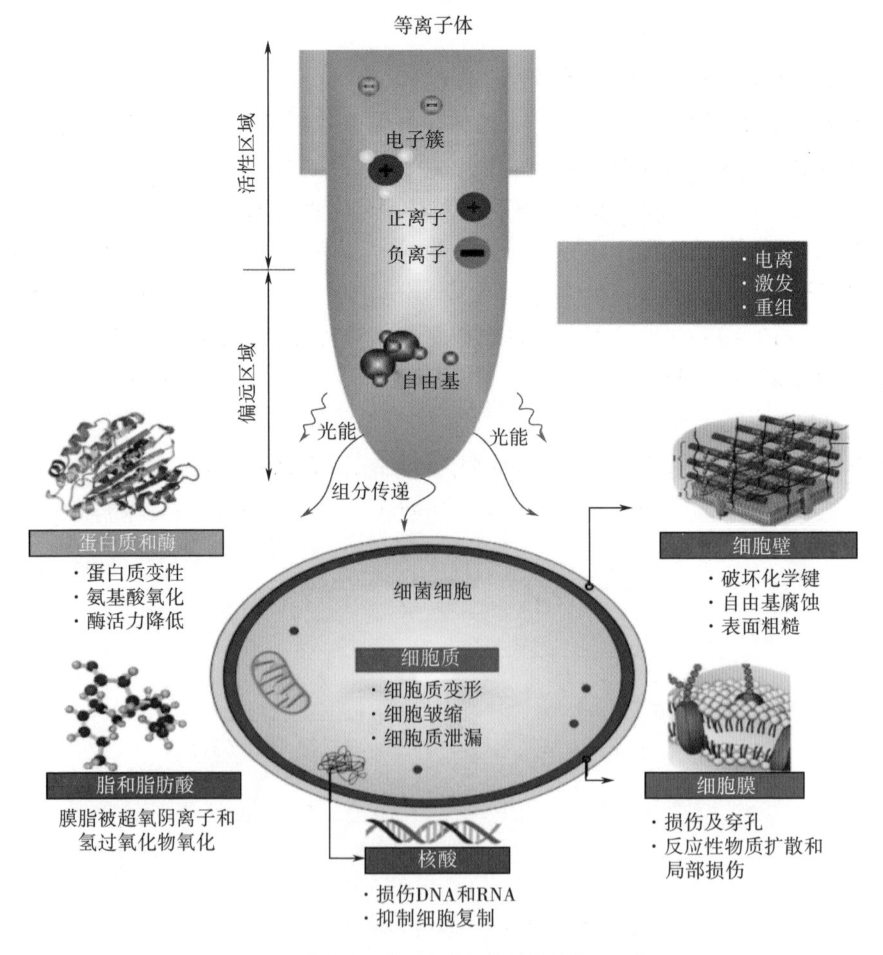

图11-2 冷等离子体对细菌细胞结构的作用示意图

在电场和短寿命粒子中）和后端偏远区域（样品暴露在等离子体含有的长寿命粒子中）两个区域，这也是实际应用中采用直接（活性区域）和间接（偏远区域）等离子体处理样品的主要区别（Pankaj et al.，2018）。冷等离子体中的活性氧物质可以与细胞膜脂质发生过氧化反应形成不饱和脂肪酸，并氧化蛋白质中的氨基酸，进而改变生物膜的功能（Nasiru et al.，2021）；此外，当细菌暴露在强电场区域时，其内部高电荷所产生静电张力会导致细菌细胞膜破裂，从而引起内容物流出和活性物质扩散进入细胞内，进一步导致细胞内 DNA 和 RNA 损伤，抑制细菌的生长繁殖（周结倩等，2022）。活性氧物质还可以破坏革兰氏阳性菌细胞壁主要组成成分肽聚糖中重要结构键（C—O、C—N 和 C—C），以及革兰氏阴性菌细胞壁中的脂多糖成分表面化学键，从而损伤其细胞壁（周结倩等，2022）。多种活性物质的共同作用导致细菌功能丧失，但是这种灭菌作用主要与样品种类、微生物种类、等离子体的产生装置、电离气体的种类以及输入功率、处理时间以及湿度等因素相关（Misra et al.，2017）。

2. 非热等离子体技术的发色原理

非热等离子体中含有的活性物质通过一系列反应形成 NO 和亚硝酸根离子，从而促进发色使肉制品呈现良好的色泽（图 11-3）。大气非热等离子体中 NO 的形成是一种链式反应，见式（11-1）至式（11-6），首先氧原子与激发态的氮分子反应生成一氧化氮和氮原子，随后氮原子与氧分子反应生成一氧化氮和氧原子。合成的 NO 会被臭氧继续氧化成二氧化氮；之后 NO 和 NO_2会进一步与水分子作用形成亚硝酸根离子和硝酸根离子。亚硝酸根离子可将肉中肌红蛋白（Mb）氧化成高铁肌红蛋白（MMb），进而与 NO 反应形成亚硝基高铁肌红蛋白（$NOMMb^+$），$NOMMb^+$可在还原剂作用下被还原成亚硝基肌红蛋白（NOMb）。此外，NO 可直接与亚铁肌红蛋白反应形成亚硝基肌红蛋白（NOMb）。在肉制品加热过程中，亚硝基肌红蛋白可形成具有热稳定性的亚硝基血色原（Nitrosyl-hemochrome），呈相对稳定的粉红色，从而使肉制品具有独特的色泽。

$$O + N_2 \longrightarrow NO + N \tag{11-1}$$

$$N + O_2 \longrightarrow NO + O \tag{11-2}$$

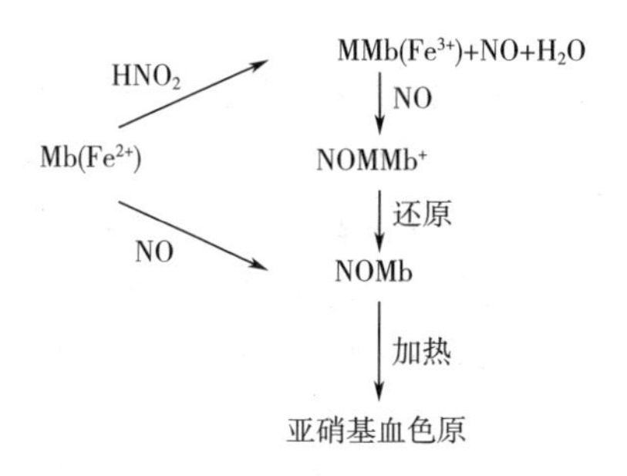

图 11-3　肉制品色泽的形成机制

$$NO + O_3 \longrightarrow NO_2 + O_2 \tag{11-3}$$

$$NO + NO_2 + H_2O \longrightarrow 2NO_2^- + 2H^+ \tag{11-4}$$

$$4NO + O_2 + 2H_2O \longrightarrow 4NO_2^- + 4H^+ \tag{11-5}$$

$$2NO_2 + H_2O \longrightarrow NO_2^- + NO_3^- + 2H^+ \tag{11-6}$$

（二）技术现状

1. 非热等离子体直接/间接处理替代亚硝酸盐

20 世纪 60 年代至今，非热等离子体技术因其对食品具有良好的杀菌效果而在食品加工行业广泛应用。目前，在肉制品加工过程中，采用非热等离子体处理替代亚硝酸已取得良好效果。非热等离子体技术替代肉制品中亚硝酸盐主要有直接处理和间接处理两种方式。非热等离子体直接处理肉制品是指在采用等离子体处理时，原材料处于该装置的放电区域，且处理时易增加原材料的温度。非热等离子体处理替代肉制品中亚硝酸的效果与等离子体的发生功率、频率、放电系统、处理时间、电离气体类型、湿度以及原材料种类等因素息息相关。如表 11-2 所示，在等离子体发生功率和频率分别为 550W 和 25kHz 的条件下，以环境空气为电离气体对猪肉糜进行等离子体直接处理，处理 30min 后制作的猪肉饼红度值增加，菌落总数与添加亚硝酸盐的产品相似；等离子体处理时肉饼的温度和亚硝酸盐含量均随处理时间的增加而增加。在等离子体发生电压和频率分别为 3. 8kV 和 4kHz 的条件下，以环境空气为电离气体对猪肉干分别进行 0、20、40、60min 的等离子体直接处理，猪肉干的亚硝酸盐含量、红度值和脂肪氧化抑制效果均随处理时间增加而增加；处理 40min 时猪肉干的品质特性与传统产品相似，在此等离子体发生条件下进行的等离子体处理可以抑制猪肉中金黄色葡萄球菌和蜡状芽孢杆菌的生长繁殖。在等离子体发生功率和频率分别为 600W 和 25kHz 的条件下，以环境空气为电离气体对火腿进行等离子体直接处理，处理 30min 后火腿的色泽、亚硝酸盐残留量、脂肪和蛋白质氧化等物理化学特性，均与传统火腿相似，且等离子体处理可以增加消费者对火腿的感官评分。以氦气、氦气/氧气混合气体为电离气体，分别采用 75、100、125W 的功率产生等离子体，并对培根分别处理 60、90s，氦气/氧气混合气体对培根中微生物的抑制效果优于氦气。

非热等离子体直接处理肉制品是指采用等离子体处理时，在等离子体发生装置的出口处连接一个管道，通入外接的样品放置容器内以达到冷却等离子体的效果，更有利于肉制品品质的改善。如表 11-2 所示，在等离子体发生功率和频率分别为 40W 和 10kHz 的条件下，以环境空气为电离气体对羊肉进行等离子体间接处理，不仅可以将烤羊肉的亚硝酸盐残留量和 TBARS 值分别降低 30% 和 89. 89%，还可以将红度值提升 31. 40%，同时改善烤羊肉感官品质。在等离子体发生功率和频率分别为 1. 5kW 和 60kHz 的条件下，以环境空气为电离气体对肉糜进行等离子体间接处理，经过加工制作成火腿后，在 30d 贮藏期间，火腿的色泽和丙二醛含量均与传统火腿相似。

表 11-2　非热等离子体处理替代亚硝酸盐在肉制品中的应用

肉制品种类	作用条件	效果	参考文献
猪肉饼	直接处理，等离子体发生功率和频率分别为 550W 和 25kHz，放电系统为介质阻挡放电系统，电离气体为空气，处理时间分别为 0、5、10、15、20、25、30min	等离子体处理 30min 后肉饼的菌落总数与添加亚硝酸钠肉饼的相似，且红度值增加；肉饼的温度和亚硝酸盐含量均随等离子体处理时间的增加而增加，处理 30min 时，温度和亚硝酸含量分别增至 10℃和 65.96mg/kg	Samooel et al.，2017
猪肉干	直接处理，等离子体发生电压和频率分别为 3.8kV 和 4kHz，放电系统为介质阻挡放电系统，电离气体为空气，处理时间分别为 0、20、40、60min	猪肉干的红度值和亚硝酸盐残留量均随等离子体处理时间的增加而增加，脂肪氧化程度随之降低；等离子体处理 40min 时猪肉干的品质特性，尤其是色泽与添加亚硝酸钠的猪肉干相似；等离子体处理可抑制猪肉干中金黄色葡萄球菌和蜡状芽孢杆菌的生长	Yong et al.，2019
火腿罐头	直接处理，等离子体发生功率和频率分别为 600W 和 25kHz，放电系统为介质阻挡放电系统，电离气体为空气，处理时间分别为 0、10、20、30、40、50、60min	等离子体处理 30min 后火腿的色泽、亚硝酸盐残留量、脂肪和蛋白质氧化等物理化学特性与添加亚硝酸钠火腿的相似，等离子体处理后火腿味道和整体可接受性的评分高于添加亚硝酸钠的火腿	Lee et al.，2018
培根	直接处理，等离子体发生功率分别为 75、100、125W 处理 60s 和 90s，放电系统为介质阻挡放电系统，电离气体分别为氦气，氦气和氧气混合气体	氦气等离子体处理后培根微生物数量降低 10^{-1}～10^{-2}CFU/g，氦气/氧气等离子体处理后微生物数量降低 10^{-2}～10^{-3}CFU/g	Kim et al.，2011
烤羊肉	间接处理，等离子体发生功率和频率分别 40W 和 10kHz，放电系统为介质阻挡放电系统，电离气体为空气，处理时间分别为 0、15、35、45min	等离子体处理后烤羊肉中亚硝酸盐残留量和 TBARS 值最高可分别降低 30%和 89.89%，红度值提升 31.40%，并改善感官品质	Chen et al.，2021
火腿	间接处理，等离子体发生功率和频率分别为 1.5kW 和 60kHz，放电系统为介质阻挡放电系统，电离气体为空气，处理时间分别为 0、5、10、15、20、25、30、35min	贮藏 30d 期间，等离子体间接处理的火腿色泽和丙二醛含量与添加亚硝酸钠火腿的相似；等离子体处理 14.78min 后原材料肉中的亚硝酸盐含量为 100mg/kg，温度上升至 9.2℃	Lee et al.，2020

2. 非热等离子体活化水替代亚硝酸盐

在湿腌类肉制品加工过程中，采用非热等离子体处理样品会增加产品的生产步骤，影响样品的腌制效果，而采用非热等离子体活化水替代这部分肉制品中的亚硝酸盐更方便、快捷有效。采用非热等离子体活化水替代亚硝酸盐，实际就是先采用等离子体处理水使之含有亚硝酸根离子等活性物质，进而用于腌制或直接添加到样品中替代亚硝酸盐。等离子体处理水时，其 pH 的变化时影响等离子体活化水功能的重要因素之一。如表 11-3 所示，在等离子体发生功率和频率分别为 200W 和 15kHz 的条件下，以环境空气为电离气体对去离子水进行等离子体处理 30min，制备的等离子体活化水中亚硝酸盐含量为 46mg/kg，添加该等离子体活化水制备的肉饼具有良好的腌制色泽。在等离子体发生功率和频率分别为 200W 和 15kHz 的条件下，以环境空气为电离气体对含质量浓度 1% 焦磷酸钠的去离子水进行等离子体处理 120min，制备的等离子体活化水中亚硝酸盐含量为 782mg/kg；添加该等离子体活化水制备的乳化香肠在 4℃ 贮藏 28d 期间的菌落总数、色泽、过氧化值和感官品质等与传统香肠相似；而添加该等离子体活化水制备的里脊火腿红度值增加、菌落总数和亚硝酸盐残留量均降低，而且 Ames 试验表明其无遗传毒性。在等离子体发生频率为 50Hz，发生功率分别为 35、48、63W 的条件下，以环境空气为电离气体对含质量浓度 0.5% 焦磷酸钠的去离子水进行等离子体处理，添加该等离子体活化水制备的干燥成熟猪里脊的红度值和游离氨基酸含量随功率额增加而增加，且脂肪氧化程度降低。

表 11-3 非热等离子体活化水替代亚硝酸盐在肉制品中的应用

肉制品种类	活化水种类	作用条件	效果	参考文献
肉饼	去离子水	等离子体发生功率和频率分别为 200W 和 15kHz，放电系统为介质阻挡放电系统，电离气体为空气，处理时间为 30min，处理后等离子体活化水中亚硝酸盐含量为 46mg/kg	添加等离子体活化水的肉饼可形成典型的腌制色泽	Jung, et al., 2015
乳化香肠	含质量浓度 1% 焦磷酸钠的去离子水	等离子体发生功率和频率分别为 200W 和 15kHz，放电系统为介质阻挡放电系统，电离气体为空气，处理时间为 120min，处理后等离子体活化水中亚硝酸盐含量为 782mg/kg	在 4℃ 贮藏 28d 期间，添加等离子体活化水的乳化香肠的菌落总数、色泽、过氧化值、感官品质等与添加亚硝酸钠的香肠相似，且亚硝酸盐残留量降低	Jung, et al., 2015

续表

肉制品种类	活化水种类	作用条件	效果	参考文献
里脊火腿	含质量浓度1%焦磷酸钠的去离子水	等离子体发生功率和频率分别为200W和15kHz，放电系统为介质阻挡放电系统，电离气体为空气，处理时间为120min，处理后等离子体活化水中亚硝酸盐含量为782mg/kg，硝酸盐含量为358mg/kg	添加等离子体活化水里脊火腿的红度值增加；菌落总数和亚硝酸盐残留量降低；Ames试验表明其无遗传毒性	Yong et al.，2018
干燥成熟的猪里脊	含质量浓度0.5%焦磷酸钠的去离子水	等离子体发生功率分别为35、48、63W，频率为50Hz放电系统为介质阻挡放电系统，电离气体为空气，处理时间分别为1、2、3、4、5、6min	随着等离子体处理功率的增加，等离子体活化水可增加干燥成熟猪里脊的红度值和游离氨基酸含量，并抑制脂肪氧化，挥发性风味成分发生变化	Luo et al.，2019
牛肉干	含150mg/kg食盐和100mg/kg糖的去离子水	等离子体发生功率和频率分别为300W和20kHz，放电系统为介质阻挡放电系统，电离气体为空气或氮气，处理时间为10min	添加等离子体活化水与添加亚硝酸钠牛肉干之间的质构和脂肪氧化程度无显著性差异；添加等离子体活化水牛肉干的红度值增加，且李斯特菌含量降低	Inguglia et al.，2020

3. 非热等离子体和植物提取物结合替代亚硝酸盐

植物提取物和非热等离子体处理在替代肉制品中替代亚硝酸盐方面，均取得良好的成效，而植物提取物与非热等离子体处理相结合替代亚硝酸盐的方式，也逐渐得到发展。如表11-4所示，在等离子体发生功率和频率分别为550W和25kHz的条件下，以环境空气为电离气体对紫苏乙醇提取物进行等离子体处理60min，制备的紫苏乙醇提取物中亚硝酸盐含量为45.8mg/L，紫苏乙醇提取物冻干粉中亚硝酸盐含量为3740mg/kg；而且紫苏提取物在保持抗氧化活性的基础上，对产气荚膜梭菌和鼠伤寒沙门菌的抑制能力随等离子体处理时间增加而增加。在等离子体发生功率和频率分别为1.5kW和60kHz的条件下，以环境空气为电离气体对冬菇匀浆进行等离子体处理至pH达6时停止，制备的等离子体处理的冬菇粉不具有致突变性和急性毒性。采用该冬菇粉（亚硝酸盐含量为4870mg/kg）制备的火腿色泽与传统火腿相似，且贮藏30d后两种产品的TBARS值也无明显差异。在等离子体发生功率和频率分别为

550W 和 25kHz 的条件下，以环境空气为电离气体对洋葱进行等离子体处理至 pH 达 5.5 时停止，在洋葱进行等离子体处理前添加 30%（质量分数）鸡蛋清，可将其中的亚硝酸盐含量提高 4 倍；采用该洋葱粉制备香肠的视觉红度与传统香肠相似，且蒸煮味减弱。在等离子体发生功率和频率分别为 550W 和 25kHz 的条件下，以环境空气为电离气体对加入迷迭香提取物的鸡肉饼进行等离子体处理 0、180s，均可降低鸡肉饼的菌落总数和脂肪氧化程度，且红度值增加。

表 11-4 非热等离子体处理和植物提取物相结合替代亚硝酸盐在肉制品中的应用

肉制品种类	植物提取物种类	作用条件	效果	参考文献
—	紫苏乙醇提取物	等离子体发生功率和频率分别为 550W 和 25kHz，放电系统为介质阻挡放电系统，电离气体为空气，处理时间分别为 0、10、20、30、40、50、60min	等离子体处理 60min 后紫苏乙醇提取物中亚硝酸盐含量为 45.8mg/L，其冻干粉中亚硝酸盐含量为 3740mg/kg；紫苏提取物对产气荚膜梭菌和鼠伤寒沙门菌的抑菌能力随等离子体处理时间增加而增加，而抗氧化活性不变	Jung et al., 2017
—	冬菇粉（亚硝酸盐含量约为 4870mg/kg）	等离子体发生功率和频率分别为 1.5kW 和 60kHz，放电系统为介质阻挡放电系统，电离气体为空气，处理冬菇匀浆 pH 至 6 时停止	等离子体处理后冬菇粉不具有致突变性和急性毒性	Jo et al., 2021
火腿	冬菇粉	等离子体发生功率和频率分别为 1.5kW 和 60kHz，放电系统为介质阻挡放电系统，电离气体为空气，处理冬菇匀浆 pH 至 6 时停止	等离子体处理后冬菇粉中亚硝酸盐含量为 4870mg/kg；添加等离子体处理冬菇粉火腿的色泽与添加亚硝酸钠的相似；在贮藏 30d 后 TBARS 值也无明显差异	Jo et al., 2020
乳化香肠	洋葱粉	等离子体发生功率和频率分别为 550W 和 25kHz，放电系统为介质阻挡放电系统，电离气体为空气，处理洋葱 pH 至 5.5 时停止	添加 30% 鸡蛋清可将等离子体处理的洋葱粉中亚硝酸盐含量提高 4 倍；添加鸡蛋清后经等离子体处理的洋葱粉可将香肠的视觉红度提升至与添加亚硝酸钠的相似，并降低香肠的蒸煮味	Kim et al., 2021

续表

肉制品种类	植物提取物种类	作用条件	效果	参考文献
鸡肉饼	迷迭香提取物	等离子体发生功率和频率分别为 550W 和 25kHz，放电系统为介质阻挡放电系统，电离气体为空气，处理时间为 180s	加入迷迭香提取物后，经等离子体处理和未经等离子体处理的鸡肉饼菌落总数、脂肪氧化程度均下降，而红度值均增加	Gao et al.，2019

（三）技术推荐

非热等离子体技术作为一种新兴的非热加工技术，具有良好的抑菌杀菌效果，在肉制品加工领域具有良好的应用前景。目前，采用非热等离子体技术替代亚硝酸盐主要包括非热等离子体直接/间接处理、等离子体活化水以及等离子体处理和植物提取物结合三种方式替代亚硝酸盐。在实际应用中，应依据熏烧烤肉制品的加工特点和特色品质，选择合适的等离子体处理方式替代亚硝酸盐：干腌类肉制品加工过程应选择等离子体直接/间接处理的方式替代亚硝酸盐，等离子体直接接触原料肉表面可以更好的抑制产品中微生物的生长繁殖并促进良好色泽的形成；湿腌类产品可以选择等离子体活化水替代亚硝酸盐，可以将等离子体活化水直接加入到腌制液中，促进亚硝酸根离子与肌红蛋白的结合，形成肉制品良好的色泽。

在制备等离子体活化水的过程中，由于不断产生 H^+降低溶液 pH，而亚硝酸根离子在酸性环境（pH<6）中会去质子化形成硝酸和 NO，因此，应添加适量焦磷酸钠等食品级缓冲试剂，稳定被处理液体的 pH，使等离子体活化水在肉制品中取得最佳效果。在熏鸡、烤鸭等需高温加热的熏烧烤肉制品加工过程中，应选择等离子体处理和植物提取物结合的方式替代亚硝酸盐，等离子体处理产生亚硝酸盐、活性氧和活性氮等活性物质，联合植物提取物中的多酚、类黄酮等抗氧化物质，既可以抑制熏烧烤肉制品中微生物的生长繁殖和脂肪氧化程度，又可以改善产品色泽。但是，在工业化生产中，等离子体处理技术的安全性仍需进一步确认，且等离子体发生装置由实验室规模向工业化生产规模的转化仍是食品加工行业的研究重点。

第三节　酶替代技术

一、　食用膨松剂的酶替代技术

（一）食品酶制剂

根据 GB 1886.174—2016《食品安全国家标准　食品添加剂　食品工业用酶制

剂》，食品工业用酶制剂是指由动物或植物的可食用或非可食用部分直接提取，或由传统或通过基因修饰的微生物（包括但不限于细菌、放线菌、真菌菌种）发酵、提取制得，用于食品加工，具有特殊催化功能的生物制品。

（二）食品酶制剂的特点

酶是由活细胞产生的活性物质，通常为蛋白质。酶制剂作为一类绿色食品添加剂，其具有高度专一性，在催化的时候，每一种酶都只能对一种或一类化学反应进行催化。酶制剂催化效率较高，酶制剂通过降低反应的活化能使反应速率得到提高。酶的作用条件温和，绝大多数酶都是蛋白质，其活性易受温度与酸碱度影响，用于食品时可以减少对食品本身味道与色泽的影响（王志煌等，2020）。

（三）食品酶制剂的作用机理

1. 脂肪酶

脂肪酶是一类具有多种催化能力的酶，可以催化三酰甘油酯及其他一些水不溶性酯类的水解、醇解、酯化、转酯化及酯类的逆向合成反应。脂肪酶对脂肪与蛋白质的相互作用有重要影响。通过对结合脂肪的酶解，释放出游离脂肪及与蛋白质中疏水结合的部位，从而对面团的流变性及面筋产生影响（张传丽等，2019）。在面团的调制过程中加入脂肪酶，发挥和乳化剂相同的效果，如改善面团特性及增加面包的体积，同时脂肪酶对面团强度具有明显的改善作用，可解决加入强筋剂后面团延伸性变短的缺点。李雅琪等（2019）使用不同酶制剂对杂粮面包进行改良研究，发现单独添加脂肪酶能改变面包色泽和斜面纹理结构，但是会导致面包体积减小，而使用脂肪酶与其他酶组成的复合酶制剂则不会导致体积减小。

2. α-淀粉酶

α-淀粉酶是一种内切葡萄糖苷酶，随机作用于淀粉链内部的α-1,4 糖苷键，降解支链淀粉产物为葡萄糖、麦芽糖、麦芽三糖和α-极限糊精，降解直链淀粉产物为葡萄糖、麦芽糖和麦芽三糖。α-淀粉酶存在于植物、哺乳动物组织和微生物中，可以直接影响面团的发酵特性以及成品品质，可以起到膨松剂的作用，包括将面团内部分淀粉分解为葡萄糖和麦芽糖，提供给酵母发酵，产生CO_2，增大面包体积；淀粉酶水解部分淀粉可以使面团软化、延展性增加，从而有利于产品体积的增加（孙晓云，2005）。适量的淀粉酶可加快面团发酵速度，缩短发酵时间，提高入炉急胀性，改善产品内部组织结构，使产品具有较好松软度，增大产品比体积，使产品表皮色泽良好而稳定，延缓淀粉老化，延长保鲜时间。

3. 葡萄糖氧化酶

葡萄糖氧化酶在氧气存在的条件下能将葡萄糖转化为葡萄糖酸，同时产生过氧化氢。过氧化氢是一种强氧化剂，可以将面筋分子中的巯基（—SH）氧化为二硫键（—S—S—），增加面筋筋力。过氧化氢在面团中过氧化物酶的作用下产生自由基，促进水溶性戊聚糖中阿魏酸过氧化交联凝胶作用，从而形成较大的网状结构，增强面筋网络弹性（钱金圣，2010）。因此葡萄糖氧化酶能够显著改善面粉粉质特性，加强面筋蛋白间三维空间网状结构，延长稳定时间，减小弱化度，强化面筋，生成更强、更具有弹性的面团，增大产品体积，从而提高烘焙质量。

4. 戊聚糖酶与木聚糖酶

面粉中非淀粉多糖主要为戊聚糖，对面团的流变性和面包的体积起着重要的作用。戊聚糖分为水溶性戊聚糖和水不溶性戊聚糖，水溶性戊聚糖对面制品的品质有改良作用，而不溶性戊聚糖对面制品的品质却有破坏作用（郑学玲等，2005）。戊聚糖酶可以将水不溶性戊聚糖分解变成水溶性戊聚糖，从而提高面筋网络的弹韧性，增强面团对过度搅拌的耐受力，改善面团的可操作性及稳定性，增强面团的持气能力，提高面制品的烘焙急胀性，增大成品体积。木聚糖酶可以使阿拉伯木聚糖和面筋之间水分重新分布，或使水溶性木聚糖分子长链更宜于与蛋白质等大分子结合，使该部分木聚糖参与到面筋网络结构中，或增加面筋与淀粉膜的强度和延伸性，使产品在高温焙烤时气泡不容易破裂，二氧化碳扩散离开面团的速率减慢，使最终产品体积增大。

5. 过氧化氢酶

过氧化氢酶能够催化过氧化氢释放出氧，将面筋分子中巯基（—SH）氧化为二硫键（—S—S—），增强面团的面筋网络结构，增大面包的体积。一般过氧化氢酶和葡萄糖氧化酶配合使用效果更好。邓家珞等（2019）对过氧化氢酶、葡萄糖氧化酶及其复合酶进行研究，研究它们对面团持水率、二硫键及微观结构的影响，结果显示添加复合酶的效果优于添加单一酶的效果，最佳工艺条件为葡萄糖氧化酶20mg/kg、过氧化氢酶15mg/kg。

6. 脂肪氧化酶

脂肪氧化酶是一种含非血红素铁的蛋白质，专一催化具有顺，顺-1,4 戊二烯结构的多元不饱和脂肪酸氧化反应，氧化生成具有共轭双键的氢过氧化物。氢过氧化物作为氧化剂继续氧化面粉，改善面团的流变性。脂肪氧化酶在面团中有双重作用，一是氧化面粉中的色素使之褪色，增加面包内部组织光泽和白度；二是氧化不饱和脂肪酸使之形成过氧化物，氧化蛋白质分子中的硫氢基团，形成分子内和分子间的二硫键，诱导蛋白质分子聚合，使蛋白质分子变得更大，从而提高面筋筋力，改善产品质构，使其内部更加柔软。

二、 酵母发酵技术

酵母是单细胞真菌，发酵型酵母可将糖类转化成为二氧化碳来获取能量，面用酵母常可在发酵馒头、油条、麻花等面团的过程中产生二氧化碳，从而达到膨松的效果。

（一）酵母的分类

根据 GB/T 20886.1—2021《酵母产品质量要求　第 1 部分：食品加工用酵母》

可按产品用途将酵母分为面用酵母与酒用酵母。其中面用酵母是指具有发酵力的用于米、面等食品加工的食品加工用酵母，其具体分类如表 11-5 所示。

表 11-5 面用酵母的分类

产品分类	产品特点
高活性干酵母（即发干酵母）	发酵后经干燥制成，有高发酵力，且发酵速度快、溶解性能好，为含水量低的食品加工用酵母
高活性半干酵母（冷冻酵母）	发酵后经干燥制成，有较高发酵力，且发酵速度快、溶解性能好，为含水量较低的食品加工用酵母
鲜酵母（压榨酵母）	具有强壮生命活力的酵母细胞所组成的具有发酵力的经分离等工序制得的水分含量较高的固体状态的食品加工用酵母
酵母乳	具有强壮生命活力的酵母细胞所组成的具有发酵力的经分离等工序制得的水分含量高的液体状态的食品加工用酵母

（二）酵母的作用机理

酵母是一种兼性厌氧真菌，在面团发酵时，由于面团内部存在糖类物质与氧气，酵母有氧呼吸旺盛，迅速将面团中的糖类物质分解为二氧化碳和水，并释放一定的热量，从而起到膨胀的作用。酵母在作用过程中会受到以下因素的影响。

①温度：在一定的温度范围内，随着温度的增加，酵母的发酵速度也增加，产气量也增加，但超过一定的温度范围后可能会发酵过速或发酵不足，使面团为充分成熟，影响产品品质；若温度较低，则会使酵母发酵过慢，延长产品制作时间。

②pH：酵母适合在弱酸性环境中进行发酵。

③渗透压：酵母在发酵过程中只能利用单糖，一方面来自面粉内已存在的单糖，以及淀粉水解产生的单糖；另一方面来自配料中蔗糖在酵母自身的酶系作用下水解成单糖，若发酵时面团内加入过量蔗糖或食盐，会导致渗透压过高，抑制酵母生长繁殖。

（三）酵母的作用

酵母在发酵过程中会产生大量二氧化碳气体，被面筋网络截留在面团内，从而使面制品呈现疏松多空的蜂窝状，体积增大。酵母还能对面制品中的淀粉、蛋白质、脂类等大分子进行不同程度的降解，产生寡糖、单糖、氨基酸、脂肪酸等小分子成分，更利于人体消化吸收（Liu et al.，2018）。酵母的主要成分是蛋白质，几乎占了酵母干物质的一半含量，人体必需氨基酸含量充足，尤其是谷物中较缺乏的赖氨酸含量较多；此外，含有大量的维生素 B_1、维生素 B_2 及烟酸，相较于化学膨松剂对 B

族维生素的破坏作用，酵母能提高发酵食品的营养价值。

三、 食品酶制剂与酵母的替代技术

以炸制油条为例，通过膨胀率、比体积、感官评价等进行比较分析，证实利用淀粉酶与酵母复配，在保证膨松效果的前提下，实现了产品安全健康的目的。

（一）传统常用膨松剂对油条膨胀率和感官评价的影响

选用了高（1.50%）、中（1.00%）、低（0.50%）三个常用添加量，对比几种常用油炸食品膨松剂（明矾、泡打粉、小苏打及酵母）对油条膨胀率的影响（图11-4）可以发现，相同加工条件下，明矾的膨松效果最好，在添加量为1.50%的时候，膨胀率可达8.67倍。明矾是油条制作中最为传统的膨松剂，其膨松原理是明矾与食用碱一起加热时释放大量CO_2，从而使油条面团迅速膨胀。明矾的添加量对油条膨胀系数的影响较大，添加量为0.50 %时，油条膨胀率仅为4.67倍；而添加量提高到1.00%和1.50%时，油条膨胀率也迅速升高到6.62倍和8.67倍；酵母效果较差，1.50%添加量时膨胀倍数为3.54倍。泡打粉为油条膨松剂的效果也比明矾差一些，膨胀率最高为6.65倍。碳酸氢钠做油条膨松剂时最大膨胀倍数为4.48倍，略高于酵母。

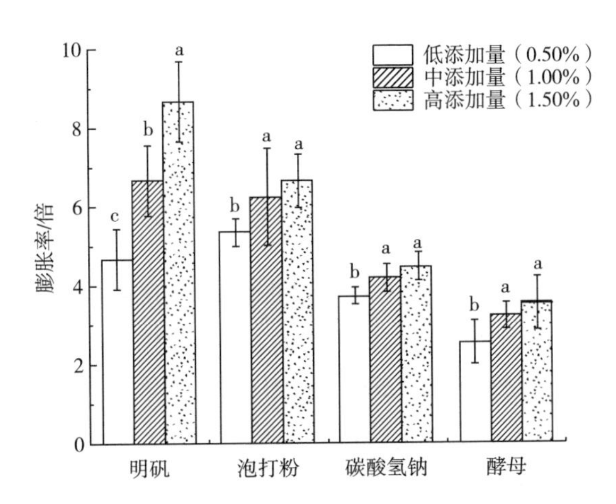

图11-4 几种常用油炸食品膨松剂对油条膨胀率的影响
［图中不同字母表示差异显著（$P<0.05$）］

油条的口感和风味会受到多种因素的影响，如面粉质量、配方、食用油种类等，膨松剂也是其中的一个关键因素。在高温油脂的传热作用下，膨松剂受热产生大量气体，水分以蒸汽形式快速逸出，使面团快速膨胀，形成内部疏松多孔的结构，同时油条面坯表面快速失水，淀粉发生糊化，蛋白质发生变形，形成焦香酥脆的外壳，达到外焦里嫩的口感（张国治等，2005）。通过对几种常用油炸食品膨松剂作用下油条进行感官评价（图 11-5），发现明矾和泡打粉制作的油条感官评价分数较高，而碳酸氢钠和酵母制作的油条感官评价分数略低。明矾添加量为 1.00% 时感官评价分数最高，为 78.92；泡打粉添加量为 1.50% 时，感官评价分数达到 78.24 分。碳酸氢钠制作的油条口感略差于前两者，油炸后有碳酸氢钠残留，有一定碱味，最高感官评价分数为 67.37 分。酵母制作的油条感官评价分数在四种传统膨松剂中最低，在 1.00% 添加量时感官评价分数最高为 57.16 分。其原因可能是酵母制作的油条膨胀低，内部结构不够疏松，缺少油条应有的质感。在酵母的三个添加量中，1.50% 可以使油条获取最大的膨胀率，因此选为后续与酶复配的添加量。

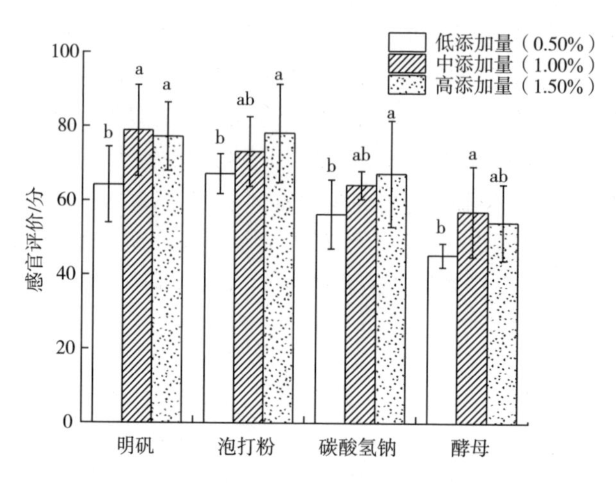

图 11-5 几种常用油炸食品膨松剂制作油条的感官评价分数

[图中不同字母表示差异显著（$P<0.05$）]

（二）淀粉酶与酵母复配对油条膨胀率和感官评价的影响

实验发现淀粉酶添加对酵母的膨松效果有很大的促进作用（表 11-6）。淀粉酶的添加量为 0.05g/kg 的时候，油条膨胀率即由 3.26 倍增加到了 5.36 倍，比体积从 2.87mL/g 增加到了 4.76mL/g。在淀粉酶添加量为 0.50g/kg 时，油条的膨胀率达到了最大值 7.65 倍，随后增加淀粉酶添加量时油条膨胀率略有下降，其原因可能是过多的淀粉酶快速降解面团里的淀粉，在短时间内生成过多葡萄糖等低分子糖类，超过了酵母菌的需求，使面团渗透压加大，反而影响了酵母正常的生理代谢，使其发酵过程受到一定影响。油条的比体积变化趋势与膨胀率相差不大，差别是在淀粉酶添加量为 0.25g/kg 时比体积达到最大值 6.35mL/g。淀粉酶添加量为 0.25g/kg 及以上可以获得优良的口感，此时油条焦香酥脆，内部蜂窝状结构较为均匀。淀粉酶添加量为 0.50g/kg 时，油条感官评分最高为 80.35 分，该评分已超过明矾作为膨松剂的最大感官评分（78.92）。综上，淀粉酶的最佳添加量为 0.50g/kg，此时可以获得最佳的膨胀率和感官评分。

表 11-6 不同添加量的淀粉酶与酵母复配对油条膨胀效果及感官评价的影响

添加量/(g/kg)	膨胀率/倍	比体积/(mL/g)	感官评价/分
0.00	3.26±0.23[d]	2.87±0.87[d]	58.23±7.44[c]
0.05	5.36±0.63[c]	4.76±0.45[c]	67.38±3.57[d]
0.25	7.25±0.34[ab]	6.35±0.77[a]	78.36±5.98[ab]
0.50	7.65±0.57[a]	6.15±0.42[ab]	80.35±8.91[a]
0.75	7.14±0.76[ab]	5.78±0.16[b]	73.27±6.37[ab]
1.00	7.02±1.03[b]	5.97±0.34[b]	70.23±8.17[b]

注：图中不同字母表示差异显著（$P<0.05$）。

（三）淀粉酶-酵母体系发酵时间对油条膨胀率的影响

从图 11-6 可以看出单独使用淀粉酶对油条膨胀率影响不大，在 0~4h 的发酵时间内变化趋势与空白对照差别不大，膨胀率在 2.3~2.8 倍，可见单独使用淀粉酶不能起到膨松的效果。酵母作膨松剂的面团在发酵时间 1.5~3.0h 内，油条的膨胀率快速升高，在 3.0h 后膨胀率升高速度放缓。酵母发酵油条 4h 时最大膨胀率为 4.73 倍。淀粉酶-酵母作复合膨松剂的面团在发酵时间 0~2.5h 内制备的油条膨胀率升高速度很快，发酵时间 2.5h 即可达到良好的蓬松效果，膨胀率可达 8.04 倍。发酵时间 2.5h 后制备的油条膨胀率变化不大。由此可见，淀粉酶-酵母复配制作的油条获得更大的膨胀率是淀粉酶和酵母共同作用的结果，在发酵 2.5h 时达到最佳效果。

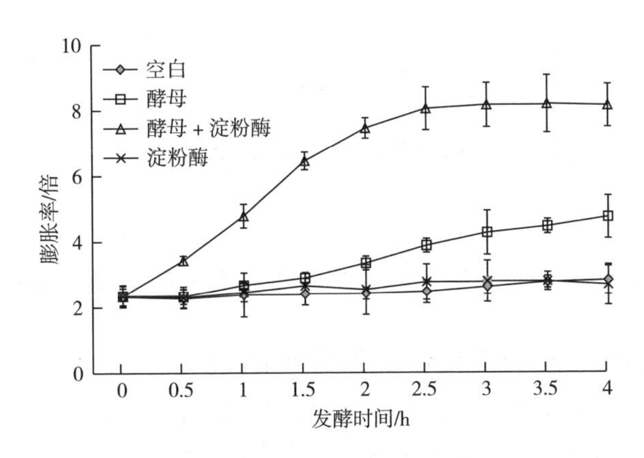

图 11-6 淀粉酶-酵母复配面团发酵时间对油条膨胀率的影响

（四）淀粉酶-酵母体系发酵过程中还原糖含量的变化

面团中的淀粉大分子不能直接被酵母菌利用，需要酵母分泌淀粉酶催化淀粉降解产生小分子的寡糖、双糖和单糖，才能被酵母吸收，用于繁殖和代谢（康志敏等，

2019）。如图 11-7 所示，淀粉酶的添加促进了淀粉转化为还原糖，可使面团中的还原糖含量最高达到 9.29%。淀粉酶与酵母的复配体系中还原糖含量变化分为三个阶段：0~2h 为还原糖快速升高阶段，在淀粉酶和酵母的共同作用下，面团中的淀粉快速降解，生成小分子还原糖，在 2h 时最高达到了 5.35%；在 2~3h，由于酵母菌的快速繁殖，还原糖的产生和消耗达到平衡状态，含量基本维持恒定；3h 后还原糖含量开始下降，其原因可能是维持大量酵母的繁殖和代谢需要消耗的还原糖量大于产生量，因而还原糖的积累量出现了一定程度的下降。外加淀粉酶之后，面团中小分子还原糖快速增加，满足了酵母在面制品发酵过程中的营养供给，促进了酵母的大量繁殖，进而代谢产生更多的二氧化碳使油条面团内充满更多气体。在高温炸制后，形成的油条成品也形成了更加细密的气孔，产生酥脆膨松的口感。选用 1.50% 酵母为基础膨松剂进行改良，利用蛋白酶、淀粉酶、脂肪酶、木聚糖酶、葡萄糖氧化酶与酵母复配，发现淀粉酶效果最好。在添加量为 0.25g/kg 和 0.50g/kg 的情况下膨胀率分别达到了 7.25 倍和 7.65 倍，感官评分也分别达到了 78.36 和 80.35。淀粉酶与酵母复配做膨松剂的效果超过了无铝膨松剂，与传统膨松剂明矾的效果也相差无几，可以代替明矾作为优良的油条膨松剂。后续还可以在淀粉酶和酵母的基础上研究多种酶的复配，来进一步提升油条的口感。

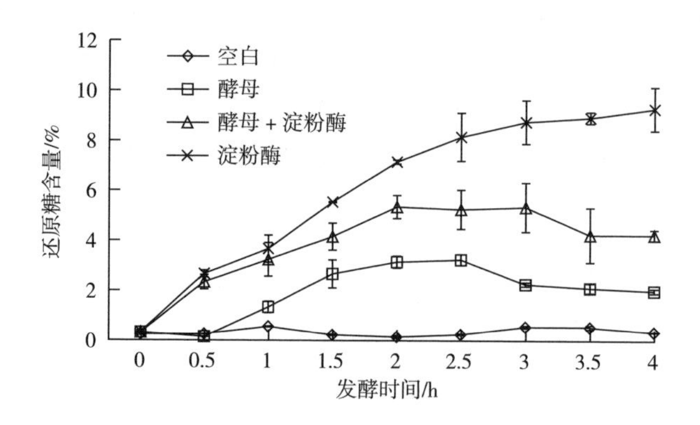

图 11-7　淀粉酶-酵母复配油条面团发酵过程中还原糖含量的变化

四、食品酶与酵母替代食用膨松剂的展望

基于我国人民生活水平的提高以及健康意识的增强，保障食品安全，提高食品健康与营养价值已成为食品行业的主流，研究人员需要开发一款安全有效的新型膨松剂、酶制剂与酵母作为纯生物制品，其在食品加工过程中无毒害作用，符合未来新型健康食品添加剂的发展趋势，具有广阔的应用前景。

参考文献

[1] 邓家珞．葡萄糖氧化酶和过氧化氢酶对面团与面包品质的影响［J］．现代食品科技，2019，35（12）：28-40.

[2] 韩格，陈倩，孔保华．低温等离子体技术在肉品保藏及加工中的应用研究进展［J］．食品科学，2019，40（3），286-292.

[3] 黄德平，王丰莉，熊永科，等．一种降低芳香胺残留的偶氮色淀类有机颜料的制备方法：202111061131.7［P］．2021-11-26.

[4] 吉江诚．多色牙膏制剂：201780027915.3［P］．2018-12-21.

[5] 蒋书歌，侯宇豪，刘坚，等．柑橘精油纳米乳的制备及对金黄色葡萄球菌的抑制活性研究［J］．食品与机械，2021，37（3）：144-149.

[6] 康志敏．不同酵母在青麦馒头面团中的发酵特性及品质对比分析［J］．食品与发酵工业，2019，45（7）：173-179.

[7] 李光水，雍国平，肖凌．香味微胶囊的释放模型及机理探讨［J］．食品工业科技，1998，（2）：7-8.

[8] 李雅琪．酶制剂对杂粮面包品质的影响［J］．现代面粉工业，2019，33（5）：17-21.

[9] 钱金圣．葡萄糖氧化酶和木聚糖酶对面包特性的影响［J］．食品研究与开发，2010，31（7）：46-49.

[10] 商晓菁，廖晓，张秋娥，等．特种食品添加剂食用色淀的制备方法：03150587.2［P］．2004-07-28.

[11] 孙林皓，曾贞，周瑶，等．一种新型肉桂醛微胶囊的制备及其食品保鲜性能研究［J］．华中农业大学学报，2018，37（5）：81-88.

[12] 孙晓云．α-淀粉酶对面包品质的影响［J］．食品工业科技，2005（11）：60-62.

[13] 王志煌，郑春椋，黄静娥，等．酶制剂在面包等烘焙产品中的应用［J］．现代食品，2020（20）：33-40.

[14] 王宗举，唐春红．几种新技术在防腐剂和抗氧化剂中的应用前景［J］．中国食品添加剂，2010（2）：188-191.

[15] 袁栋栋，王成涛，程雷，等．一种基于碳酸钙的食用色淀的制备方法：201910512968.5［P］．2019-08-30.

[16] 张传丽．高产脂肪酶菌株的筛选及其酶学性质分析［J］．食品科技，2019，44（11）：30-35.

[17] 张国治．无铝速冻油条的品质研究［J］．河南工业大学学报（自然科学版），2005（4）：42-43，46.

[18] 张潇元，潘悦，王中江，等．薄荷油纳米乳液的稳定机制及抑菌特性［J］．中国食品学报，2020，20（07）：34-43.

[19] 郑学玲．水溶戊聚糖分级纯化组分结构初步分析［J］．食品与生物技术学报，2005（2）：

6-9.

[20] 周结倩，张坤，徐杰，等．低温等离子体在水产品保鲜中的应用研究进展［J］．食品与发酵工业，2022，22：328-337.

[21] ADEM G，GAELLE R，ODILE C et al. Applications of spray-drying in microencapsulation of food ingredients：An overview［J］．Food Research International，2007，40（9）：1107-1121.

[22] ALAHAKOON A U，JAYASENA D D，RAMACHANDRA S，et al. Alternatives to nitrite in processed meat：Up to date［J］．Trends in Food Science and Technology，2015，45（1）：37-49.

[23] BERNARDOS A，MARINA T，ZACEK P et al. Antifungal effect of essential oil components against *Aspergillus niger* when loaded into silica mesoporous supports［J］．Journal of the Science of Food and Agricultural，2015，95（14）：2824-2831.

[24] BRAR，SATINDER，KAUR，et al. Green alternatives to nitrates and nitrites in meat-based products-a review［J］．Critical Reviews in Food Science and Nutrition，2016，56（13/16）：2133-2148.

[25] FERYSIUK K，WOJCIAK K M. Reduction of nitrite in meat products through the application of various plant-based ingredients［J］．Antioxidants（Basel），2020，9（8）：711-739.

[26] FLORES M，TOLDRA F. Chemistry，safety，and regulatory considerations in the use of nitrite and nitrate from natural origin in meat products - Invited review［J］．Meat Science，2021，171：108272.

[27] JO K，LEE J，LEE，S，et al. Curing of ground ham by remote infusion of atmospheric non-thermal plasma［J］．Food Chem，2020，309：125643.

[28] JO K，LEE S，JO，C，et al. Utility of winter mushroom treated by atmospheric nonthermal plasma as an alternative for synthetic nitrite and phosphate in ground ham［J］．Meat Science，2020，166：108151.

[29] JO K，LEE S，YONG H I，et al. Nitrite sources for cured meat products［J］．LWT-Food Science and Technology，2020，129：109583.

[30] KAI Y C，CHIN H C，SARANI Z et al. Vaterite calcium carbonate for the adsorption of Congo red from aqueous solutions［J］．Journal of Environmental Chemical Engineering，2014，2（4）：2156-2161.

[31] LEE J，LEE C W，YONG H I，et al. Use of atmospheric pressure cold plasma for meat industry［J］．Korean Journal for Food Science of Animal Resources，2017，37（4）：477-485.

[32] LIU T，YANG L，SADIQ F A，et al. Predominant yeasts in Chinese traditional sourdough and their influence on aroma formation in Chinese steamed bread［J］．Food Chemistry，2018，242：404-411.

[33] MISRA N N，JO C. Applications of cold plasma technology for microbiological safety in meat industry［J］．Trends in Food Science and Technology，2017，64：74-86.

[34] MOGHIMI R，GHADERI L，RAFATI H et al. Superior antibacterial activity of nanoemulsion of

Thymus daenensis essential oil against E. coli [J]. Food Chemistry, 2016, 194: 410-415.

[35] NASIRU, M M D, FRIMPONG E B D, MUHAMMAD U D, et al. Dielectric barrier discharge cold atmospheric plasma: Influence of processing parameters on microbial inactivation in meat and meat products [J]. Comprehensive Reviews in Food Science and Food Safety, 2021, 20 (3): 2626-2659.

[36] PANKAJ S K, WAN Z, KEENER K M. Effects of cold plasma on food quality: A review [J]. Foods, 2018, 7 (1): 287-291.

[37] SOTELO B M, CORREA A Z, BAUTISTA B S et al. Release study and inhibitory activity of thyme essential oil-loaded chitosan nanoparticles and nanocapsules against foodborne bacteria [J]. International Journal of Biological Macromolecules, 2017, 103: 409-414.

[38] TORRES O, MURRAY B, SARKAR A. Emulsion microgel particles: Novel encapsulation strategy for lipophilic molecule [J]. Trends in Food Science and Technology, 2016, 55: 98-108.

[39] YUAN C, WANG Y, LIU Y et al. Physicochemical characterization and antibacterial activity assessment of lavender essential oil encapsulated in hydroxypropyl-beta-cyclodextrin [J]. Industrial Crops and Products, 2019, 130: 104-110.

[40] ZHAO D H, ZHANG Y L, WEI Y P et al. Facile eco-friendly treatment of a dye wastewater mixture by in situ hybridization with growing calcium carbonate [J]. Journal of Materials Chemistry, 2009, 19 (39): 7239-7244.

第十二章　熏肉加工过程安全控制

第一节　概述

烟熏是肉制品加工的主要手段，肉品经过烟熏，不仅获得特有的烟熏味，而且保存期延长，但是随着冷藏技术的发展，烟熏防腐已降到次要的位置，烟熏的主要目的已成为赋予肉制品特有的烟熏风味，如熏肠、生熏腿等。食品经过烟熏后不仅获得特有的烟熏风味，而且容易保存。

一、熏烟的产生

用于熏制肉类制品的烟气，主要是硬木不完全燃烧得到的。烟气是由空气（氮、氧等）和没有完全燃烧的产物——燃气、蒸气及液体、固体物质的粒子所形成的气溶胶系统。熏制的实质就是产品吸收木材分解产物的过程，因此木材的分解产物是烟熏作用的关键，烟气中的烟黑和灰尘只能污染制品，水蒸气成分不起熏制作用而只对脱水蒸发起决定作用。已知的200多种烟气成分并不都在熏烟中存在，受很多因素影响，许多成分与烟熏的香气和防腐作用无关。烟气的成分与供氧量和燃烧温度有关，与木材种类也有很大关系。一般来说硬木、竹类风味较佳，而软木、松叶类因树脂含量多，燃烧时产生大量黑烟，使肉制品表面发黑，并含有多萜烯类的不良气味，在烟熏时一般采用硬木。

木材在高温燃烧时产生烟气的过程可分为两步：第一步是木材的高温分解；第二步是高温分解产物的变化，形成环状或多环状化合物，发生聚合反应、缩合反应以及形成产物的进一步热分解。木材和木屑热分解时表面和中心存在着温度梯度，外表面正在氧化时内部却正在进行着氧化前的脱水，在脱水过程中外表面温度稍高于100℃，脱水或蒸馏过程中外逸的化合物有CO、CO_2以及乙酸等挥发性短链有机酸。当木屑中心水分接近零时，温度就迅速上升到300~400℃。发生热分解并出现熏烟。实际上大多数木材在200~260℃时已有熏烟发生，温度达到260~310℃则产生木焦液和一些焦油，温度再上升到310℃以上时则木质素裂解产生酚和它的衍生物（鄢嫣，2015）。

二、熏烟成分

熏烟中包括固体颗粒、液体小滴和气体物质，颗粒大小一般在50~800μm，气体物质大约占总体的10%。现在已在木材熏烟中分离出300多种不同的化合物，包括高分子和低分子化合物，但这并不意味着熏肉中存在着所有这些化合物，熏烟中有一些成分对制品风味及防腐几乎没有作用。熏烟的成分常因燃烧温度以及其他许多因素的变化而有差异。从化学组成可知这些成分或多或少是水溶性的，这对生产液态烟熏制剂具有重要的意义。水溶性的物质大都是有用的熏烟成分，而水不溶性物质包括固体颗粒（煤灰）、多环烃和焦油等，这些成分中有些具有致癌性。熏烟中最常见的化合物为酚类、有机酸类、醇类、羰基化合物、烃类以及一些气体物质（刘兴勇，2018）。

（一）酚类

从木材熏烟中分离出来并经鉴定的酚类达20种之多，其中有愈疮木酚（邻甲氧基苯酚）、4-甲基愈疮木酚等。在肉制品烟熏中，酚类起到三方面作用：①抗氧化作用；②对产品的呈色和呈味作用；③抑菌防腐作用。酚类的抗氧化作用对烟熏肉制品最为重要，绝大多数据木熏烟的抗氧化性是由于酚有很高的沸点，低沸点的酚只有弱抗氧化性。熏制肉品特有的风味主要与存在于气相的酚类有关，如4-甲基愈疮木酚、愈疮木酚、2,5-二甲氧基酚等。熏烟风味还和其他物质有关，是许多化合物综合作用的效果。酚类具有较强的抑菌能力，酚系数（phenol coefficient）常被用作衡量和酚相比时各种杀菌剂的相对有效值，高沸点酚类杀菌效果较强。但由于熏烟成分渗入制品的深度有限，抑菌效应主要发生在表面。

（二）醇类

木材熏烟中醇的种类繁多，其中最常见和最简单的醇是甲醇或木醇，是木材分解蒸馏中主要产物。熏烟中还含有伯醇、仲醇和叔醇等，但是它们常被氧化成相应的酸类。木材熏烟中，醇类对产品的色、香、味并不起作用，仅为挥发性物质的载体，它的杀菌性也较弱，是熏烟中最不重要的成分之一。

（三）有机酸类

熏烟组分中有含1~10个碳原子的简单有机酸，熏烟蒸气相内为1~4个碳的酸，常见的酸为蚁酸、乙酸、丙酸、丁酸和异丁酸。5~10个碳的长链有机酸附着在熏烟内的微粒上，有戊酸、异戊酸、己酸、庚酸、辛酸、壬酸和癸酸。有机酸对熏烟制品的风味影响甚微，但可聚积在制品的表面，呈现一定的防腐作用。酸有促使烟熏肉表面蛋白质凝固的作用，在生产去肠衣的肠制品时，将有助于肠衣的剥除。

（四）羰基化合物

熏烟中存在大量的羰基化合物，现已确定的有20种以上，如2-戊酮、戊醛、2-丁酮、丁醛和丙酮。同有机酸一样，羰基化合物存在于蒸气蒸馏组分内，也存在于熏烟内的颗粒上。虽然绝大部分羰基化合物为非蒸气蒸馏性的，但蒸气蒸馏组分内有着非常典型的烟熏风味，而且还含有所有羰基化合物形成的色泽。对熏烟色泽、风味来说，简单短链化合物最为重要。熏烟的风味和芳香味可能来自某些羰基化合物，但更可能来自熏烟中浓度特别高的羰基化合物，从而促使烟熏食品具有特有的风味。

（五）烃类

从熏烟食品中能分离出许多多环芳烃，其中有苯并［a］蒽、二苯并［a、h］蒽、苯并［a］芘、芘以及4-甲基芘。在这些化合物中至少有苯并［a］芘和二苯并［a、h］蒽二种化合物是公认的致癌物质。在烟熏食品中其他多环芳烃，尚未发现它们有致癌性。多环芳烃对烟熏制品来说无重要的防腐作用，也不能产生特有风味，它们附在熏烟颗粒上，可以过滤除去。

（六）气体物质

熏烟中产生的气体物质如CO_2、CO、O_2、N_2、N_2O等，其作用还不甚明了，大多数对熏制无关紧要。CO和CO_2可被吸收到鲜肉的表面，产生一氧化碳肌红蛋白，而使产品产生亮红色。氧也可与肌红蛋白形成氧合肌红蛋白或高铁肌红蛋白，但还没有证据证明熏制过程会发生这些反应。气体成分中的NO可在熏制时形成亚硝胺，碱性条件有利于亚硝胺的形成。腌制发色剂（抗坏血酸钠或异抗坏血酸钠）能防止烟熏中亚硝胺的形成。

三、烟熏目的

烟熏的主要目的是赋予制品特殊的烟熏风味，增进香味；使制品外观具有特有的烟熏色，对加硝肉制品有促进发色作用；脱水干燥，杀菌防腐，使肉制品耐贮藏；烟气成分渗入肉内部能防止脂肪氧化。

（一）呈味作用

烟气中的许多有机化合物附着在制品上，赋予制品特有的烟熏香味，如醛、酯、酚类等，特别是酚类中的愈创木酚和4-甲基愈创木酚是最重要的风味物质。

（二）发色作用

熏烟成分中的羰基化合物可以和肉蛋白质或其他含氮物中的游离氨基发生美拉德反应，熏烟加热促进硝酸盐还原菌增殖及蛋白质的热变性，游离出半胱氨酸，从而促进一氧化氮血色原形成稳定的颜色，另外，通过熏烟受热而导致脂肪外渗起到润色作用。

（三）杀菌作用

熏烟的杀菌作用主要是加热、干燥和熏烟中的化学成分的综合效应。熏烟中的有机酸、醛和酚类具有抑菌和防腐作用。熏烟的杀菌作用主要是在表层，经熏制后产品表面的微生物可减少10%。大肠杆菌、变形杆菌、葡萄球菌对熏烟最敏感，而霉菌及细菌芽孢对熏烟抵抗力强。由烟熏产生的杀菌防腐作用是有限度的，而通过烟熏前的腌制和熏烟中和熏烟后的脱水干燥则赋予熏制品良好的贮藏性能。

（四）抗氧化作用

烟中许多成分具有抗氧化作用，有人曾用煮制的鱼油试验，通过烟熏与未经烟熏的产品在夏季高温下放置 12d 测定过氧化值，结果经烟熏的产品为 2.5mg/kg，而非经烟熏的为 5mg/kg。烟中抗氧化作用最强的是酚类，其中以邻苯二酚和邻苯三酚及其衍生物作用尤为显著。

四、熏烟的沉积和渗透

影响熏烟沉积量的因素有食品表面的含水量、熏烟的密度、烟熏室内的空气流速和相对湿度。一般食品表面越干燥，沉积的越少（用酚的量表示）；熏烟的密度越大，熏烟的吸收量越大，和食品表面接触的熏烟也越多；然而气流速度太大，也难以形成高浓度的熏烟，因此实际操作中要求既能保证熏烟和食品的接触，又不致使密度明显下降，常采用 7.5～15.0m/min 的空气流速。相对湿度高有利于加速沉积，但不利于色泽的形成。

熏烟过程中，熏烟成分最初在表面沉积，随后各种熏烟成分向内部渗透，使制品呈现特有的色、香、味。影响熏烟成分渗透的因素是多方面的，包括熏烟的成分、浓度、温度、产品的组织结构、脂肪和肌肉的比例、水分含量、熏制的方法和时间等。

五、烟熏方法

肉品加工中使用的各种烟熏工艺导致了产品不同的感官品质和货架期。传统工艺基于加工人员的实践经验，要求工人在不同的气候条件下都能熟练控制烟熏的效果。在大规模的肉制品加工中，烟熏在自动烟熏室中进行，工艺参数由试验研究确定，并且由电脑控制。

（一）冷熏法

在低温（15～30℃）下，进行较长时间（4～7d）的熏制，熏前原料须经过较长时间的腌渍，冷熏法宜在冬季进行，夏季由于气温高，温度很难控制，特别当发烟很少的情况下，容易发生酸败现象。冷熏法生产的食品水分含量在 40% 左右，其贮藏期较长，但烟熏风味不如温熏法。冷熏法主要用于干制的香肠，如风干香肠等，也可用于带骨火腿及培根的熏制。熏制香肠时，肠体首先在 12℃ 下低烟熏制 1d；而后在 15～22℃ 下浓烟熏制 5d；最后 2d 温度稍低，并使用低烟。

（二）温熏法

温度为 30～50℃，用于熏制脱骨火腿和通脊火腿及培根等，熏制时间通常为 1～2d，熏材通常采用干燥的橡材、樱材、锯末，熏制时应控制温度缓慢上升，用这种温度熏制，质量损失少，产品风味好，但耐贮藏性差。

（三）热熏法

温度为50~85℃，通常在60℃左右，熏制时间4~6h，是应用较广泛的一种方法，因为熏制的温度较高，制品在短时间内就能形成较好的熏烟色泽。熏制的温度必须缓慢上升，不能升温过急，否则产品发色不均匀，一般灌肠产品的烟熏采用这种方法。

（四）焙熏法（熏烤法）

烟熏温度为90~120℃，熏制的时间较短，是一种特殊的熏烤方法。由于熏制的温度较高，熏制过程完成熟制，不需要重新加工就可食用，应用这种方法熏烟的肉贮藏性差，应迅速食用。

（五）液熏法（湿熏法）

用液态烟熏制剂代替烟熏的方法称为液熏法，又称无烟熏法，目前在国内外已广泛使用，代表烟熏技术的发展方向。液态烟熏制剂由硬木等熏材干馏，并经特殊净化制成液熏剂，用于肉品腌制工序，使制品不经烟熏而具有烟熏风味。

使用烟熏液和天然熏烟相比有不少优点：①不再需要熏烟发生器，可以减少大量的投资费用；②过程有较好的重复性，因为液态烟熏制剂的成分比较稳定；③制得的液态烟熏制剂中固相已去净，无致癌的危险。一般用硬木制液态烟熏剂，软木虽然能用，但需用过滤法除去焦油小滴和多环芳烃。最后产物主要由气相成分组成，并含有酚、有机酸、醇和羰基化合物。

利用烟熏液的方法主要有两种：①用烟熏液代替熏烟材料，加热使其挥发，包附在制品上；这种方法仍需要熏烟设备，但其设备容易保持清洁状态；而使用天然熏烟时常会有焦油或其他残渣沉积，以致经常需要清洗。②浸渍或喷洒法，将烟熏液直接加入制品中，省去全部的熏烟工序；采用浸渍法时，将烟熏液加3倍水稀释，将制品在其中浸渍10~20h，然后取出干燥，浸渍时间可根据制品的大小、形状而定；如果在浸渍时加入0.5%左右的食盐，风味更佳，有时在稀释后的烟熏液中加5%左右的柠檬酸或醋，便于形成外皮，这主要用于生产去肠衣的肠制品。用液态烟熏剂取代熏烟后，肉制品仍然要蒸煮加热，同时烟熏溶液喷洒处理后立即蒸煮，还能形成良好的烟熏色泽，因此烟熏制剂处理宜在即将开始蒸煮前进行。

第二节　熏肉传统加工工艺流程及要点

一、沟帮子熏鸡

沟帮子是辽宁省北镇县的一座集镇，以盛产味道鲜美的熏鸡而闻名北方地区。

沟帮子熏鸡已有50多年的历史，很受北方人欢迎。

(一) 工艺流程

原料选择→宰杀、整形→投料打沫→煮制→熏制→涂油→成品

(二) 配方

鸡400只，食盐10kg，白糖2kg，味精200g，香油1kg，胡椒粉50g，香辣粉50g，五香粉50g，丁香150g，肉桂150g，砂仁50g，豆蔻50g，山柰50g，白芷150g，陈皮150g，草果150g，鲜姜250g。

以上辅料是有老汤情况下的用量，如无老汤，则应将以上辅料的用量增加1倍。

(三) 操作要点

1. 原料选择

选用1年内的健康活鸡，公鸡优于母鸡，因母鸡脂肪多，成品油腻，影响质量。

2. 宰杀、整形

颈部放血，烫毛后褪净毛，腹下开腔，取出内脏，用清水冲洗并沥干水分。然后用木棍将鸡的两大腿骨打折，用剪刀将膛内胸骨两侧的软骨剪断，最后把鸡腿盘入腹腔，头部拉到左翅下。

3. 投料打沫

先将老汤煮沸，盛起适量沸汤浸泡新添辅料约1h，然后将辅料与汤液一起倒入沸腾的老汤锅内，继续煮沸约5min，捞出辅料，并将上面浮起的沫子撇除干净。

4. 煮制

把处理好的白条鸡放入锅内，使汤水浸没鸡体，用大火煮沸后改小火慢煮。煮到半熟时加食盐，一般老鸡要煮制2h左右，嫩鸡则1h左右即可出锅。煮制过程勤翻动，出锅前，要始终保持微沸状态，切忌停火捞鸡，这样出锅后鸡躯干爽，质量好。

5. 熏制

出锅后趁热在鸡体上刷一层香油，放在铁丝网上，下面架有铁锅，铁锅内装有白糖与锯末（白糖与锯末的比例为3：1），然后点火干烧锅底，使其发烟，盖上盖，经15min左右，鸡皮呈红黄色即可出锅。熏好的鸡还要抹上一层香油，即为成品。

(四) 质量标准

成品色泽枣红发亮，肉质细嫩，熏香浓郁，味美爽口，风味独特。

二、 生熏腿

生熏腿又称熏腿，用猪的整只后腿加工而成，在我国许多地方有生产，深受人民喜爱。

（一）工艺流程

原料选择与整形→腌制→浸洗→修整→熏制→成品

（二）配方

猪后腿10只（约50~70kg），食盐4.5~5.5kg，硝酸钠20~25g，白糖250g。

（三）操作要点

1. 原料的选择与整形

选择无病健康的猪后腿肉，要求为皮薄骨细、肌肉丰满的白毛猪。将选好的原料肉放入0℃左右的冷库中冷却，使肉温降至3~5℃，约需10h。待肉质变硬后取出修割整形，这样腿坯不易变形，外形整齐美观。整形时，在跗关节处割去脚爪，除去周边不整齐部分，修去肉面上的筋膜、碎肉和杂物。使肉面平整、光滑。刮去肉皮面残毛，修整后的腿坯重5~7kg，形似琵琶。

2. 腌制

采用盐水注射和干、湿腌配合进行腌制。先进行盐水注射，然后干腌，最后湿腌。盐水注射需先配盐水，配制方法：取食盐6~7kg，白糖0.5kg，亚硝酸钠30~35g，清水50kg，置于容器内，充分搅拌溶解均匀，即配成注射盐水。用盐水注射机把盐水强行注入肌肉，要分多部位、多点注射，尽可能使盐水在肌肉中分布均匀，盐水注射量约为肉重的10%。注射盐水后的腿坯，应即时揉擦硝盐进行干腌，硝盐配制方法：取食盐和硝酸钠，按100∶1混合均匀即成。将配好的硝盐均匀揉擦在肉面上，硝盐用量约为肉重的2%。擦盐后将腿坯置于2~4℃冷库中，腌制24h左右。最后将腿坯放入盐卤中浸泡，盐卤配制方法：50kg水中加盐约9.5kg，硝酸钠35g，充分溶解搅拌均匀即可。湿腌时，先把腿坯一层层排放在缸内或池内，底层的皮向下，最上面的皮向上，将配好的浸渍盐水倒入缸内，盐水的用量一般约为肉重的1/3，以把肉浸没为原则。为防止腿坯上浮，可加压重物。浸渍时间15d左右，中间要翻倒几次，以利腌制均匀。

3. 浸洗

取出腌制好的腿坯，放入25℃左右的温水中浸泡4h左右。其目的是除去表层过多的盐分，以利提高产品质量，同时也使肉温上升，肉质软化，有利于清洗和修整。最后清洗刮除表面杂物和油污。

4. 修整

腿坯洗好后，需修割周边不规则的部分，削平耻骨，使肉面平整光滑。在腿坯下端用刀戳一小孔，穿上棉绳，吊挂在凉架上晾挂10h左右，同时用干净的纱布擦干肉中流出的血水，晾干后便可进行烟熏。

5. 熏制

将修整后的腿坯挂入熏炉架上。选用无树脂的发烟材料，点燃后上盖碎木屑或稻壳，使之发烟。熏炉保持温度在60~70℃，先高后低，整个烟熏时间为8~10h。如生产无皮火腿，须在坯料表面盖层纱布，以防木屑灰尘沾污成品。当手指按压坚实有弹性、表皮呈金黄色便出炉，即为成品。

（四）质量标准

成品外形呈琵琶状，表皮金黄色，外表肉色为咖啡色，内部淡红色，硬度适宜，有弹性，肉质略带轻度烟熏味，清香爽口。

三、北京熏猪肉

北京熏猪肉是北京地区的风味特产，深受群众喜爱。

（一）工艺流程

原料选择与整修→煮制→熏制→成品

（二）配方

猪肉50kg，粗盐3kg，白糖200g，花椒25g，八角75g，桂皮100g，小茴香50g，鲜姜150g，大葱250g。

（三）操作要点

1. 原料选择与整修

选用经卫生检验合格的猪肉，剔除骨头，除净余毛，洗净血块、杂物等，切成15cm见方的肉块，用清水泡2h，捞出后沥干水待煮。

2. 煮制

把老汤倒入锅内并加入除白糖外的所有辅料，大火煮沸，然后把肉块放入锅内烧煮，开锅后撇净汤油及脏沫子，每隔20min翻一次锅，约煮1h。出锅前把汤油及沫子撇净，将肉捞到盘子里，控净水分，再整齐地码放在熏屉内，以待熏制。

3. 熏制

熏肉的方法有两种：一种是用空铁锅坐在炉子上，用旺火将放入锅内底部的白糖加热至出烟，将熏屉放在铁锅内熏10min左右即可出屉码盘；另一种熏制办法是用锯末刨花放在熏炉内，熏20min左右即为成品。

（四）质量标准

成品外观杏黄色，味美爽口，有浓郁的烟熏香味，食之不腻，糖熏制的有甜味。出品率60%左右。

第三节 熏肉现代加工工艺流程及要求

随着人们生活水平的提高和健康意识的增强，要求熏肉产品不仅营养丰富、风味佳，而且食用安全。熏肉现代加工中采用液熏替代气体烟熏，液熏法不仅减少了有害成分的污染，并且能精确有效地控制熏制过程，缩短熏制周期。与传统的烟熏法相比，使用简单、方便、自然，能保持传统烟熏的香味和色泽，延长产品的保质期，熏制速度快、效率高，能够实现连续生产作业，降低生产成本，产品质量稳定。

一、熏肠

（一）工艺流程

原料选择与修整→绞肉→添加辅料、烟熏液→斩拌→充填→液熏着色→干燥→蒸煮→冷却→成品

（二）配方

精瘦肉 40kg，食盐 1kg，D-异抗坏血酸钠 0.05kg，猪脂肪 10kg，白糖 0.4kg，淀粉 3kg，大豆分离蛋白 1kg，冰水 7.5kg，混合粉 0.5kg，亚硝酸钠 6g。

（三）操作要点

1. 原料选择与修整

选用经卫生检验合格的新鲜猪瘦肉，脂肪选用洁白无污物的猪脊膘。将选用的原料肉修去筋腱、血污、残毛和杂质等。

2. 绞肉

绞肉机用 6mm 孔板分别将猪肉、脂肪绞碎。

3. 斩拌

斩拌前将烟熏液稀释液按照 0.1%的添加量和各种原料按顺序放好，冰水平均分三份备用。将绞好的猪肉一起放入真空斩拌机内，加入食盐和所有的辅料和备用的 1/3 冰水，快速斩拌至黏稠状（时间约 2min，温度 2～4℃）时加入大豆分离蛋白、绞好的脂肪和 1/3 的冰水，继续斩拌至乳化状（时间为 2min，温度为 6～8℃），最后加入淀粉和 1/3 冰水，继续斩拌至乳糜稠度均匀，达到充分乳化为止，肉馅的最终温度不超过 12℃。

4. 充填

将斩拌均匀的肉馅放至充填机中灌入直径 18～22mm 的胶原肠衣中，结扎成 12mm 长的连接式，充填室温度以 10～12℃为宜。然后将结扎分节后的半成品悬挂在不锈钢串杆上，并用冷水喷淋肠体表面，达到洁净后送入液熏炉。

5. 液熏着色

将烟熏液稀释后，将肠体置于烟熏液中浸渍液熏 1min，沥干后进行干制。

6. 干制、蒸煮

将浸渍后的肠体送入连续式干燥炉内，温度控制在 75～80℃，干燥时间为

20min，至肠体表面呈红褐色时即可进行蒸煮。在82℃的水锅内蒸煮20min，肠的中心温度达到70~71℃，即成熟。

7. 冷却

将成熟后的肠出炉后，用10~12℃冷水喷淋至肠体中心温度降至35℃左右，再送入2~4℃的冷却间内继续冷却至中心温度达3~5℃，即为成品。

（四）产品特色

应达到肠体饱满，弹性好，有光泽，表面颜色呈棕红色。内部结构紧密、无气孔，切片性好。风味鲜美，具有热狗肠特有的烟熏香味。口感好，新鲜的香肠吃起来有韧性。

二、 熏腊肉

（一）工艺流程

原料→解冻→选料→打胚→拌料→腌制→浸渍→穿杠→上柜→烘烤→冷却→烧毛→包装

（二）原料

冷冻带皮猪后腿肉、食盐、白酒、五香汁、亚硝酸钠、烟熏液。

（三）操作要点

1. 解冻、选料、打胚

冷冻肉在25℃以下自然解冻12~16h后打胚，分割车间温度低于15℃，采用带皮后腿肉的臀尖作胚料，选择肥膘厚度1.0~2.5cm的部分进行打条，打成长18~30cm、厚2.3~2.5cm的胚条，要求无毛、无骨、无淤血、无杂物，分割后产品温度应低于8℃，胚料分割后在分割现场存放时间不得超过30min。

2. 拌料、腌制

将腊肉胚条投入滚揉机，加入辅料（3%食盐、1%白酒、0.0075%亚硝酸钠、0.075%五香汁）后，慢速滚揉搅拌12min，真空度0.08MPa，滚揉间温度15℃以下，将胚条层层叠实摆放于腌制缸内，15℃以下腌制24h后翻缸1次，翻缸时要求胚条上下异位，继续腌制24h后出缸，总腌制时间48h。

3. 浸渍

将腌制好的腊肉坯料放入烟熏液添加量为10%（烟熏液质量/烟熏溶液质量）的溶液中（4℃），浸渍3次，间隔10min，每次90s，传统烟熏工艺不经过浸渍，在烘烤时进行烟熏。

4. 烘烤、冷却

烘烤过程使用的是全自动控温烟熏炉，液熏法腊肉烘烤参数设置为：0~8h，58℃、不加烟；8~16h，55℃、不加烟；16~28h，50℃、不加烟。传统烟熏法腊肉烘烤参数设置为：0～8h，58℃、不加烟；8～16h，55℃、不加烟；16～28h，50℃、加烟。

产品出炉后，均匀摆放于料车中进行冷却，产品最终温度以不超过室温为准。采用真空包装，放置于20℃以下贮存（宋忠祥，2020）。

第四节　不同加工工艺条件下熏肉品质分析

一、烟熏对肉质的影响

肉在烟熏过程中，由于熏烟成分的蓄积和渗透作用而引起肉质的变化。

（一）蛋白质的变化

熏制的肉制品最显著的变化是可溶性氮含量增加。猪肉经过熏制处理后pH降低，巯基减少，这是烟气成分与肉中的化合物反应的结果。

（二）油脂变化

由于烟中有机酸在肉中的沉积，肉制品的酸价明显增大，游离脂肪酸含量也增加，碘值升高。但是，因为烟中含有的酚类及其衍生物使油脂的性质更稳定。

（三）色泽变化

随着烟熏时间的延长，颜色越来越浓重，且烟熏温度越高，呈色越快。烟熏过程中的微生物生长发育促使硝酸盐向亚硝酸盐转化，有时出现烟熏环。烟熏环是在熏制肠断面四周显示淡红色或中心部位呈灰褐色的环同时中间不发色。在猪肉肠的烟熏工艺中，当细菌数异常增加时，烟熏环消失，整个肠呈鲜艳的淡红色。

二、传统和现代烟熏工艺对产品影响

传统的烟熏工艺是以木屑为原料，直接通过发烟装置对产品进行烟熏，如冷熏和热熏。这种工艺得到的产品色泽鲜美柔和、风味浓郁，深受消费者的喜爱。但是其加工方式不利于企业现代化、工艺化和自动化的生产，同时在发烟过程中会产生大量的苯并［a］芘，对消费者的身体健康产生影响。现代的烟熏工艺是以烟熏液应用为主的无烟液熏技术，烟熏液是以木屑、山楂核、核桃核等为原料，通过干馏、精馏、纯化等步骤精制得到的液体成分，主要含有酚类和羰基类物质。酚类物质是主要的烟熏特色风味物质，羰基类物质是形成烟熏色泽的重要成分。根据不同肉制品的特点，选择不同的熏烟方法，可以提高食品的防腐能力，并且产生不同的风味，也能最大程度发挥食品的价值，不同烟熏方法的特点见表12-1。

表 12-1　不同烟熏方法的特点

类型	特点
冷熏	时间长，含水量低，耐藏性好
热熏	时间短，温度高，含水量高，不利于储藏，但风味较好
液熏	时间短，不需要熏烟装置，工艺简单，但风味、色泽、耐藏性欠佳

传统和现代烟熏工艺对产品的色泽、风味和货架期都有一定的改善。通过货架期的比较可以发现，两种烟熏工艺都可以延长产品的货架期，而且不同烟熏工艺产品的货架期相差很小；传统的木熏工艺产品的色泽柔和自然、风味清新，烟熏特征挥发性风味物质种类和含量丰富；液熏工艺的产品色泽鲜亮、风味浓郁，烟熏特征挥发性风味成分较少，但液熏工艺产品中苯并［a］芘的含量明显低于传统熏制工艺的产品。

第五节　熏肠加工工厂设计

以年产 6000t 熏肠项目为主进行设计，主要包括七部分：①工艺设计部分：香肠产量确定，生产工艺流程确定，原辅料等物料衡算，包装材料要求，用水、电、汽计算，生产设备选型及设备清单，主要经济定额指标；②公用系统部分：给排水系统、供电系统、供汽系统和通风要求；③建筑部分：车间所需面积、厂房结构形式与平面布置、对建筑物的要求和车间管路的设计、辅助设施；④环保部分：噪声、废气和污水处理；⑤企业劳动组织：企业组织结构、岗位需求；⑥技术经济分析：进行技术经济分析，包括投资指标估算、工厂年经营费用计算、生产成本计算、经营安全性分析；⑦图纸部分：总平面布置图、工艺流程图、车间平面布置图。

一、厂址选择原则

厂址选择是企业基本建设的关键问题，直接影响投资费用、基地建设等，对建成投产后的产品质量和环境卫生等也有重大影响。建设 6000t 香肠工厂厂址选择遵循的基本原则如下。

（1）政策条件　食品工厂的厂址选择应该符合国家相关的政策法规，符合所在地区经济发展规划、国土开发及管理的有关规定。

（2）自然条件　厂址自然条件如地质、水文、气候、水源等符合建设要求。厂址不受有害气体、粉尘污染，没有放射性源和其他扩散性的污染源。厂址附近具有充足符合生活饮用水质标准的水源。厂区地势基本平坦，标高高于当地历史最高洪水水位，并且排水通畅。

（3）交通运输　厂址选择应考虑到交通运输方便、经济性，有便利的公路、铁路或水路，方便工厂物料、产品的运输。

（4）供电系统　充分保证电力负荷及电压稳定，满足全厂的生产用电和生活用电。

（5）生活福利设施　工厂周边有便利的卫生医疗、文化教育和商业网点等生活设施。

（6）劳动力来源　考虑劳动力、人力资源要素，厂址所在地不偏僻，周边有城镇或居民聚居点。

二、厂址建设基本条件

（1）地质条件　要经地质勘测，场地抗震防裂度要处于抗震有利地段。地下有稳定水位，场地地下水的可溶盐分分析判定场地地下水对混凝土及钢筋混凝土机构中的钢筋不具腐蚀性。拟建场地地质条件良好，要符合工厂建筑设计条件。

（2）气象条件　要掌握厂址所在地的气候、雨量、光照、热量、温度、相对湿度、年降水量等信息。

（3）交通运输　交通地理位置优越，铁路、公路、水路发达，空运便捷。

（4）环境及周围设施　所在地基础设施完备，具备齐全的通信设施，供水、供电、供气设施完善，生活文化教育、医疗配套服务到位。

（5）废水、废气排放处理措施　香肠工厂生产加工过程不产生化学废物，通过设计专门的污水处理和废料存放池对加工过程中产生的污水、废料进行处理，达到国家环境保护要求。

三、总平面设计说明

（1）总平面图中包含生产车间、动力辅助部门、办公区域和住宿食堂等生活区域。其中车间分为洁净车间、准洁净车间和一般洁净车间，均按照要求设计施工。配料、包装工序在洁净车间完成。原料解冻、修整、灌肠、滚揉等区域属于准洁净车间，外包装箱等区域属于一般洁净车间。按照生产流程布置各个车间，各车间距离尽量缩短，物料不能往返运输。

（2）厂区道路设计宽度 8m，为环形道路，绿树和草坪种植在道路一侧。

（3）在香肠加工厂厂房四周，各建筑空地种植树木、草坪。

（4）办公室、会议室、财务室、销售市场部、接待休息区位于办公楼。宿舍楼包括食堂、宿舍，与加工车间相对。

（5）厂区符合消防要求，消防水龙头和灭火器按规定设置在各建筑物和易燃物附近。

四、 生产工艺流程设计

（一）工艺流程说明

1. 原料低温高湿解冻

原料脱去外包装，放置于高湿低温空气解冻机内的隔架上解冻。高湿空气解冻机采用湿度高达85%以上的高湿空气在不同的温度环境下进行强制循环。整个解冻过程中设定两个不同温度环境：第一阶段温度要求为14℃，解冻时间8~10h；第二阶段温度为4℃冷藏保鲜。解冻后的原料中心温度严格控制在-2~2℃。运用低温高湿空气解冻，原料肉的解冻速冻加快，解冻时间缩短，而且解冻均匀，表层无干燥发灰现象。解冻后的肉恢复到其冻结前状态，汁液流失少，保持较高的持水性，肉的颜色与口感得以恢复。

2. 原料肉切片

解冻后的原料肉进行修整。原料肉修整要求：修去淋巴、软骨、碎骨、多余脂肪、筋腱、淤血、风干氧化层、皮毛块、编织袋绳、蓝色薄膜等杂质。修整后采用切块机，将肉切成8~10cm厚的肉块，便于下道工序绞肉使用。

3. 绞肉

绞肉目的是使肉的组织结构达到适度破坏，控制好肉温是绞肉的关键控制点。肉温高会使肉的持水力、粘结力下降，影响对香肠质量，香肠出现偏软、出水、弹性差等质量问题。采用绞肉机将原料肉绞制成肉颗粒。鸡胸肉和猪肉采用直径6mm孔板绞制，肥膘采用直径4mm孔板绞制。绞制后的原料温度不超过6℃。

4. 盐水配制

盐水配制机是利用高速转动的搅拌浆或循环离心泵，将物料充分的溶解于水。盐水配制时，按配方配比加入定量冰水后再添加复合磷酸盐，搅拌循环1min。加入分离蛋白搅拌循环1min。加入食盐、亚硝酸钠、白砂糖、香精、色素等辅料，搅拌循环3min，盐水温度不超过4℃。盐水利用泵通过管道被输送到滚揉机中。

5. 滚揉

滚揉机是利用滚筒的转动，借助滚筒内的螺旋叶片或挡板，将肉料在滚筒内上下翻动、摔打，相互碰撞摩擦，已达到肉嫩化快速腌制的作用。将绞碎的肉放入滚揉机中，同时利用泵输送加入配制好的盐水腌制液，密封筒盖，按工艺要求设定参数后运行。香肠滚揉运行参数：间歇式运转，总滚揉时间120min，顺时针运行20min，暂停5min，逆时针运行20min。真空度设定为90%，温度设定为4℃，滚筒转速设定为8r/min。滚揉结束后，肉馅在滚揉机中腌制20h。滚揉腌制后加入乙酸酯淀粉顺时针滚揉40min，真空度设定为90%，温度设定为4℃，转速设定为8r/min。滚揉腌制好的标准是肉馅中没有结团脂肪块、淀粉混合均匀，色泽均匀有光泽，肉馅有弹性和黏稠性。

6. 灌肠

灌制时采用自动化真空灌肠系统。真空灌肠系统包括连续真空定量灌肠机、长度校准系统和挂杆系统。

7. 烟熏炉热加工（干燥、烟熏、蒸煮、烘烤）

干燥、烘烤是利用能量将食物中的水分排出，降低水分活性，赋予产品一定风味，改变产品质构、颜色改变等的过程。香肠烟熏材料为苹果木木粒。烟熏能够赋予产品特殊的烟熏味，使产品外观着上特有的烟熏色，能提升产品防腐性能。蒸煮是在一定的时间范围内借助蒸汽的温度、湿度和均匀对流，对食物进行热处理（熟化加工）的过程。蒸煮对食物起到熟制、风味产生和改变、颜色变化、杀灭减少微生物，改变食物组织结构等作用。

香肠在烟熏炉里的加工工艺参数：

第一步：干燥，65℃、20min、风机转速 1200r/min；

第二步：烟熏，65℃、10min、风机转速 900r/min；

第三步：蒸煮，82℃、20min、风机转速 800r/min（产品中心温度 78℃）；

第四步：烘烤，90℃、10min、风机转速 1300r/min。

8. 冷却、剪节

快速冷却可以使产品快速通过微生物繁殖的阶段，同时可以促使香肠表面冷却形成蛋白膜层，有利于避免过分失水，保持香肠嫩脆的口感，减少产品的质量损耗。香肠从烟熏炉出来后立即推入强冷炉中进行冷风快速冷却。冷却参数为温度 10℃、风机转速 1500r/min、时间 15min。

冷却后的产品通过传送带传送到高速剪节机处进行剪节。剪节质量要求：两端肠衣头不超过 2mm，肠体两端不露出肉糜，肠体不破损。

9. 真空包装

真空包装是将食品放入气密性包装袋或容器内，在密闭之前抽真空，使密封后的包装袋或容器内达到预定真空度的一种包装方法。真空包装可以使包装内氧气含量减少，包装内部环境的氧气分压降低，从而减缓脂肪氧化速度，避免包装食品产生霉变，保持食品原有的色、香、味并延长保质期。

香肠采用连续拉伸膜真空包装机包装。包装前对设备进行试机检查，按工艺设定设备参数，检查包装密封强度、真空度和日期打印效果，确保包装热封痕迹清晰，热封强度好，底膜拉伸无破损。每包净含量 22g，每包两支，单支长度在 5.8~6cm。

10. 金属检测

如果香肠中混有金属杂质，会对消费者的安全构成严重的威胁。金属检测仪是基于电磁原理，当有金属通过探测区时使原磁场发生变化，平衡状态被破坏，产生“有金属”信息，设备报警停机。每次使用前必须对金属探测仪灵敏度进行校准。包装后产品通过输送带传送通过在线金属检测仪，检测合格的产品进入下道工序。

11. 杀菌

马蹄香肠采用真空包装，添加防腐剂以及包装后的水浴杀菌技术相结合，可以起到较好的保鲜效果。马蹄香肠采用自动连续杀菌机杀菌。杀菌水温为 90℃，时间是 20min。杀菌后迅速放入 6~10℃的冷却水中将产品中心温度降至 15℃以下。冷却后再通过震动系统、风力干燥系统去除产品表面的水分。

12. 成检、装箱、入库

杀菌冷却后马蹄香肠通过传送带输送到外包装间进行装箱。首先对产品进行质量外观检查，要求日期打印规范、清晰，并去除散气、变形、弯曲、破损、日期不清晰的产品。马蹄香肠采用自动开箱机、自动装箱机和封箱机进行自动化装箱、封箱。装箱后用叉车运输到成品仓库，在 0~4℃条件下储存。

（二）香肠工艺流程

烟熏香肠具体工艺流程见图 12-1。

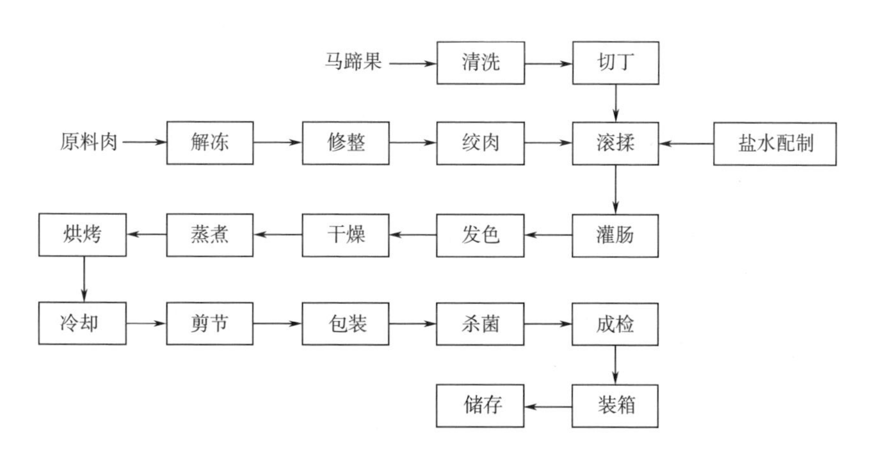

图 12-1　烟熏香肠工艺流程

五、 生产设备设计

（一）设备选型的原则

（1）满足工艺条件要求。

（2）设备选型的依据是产品产量。设备加工能力、规格、型号和动力消耗必须和生产能力相匹配。

（3）设备先进性、经济性原则。综合考虑设备性价比，兼顾科技装备创新投入，在投资条件允许的前提下，引进和吸收国内外最新技术成果和先进装备，尽可能选择智能化、高精度、模块化、性能优良、维护方便的生产加工设备。

（4）方便使用、稳定可靠的原则。选择设备选择系列化、标准化的成熟设备。

(5) 有利于产品改型及扩大生产规模，企业可持续发展的原则。

(6) 满足食品安全卫生要求的原则。

(二) 设备的选型

烟熏香肠生产线主要包括四个部分：原料处理与腌制系统、灌肠系统、包装系统、杀菌系统。主要设备有果蔬清洗线、切丁机、绞肉机、滚揉机、灌肠机、烟熏炉、连续杀菌机等。配套设备包括动力系统、制冷系统、锅炉系统、污水处理。

1. 低温高湿解冻机

利用高压喷雾装置强制加湿低温空气，低温高湿度循环空气在被解冻食品表面形成均匀的气流，使其缓慢解冻。解冻过程中冻品中心与表面温差始终保持在最小的范围内，结合科学合理的布风装置，确保冻品从中心到表面解冻均匀，保持食品的新鲜状态。根据生产产量，高湿解冻机的需求生产量应为 13800kg/h。

2. 切片机

切片机通过往复的单刀或刀栅对物料进行切割，将大块原料切成薄片或块状体。根据生产产量，切片机的需求生产量应为 1438kg/h。

3. 绞肉机

原料肉被旋转的螺杆推挤到绞刀箱中的预切孔板处，旋转的切刀刃和孔板眼刃形成的剪切作用将肉切碎，并利用螺杆挤压力，将肉粒不断排出孔板处。根据生产产量，绞肉机的需求生产量应为 1438kg/h。

4. 盐水配制机

盐水配制机是利用高速循环泵或搅拌桨将物料充分溶解于水。根据生产产量，盐水配制机的需求生产量应为 7972. 72kg/h。

5. 制冷滚揉机

制冷滚揉机增加了制冷功能，采用桨叶或夹套制冷，冷媒为乙二醇。制冷滚揉机能够更有效的、精准控制肉温，节约制冷功率。根据生产产量，滚揉机的需求生产量应为 22700kg/h。

6. 灌肠系统

灌肠系统包括真空灌肠机、长度校准系统、挂杆系统。集机械、真空、伺服电机、PLC 控制等技术于一体，具有计量分份、灌装扭结、自动计量连续灌装扭结、长度校准、分份挂杆等灌装模式。根据生产产量，灌肠机的需求生产量为 2832kg/h。

7. 液态烟熏装置

液态烟熏可以使用的方法有雾化、喷淋或浸渍、预熏制包装、直接添加。雾化是在熏箱中常用的方法，如图 12-2 所示。烟熏液雾化后进入熏箱中而后被制品吸收，烟熏液喷淋通常设置在熏煮连续操作系统的第一个单元，如图 12-3 所示。产品通常先被稀释的烟熏液喷淋，而后进入下一个蒸煮单元。烟熏液淋到产品表面后，要进行一段时间的干热加工进行发色。如烟熏液直接添加到肉制品中，可将烟熏液直接混合到注射的盐水中或在滚揉时加入。直接添加烟熏液对整个产品的风味有利，但对表面颜色没有大的增强作用。

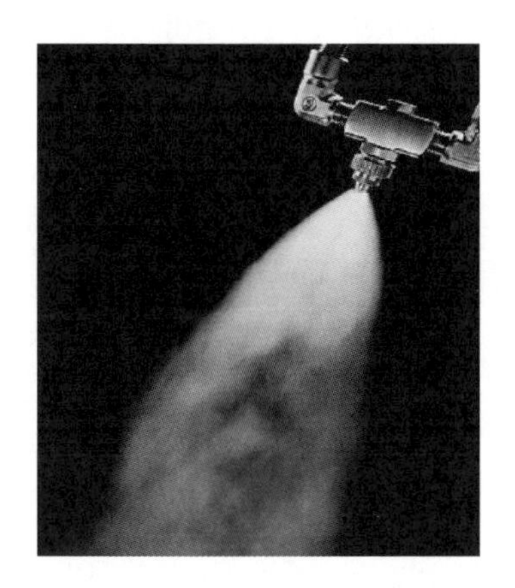

图 12-2　雾化式液态烟熏喷嘴

图 12-3　喷淋式液态烟熏喷嘴

8. 香肠剪节机

香肠剪节机以高速运算控制器为核心，人机界面操作，伺服电机为动力，电气控制采用全封闭式控制系统，可在多种编程状态下运行，调整方便，自动化程度高。切刀伺服电机高速制动准确，确保剪节破损率极低。

9. 连续拉伸膜真空包装机

连续拉伸膜真空包装机采用 PLC 控制，触摸屏式操作，性能稳定可靠、包装效率高。对各类食品进行真空热封包装，可有效地防止产品氧化和抑制细菌繁殖（汤定明，2017）。

参考文献

[1] 刘兴勇，朱仁俊．熏烤肉制品风味和有害物质的形成及其防止方法［J］．食品工业科技，2010，31（5）：405-409.

[2] 宋忠祥，樊少飞，付浩华，等．低盐液熏腊肉加工工艺优化及品质分析［J］．肉类研究，2020，34（7）：46-52.

[3] 汤定明．年产六千吨马蹄香肠的工厂设计［D］．长沙：湖南农业大学，2017.

[4] 鄢嫣．烤肉中杂环胺的形成规律的研究［D］．无锡：江南大学，2015.

第十三章　熏鱼加工过程安全控制

第一节　概述

烟熏鱼产品在世界范围内具有重要的经济意义，全球对烟熏鱼产品的需求大幅增加，尤其是在欧、美等发达国家，最常见的烟熏产品是烟熏鲑鱼。欧洲是烟熏鲑鱼最大的市场，市场份额占85.46%，北美地区次之。在欧洲地区，有60%的鲑鱼用于烟熏加工，德国是最大的烟熏鲑鱼消费国，年消费量26000t，法国位居第二，年消费量达22000t，其中法国市场20%的鱼类制品为烟熏鱼。

近年来，随着中国、菲律宾、泰国和越南等地经济水平提高，人均收入提高，消费水平提高，导致对烟熏鱼需求量增加。烟熏鱼产品主要包括熏大西洋鲑鱼、熏鳟鱼、熏鲱鱼、熏大马哈鱼及多瑙哲罗鱼等。

经烟熏处理的鱼相比新鲜的鱼会有较长的保质期，原因主要如下：①盐腌过程中，降低了鱼的水分活度，导致微生物生长缓慢；②高温干燥过程中，会在鱼的表面形成一层薄膜，提供了一层物理屏障；③烟熏过程中，熏烟中含有的醛类、酚类等物质具有一定的杀菌效果，会延缓微生物生长。此外，暴露于烟雾和高温可以有效地限制有害的酶反应，现代的熏制加工逐渐转向以赋予熏鱼特有的色泽和风味为主要目的，而不是为了提高鱼的保藏性能。

目前熏鱼的熏制工艺传统与现代技术并存，既有传统粗放的烟熏，也有现代化的精准、低温和智能化烟熏技术。不同熏制工艺制得的熏鱼产品质量也大不相同，影响熏鱼产品质量的主要参数是加工条件、加工后产品的处理方式、初始微生物污染程度以及储存温度等。良好的加工操作和温度控制系统将有利于提高熏鱼产品的质量（任晓镤，2017），并延长产品保质期，减少因鱼肉腐败造成的损失。根据烟雾进入鱼肉的方式和熏制温度，熏制可以定义为热熏、冷熏、液体熏制和静电熏制。其中静电熏制是应用静电进行烟熏的一种方法。鱼在电场中用烟雾（通常带正电）处理，同时鱼带负电，利用电场作用加速吸烟过程。但静电熏制效果较差，熏烟附着不均匀，制品尖端吸附较多物质，且熏制设备成本较高，目前这种方法的应用很少。

随着经济的飞速发展，在食品加工领域中研发出了越来越多的新型加工技术，并逐步应用于食品加工领域中，在一定程度上带动了食品加工行业的飞速发展（廖小军，2022）。超高压、脉冲电场、冷等离子体等非热加工技术应用于食品制造，引领了未来的食品加工发展方向。微波、超声、磁场等新型热加工技术取代传统热加工，可提高烹调、干燥、杀菌、提取等效率的同时，减少热加工对食品品质的破坏。

纳米技术、射频技术等新兴技术也逐渐得到研发和应用，为食品加工的“提质增效”提供了新的思路。同时，利用人工智能、设备智联等增强加工技术之间的耦连，促进加工环节的数字化交互，实现复杂加工过程拟真和智能控制，制定全过程优化策略，将进一步提高食品加工的协同生产能力，实现绿色、高效、可持续的食品加工(Chemat et al.，2017)。

本章节介绍了熏鱼传统加工和现代加工的工艺流程及要点，并阐述了不同工艺条件对熏鱼品质的影响规律，最后通过对熏鱼加工工厂的设计，指导熏鱼加工企业合理、绿色加工，提高熏鱼的产品质量，降低产品开发和评价综合成本，传承熏鱼特色工艺。

第二节　熏鱼传统加工工艺流程及要点

传统的烟熏是将经过盐渍、干燥等处理后的原料鱼，在一定温度下，与植物材料（通常是木材）燃烧或阴燃产生的烟雾接触，边干燥边吸收熏烟，将制品水分减少至所需含量，并使其具有特殊的烟熏风味、色泽和较好的保藏性能的加工方法(Gladyshev et al.，2020)。根据熏制温度不同，传统工艺主要分为冷熏和热熏。冷熏是指将熏制环境温度控制在蛋白质不产生热凝固的温度区以下（15~23℃)，进行连续长时间（1~3W）熏干的方法；热熏是指将预处理的鱼放置在较高温度（120~140℃）的熏室中（图13-1)，进行短时间（2~4h）熏干的方法。需要注意的是，热熏时因蛋白质凝固，导致鱼表面很快形成一层干膜，阻止了鱼肉内部水分的渗出，

图13-1　烟熏鱼熏室

延缓了干燥过程，同时也阻碍了熏烟成分向鱼肉内部渗透。因此，热熏工艺制成的产品内渗深度比冷熏浅，色泽较浅。热熏鱼的水分含量相对较高，通常熏制后可以立即食用，但贮藏性较差。而冷熏时，鱼不会煮熟，因此，除了鲑科鱼类（如鲑鱼、鳟鱼和北极红点鲑）外，必须在食用前煮熟。与热熏相比，冷熏耗时更长，产量更高，并且比热熏产品更好地保留了原有的质地特性。还有一种是冷热结合的熏制工艺，在这种工艺中，预处理的原料鱼首先放置在 30℃以下熏制几个小时，最后通过将温度升高到 30℃以上进行热熏。

一、 熏鱼传统加工工艺流程

根据原料鱼的特性以及产品要求，通常选用合适的熏制方式，传统熏制方式工艺流程如图 13-2 所示。

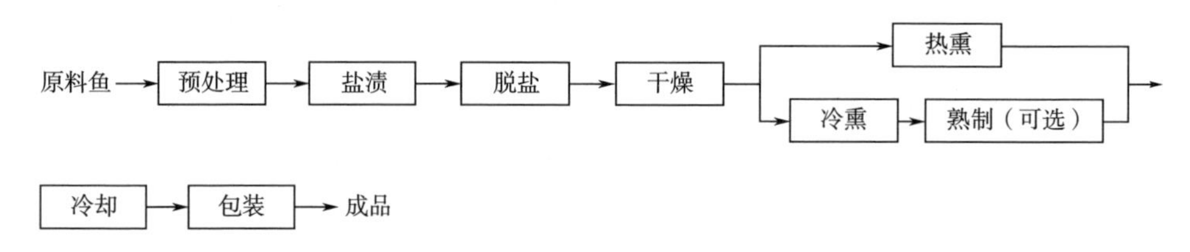

图 13-2 烟熏鱼传统加工工艺流程

二、 操作要点

（一）原料鱼的选择与处理

传统熏鱼的生产加工，原料鱼通常选用鲑鱼、鳟鱼、鲱鱼、秋刀鱼等海水鱼，或鲤鱼、青鱼、草鱼等淡水鱼。要求鱼体完整，气味、色泽正常，可以按照鱼的种类和大小选择熏整鱼、熏鱼片或熏鱼段。一般情况下，体重在 1kg 以下的鱼采用背开法，同时挖去两鳃及内脏；体重在 1kg 以上的鱼采用开片法，将头、尾、内脏等去掉后，背开剖成两片；大型鱼如需切块熏制，要求每块鱼的规格一致，单块质量不应小于 250g。

（二）盐渍

盐渍（图 13-3）的目的是使鱼肉脱水、肉质紧密，并具有一定的盐味。盐渍方法主要分为干盐法和湿盐法，传统的盐渍采用干盐法进行。将容器底部撒一层食盐，然后按一层鱼一层盐的方式堆积排列整齐，最后在鱼层顶部用重物压实，达到盐渍的目的。

（三）脱盐

脱盐的目的是除去过剩的食盐，以及去除容易腐败的可溶性物质。传统的脱盐

图 13-3　盐渍过程

方式一般是流水脱盐。

（四）干燥

在熏制前必须先进行风干（图 13-4），除去鱼体表面的水分，使烟熏容易进行。干燥方式一般为自然干燥。将鱼摆放在物料筛或者悬挂于物料架上，在环境卫生、通风好的地方风干，待鱼表面无明显水分即可。

图 13-4　干燥过程

（五）烟熏

传统的烟熏在烟熏炉或烟熏室中进行，设备的规模、形状种类较多，基本结构包括发烟和熏干两个部分。最传统的方式是直接在熏制室内放置熏材、点火产烟，原料在其中完成熏干（图 13-5）。除此之外，还可以将熏烟发生装置设在烟熏炉或烟熏室的外部，从专门的发烟室发烟导入熏室中进行熏制。选择冷熏工艺时，烟熏设备应配有烟雾降温系统，能够将发烟室内产生的熏烟冷却至22℃以下。

图13-5 传统烟熏熏制

（六）冷却

熏制后的鱼片应冷却到环境温度或更低，传统的冷却方式常采用自然冷却。若冷却不及时，产品会受潮变软、变酸或发霉。

（七）包装

熏制完成后整形包装，用塑料复合袋真空包装即可（图13-6）。

图13-6 真空包装

第三节 熏鱼现代加工工艺流程及要求

传统的熏鱼加工方式效率低、能耗高、污染重，不但造成了资源浪费，而且损耗了原料鱼中原有的营养成分，降低熏鱼品质，严重制约了熏鱼产业的绿色健康发展（Lopes et al.，2021）。熏鱼的绿色加工将致力于用更短的时间、更低的温度、更少的能耗，实现熏鱼加工过程的“节能降耗”，是一种可持续的熏鱼加工方式（Barba et al.，2019）。

液熏法是用烟熏风味剂代替传统烟熏的方式，又称无烟熏法。目前在国外已广泛使用，代表着烟熏技术的发展方向。烟熏风味剂是将干馏木材所得的成分，或将木粒、木材和木屑等可控燃烧产生的熏烟收集冷凝，除去灰分和焦油，保留其中的多酚类化合物等对色泽和风味形成所必需的重要物质。用烟熏风味剂处理鱼，以产生与木材烟熏相同的色泽和风味，用此方法加工生产的熏鱼产品类别属于“烟熏风味鱼”。

液熏法的优点：①烟熏风味剂在制备过程中，已除去天然熏烟中含有的危害物质（如多环芳烃、杂环胺），熏制品中含有致癌物的机率大大减少；②使用方便，熏制率高，在短时间内生产带有烟熏风味的制品，有利于实现熏制过程的机械化连续生产；③不需要烟雾发生器，节省了设备投资；④无空气污染，无排放，符合环保理念（郭园园，2020）。

一、熏鱼现代加工工艺流程

液熏法的适用范围较广，现代熏制方式工艺流程如图 13-7 所示。

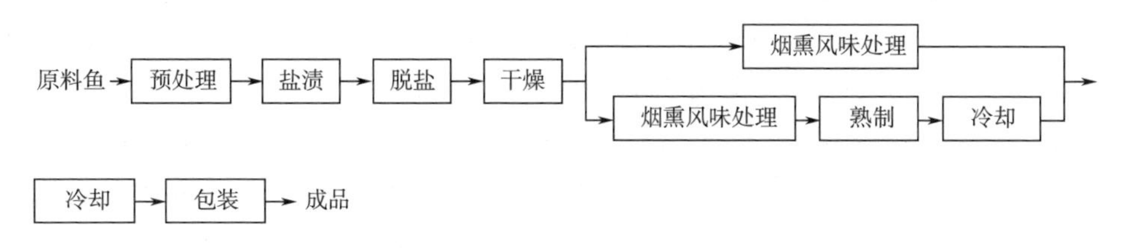

图 13-7 烟熏鱼现代加工工艺流程

二、操作要点

（一）原料鱼的选择与处理

原料鱼最好选用刚捕获新鲜鱼或存放一定时间后新鲜度较好（处于自溶阶段）

的原料鱼，要求鱼体完整，气味、色泽正常，符合制作烟熏制品的鲜度标准。根据原料鱼的种类、大小以及客户要求对其进行前处理。

（二）盐渍

现代的盐渍加工方式有两种。

干盐法：将盐均匀涂抹在鱼肉表面，盐渍应在洁净容器中或物料架上进行，应设有排水口。干盐过程应补充新盐以保证有足够的盐使腌制过程得以完成。腌制过程应定期检查和记录温度、颜色、气味、鱼体肉质。

湿盐法：将鱼放入装有预先配制好盐水的腌鱼池或容器中，腌鱼池或容器应具有良好的排水装置。在盐渍的整个过程中，盐水应完全浸没鱼体。定期检查盐水浓度、温度、颜色、气味、鱼体肉质以及有无气泡产生等情况。

盐用量根据生产需求适当使用，腌制温度应控制在10℃以下，腌制时间根据原料鱼品种、规格及生产需求等方面而定。

（三）脱盐

脱盐是在水中或在稀盐溶液中浸渍，采用流水脱盐的效果最好，用静水脱盐则必须经常换水。脱盐时间受原料鱼的种类、大小、鲜度，以及水温、水量和流水速度的影响。

（四）干燥

现代工艺的干燥方式可以采用自然干燥或机械干燥，自然干燥时应保持环境卫生，通风好，机械干燥应使用洁净卫生的干燥设备。干燥温度宜在20℃以下。干燥时间根据原料鱼品种、规格及生产需求等方面而定，自然干燥宜6h以上，设备干燥宜2h以上。

（五）烟熏风味处理

现代的熏制工艺大部分使用液熏法，是用烟熏风味剂代替传统烟熏的方式。在现代熏制中，可将熏液加热挥发用于鱼的熏制，或将熏液稀释后直接用于鱼体处理（图13-8）。烟熏风味直接处理可采用直接加入法或表面添加法。

直接加入法是将熏液在制品盐渍过程中作为辅料配制在盐渍液中进行浸渍或渗透，表面添加法是用熏液对制品进行淋洒、喷雾或涂抹。在生产烟熏罐头类鱼制品时，可直接将烟熏液注入装有鱼肉的罐内，然后按工艺封口杀菌，通过热杀菌能使烟熏液自行分布均匀。

（六）熟制

不能生食的鱼在烟熏风味处理后，需要进行熟制处理。熟制方式有很多，一般采用烤箱或烘箱加热的方式（图13-9）。熟制时温度不宜过高，防止鱼表面烤焦，影响感官品质。

除此之外，随着技术的发展，各种具有较高自动化程度的多功能烟熏设备已在

图 13-8　烟熏风味处理过程

生产中应用（图 13-10）。它们具有烘烤、干燥、蒸煮、烟熏、冷却等功能。可根据不同的产品要求和加工工艺，实现温度、湿度、时间、烟量等的自动控制。还可选配木粒发烟器及液体发烟系统、过滤装置，喷淋功能等。或加配制冷机组，达到冷熏目的。这些智能设备具有参数稳定、产量高、可进行工艺组合和连续生产等众多优点，为优质烟熏制品的加工提供了保障。

图 13-9　烤箱外形图

图 13-10　现代智能化烟熏炉

第四节 不同加工工艺条件下熏鱼品质分析

一、 熏制加工过程中鱼肉的变化

（一）理化指标变化

由于在烟熏过程中，鱼肉失水并有脂质溢出，所以熏制后质量会减轻。根据原料鱼的种类、最终产品的特性以及熏制工艺，熏制过程中因脱水引起的质量损失为10%~25%。此外，鱼的大小和形状会影响加工产量。熏制过程中鱼肉的pH一直处于下降的趋势，主要原因是由于鱼肉的水分流失，以及烟雾中的酚类和羰基化合物与鱼肉中的蛋白质发生反应（张晋，2021）。在熏制时熏制温度越高，鱼肉中的pH越低，因此几种熏制工艺相比，使用静电法熏制的鱼的pH下降最少。盐渍过程中鱼肉含盐量的增加会导致蛋白质结构发生一系列变化（宋忠祥，2020），从而影响鱼肉的含水量、质地和微观结构。这些变化取决于原料鱼本身的特性以及熏制过程中的任何一个环节。在传统的热烟熏中，质地变化主要是由于蛋白质受热变性。相比液体熏制，鱼的质地变化主要是水解蛋白质的蛋白酶活性的变化，为盐诱导的蛋白质构象变化提供了良好的条件。此外，所用熏烟的成分和熏制前使用的盐渍方法，也会影响熏制产品的质地特性。熏制过程中鱼肉风味和味道的变化主要是由于吸收了烟雾中的挥发性化合物，特别是酚类物质（薛永霞，2019）。在较高的熏制温度下，鱼肉会吸收熏烟中更多的挥发性化合物，因此有时候可以根据熏鱼产品的烟熏味的轻重来区别烟熏时的温度及熏制方法。需要注意的是，在熏制过程中鱼肉发生的脂质氧化，同样也是熏鱼产品特有风味的重要来源。

（二）营养成分变化

目前，产品的营养成分和价值已成为消费者关注的热点问题（岳海峰，2021）。熏制加工会造成鱼肉营养物质的流失，主要包括以下几点。

1. 氨基酸

从营养的角度来看，大多数熏制食品的蛋白质含量都很高，因此总蛋白质含量通常不是主要问题。然而，值得关注的是必需氨基酸在熏制过程中的稳定性。

通常主要关注的氨基酸是赖氨酸，因为对于大多数食物来说，它是最低含量的必需氨基酸。此外，赖氨酸是一种非常活跃的化合物，因此可以在众多的食品加工中参与化学反应。熏制温度、时间以及产品储存时间和储存期间的水分活度等因素都会影响赖氨酸的损失量。例如，经过冷熏工艺熏制的虹鳟在20℃下储存1年，赖氨酸的损失率在40%~50%，相比没有经过熏制的鱼肉（赖氨酸的损失率在10%~

20%)，熏烟处理鱼肉降低了赖氨酸的可用性，证实了熏烟中的酚类等化合物可能导致赖氨酸的损失。与使用传统烟熏相比，液体熏制导致的赖氨酸损失率更低。

2. 蛋白质消化率

一个主要的营养问题是与熏制食品相关的蛋白质的消化率。

熏制会显著提高蛋白质的消化率。这其中的原因可能是熏烟中存在某些未识别的成分可作为酶激活剂，进而促进蛋白质水解。产品在储存过程中，熏烟也会促进水解，从而提高蛋白质的消化率。使用液体熏制比传统烟雾熏制的蛋白质消化率更高，原因可能是液体烟雾比传统烟雾更直接和更完整地与鱼肉接触，从而导致更多的蛋白质水解。

3. 维生素

与熏制影响相关的其他营养素还包括某些维生素，尤其是 B 族维生素。在整个熏制过程中，从生鱼经过盐渍、熏制环节后，维生素 B_2（核黄素)、维生素 B_3（烟酸)、维生素 B_5（泛酸）和维生素 B_6 的含量下降了大约 50%，随后产品可能经过灭菌处理，又会导致损失 10% 左右。同时熏制的工艺不同，维生素的损失率也会不一样，液体熏制相比传统烟雾熏制维生素的损失量极低。

二、 影响熏鱼产品质量的因素

影响熏鱼产品质量的因素很多，主要分为原料鱼的选择、前处理、烟熏条件和后处理等几个方面，具体影响因素归纳于表 13-1。

表 13-1　影响熏鱼产品质量的因素

项目	影响因素
原料鱼	鲜度、大小、厚度、成分、脂肪含量、有无鱼皮
前处理	盐渍条件（温度、时间、盐渍液的组成）；脱盐程度（温度、时间、流速）；干燥条件（温度、时间）
烟熏条件	熏材（种类、含水量、燃烧温度）；烟熏温度、时间；烟熏量和加热程度；熏室（大小、形状、排气量）
后处理	加热熟制（温度、时间）、冷却、卫生状况

（一）原料鱼

原料鱼的物理和化学特性影响熏鱼产品的产量及可接受程度。原料鱼又受多种因素的影响，如渔场、捕捞方法、运输方式及宰杀方式等。野生的鱼类和养殖的鱼类对产品的影响同样很大。鱼的种类不同，鱼肉的脂肪含量以及脂肪分布也不同，对最终产品的质地、风味、味道、营养价值等方面有重要影响。一般情况下，脂肪含量较低的鱼在熏制后，酚类物质含量较高，脂肪含量过高，会降低熏鱼的可接受性。同时，脂肪含量还会影响盐渍过程盐和水的扩散。

（二）盐渍条件

盐渍是熏制过程中最重要的环节之一。盐可以通过降低鱼肉的水分活动来抑制细菌生长。从而延长产品的保质期，起到了一定的防腐作用。同时，盐渍可以让熏鱼产品的质地坚实，口感更佳。熏鱼行业采用不同的腌制方法，如干盐腌、盐水盐腌、注射盐腌或组合方式的盐渍，目前最常用的是干盐腌和盐水盐腌的方法。盐渍方法会影响最终熏鱼产品的加工产量和质量。

（三）干燥方法

干燥对最终熏鱼产品起到防腐作用，主要是通过降低水分活度，从而降低微生物和酶的活性。鱼的干燥条件因生产加工企业和鱼种而异。对于鲑鱼等多脂鱼类，合适的干燥温度为15~26℃，相对湿度为55%~57%。若干燥条件过于剧烈，可能会对产品质量（如质地和颜色）以及产品的加工产量有很大的影响。熏鱼产品中微生物菌群的分布各不相同，这很大程度上是由干燥温度和干燥时间决定的。

（四）熏材

熏鱼制品可采用多种熏材发烟完成熏制，但最好选用树脂含量少、烟味好，而且防腐物质含量多的材料，一般多为硬木和竹类，而软木、松叶类因树脂含量多，燃烧时产生大量黑烟，使肉制品表面发黑，且熏烟气味不好，所以不宜采用。用于烟熏时产生烟雾的木材、木屑或其他植物材料应干燥，符合卫生要求，不得含有天然或污染的有毒物质，或经过化学物质、油漆或浸渍材料处理后的有毒物质。此外，木材或其他植物材料的处理方式必须避免污染。常用的熏材主要有白杨、白桦、山毛榉、核桃、山核桃、樱、赤杨、悬铃木、枞树等，个别国家也采用玉米芯。

熏材的形态一般为木屑，也可使用薪材（木柴）、木片或干燥的小木粒、小树等。熏材的干湿程度，一般水分含量以20%~30%为佳。新鲜的锯屑含水量较高，一般需经晒干或风干后才能使用。这是因为潮湿的材料会带有霉菌，熏烟容易将其带到熏制品上。木材、木屑的最佳燃烧温度在250~350℃，产生的熏烟质量最高。应避免燃烧温度超过400℃，否则会在熏烟中产生苯并芘等有害物质。

也可以将烟熏风味剂作为熏材使用。烟熏风味剂是将木材等植物组织不完全燃烧产生的烟采用适当的方法收集烟中的香味成分，溶于水后即为烟熏风味剂，又称“烟熏液”。当适当稀释时，可以用来制作鱼产品所需要的烟熏味。

（五）熏烟成分

熏烟的成分是影响熏鱼产品质量的最重要因素之一。熏鱼的香气和风味主要归因于熏烟中的挥发性化合物。酚类化合物，特别是丁香醛和松柏醛，被鱼肉最大程度上吸附，从而增加了熏鱼的风味。其中熏鱼的风味主要通过两种途径产生：①美拉德反应产生的熏烤风味，即熏烟中的羰基化合物和食物氨基之间的相互作用；②提供鱼腥味的脂质氧化产物。

熏烟中的酚类有20多种，有利于熏烟风味的形成。和风味有关的酚类主要是愈创木酚、4-甲基愈创木酚、2,6-二甲氧基粉等。单纯的酚类物质气味单调，与其他成分（羰基化合物、胺、吡啶等）共同作用呈味效果显著。熏烟中醇的种类也很多，最常见的是甲醇（木醇），此外还有乙醇、丙醇等，它们是挥发性物质很好的载体，对风味、香气不起主要作用。熏鱼的颜色取决于羰基含量、高分子量酚类和挥发性醛类。此外，由于甲醛和乙酸的存在，熏烟具有杀菌特性，并且存在三种主要化学物质（2,6-二甲氧基苯酚、2,6-二甲氧基-4-甲基苯酚和2,6-二甲氧基-4-乙基苯酚）具有较强的抗氧化特性。

熏烟中分离出具有致癌特性的多环芳烃，包括有苯并蒽、苯并芘、二苯并蒽及4-甲基苯等，在这些化合物中有害成分以3,4-苯并芘为代表，因为它污染最广、含量最多、致癌性最强。在熏制过程中，多环芳烃会在鱼肉中积累，并且由于其亲脂性难以去除。熏鱼中多环芳烃的含量取决于这些化合物在烟气中的浓度、熏制条件以及鱼的种类。如何减少熏烟中有害成分的含量是熏鱼行业极其关注的问题。

三、控制有害物质的生成

由于对熏鱼产品特有风味的喜好，人们对熏鱼产品的需求量越来越大，但传统的熏制工艺制成的产品，通常会含有3,4-苯并芘等致癌物质，还可以促进亚硝胺的形成。长期过量食用具有对人体健康的潜在危害，因此烟熏工艺的改革已势在必行，应努力采取措施减少熏烟中有害成分的产生及对制品的污染，以确保制品的食用安全（李辉，2020）。

（一）控制熏材燃烧

熏烟的成分与熏材种类和燃烧氧化条件有直接的关系，将直接影响有害物质的生成。当燃烧温度低于400℃时，有少量的3,4-苯并芘产生，当燃烧温度为400~1000℃时，便会形成大量的3,4-苯并芘，因此控制好熏材的燃烧温度，能有效降低致癌物的生成。一般认为理想的发烟温度为250~350℃，既能达到烟熏目的，又能降低毒性。另外燃烧时供氧量增加，熏烟中酸类和酚类含量也会增加，若供氧量不足，熏烟会呈黑色，并含有大量羧酸，导致有害的环烃类化合物增加，所以需要控制发烟室内空气循环的速度，保证熏材的加热和干燥处于平衡。

（二）净化熏烟

现代的烟熏炉均配有独立的发烟室，熏材在发烟室中发烟后，熏烟会经过过滤、冷气淋洗及静电沉淀等处理后，再通入烟熏室内熏制食品，这样可以大大降低有害物质的含量。

（三）液体熏制

烟熏风味剂制备的过程中就已经除去了微粒相，所以在熏制过程中产品被致癌物质污染的机率大大减少，但使用烟熏风味剂处理后鱼肉制品的风味、色泽及贮存性能均比使用熏烟熏制的产品差，所以应进一步结合现代新型的加工技术，提高液体熏制产品的感官特性，传承传统熏制工艺，从而保证熏鱼加工过程中的安全控制，提高产品品质（阿依姑丽·吾布力，2021）。

第五节　熏鱼加工工厂设计

一、液熏鲈鱼设计任务要求

本设计针对年产 1 万 t 的液熏鲈鱼生产工厂，同时本设计还可用于生产其他的热熏或冷熏鱼。设计的重点是产品的工艺流程设计、重点车间的详细设计、物料衡算、生产设备选型及计算，同时设计的内容还包括全厂初步设计、水电汽等技术经济指标的估算。为了能更好地说明该设计，还需要绘制全厂平面布置图、重点车间即生产车间的平面布置图、生产设备流程图等工程图纸。

二、液熏鲈鱼生产工厂的整体设计

液熏鲈鱼生产工厂的整体设计包括厂址的选择和工厂的总平面设计，它们属于非工艺设计部分，需根据工艺设计的要求进行设计。

1. 选址要求

年产量为 1 万 t 的液熏鲈鱼生产工厂的厂址选择，根据所需原料的保藏和储存特点以及成品的特点，确定该工厂为原料型企业（李竣，2020），根据市场调研数据，初步选择建厂厂址为广东、福建或者山东，然后根据以下几个方面综合选择：

（1）液熏技术属于较为先进的技术，应该选择人才水平相对较高的地区，所以应该选择较为发达的地区，使用自动化程度高的加工设备；

（2）根据原料本身的性质，易于腐败变质，不适合湿热气候，会容易造成微生物感染，影响产品的质量与安全，故不适合选择常年湿热气候的地区，应该选择较为干燥的地区；

（3）根据产品的加工特性，需要人工去除内脏并对产品加以处理，需要选择劳动力相对充足的厂址；

（4）原料大部分依赖于从山东等地运输或者收购，需要选择交通便利的地区；

（5）该产品生产对水、电等能源的需求量相对较大。

综上所述，厂址初步确定在山东省内，且根据各方面因素考虑，初步选择威海火炬高技术产业开发区、淄博国家高新技术产业开发区、潍坊滨海经济技术开发区三个预选厂址进行后续对比。

2. 工厂建设相关说明

液熏鲈鱼年产量为 1 万 t，确定该工厂的面积约为 25000m^2。主要分为生产区、生活区、行政区、后勤部门四个主要模块。

生产区：生产车间、原料仓库（冷库）、成品仓库。

生活区：宿舍区、餐厅、娱乐设施、后勤、锅炉房、污水处理站。

行政区：行政管理办公室、研发区。

其他：绿化区、道路。

初步设定各个区域所占比例为 5∶2∶1，初步设定工厂职工为 100 人，其具体分配情况为：总经理 2 人、各部门管理人员 6 人、生产人员 60 人、技术研发人员 10 人、其他服务人员 22 人。

3. 选址方案及对比情况

最终选址将按照评分最优法进行，首先将选址报告报告上每个选址相关条件单独列项列表，对三个预选厂址进行比较。将按照主要判断因素的重要程度给与一定的权重和评分，最后将权重与对应的评分相乘并加和，得出各厂址评分值，从中选出评分值最高的作为最优选址。评分规则：以 10 满分，8~10 分为合适、5~7 分为较合适、2~3 分为不太合适、0~1 分为不合适。

（1）地理位置与中间配套　见表 13-2。

表 13-2　各园区地理位置与中间配套评分

园区	优势	得分
威海火炬高技术产业开发区	位于威海市市区西北部的文教科研区，总面积 140km^2，海岸线长 45.6km；区内有中学 3 所、小学 13 所、幼儿园 34 所，义务教育普及率达到 100%；山东大学（威海校区）、哈尔滨工业大学（威海）等院校坐落区内，拥有 2 处医院	9
淄博国家高新技术产业开发区	位于淄博中心城区的东北部；区内拥有国家级技术中心 5 家，省级技术中心 22 家，建有博士后科研工作站、淄博博士创业园、留学人员创业园、大学科技园；各类高新技术企业 95 家，其中国家火炬计划重点高新技术企业 6 家	9
潍坊滨海经济技术开发区	位于山东半岛北部，地处环渤海经济圈的咽喉地带，是连接长三角与京津地区的重要节点、省会都市圈的出海口、济青一体化的支撑点 、对接东北亚的保税港 、海洋产业群的聚集地，地缘优势明显；海洋科技大学园入驻院校、院所达到 15 所	7

（2）自然条件　见表 13-3。

表 13-3 各园区自然条件评分

园区	优势	得分
威海火炬高技术产业开发区	气候属于温带大陆性季风气候；冬暖、夏凉、春冷、秋温，温差较小；年平均气温 12.1℃，月平均最高气温 24.6℃，最低气温-1.5℃	9
淄博国家高新技术产业开发区	地处暖温带，属半湿润半干旱的大陆性气候；全市年平均气温 12.3～13.1℃	8
潍坊滨海经济技术开发区	暖温带季风型半湿润大陆性气候；因受典型季风气候影响，四季的气温分布分明，年平均气温 12.3℃；最低气温为-3.3℃，最高气温为 26.0℃；春季升温迅速，秋季降温幅度大	8

（3）社会经济条件　见表 13-4。

表 13-4 各园区社会经济条件评分

园区	优势	得分
威海火炬高技术产业开发区	园区以促进水产养殖业转型升级为主线，坚持质量兴渔、依法治渔、市场导向、创新驱动，全力打造全空间、全生命周期、全产业链的水产养殖绿色发展体系，加快构建空间布局优化、生产方式低碳、产业结构合理的水产养殖绿色发展新格局，推进创新型国际海洋强市建设	10
淄博国家高新技术产业开发区	面向投资者，除执行国家和本省的优惠政策外，还将在地方税收、土地征用、配套设置、物资供应、能源保证及进出口贸易方面提供更为优惠的条件	9
潍坊滨海经济技术开发区	全区规模以上工业总产值 504 亿元，一般公共预算收入 37.8 亿元，外贸进出口总额 195 亿元，在国家级经济技术开发区综合发展水平考核评价中列第 86 位；开发区政策开放、目标明确、力争上游	7

（4）原料及市场情况　见表 13-5。

表 13-5 各园区原料及市场情况评分

园区	优势	得分
威海火炬高技术产业开发区	产业发展形势及运行情况保持良好态势；市内有多家水产品养殖基地，政府大力促进水产品养殖行业的发展，鲈鱼的产量以及市场前景非常广阔	9
淄博国家高新技术产业开发区	淄博市内拥有多个水产品养殖基地，鲈鱼也作为其中之一的主要养殖品种，因此淄博市具有相对充足的原料来源，加上其便捷的交通，可依靠从其他省份，如广东等地进口	7

续表

园区	优势	得分
潍坊滨海经济技术开发区	潍坊滨海经济开发区内鲈鱼养殖厂较少，依赖于从邻近省份或者外省购入原材料鲈鱼；加上当地的交通相对便利，临近海口，所以原料的来源相对充足	5

（5）水、能源及交通情况　见表 13-6。

表 13-6　各园区水、能源及交通情况评分

园区	优势	得分
威海火炬高技术产业开发区	交通便利，距市中心 3km，距威海港 4km，距火车站 10km，距威海机场 30km，距烟台机场 80km；开发区内主要道路框架基本建成，形成了五纵七横的道路格局，区内建设道路 75km，硬化路面 210 万 m^2。现拥有 220kV 变电站一座，35kV 变电站 3 座，总容量为 24 万 kW。变电站均实现双电源进线，辖区内 10kV 线路共有 15 条，已经构成网状框架，总配电容量为 10 万 kW，充分保证了开发区的用电；现实际供水量达到 9000t/d，高峰时达到 1.1 ~1.2 万 t/d；排水系统完善。热化率达到 95%	9
淄博国家高新技术产业开发区	大气降水量为 627.4mm，折合资源量 31.36 亿 m^3，水资源补给总量 14.11 亿 m^3。地下水 9.96 亿 m^3；淄博市有丰富的石油和天然气资源；储量 3171 万 t；另外，还有高青县的花沟气田等；交通便利，便于原料及产品的运输；市内铁路总长 558km，公路通车里程 3177.7km，其中高级、次高级公路里程达 2744.9km，有 15 条公路干线通往全国各地，济青高速公路横贯全市东西	8
潍坊滨海经济技术开发区	年平均地表径流总量 30.67 亿 m^3；潍坊市未利用地 14.89 万 hm^2，占总面积 9.21%；荣乌高速、潍日高速等 10 多条高速公路和国省道穿境而过，京沪高铁东线和环渤海高铁在此并线共站，潍坊港是国家一类开放口岸，现有泊位 45 个	7

（6）“三废”处理条件　见表 13-7。

表 13-7　各园区“三废”处理条件评分

园区	优势	得分
威海火炬高技术产业开发区	目前拥有一座污水处理厂设计生产能力为 8 万 t/d，污水处理率达到 100%。生活垃圾由环卫部门统一运送垃圾处理场无害化处理；新区内拥有多家垃圾处理公司，生产所产生的废料可经由其处理	9

续表

园区	优势	得分
淄博国家高新技术产业开发区	实施工业污染源深度治理，实现全面达标排放，有严格环境准入制度；园区配套独立的污水处理设施，于张店区建设东部化工区污水处理厂	8
潍坊滨海经济技术开发区	封闭产业园内的自备水源；区域地下水保护的重点是加强管理，形成监测、评价、开发利用保护、监督管理相对协调的综合管理体系；合理规划城市垃圾与工业废料的堆放场地，减少对地下水的污染	6

（7）评分汇总　液熏鲈鱼生产工厂属于原料型企业，大部分原料都在冷库中，因此对当地气候要求相对较低，对交通、水、能源等的要求较高，回报期相对较短，对环境的要求并不是非常高，污水排放量大，对污水的处理设备要求高，当地的政策对其有促进作用。地理位置与中间配套、自然条件、社会经济条件、原料及市场情况、水、能源及交通情况、三废处理条件分配的权重和评分见表 13-8。

表 13-8　各园区评分汇总表

评价条件		地理位置与中间配套	自然条件	社会经济条件	原料及市场	水、能源及交通	“三废”处理	合计
权重		0.1	0.1	0.1	0.2	0.3	0.2	1.0
评分值	威海	9	9	10	9	9	9	9.1
	淄博	9	8	9	7	8	8	8.0
	潍坊	7	8	7	5	7	6	6.5

根据设定的评分标准及权重对三个预选场址进行评分后，可以看出威海火炬高技术产业开发区评分最高、最符合建厂要求。该园区的优势在于原料市场、水源交通及能源以及“三废”处理方面，液熏鲈鱼是原料型产品，且鲈鱼的保存和运输成本都比较高，故发达的交通以及邻近原料产地是选择厂址的重要因素。除此之外，此园区自然环境优越，四季温差相对较小，同时政府大力支持相关产业的发展。综上所述，厂址选择的最终结果为威海火炬高技术产业开发区。

（8）总平面设计　按照设计厂区的规范，首先确定所选厂址的风玫瑰图，以及绘图的指北针。根据风向确定生活区与生产区的大致位置，其次要合理安排厂区的生产区面积、生活面积、绿化面积以及预留地等，安排好厂区物料、人流的走向，避免交叉等。

具体设计详见图 13-11。

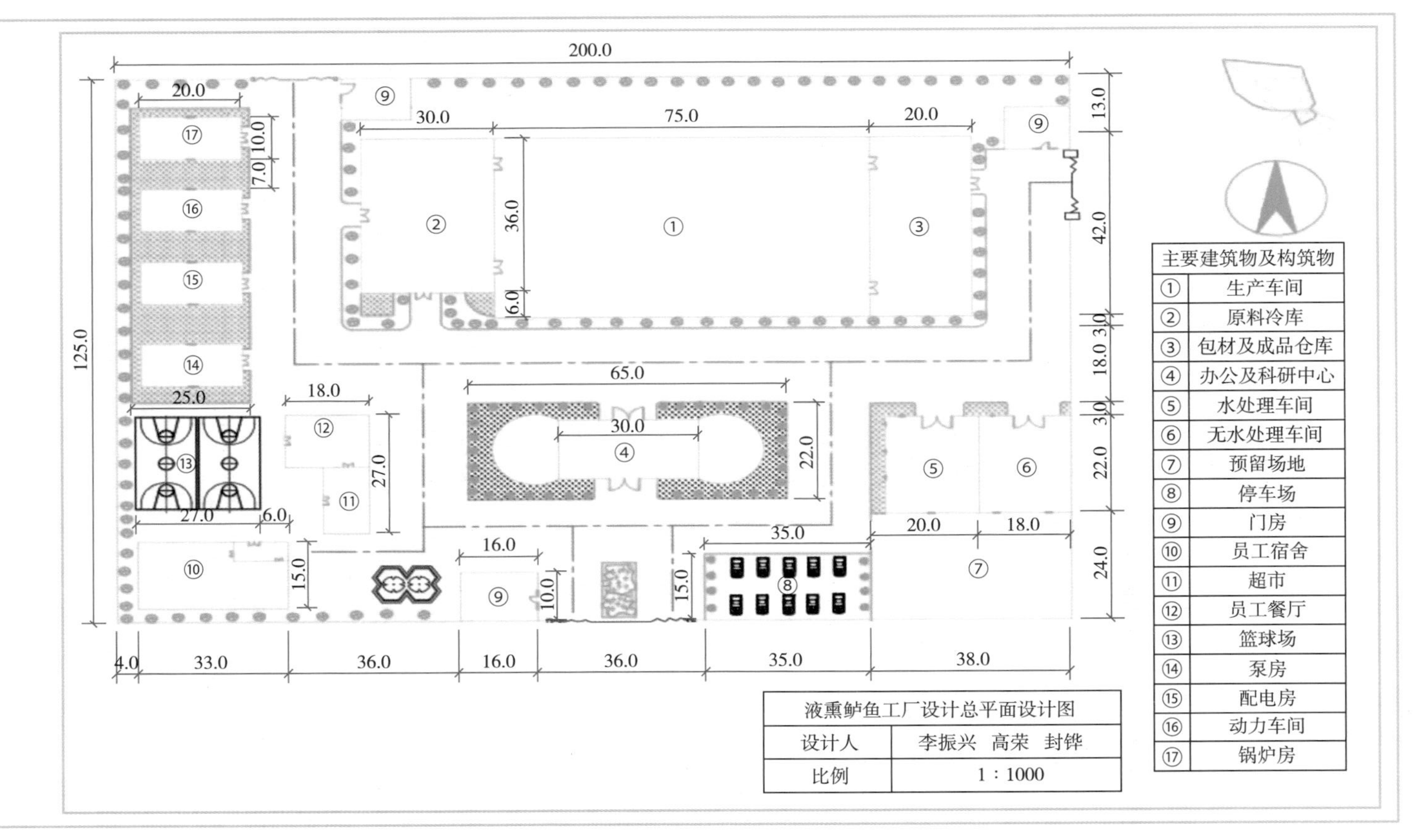

图13-11　液熏鲈鱼加工厂总平面设计

三、液熏鲈鱼工艺设计

工艺设计是整个食品工厂设计的主体和中心，工艺设计将会直接影响全厂生产和技术的合理性，并与建厂费用和产品质量、产品成本、劳动强度都有密切的关系，同时工艺设计又是其他非工艺设计所需的依据。因此，工艺设计在整个食品工厂设计中具有重要的地位和作用（张登辉，2012）。

（一）生产工艺流程的确定

生产工艺流程决定着各车间、各工段的技术参数和生产设备的布置，是保证产品质量和产量、实现生产的主要环节。在确定生产工艺流程时，需要对所设计的生产工艺从处理方式能否满足工艺要求、在工艺流程中的作用和必要性以及在连续操作中的稳定性和安全性三个方面进行论证（胡奕静，2012）。

（二）工艺流程说明

1. 解冻工艺

将待加工的鲈鱼从冷库中取出，放置在解冻室中一夜后，再利用流水解冻法将预先解冻的鲈鱼中心冻结的部分进行解冻，解冻时间约为1h，使其最终的温度保持在-2℃左右。

2. 预处理

预处理包括解冻后鲈鱼的处理以及清洗。首先利用弧形去头机将鲈鱼的头部切除，剖腹去内脏并洗净腹腔内的黑膜，进行粗加工，去除鱼鳞、鱼鳃，然后用清水洗净，最后沥干并将漂洗好的鱼肉置于15℃的摆架上1h至鱼肉表面无明显水渍。

3. 腌制

采用常用卤水制作方法，将固态香料粉碎装入纱布制成香料袋，用小火熬至香味四溢即成卤水初坯。用时加入辅料（3%食盐、3%味精、1%白酒、0.0075%亚硝酸钠、0.05%五香汁）后勾兑成盐卤水。采用全自动变频调速带骨盐水注射机，将盐卤水注入鱼肉中，之后将鲈鱼层层叠实摆放于烘箱内，15℃以下腌制1h后翻面1次，要求胚条上下异位，继续腌制1h，总腌制时间2h。

4. 喷淋烟熏液

用喷淋设备将烟熏液添加量为10%（烟熏液质量/烟熏溶液质量）的溶液，喷淋至鲈鱼表面，喷淋3次，间隔10min，每次3min，保证鲈鱼正反两面喷淋均匀。

5. 干燥

将腌制处理后的鲈鱼放入烘箱做干燥处理，干燥的主要目的是保证产品表面干燥程度均一，使表面烟熏色泽均匀。干燥温度设置为60℃，时间为1h。

6. 熟制

为提高熟制的加工效率，采用隧道式烘干设备进行熟制，设定温度为100℃。通过调节传送带的速度控制鲈鱼在其中加热的时间，使鲈鱼熟透即可，时间约为20min。

7. 真空包装、灭菌

鲈鱼冷却到室温后将液熏鲈鱼进行处理（切段或切片等，形成不同产品形态满足市场需要）进行包装后抽真空。常规热力杀菌是通过热传导，对流或辐射方式将热量从物料表面传至内部，要达到杀菌温度，往往需要较长的时间，并且会对液熏鲈鱼成品产生不良影响。微波杀菌利用微波能与物料中细菌等微生物直接作用，热效应与非热效应共同作用，达到快速升温目的，处理时间大大缩短。各种物料的杀菌时间一般在3~5min，杀菌温度在70~90℃。具有杀菌时间短、速度快，杀菌均匀彻底，低温杀菌，物料不变性，保持营养成分和原来风味，节能环保，设备操作简单，可控性好，工艺先进等优点。因此，该设计选用的杀菌方式为微波杀菌。

论证后确定液熏鲈鱼的生产工艺流程如图13-12所示。

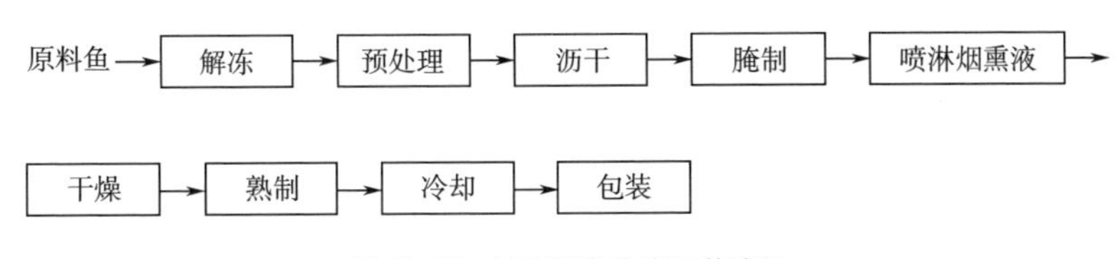

图13-12 液熏鲈鱼生产工艺流程

此工艺汲取了传统工艺的优点，并采用较为先进的生产技术，加工过程均采用机械化程度相对较高的设备，大大减少了工厂所需要的劳动力以及生产的成本，提高了生产效率以及生产能力；工厂选用的原料以及配料相对固定，生产线参数设置变动不会太大，有利于保障产品口感的稳定性。因此该工厂设计具有方法、技术、设备先进，生产能力强，成本合理、产品的质量相对稳定等优点。

四、 液熏鲈鱼设备选型

（一）设备选型的基本原则

（1）设备与工艺流程、工艺操作条件、生产规模要相互匹配，需满足工艺的一般要求；

（2）充分考虑设备的经济性；

（3）设备要求安全可靠，对所加工的食品原料不会造成污染，符合食品加工的相关卫生标准；

（4）尽量选择运行成本低、容易维修及更新、故障发生率低的设备，尽量减少选择有特殊维护要求的设备；

（5）设备选型的依据为工艺论证以及物料衡算，以下按照工艺流程顺序进行设备选型。

（二）设备选型

1. 解冻设备选型

根据鲈鱼的冷冻特性，该工艺所需要的设备为提升机、解冻机。提升机选择刮板式提升机，技术参数见表 13-9，解冻机选择低温高湿解冻机，技术参数见表 13-10。

表 13-9 刮板式提升机主要技术参数

项目	参数
型号	GT-5
生产能力	5t/h
需要生产能力	3.6t/h
外形尺寸	2500mm×500mm×1800mm
单机功率	1.1kW
材质	食品级工程塑料网带、不锈钢机架
需要台数	1
单价	3.5 万元
厂家	×××

表 13-10 低温高湿解冻机主要技术参数

项目	参数
型号	MEJD12
生产能力	5t/h
需要生产能力	3.6t/h
外形尺寸	2200mm×500mm×4000mm
单机功率	1.92kW
材质	SUS304 不锈钢
需要台数	1
价格	8.28 万元
厂家	×××

2. 预处理设备选型

预处理工艺包括去头、去鳞、去内脏，目前均已实现了自动化，有标准化设备供使用。去鱼鳞机技术参数见表 13-11，立式杀小鱼机技术参数见表 13-12，弧形去头机技术参数见表 13-13。

表 13-11 去鱼鳞机主要技术参数

项目	参数
型号	XZ-610 型去鱼鳞机
生产能力	3. 5t/h
需要生产能力	3. 24t/h
外形尺寸	1250mm×550mm×850mm
单机功率	2. 2kW
材质	SUS304 不锈钢
需要台数	1
单价	5000 元
厂家	×××

表 13-12 立式杀小鱼机主要技术参数

项目	参数
型号	XZ-610 型立式杀小鱼机
生产能力	3. 5t/h
需要生产能力	3. 24t/h
外形尺寸	1650mm×500mm×700mm
单机功率	1. 1kW
材质	SUS304 不锈钢
需要台数	1
价格	1. 38 万元
厂家	×××

表 13-13 弧形去头机主要技术参数

项目	参数
型号	SSS-01-02A
生产能力	5. 4t/h

续表

项目	参数
需要生产能力	3.24t/h
外形尺寸	1200mm×600mm×1200mm
单机功率	1.0kW
材质	SUS304 不锈钢
需要台数	1
价格	1.4 万元
厂家	×××

3. 腌制设备选型

腌制工艺采用的是盐水注射的方式，设备选用全自动变频调速带骨盐水注射机，其技术参数见表 13-14。

表 13-14 盐水注射机主要技术参数

项目	参数
型号	ZYZ-120
生产能力	0.9t/h
需要生产能力	2.27t/h
针头数量	120 支
注射压力	0.4~0.9MPa
注射量	40%~90%
功率	4.8kW
材质	SUS304 不锈钢
需要台数	3
尺寸	1400mm×1030mm×1700mm
价格	2.7 万元
厂家	×××

4. 液熏设备选型

液熏工艺采用的是喷淋的方式，设备选用烟熏液干式喷淋机，其技术参数见

表 13-15。

表 13-15　喷淋设备主要技术参数

项目	参数
型号	RY4000
生产能力	5～10t/h
需要生产能力	2. 25t/h
功率	1. 3kW
材质	SUS304 不锈钢
需要台数	1
尺寸	2150mm×2600mm×2600mm
价格	3. 9 万元
厂家	×××

5. 干燥设备选型

干燥设备选用带式烘干机，其技术参数见表 13-16。

表 13-16　带式烘干机主要技术参数

项目	参数
型号	5000
生产能力	5t/h
需要生产能力	2. 23/h
功率	7. 5kW
材质	SUS304 不锈钢
需要台数	1
尺寸	5000mm×1500mm×2500mm
价格	16. 5 万元
厂家	×××

6. 熟制设备选型

熟制设备选用电加热式隧道烘烤炉，其技术参数见表13-17。

表13-17　电加热式隧道烘烤炉主要技术参数

项目	参数
型号	BKS-1418D
生产能力	2.0t/h
需要生产能力	1.78t/h
功率	11kW
材质	SUS304不锈钢
需要台数	1
尺寸	2200mm×1600mm×2000mm
价格	9.2万元
厂家	×××

7. 杀菌设备选型

液熏工艺采用的是微波杀菌的方式，微波杀菌设备技术参数见表13-18。

表13-18　微波杀菌设备主要技术参数

项目	参数
型号	XTMW-PM-S-150
生产能力	0.8~0.9/h
需要生产能力	1.69t/h
功率	150kW
材质	SUS304不锈钢
需要台数	2
尺寸	20000mm×1500mm×1600mm
价格	10万元
厂家	×××

8. 包装设备选型

液熏工艺采用真空包装的方式，设备选用拉伸膜式真空包装机，其技术参数见表 13-19。

表 13-19 拉伸膜式真空包装机主要技术参数

项目	参数
型号	VSP-TL
生产能力	4000~4800 次/h
需要生产能力	8534 次/h
功率	12kW
材质	SUS304 不锈钢
需要台数	2
尺寸	5620mm×1460mm×1800mm
价格	4.3 万元
厂家	×××

五、 车间布置设计

设计车间布置时按照以下几项原则进行，详见图 13-13。

(1) 人流物流要分开，洁净区与非洁净区要分开，生加工区与熟加工区不贯通；

(2) 布局合理、紧凑，按照生产流程合理布局，大设备尽量安排在车间中心，以便于生产多种产品使用方便；

(3) 各个设备要留有足够的空间可供设备检修以及工人操作。

六、 生产车间设备流程设计

生产车间首先按照生熟分成两个区域，并且两个区域互不贯通，以加热车间作为两者的连接点，物料经加热车间加热后进入熟加工区，但是人员不允许在两个区域内流动；生加工区与熟加工区内设备按照液熏鲈鱼的工艺流程合理布置即可，详见图 13-14。

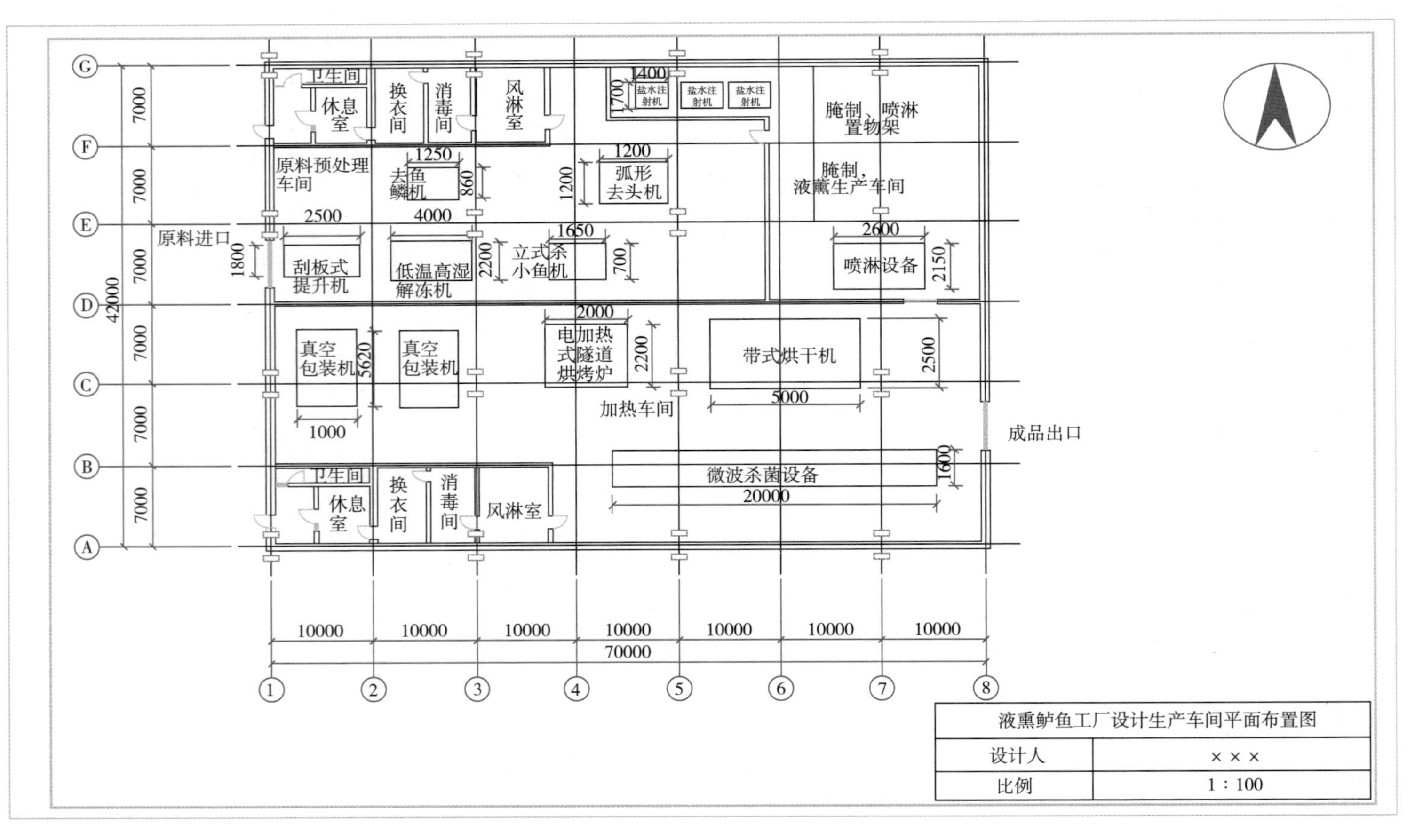

图13-13 液熏鲈鱼车间平面布置图

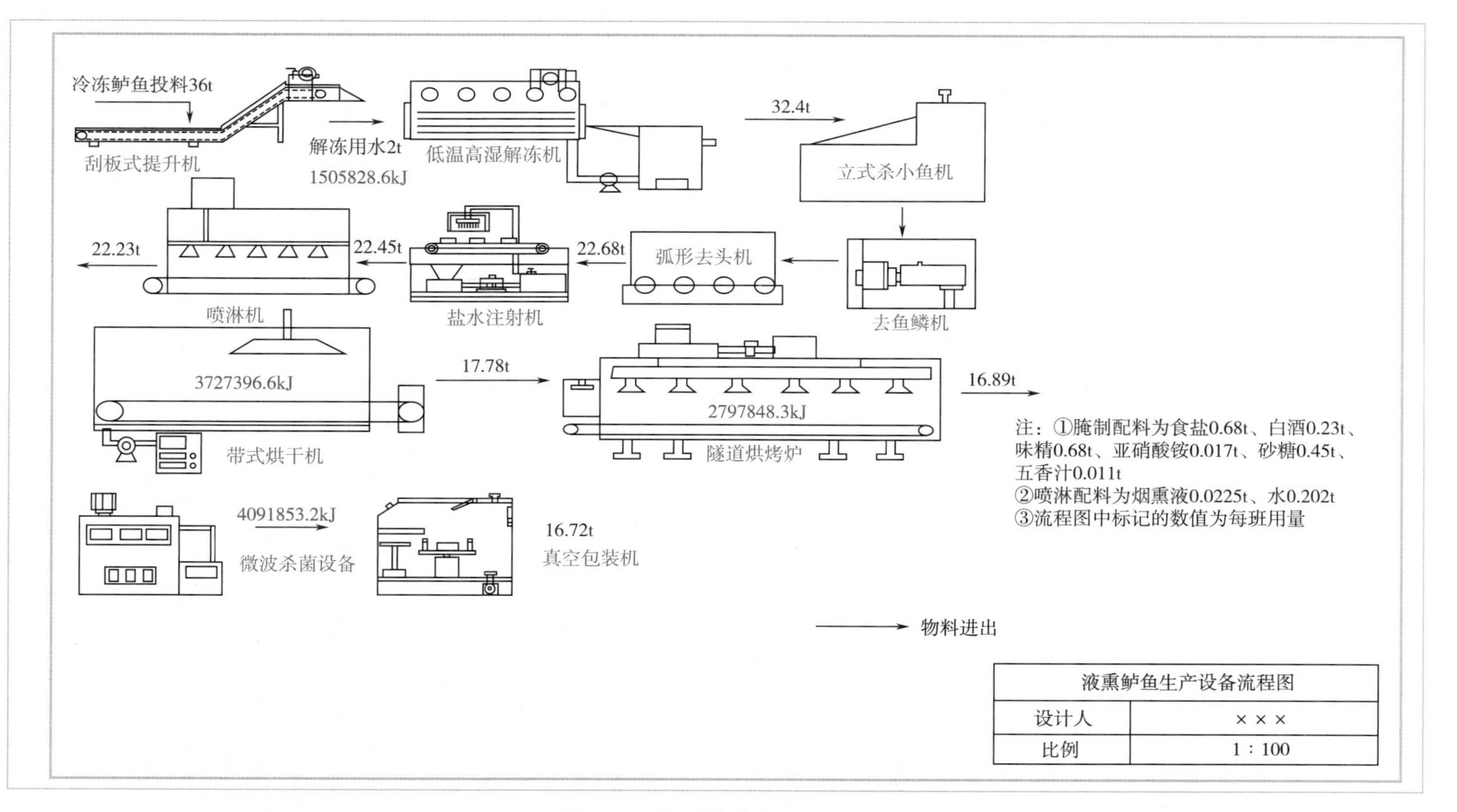

图13-14 液熏鲈鱼生产设备流程图

参考文献

[1] 阿依姑丽·吾布力．不同烟熏液的制备及其对风干鱼品质特性的影响［D］．乌鲁木齐：新疆农业大学，2021.

[2] 郭园园，娄爱华，沈清武．烟熏液在食品加工中的应用现状与研究进展［J］．食品工业科技，2020，41（17）：339-344，351.

[3] 胡奕静．香酥虾球的研制及年产 250t 香酥虾球生产车间设计［D］．武汉：华中农业大学，2013.

[4] 李辉，黄枝梅，林晨艳．即食液熏牡蛎加工工艺优化［J］．现代食品，2020（4）：94-98,113.

[5] 李竣，杨旭，陈洁．中国淡水鱼加工业的现状、主要问题及发展思路——基于全国 58 家淡水鱼加工企业的调查［J］．保鲜与加工，2020，20（5）：212-217.

[6] 廖小军，赵婧，饶雷，等．未来食品：热点领域分析与展望［J］．食品科学技术学报，2022，40（2）：1-14；44.

[7] 刘敏，孙广文，王卓铎．中国海水鱼养殖现状分析［J］．当代水产，2019，44（11）：90-93.

[8] 麦良彬，姜志勇，钟小庆．2018 年海水鲈鱼养殖渔情专题报告［J］．当代水产，2019，44（4）：82-83.

[9] 任晓镤，朱玉霞，鲍英杰，等．绿色制造技术在传统肉制品现代化加工中的应用及发展前景［J］．肉类研究，2017，31（11）：60-64.

[10] 宋忠祥，樊少飞，付浩华，等．低盐液熏腊肉加工工艺优化及品质分析［J］．肉类研究，2020，34（7）：46-52.

[11] 薛永霞．上海熏鱼风味特征及调控研究［D］．上海：上海海洋大学，2019.

[12] 岳海峰，鞠国泉，陈家民．基于绿色制造理念的传统肉制品安全性研究［J］．食品安全导刊，2021（26）：170-171.

[13] 张登辉．鸡汁生产工艺研究及年产 3000 吨鸡汁生产工厂的设计［D］．广州：华南理工大学，2012.

[14] 张晋．草鱼低温保藏品质变化及绿色加工技术研究［D］．上海：上海海洋大学，2021.

[15] CHEMAT F，ROMBAUT N，MEULLEMIESTRE A，et al. Review of green food processing techniques. preservation，transformation，and extraction［J］. Innovative Food Science & Emerging Technologies，2017，41：357-377.

[16] GLADYSHEV M I，ANISHCHENKO O V，MAKHUTOVA O N，et al. The benefit - risk analysis of omega-3polyunsaturated fatty acids and heavy metals in seven smoked fish species from Siberia［J］. Journal of Food Composition and Analysis，2020，90：103489.

[17] LOPES J，GONALVES I，NUNES C，et al. Potato peel phenolics as additives for developing active starch-based films with potential to pack smoked fish fillets［J］. Food Packaging and Shelf Life，2021，28（2）：100644.

第十四章　麻花加工过程安全控制

麻花属于油炸食品，是中国的一种特色小吃，其外形独特呈铰链形，又称“铰链棒”（李小月等，2017）。在我国，麻花已有几百年的历史。麻花以其外形独特、颜色金黄发亮、口感松脆不油腻、独特的风味一直流传至今。我国麻花种类纷繁，有甜咸软硬之分，是一款老少皆宜的大众化休闲小食品。我国的麻花主要有天津麻花、山西稷山麻花、陕西咸阳麻花、湖北崇阳麻花、苏杭藕粉麻花等，其中天津麻花以大麻花出名，有“十八街麻花”的美名；山西稷山麻花以油酥出名；苏杭藕粉麻花以原始工艺出名；湖北崇阳麻花以小麻花出名。

第一节　麻花传统加工工艺流程及要点

不同麻花的发源地不同，原材料和制作工艺也大相径庭。以下分别介绍几种经典的传统麻花类型及制作工艺流程。

一、 咬金麻花

咬金麻花起源于陕西咸阳。相传程咬金在大赦出狱归途中，典当囚衣买麻花来孝顺母亲，当地人民对这位历史人物的爱好与敬佩，在坊间与麻花融为一体，故命名为“咬金麻花”（徐燕等，2010）。咬金麻花传承了原始制造工艺，选材异常讲究，不添加任何防腐剂。咬金麻花以优良春小麦和纯压榨的菜籽油为主要原料，采用传统发酵方法（酵头发酵）制作而成，具有酥脆的口感，且金黄醒目，富含蛋白质、氨基酸及多种维生素和微量元素，既可休闲品味，又可佐酒伴茶，是理想的休闲食品，在陕西深受老百姓的喜爱。

咬金麻花由地道的原始制作工艺加工而成，其工艺流程为：

酵头发酵→和面→配料→揉面→切面→成型→炸制

提前发酵好的面团取一定量作为酵头；将食盐溶于水中与面粉混匀，加入鸡蛋、菜籽油和撕成小块的酵头，揉成光滑的面团；将面团切成每个100g的小面条，逐个搓成粗细均匀的麻花生坯；待麻花生坯全部搓完后从第一个搓制的开始炸起；选用纯正菜籽油在锅内加热至120℃，放入麻花生坯，用长筷子轻轻捋直，待其浮起，颜色呈金黄时捞起即成。

二、 稷山麻花

稷山麻花是运城的传统风味小吃。据传，乾隆年间，翟店镇西位村的一位商人把它带回家乡运城，制作出售，食者甚多。后来，这位商人不断改进制作技术，将麻花由两股改成三股，然后炸制成金黄色细丝花纹状，便制成了现在的“稷山麻花”。稷山麻花已进入北京、深圳、黑龙江等20多个省市销售，远销中国台湾及新加坡、马来西亚、印度尼西亚、美国、日本等多个地区和国家（范珍等，2021），颇受欢迎。

稷山麻花要求颜色金黄或深黄，外表糖粉无溶化现象；外形瘦长均匀，中段（除两端）在四绞以上；食感松脆，无软韧现象；含水量需在10%以下，口感松脆不油腻。稷山麻花有甜、咸两味之分，其中，甜味的又有拌糖（外表撒砂糖粉）和不拌糖之分。

稷山麻花原料配方为面粉5kg、砂糖粉0.5kg、植物油0.075kg、奶粉0.175kg、碱粉0.105kg（冬季0.1kg）、明矾0.1kg、炸制耗用植物油1.25kg，如制拌糖麻花需另备糖粉0.65kg，如制咸味的可减少砂糖粉用量。

制作稷山麻花大致工艺流程如下：

配置疏松剂→配料→和面→静置→切块→成型→炸制→撒糖粉

疏松剂的调配：明矾加冷水0.1kg，碱粉加冷水0.35kg，分别化成溶液，然后再将碱水慢慢倒入明矾水内，用铲进行搅和，直搅到没有泡沫为止，即可使用。操作时不可将明矾与碱粉混合后再加水，防止溅出，影响安全。此外，用小苏打、碱水或酵母面团也可制成疏松剂。

面团制作：面粉与糖、油、疏松剂混合均匀后，另加水约1.5kg，调制成面团。成型前要将面团静置40min，如不静置，就会变成死面麻花，影响口感。

成型：将面团开块，切成需要质量的小条，逐个搓成40~50cm长的细长条，要求粗细均匀。操作时注意要搓长，不要拉长，否则会使成品韧缩成“矮胖”形。搓好后双起搓成两股绳状，再双起搓成四股铰链状，即成生坯，生坯要求长短均匀。

炸制：油在锅内烧热，放入生坯，用特制筷子轻加搅动。待浮起，颜色呈金黄色时即可捞起。外表如需撒糖粉，最好在销售时临时拌制。

三、 天津“十八街麻花”

“十八街麻花”的创始人是范贵才、范贵林兄弟，他们曾在天津大沽南路的十八街各开了桂发源和桂发成麻花店，因商号位于十八街，人们又习称其为“十八街麻花”。“十八街麻花”之所以能成为市场上享有盛誉的健康美味食品，其特色主要体现在它的配料和制作工艺上。十八街麻花选料精细、制作独特、式样美观、酥脆香甜、久放不绵。主料是精选的上等面粉、花生油和白糖，这一点和全国各地的麻花都一样，但在配料上桂发祥麻花则添加了桂花、青梅、闵姜等多种小料，其特点是香、酥、脆、甜，在干燥透风处搁置数月不走味、不绵软、不变质。

制作“十八街麻花”需要多道工序：

发酵→和面→熬糖→配料→制馅→和面→压条→对条→成型→炸制

其原料配比为面粉 25kg，植物油 12.25kg，白砂糖 6.75kg，姜片 250g，碱面 175g，青丝、红丝各 110g，桂花 275g，芝麻仁 750g，糖精 5g，水 7.5L。

发酵：在炸制麻花前一天，在 3.5kg 面粉中加入 500g 酵母，用温水调搅均匀，发酵至次日备用。

和面：将干面 16kg 放入和面机内，然后把前一天发好的面种掺入，加入化好的糖水，再根据面粉的水分大小、不同季节，倒入适量冷水，和成大面备用。

熬糖：取 2L 水将 3.5kg 白糖、135g 碱面和 5g 糖精用文火化成糖水备用。

配料：在烫好的酥面中加入白糖 3.25kg 以及准备的青红丝、桂花、姜片和 25g 碱面，再放入冷水 1750mL，搓匀，用 500g 干面搓手，搓手后的面与面块混匀并搅和到软硬适度，在搓条过程中用扑面 1000g。

成型：将面切成大条，再将大条送入压条机，压成细面条，然后揪成长约 35cm 的短条，并将条理顺，一部分作为光条，另一部分揉上芝麻仁作麻条。将和好的酥面制成酥条，按光条、麻条、酥条 5∶3∶1 的比例，搓成绳状的麻花。

炸制：油烧至温热时，放入麻花生坯，炸制 20min 左右，待呈枣红色、麻花体直不弯时捞出，在条与条之间加适量的冰糖渣、瓜条等小料即可。

四、东北软麻花

与硬、脆麻花相比，软麻花在配料上在面粉中加入了牛奶或奶粉、蜂蜜、鸡蛋和油，并且面团发酵时间更长，在和面时尽可能使面团更软。软麻花的加工工艺流程为：

老面制作→配料→和面→静置→摘剂→成型→炸制

老面制作：在麻花制作的前一天在 3.5kg 面粉中加入 500g 发酵粉，用 4L 温水调搅均匀，发酵成为老面，以备次日使用。

配料：用 2L 水将 3.5kg 白糖、135g 碱面和 5g 糖精用文火化成糖水备用。

和面：将明矾、碱面、糖水与温水一起，与面粉混匀，随即放入面肥、搅匀和成面团，把面搅和到软硬适用为度。再陆续揉进少许温水，盖上湿布静置 10min。

成型：将面团摘剂，搓成 13cm 长的短条，刷上油摆好，取短条一根横放在案板上，搓成约 60cm 长的细条，经多道工序制成麻花坯子。

炸制：将麻花坯子放入用旺火烧至六成热的植物油中炸制 10min，颜色呈黄色时捞出。

第二节　麻花现代加工工艺流程及要求

传统麻花的生产制作主要以家庭、小作坊等途径小规模生产，而现代麻花在保留了传统麻花经典感官风味特点的基础上，对其原料及制作工艺流程等进行改进，基本实现工厂化。

相比传统麻花，现代麻花在生产上普遍采用植物油自动循环系统，执行国家相关环保标准，在保持了传统麻花的独特口味的基础上，进一步提升了麻花的质量。在制作麻花时，现代麻花不拘泥于传统工艺流程的规定，而是根据面粉质量调整原料配比，根据气温的高低变化增减老面、碱剂量，确保投料始终处于最佳配比。同时，在日益健全的理论研究的基础上，现代麻花制作过程通过综合考量各个制作流程，选择最合适的油炸用油、油炸温度及适当的醒发剂等，提高麻花品质，延长了保质期。现代麻花制作的共同工艺流程及要点如下。

一、 面粉选择及领料、 备料

面粉作为麻花的主要原料，其质量的好坏直接影响麻花的品质。用于制作麻花的面粉指标要求：灰分≤0.70%，水分≤14.0%，白度≥81，湿面筋在27%~31%，吸水率≥58%，稳定时间少于7min，拉伸阻力≤350EU（邬大江等，2012）。此外，还可以通过添加强筋剂、乳化剂等面粉品质改良剂来改善面粉的面筋含量、蛋白含量、灰分含量、吸水率等特性，以根据各类麻花要求，生产配制出不同品质的面粉。

原料库负责各种原料的前期准备，包括原料的分装和粉碎等前处理。分装时严格按照配方进行称量；粉碎要求以出现整片及粉末极少为宜。每班将所领用原料分品种单独存放于和面、制馅区域，保证原料外包装干净、无破损、无过期及腐败变质，并做好标识，做到先进先出。

二、 烫酥和熬糖

烫酥是将原料按照一定比例添加到热油中，搅拌均匀。熬糖是将糖、碱、水按照一定比例加入锅中，加热使糖完全融化。

三、 醒发和和面

面团要求具有较强的延伸性和韧性、适度的弹性和可塑性、面团柔软光润。根据麻花种类的不同，需要相对应地制作酥性面团和韧性面团。韧性面团要求面筋形成比较充分，但面筋蛋白仍未完全水合。调粉时要控制好以下两个阶段：第一阶段，使面粉在适宜水分条件下充分润胀；第二阶段，使已经形成的面筋在机桨的搅拌下逐渐超越其弹性限度而使弹性降低，面筋水分部分析出，面团变得柔软，有一定的可塑性。因此，在调制面团时应注意以下几点。

（1）面团充分搅拌　调粉的最主要措施是加大搅拌强度，即提高机器的搅拌速度或延长搅拌的操作时间。

（2）注意投料顺序　韧性面团在调粉时可一次性将面粉、水和辅料投入机器搅拌。由于面团调制温度较高，疏松剂、香精、香料一般在面团调制的后期加入，以减少分解和挥发。

（3）淀粉的添加　调制面团，通常均需添加一定量的淀粉。淀粉是一种有效的面筋浓度稀释剂，有助于缩短调粉时间，增加可塑性，同时可使面团光滑，降低黏性。

（4）加水量的掌握　加水量要根据辅料及面粉的量和性质来确定。一般加水量为面粉的22%～28%。

（5）注意面团温度　面团温度直接影响面团的流变学性质，根据经验，制作麻花的面团温度一般在38～40℃。面团的温度常用加入的水或糖浆的温度来调整，冬季水或糖浆的温度为50～60℃，夏季为40～45℃。

（6）注意面团调制时间和成熟度的判断　面团调制不仅要使面粉和各种辅料充分混匀，还要通过搅拌，使面筋蛋白与水分子充分接触，形成大量面筋，降低面团黏性，增加面团的抗拉强度，以利于压片操作（李国平等，2017）。另一方面通过过度搅拌，将一部分面筋在搅拌桨剪切作用下不断撕裂，使面筋逐渐处于松弛状态，一定程度上增强面团的塑性，使冲印成型的饼干坯有利于保持形状。韧性面团的调制时间一般在30～35min。面团调制时间不能生搬硬套，应根据经验，通过判断面团的成熟度来确定。韧性面团调制到一定程度后，取出一小块面团搓捏成粗条，用手感觉面团柔软适中，表面干燥，当用手拉断粗面条时，感觉有较强的延伸力，拉断面团，两断头有明显的回缩现象，此时面团已达到了最佳状态。

（7）注意面团静置　为了得到理想的面团，待面团调制好后，一般需静置10min以上（10～30min），以松弛形成的面筋，降低面团的黏弹性，适当增加其可塑性。另外，静置期间各种酶的作用也可使面筋柔软。

四、面团的辊轧

辊轧是将面团经轧辊的挤压作用，压制成一定厚度的面片。一方面便于冲印成型或辊切成型；另一方面，面团受机械辊轧作用后，面带表面光滑、质地细腻，且使面团在横向和纵向的张力分布均匀。经过这些步骤后，再通过切条等后续工序使麻花的形状更加完美，口感更加酥脆。麻花面团一般采用包含9～13道辊的连续辊轧方式进行压片，在整个辊轧过程中，应有2～4次面带转向过程，以保证面带在横向与纵向受力均匀。韧性面团一般用油脂较少，而糖比较多，所以面团发黏。为了防止黏辊，在辊轧时往往撒上些面粉，但一定要均匀，切不可撒得太多，以免引起面带变硬，不利于后续的成型。

五、和馅

将调制好的油酥称重后放入机器内，继续加入砂糖，放入备好的小料，加水、碱面，再放入面粉，开动机器搅拌均匀。每种用料按配方标准比例投放。将和馅机倾斜90°，把和好的馅倾倒入小推车中，送入成型车间。

六、裹馅压片

把馅、面以一定比例输入包馅机进行包馅，制成圆筒状。根据压面机面板长度将包裹好的面团分团，包裹断面并压紧。利用压面机将面团压成三明治形。

七、轧条

将醒好的面团每剂切条搓圆、压扁，上机压制。

八、断条

压条后断条，断条要求平行摆放2~3层。

九、合条

不同规格的麻花，按照不同比例和数量，将白条合拢拼对到一起。16g的麻花约需2根面条。

十、成型

合条摆放平直，右手将条卷住馅头，往怀里成45°角搓卷，左手往外推卷，然后双手提起条馅两端迅速合拢，顺势自然拧成麻花状。合拢后的两端，用手指挤压粘实。成型的麻花坯平行排列在托盘上，备炸。成型的麻花坯应造型周正，拧花分明。

确认净重合格后码放入盒，要确保麻花之间的间距，确保不粘连同时炸制后能够周正无扭曲。

十一、炸制

根据预炸麻花的规格，先调整网带输送机构中上下网带之间的距离，然后调节网带驱动变频电机的频率。使网带的运行速度满足麻花的炸制时间。向油炸机油槽中加入足量的食物油。打开急停按钮（SB1），控制系统及温控表将被接通，设定油炸温度，设定网带频率（即速度）。当入口温度（通过传感器显示在电控箱温度表上）达到炸制温度时，将成型的麻花坯摆放整齐，经传送带送进炸锅进行连续炸制。炸制出的麻花应呈棕黄色，无明显花条，组织酥松，起发均匀，无空心，无跑馅，无抱条、无粘连，无异味。麻花生产线应定期进行清理，将油经过过滤箱抽回油罐进行过滤、沉淀，并对炸锅进行清洁，清除碎渣，将碎渣清出后，集中到不锈钢小推车中由专人处理。并在换油过程中对油锅滤网进行检查。每天夜班清理一条生产线，保证各条生产线轮流清理。

十二、冷却包装

刚结束油炸的麻花表面温度一般在160℃以上，中心温度也在110℃左右，必须冷却后才能进行包装。一方面，刚出炉的麻花水分含量较高，且分布不均匀，因此口感较软，在冷却过程中，水分进一步蒸发，同时使水分分布均匀，使麻花口感酥脆；另一方面，冷却后包装还可防止油脂的氧化酸败和麻花变形。冷却通常是在输送带上自然冷却，也可在输送带上方用风扇进行吹风冷却，但不宜用强烈的冷风吹，否则麻花会产生裂缝。麻花冷却至30~40℃即可进行内包。

十三、内包

调好包装机横、纵封口温度及传送频率，将麻花续入包装机进端传送带，内封后，确保不漏气。在确认完包装材料后加脱氧包，装托、装罐或者内包。复合包装膜产品则装托后进行包装。注意：使用合适规格和型号的脱氧包，同时开封后必须在2h之内消耗完毕。

十四、金属探测仪检验

调好金属探测仪参数，单封好的麻花逐个经过金属探测仪，未报警即为检验合格，如出现报警，操作人员应及时处理。逐个经过金属探测仪后再进行封盖贴签操作。

十五、外包

将单封好的麻花按规格、包装要求装入外包装盒中，装盒时要确保麻花完整，不漏气、不漏油。经过金属检验后，进行称量、打码、装箱。

应当注意的是，在生产线中，车间操作人员、专检人员应具备工序中要求的特殊技能、能力，并接受专门培训，其任职资格参见人事部的各项任职资格标准；生产环境应符合相关规定，注意安全、防火。操作人员个人卫生及各个等级洁净区应达到操作性前提方案要求；麻花生产中，应按照设备维修管理的各项制度和要求，执行各项生产设备的使用、维护、保养；各生产部门在麻花生产过程中，各工序出现异常情况时，填写“质量反馈单”上报生产部；麻花生产过程中操作人员应严格按照各工序操作规程进行操作；从仓库领来的各种原料、辅料应存放在适宜的地方，该区域即为生产用料区，应标识清楚；以产品产出当天日期为产品批号；产品在最终检验合格后，入库并存放于合格品区，码放整齐。包装相同的产品集中码放，不同包装的产品不得混放。

第三节　不同加工工艺条件下麻花品质分析

麻花品质受诸多因素的影响。除了原材料质量的把控外，生产过程中的加工工艺条件，如加工设备、面团制作方式、油炸温度、油炸方式等，对麻花的品质影响相对较大（Huang et al.，2008）。而评价麻花质量的好坏主要包括质构、色泽、含油量及含水量、营养等，以下分别介绍了不同加工工艺条件对麻花品质影响。

一、质构

质构分析实际上是模拟人口腔的咀嚼性能，通过与特定的仪器相连接，得出力与时间的曲线，对其进行分析，得到与人的感官评价相一致的参数。目前麻花的质构可以通过测量硬度、弹性、内聚性、黏附性，还有脆性、咀嚼性和韧性等参数来评价麻花品质。硬度和脆性是麻花质构评价中的最主要的参数。该方法的优点是参数表示比较明确，可以对食品的质构做单一性的分析，缺点则表现为参数比较单一，很难表示物质的其他性质。

影响油炸麻花质构的加工工艺条件涉及以下几个方面。

（一）面团制作方式

麻花在和面时必须先将食粉、精盐、糖粉、鸡蛋、色拉油和水充分搅散后，再加入面粉，否则会出现松脆不一、口味不均的现象。同时，和面时需按由低速到中速搅拌的顺序进行，以利于面筋的形成。制作面团时，重叠次数不宜过多，以免面筋筋力过大，且用力不能过猛，以免面筋断裂。准备好的面团通常需要静置半小时，之后再进行搓条、成型等操作，否则麻花成品的酥脆度较低，质构评分较差。

面团醒发是制作面团最重要的步骤之一。面团在醒发过程中，关键是环境温度不能太高，即应该在较低的温度下醒发，一般控制在35℃左右。如果温度太高，成型之后的面团的流动性太高，很容易向四周推开，使成品面团变平，造成较差的形状。醒发室的相对湿度通常为70%，如果醒发室的相对湿度太高，屋顶上凝结许多水滴，有直接滴到面团上的可能性，造成微生物污染。同时，醒发后的面团皮很薄，滴下水滴后会很快破裂、跑气、崩塌，在后续的油炸过程中颜色会很差，因此醒发时要特别注意控制面团及环境的湿度。此外，向醒发室送盘时，应从上到下平行入架，轻拿轻放，不要振动，以防面团跑气和崩塌。

另外，在叠制面块（成型）的过程中，如有气泡产生，应用牙签挑掉，否则炸出的麻花外形不光滑。切好的麻花条坯，应刷少许水再重叠压制，以避免炸制过程中麻花各条坯因粘接不牢而散开。用手拉扯麻花生坯时，用力要轻，用力过大会使条坯裂口或断筋。

（二）油炸温度

油炸的关键在油温的掌握。油温高低应根据麻花的种类、原材料情况、麻花大小、受热面积大小等因素而适当控制。油炸温度会影响麻花的软硬及酥脆程度。油温高，易使麻花不熟或炸不透，麻花较硬；而油温过低，容易使麻花成品色泽浅淡、易碎，感官评价差，既达不到质量要求，又耗油、耗时。

油温的控制以采用温度计为佳，也可凭借长期熟练操作的经验来掌握。当温度过高或过低时，都应采取一定的措施，使油温降低或升高，以达到各种麻花产品要求的温度。一般温度过高时，可控制火源、添加冷油和增加生坯数量来降低油温；温度过低时，可加大火力、减少生坯数量，使温度上升。所谓的油炸适当温度是指食物内部达到可食状态而表面刚好达到一定色泽要求的油温。无论温油还是热油炸制，具体的油温都应按照麻花品种需要而定。油温偏高、偏低都会影响成品质量。

二、色泽

麻花在油炸过程中会发生复杂的反应，如以美拉德反应为主的反应会导致麻花的颜色发生很大的改变。人们更倾向于购买、食用色泽较好的食品，因此，有必要对油炸食品的色泽做出评价。人眼虽然可以辨别颜色，但是对于色泽程度的识别远远不如仪器，因此，通常使用专门的仪器对食品的色泽进行评价。

影响油炸麻花色泽的加工工艺条件涉及以下两个方面。

（一）油炸温度及受热情况

从麻花炸制的情况看，炸油用油分为温油和热油两类。

温油：一般指80~150℃的油温，即行业上的三至五成油温。温油适于炸制色泽要求度低，而要求口感酥脆的麻花。该温度下的炸制麻花用油一般倾向于选择猪油炸制，因为其能够较好的保证麻花拥有完整的形态。

热油：一般指180℃以上的油温，即七成油温。热油油炸对麻花来说上色较快，且制品多用植物油炸制，所得麻花制品色泽金黄，口感或酥脆化渣，或外酥内嫩，馅心香甜、鲜美。但是，油温过高时，很容易将麻花炸焦炸煳，故在油炸过程中，必须用筷子来回翻动，使麻花受热均匀，让麻花变得膨胀松泡且色泽一致，否则会出现色泽不均匀的情况。

（二）油炸周期

多次使用过的油炸用油在高温、空气及掉落的杂质的作用下，会产生令人不悦的气味，同时发烟点下降，颜色由金黄色变成不透明的黑褐色，此时油炸制品散落的一些碎渣，会析出部分糖、蛋白质等物质，而这些物质在高温下发生炭化，既会使油色变深，又会影响油炸麻花的色泽，吸附在麻花表面，影响美观。尤其对于色泽要求较高的麻花品种来说，若表面吸附杂质，就会造成麻花品质的严重下降。通过如此方法产生出油炸麻花，不仅色泽口味差，还会影响健康。因此，油炸油要经常清除杂质，多次使用后要更换新油。

三、 油脂含量及水分含量

油脂含量是油炸食品品质评价的一个重要指标。人体在摄入过多含油量的食物后，油脂会在人体内蓄积，影响健康。因此油脂含量对产品的品质评价有很重要的意义；水分含量在一定程度上决定了食物的感官品质，水分含量与食品的硬度和脆性有着很密切的关系。但油炸食品中过高的水分含量会影响食物的感官特性，会使食物失去脆性，还可能使食物变质，引起细菌的滋生。在油炸过程中，在水分蒸发逸出的同时，油脂会进入到食物的孔隙内，所以油脂含量和水分含量会在油炸过程中保持一个相对的平衡状态。

通常，影响麻花中油脂含量及水分含量的加工工艺条件涉及以下两个方面。

（一） 油炸温度

总体来说，制作麻花的油炸温度以五六成热（约 170℃）为宜，油温过低，油脂会很快浸透进面坯中，这样不仅使麻花中间含油量过高，还会使其膨胀度降低。

（二） 油炸方式

油炸方式会显著影响麻花吸油量。常压油炸是目前最常用的一种油炸手段。传统麻花及大部分现代麻花的制作采用的油炸方式都是常压油炸。常压油炸是指油炸机工作时，其内部的气压为标准大气压。其优点是加工方便、所加工的产品脆度良好、风味佳等。其缺点是在油炸过程中麻花的吸油量较大，导致其在储存过程中容易发生变质，造成不好的感官品质等。常压油炸根据其油炸条件不同，又可以分为纯油油炸、水油混合式油炸和红外加热油炸等，不同常压油炸条件加工而成的麻花也有显著的品质差异。

1. 纯油油炸

纯油油炸的油炸容器内全部使用食用油作为油炸介质。油温及油炸时间根据不同麻花产品的要求而有所不同。相比来说，纯油油炸是麻花在油炸过程中含油量最大的加工方式。

2. 水油混合油炸

经过工艺改进，现部分麻花的生产采用了油水混合油炸的方式，从根本上解决了上述难题，减少了麻花油炸过程中的吸油量。该工艺几乎没有与食物残渣一起废弃掉的油和因氧化变质而成为废油排掉的油，其所耗油量几乎等于被食品吸收的油量，补充的油量也接近于食品所吸收的油量，因此节油效果显著；该方法制成的麻花相比其他方法更加健康、环保。

3. 红外加热油炸

红外加热技术的原理实质就是红外线的辐射传热过程，红外线作为一种电磁波，有一定的穿透性，能够通过辐射传递能量。当使用红外加热物体时，物体会吸收红外线，红外线的波长和被加热物体一致时，物体内部的分子及原子会发生振动，从而摩擦产生热量（韩磊等，2016）。可以利用红外短时间加热快速除去原料表面的水分，使其表面形成一层外皮壳，再进行炸制，这样可以减少油脂进入食品内部，从而达到减少油炸食品的含油量。红外加热技术作为一种新型的加热技术，与传统的加热技术相比存在不可比拟的优势，包括提高能源使用效率、加热过程物料受热均匀、产品品质高、节省空间、不污染环境等，由于这些优势的存在，使得红外加热技术在食品加工行业中有着非常广泛的应用前景。

四、 危害物含量

麻花是以面粉为主要原料的油炸制品，在加工过程中，麻花往往会通过美拉德反应产生一些有毒物质如丙烯酰胺、羰基化合物等，危害人体健康。美拉德反应又称羰氨反应，是由含有羰基的化合物和含有氨基的氨基酸或者蛋白质等化合物在一定温度下经过缩合、聚合生成类黑精的反应。食物中的反应物通常是还原性糖类、醛类、酮类、酚类等和一些含有氨基的氨基酸、肽类、蛋白质等，它是食品香味和色泽产生的方式之一（陈龙等，2022）。当反应温度过高、反应时间较长时，会生成嗅感物质，同时还有吡咯、吡嗪、吡啶等具有焙烤香味的物质产生。

美拉德反应的产物十分复杂，不仅与原料中的某些成分有关，还与油炸温度、pH、油炸时间、水分活度、金属离子等因素有关，因此，通过优化加工工艺条件或添加一些抑制剂可以减少有害物质的产生。

（一）油炸温度

温度是影响美拉德反应的一个重要因素，一般而言美拉德反应速度随着温度的升高而加快。通常认为反应温度每提高 10℃，美拉德反应速率会加快 3~5 倍。因此，可以通过控制油炸温度来控制美拉德反应的速度，进而来影响麻花中反应特征性颜色和风味物质的生成。在正式油炸之前，热烫处理能使原料中的还原糖和天冬酰胺快速溶解，使加工过程中产生的美拉德产物丙烯酰胺含量迅速降低。

（二）油炸方式

不管是在麻花或是其他油炸制品的制作过程中，选择合适的油炸方式可以有效减少危害物的产生。

1. 纯油油炸

纯油油炸在加热过程中经常会造成局部油温过高，从而加速油脂的氧化并使部分油脂挥发成烟，造成严重污染，并且纯油油炸过程中会产生大量麻花的残渣并沉在油锅底部，残渣经反复油炸，可使油变污浊，从而缩短油使用寿命，甚至产生一些致癌物质，严重影响消费者的健康。

2. 水油混合油炸

水油混合油炸在炸制的过程中，麻花一直处于上部油层中，油炸产生的食物残渣会沉入底部的水中。同时，残渣中所含的油脂可经过分离后上浮，返回油层。因此，残渣一旦形成便会很快脱离高温区油层沉入低温区水中，随着水而被去除，所炸麻花不会出现焦化、炭化现象，有效地控制了致癌物质的产生，保证食用者的健康。另外，水油混合油炸排出的油烟很少，一方面利于操作者的健康；另一方面可以保护环境，减少对大气的污染。

水油混合油炸有效地控制了炸制过程中上下油层的温度，避免炸制过程中过热干烧现象的发生，减缓炸油氧化程度。与纯油油炸相比，通过水油混合式油炸的麻花具有以下三个特点：

（1）麻花的风味较好，且质量较高，通过限位控制、分区控温，科学地利用植物油与动物油相对密度的差异，使所炸麻花掉下的残渣自然沉入植物油下层，保持中上层工作油的纯净；

（2）保证炸制产品的味道不串味，有效控制食物含油量及外观，提高产品品质，延长货架期；

（3）有效缓解炸油的氧化程度，抑制酸价的升高，从而延长了油的使用寿命。

3. 真空油炸

真空油炸则可以更大程度上降低危害物的生成，其原理是利用水的沸点随着气压降低而降低的特性，在低于大气压的真空环境中，以食用油作为传热媒介，在较低的温度下达到水的沸点并将食物中的水分蒸发出去，进行油炸、脱水、干燥的过程，实现在低温低压条件下对食物的油炸。真空状态下的低含氧量可以减轻甚至避免油炸加工过程中的氧化作用，如脂肪酸败、酶促褐变及氧化变质等。

麻花同样也可以通过真空油炸制得。真空油炸麻花的一般工艺流程：

面粉预处理→醒发→成型→预处理→真空油炸→真空脱油→包装→成品

预处理的操作主要是在油炸前调整麻花的甜度、水分含量，或在原料表面涂膜等。对于含水率较高的面团要进行适度干燥，降低其油炸前的含水率，可以起到固形、缩短油炸时间的作用。真空油炸是整个流程的关键环节，将麻花装入油炸筐后固定在锅内，关闭密封门后抽真空，并选择适当的加热方式。不同种类的麻花应根据产品工艺要求选择不同的温度、真空度和油炸时间。脱油的方式有很多种，目前工业生产主要采用离心过滤式脱油。真空油炸麻花经脱油后，其含油率在25%以下，含水率在3%左右。真空油炸后的麻花的包装适宜采用真空铝塑包装或真空充氮铝箔包装。这两种包装方式可使产品保存期达到3个月以上并可保持良好的口感及风味。

真空油炸的绝对压力低于大气压，是在相对缺氧的情况下进行油炸加工的。采用该技术所加工的麻花可以最大限度地保留原料的风味和营养成分，有效地防止麻花中食用油脂的氧化变质，该技术生产的麻花具有以下优点：

(1) 真空油炸可以降低麻花中水分的蒸发温度，与常压油炸相比，真空油炸热能消耗相对较小，油炸温度大大降低，可以减少麻花中热敏性成分的损失，有利于保持麻花的营养成分，避免其焦化。

(2) 真空油炸环境接触到的氧气相对较少，能有效杀灭需氧细菌和某些有害的微生物，从而减轻麻花及油炸油的氧化速度，抑制了麻花原料及成品的霉变和细菌感染，有利于产麻花储存期的延长。

(3) 真空油炸借助压差的作用，加速物料中物质分子的运动和气体扩散，从而提高物料处理的速度和均匀性，所制成的麻花具有更好的组织形态及感官品质。

4. 间歇式油炸

采用间歇式油炸技术油炸麻花时，首先将油加热到指定的温度，然后将麻花放入油炸设备。加工完成后将产品取出，再加入新的待油炸物料。由于物料的放入是间歇的，所以称为间歇式油炸技术。该技术在麻花生产中的应用比较普遍，其优点是技术含量相对较低，适合小规模生产；缺点是麻花在放入油的过程中会引起原始的热损失，油炸所需时间长，产品外观、风味及组织形态不一致，且理论上会产生更多的游离脂肪酸、丙烯酰胺等危害物。

连续油炸技术物料的喂入是连续的，物料喂入油炸机后随网带在炸油中运动，然后从出口输出加工好的产品。相比非连续油炸，该技术所加工的麻花具有一致的油炸温度和时间，所以产品具有稳定的外观、风味、组织和保质期，同时具有较好的油过滤效果，能减少麻花中油炸产生的异味和游离脂肪酸的含量，产品具有较好的感官品质。

（三）金属离子

金属离子也会影响美拉德反应的发生，故可以在麻花加工过程中有选择地添加金属离子抑制剂。美拉德反应地发生速率很大程度上依赖于金属离子的种类和价态。铁离子能促进美拉德反应的发生，而且三价铁离子的催化能力比二价亚铁离子强。褐变反应被高浓度的 NaCl 抑制，金属离子尤其是二价铁离子和二价铜离子可以加快褐变反应的发生。

（四）pH

pH 也是影响美拉德反应的重要因素之一，pH 在 3 以上时，美拉德反应速度一般随着 pH 的升高而增大。一般在酸性介质中，美拉德反应会受到抑制，在碱性介质中反应速度加快。这也印证了碱性氨基酸反应速度快于酸性氨基酸。羰氨缩合过程中封闭了游离的氨基，起初在碱性条件下反应，反应结束后反应体系 pH 会下降，甚至呈酸性。由于羰胺缩合是一个可逆的过程，酸性环境促使羰胺缩合产物水解，会进行逆反应，导致美拉德反应结束后，体系呈现酸性。研究发现初始 pH 与褐变程度密切相关。适当调低 pH 可以抑制美拉德反应的发生。

（五）外源添加剂

1. 酶

在麻花油炸之前，通过天冬酰胺酶对原料进行预处理，可以抑制丙烯酰胺的生成，但是酶并不影响其他的氨基酸和还原糖参与美拉德反应，所以被认为不会影响产品的色泽和风味。当前已有两种天冬酰胺酶被联合国粮农组织和世界卫生组织下的食品添加剂联合专家委员会（JECFA）认为是安全可添加的酶制剂，分别是 Prevent ASeTM 和 AcrylawayR，这二种 4 酶制剂均从曲霉菌属的细菌中提取，Prevent ASeTM 的适宜作用条件为 pH 4~5，作用温度为 50℃；而 AcrylawayR 的适宜作用条件为 pH 7，温度 37℃。在面粉中加入 752. 15U/kg 的天冬酰胺酶就能减少 90%~97% 的丙烯酰胺。因此，在面粉中加入天冬酰胺酶是一种有效的抑制丙烯酰胺生成的方法。

2. 水溶性胶体

海藻酸钠可以作为包衣剂降低麻花在油炸过程中丙烯酰胺形成的影响。优化后的处理条件为：海藻酸钠浓度为 1. 34%，油炸时间为 4. 38min，油炸温度为 179℃。相应的丙烯酰胺抑制率为 76. 59%。与对照组相比，包衣后麻花的吸油量明显下降，而海藻酸钠的加入不影响麻花的质量。同时，海藻酸钠涂层可有效防止吸油，这可能也有助于缓解丙烯酰胺的生成，所有水胶体对丙烯酰胺的抑制作用都可以归因于美拉德反应程度的降低。

3. 天然提取物

迷迭香精油可抑制油炸麻花中丙烯酰胺的生成，且迷迭香精油与丙烯酰胺不会直接发生反应，而是通过竞争天冬酰胺和捕捉羰基类化合物及其氧化产物的方式来减少麻花中丙烯酰胺的含量，且此条件下的麻花地色泽、风味和感官品质未受到太大影响。

4. 微生物发酵

利用微生物发酵来减少丙烯酰胺合成，如利用乳酸菌产乳酸的特性，降低环境 pH，也有抑制丙烯酰胺形成和积累的效果。在面团制作过程中，酵母菌发酵可消耗原料中天冬酰胺与还原糖，从而降低产品中丙烯酰胺的生成。酵母菌发酵可利用面团中 40%~60% 的天冬酰胺，以达到有效降低麻花中丙烯酰胺含量的目的。在麻花中添加 0. 8% 的酵母并发酵 1h 可以使麻花中的丙烯酰胺减少 66. 7%；乳酸菌发酵可以产生大量有机酸，降低生面团体系 pH，从而抑制食品中丙烯酰胺的合成，或通过消耗丙烯酰胺前体物质（天冬酰胺和还原糖）来抑制丙烯酰胺的形成；制备油炸麻花使用的生面团时，加入嗜酸乳杆菌可以有效降低油炸麻花中丙烯酰胺的含量，且不影响产品的色泽、口感及风味。

（六）复合方式

采用上述提到的两种或多种方法一起处理原料，往往比单独使用一种方法的效果要更好，但具体应用于麻花生产过程还需要进一步的探究。

（七）油炸设备

为了保证麻花优良的加工品质降低危害物含量，应必须选购合适的油炸设备，更加科学地对其进行加工。如电炸锅应选择能控制温度，并带有沥油、栅网的电炸锅。或在生产线上添加外带外循环油脂的过滤系统，改善油质质量，能更有效的过滤系统煎炸油中的杂质，减缓煎炸油的衰败过程，提升油炸麻花的品质。

第四节　麻花加工工厂设计

近年来，随着油炸食品工业的快速发展，油炸麻花已开始从传统的小规模麻花生产逐步转型为现代大规模生产形式。随着麻花生产技术的不断提高，其生产品质不断优化，生产规模不断扩大，而油炸设备也随之朝着工厂化、系列化和智能化方向发展。本节重点介绍各油炸设备的结构、工作原理和特点，旨在为麻花油炸技术的创新与发展以及油炸设备的改进设计提供参考。

一、总平面设计

分为原料库、预生产车间、夹心成型车间、油炸车间、冷却车间、包材库、成品库、化验室、办公室等部分。按照工艺流程，物料的进出顺序应为：原料库→预生产车间→夹心成型车间→油炸车间→冷却车间→包装车间→成品库。对于车间的人流通道和物流通道的设计，要遵循着尽量使两者避开的原则进行。物流通道需要按照工艺的要求，优先进行设计，在被墙壁隔开的各区之间一般通过物料窗口实现物料传输，尽量避免原料的污染。

二、工艺设计

严格按照良好操作规范（GMP）和危害分析及关键控制点（HACCP）的要求，严格确保最终产品质量和卫生。科学规划生产环节，充分利用原料，保证生产环节的流畅和生产调度的许可性，尽量综合利用，节约能源，保护环境；车间布局应尽量紧凑流畅实用，要确保安全生产，有完善安全的设施设备，保障员工安全健康，体现文明生产。

三、关键设备

（一）和面机

和面机属于面食机械的一种，其主要功能就是将面粉和水进行均匀的混合。和面机根据工作条件可以分为真空式和面机和非真空式和面机，分为卧式、立式、单轴、双轴、半轴等，由搅拌缸、搅勾、传动装置、电器盒、机座等部分组成。真空式型和面机和面量：15kg/次，和面时间为4~10min/次，而非真空式型方管架和面机和面量25kg/次，和面时间为4~10min/次。

和面机在工作时，螺旋搅勾由传动装置带动在搅拌缸内回转，同时搅拌缸在传动装置带动下以恒定速度转动。缸内面粉不断地被推、拉、揉、压，充分搅和，迅速混合，使干性面粉得到均匀的水化作用，扩展面筋，成为具有一定弹性、伸缩性和流动均匀的面团。

和面机在操作时注意事项：

（1）和面机机身各油孔或油杯中加适量润滑油并坚持每班加2~3次；

（2）接通电源，应先查看旋转方向；运转应平稳，无异响；

（3）空车运行30min后复查各坚固件，再进行工作；

（4）均采用齿轮减速传动结构，具有结构简单，紧凑，操作方便，不需复杂的维修，使用寿命长等优点；

（5）机器四脚应放平，多功能和面机减少振动；在机架底部（等电位接线端子）处接好地线，以防漏电发生危险；

（6）检查各紧固件是否松动，检查电源线开关是否完好；

（7）齿轮处应加适量的润滑油。

（二）油炸设备

油炸机是麻花油炸加工的关键设备，按照油炸时的气压，可以分为常压油炸机和真空油炸机。常压油炸机一般是敞口的，应用比较普遍。按照油炸的方式，可以分为连续式油炸机和间歇式油炸机。按照加工食品时所需添加的液体，可以分为传统油炸机和水滤式油炸机。此外，还有为某种或者某一类特殊的物料而专门设计的专用油炸机等。

四、油炸麻花的生产线改进措施

（1）降低油炸锅内油面高度，低至70~90mm，加快油脂的迭代循环。

（2）添加外带外循环油脂过滤系统，由传统单锅油炸更改为连续油炸，增加了油脂在线过滤净化系统，实时过滤出生产过程中产生的残渣，保持油脂清洁，避免残渣长时间反复煎炸导致油脂劣变和口味变化，更有效地过滤系统煎炸油中的杂质，减缓煎炸油的衰败过程。

（3）增加油脂循环净化系统，将油脂持续高温过程形成的游离脂肪酸进行分离，减缓油脂酸价等指标的劣变速度，提升油脂品质，提高油脂利用率及降低油脂损失。

（4）加强烟囱密封、改善锅内空气动力布局。在油炸锅中，通过水槽密封和风机风量匹配达到理想的空气动力布局。油炸锅锅盖采用组合密封；控制油炸锅出入口压强差，减少空气量，以控制油脂的氧化速率。

（5）增加自动入料开口设施、自动连续浸油机、摊凉设施、定量调味系统、贮油罐等装置，将传统单锅油炸与油炸自动线改造并线，对油炸过程煎炸油持续高温导致的油脂酸价、过氧化值、极性组分含量持续升高以及油脂使用周期短的问题进行改善。

参考文献

[1] 陈龙，王谊，程昊，等．油炸食品中潜在的几类危害物及其消减技术［J］．中国食品学报，2022，22（2）：376-389.

[2] 范珍．“稷山四宝”焕发新活力［N］．山西日报，2021-10-08（5）.

[3] 韩磊，芦荣华．红外加热技术在食品加工中的应用及研究进展［J］．现代食品，2016（3）：95-96.

[4] 李小月．基于美拉德反应对麻花品质改善的研究［D］．广州：华南理工大学，2017.

[5] 徐燕．隋唐故事考论［D］．扬州：扬州大学，2010.

[6] HUANG W N，Yu S D，ZHOU Q B et al. Effects of frying conditions and yeast fermentation on the acrylamide content in you-tiao，a traditional Chinese，fried，twisted dough-roll［J］．Food Research International，2008，41（9）：918-923.

第十五章　炸鸡加工过程安全控制

炸鸡是一种采用新鲜鸡肉为原料，经过腌渍、裹粉、油炸和速冻的鸡肉制品。炸鸡可以在超市、快餐连锁店、水产批发市场等销售，根据消费者的需求，口味分为香辣、原味和孜然、咖喱等。世界上流行的炸鸡包括美式炸鸡、韩国炸鸡、泰式炸鸡、日式炸鸡、广式炸鸡、港式炸鸡等。食用时采用180℃左右的油温油炸2～3min即可。炸鸡色泽金黄，外皮酥脆，鸡肉鲜嫩多汁，作为鸡肉的深加工产品，具有加工方便，设备投资少、保质期长，低温冷藏可达12个月、提高鸡肉的附加值10%～40%等优点。

第一节　炸鸡传统加工工艺流程及要点

传统炸鸡一般没有裹粉的步骤，而是将整鸡处理后，直接进行油炸。传统炸鸡最大的特点是味道较为鲜咸，很大程度上保留着鸡肉原本的风味。

传统炸鸡的工艺流程：

原料准备→解冻→加入香辛料、冰水→真空滚揉→腌渍→油炸→速冻→包装→入库

传统炸鸡的基本配方：

鸡肉80kg、冰水20kg、食盐2kg、白砂糖0.6kg、复合磷酸盐0.2kg、味精0.3kg、I+G 0.03kg、白胡椒粉0.16kg、蒜粉0.05kg、其他香辛料0.8kg、天博鸡肉香精（6309）0.1kg、鸡肉香精（21067）0.01kg。其他风味可在这个配方的基础上稍作调整，香辣风味加辣椒粉0.5kg，孜然味加孜然粉0.8kg，咖喱味加入咖喱粉0.5kg。

操作要点：

1. 原料准备

整鸡平均活重应达到1300g以上，屠宰后的鸡肉不含农业农村部公告第250号中规定的食品动物中禁止使用的药品及其他化合物，水分含量应≤77%，脂肪含量需在10%以下，并且鲜鸡肉或冷冻鸡肉要求经兽医卫生检验合格。

2. 解冻

检验合格的鸡肉，拆去外包装纸箱及内包装塑料袋，放在解冻室不锈钢案板上

解冻至肉中心温度-2℃即可。

3. 真空滚揉腌渍

将鸡肉、食盐、香辛料和冰水放在滚揉机里，盖好盖子，抽真空，正转20min，反转20min，共40min。食盐、味精、白砂糖等配料及香辛料等为市售品。

4. 静置腌渍

在0~4℃的冷藏间静止放置12h，以利于肌肉对盐水的充分吸收入味。

5. 油炸

对油炸机进行预热到185℃，将整鸡或鸡肉块放入油炸机油炸，油炸油选择起酥油或棕榈油，炸至鸡肉表面颜色呈金黄色，产品中心温度约为45~50℃。

6. 插签

用竹签对炸鸡进行定型，在确保产品美观的基础上，方便后续对其包装。

7. 速冻

结束油炸的炸鸡表面温度一般在160℃以上，必须冷却后速冻才能进行包装。速冻可以防止油脂的氧化酸败，并且使鸡肉免受微生物的污染。

8. 包装入库

炸鸡一般采用真空条件下包装，该方法可以有效延长炸鸡制品的保质期。

第二节 炸鸡现代加工工艺流程及要求

传统炸鸡多采用传统的卤、腌、炸等手工操作工艺，缺乏系统的操作规范和产品质量控制标准，造成产品质量分散度大、随意性大、风味波动大，常表现为品质、外观形状、颜色、香气等不协调，甚至某方面品质严重缺陷，严重制约了生产的规模化发展和市场的拓展。

经过研究人员多年的研究实践（段茂华等，2007），研制出一套由腌、上浆、裹粉、油炸相结合的完整工艺路线，开发了具有风味特点的腌料粉、奶浆粉、裹粉相互补充的配料组方，无论在产品成本、风味、外型上都获得了消费者认可，并且有效降低危害物质的含量，取得了较好的市场份额和经济效益。与传统炸鸡最大的不同是，现代炸鸡方法在鸡肉炸制之前增加了裹粉步骤。经研究及实验证明，裹粉是用于油炸食品表面的一种保护涂层，油炸食品使用裹粉挂糊以保证在油炸过程中产品的质量（刘洁等，2020）。裹粉的主要作用是可以有效降低炸鸡肉的吸油率，减少鸡肉水分的散失，增加炸鸡的营养价值，防止油炸过程中的油脂氧化进而延长产品的货架期，同时赋予了炸鸡良好的色泽和酥脆的口感，大大地提升其感官品质。

按腿、翅、胸等部位分割将鸡胴体分为9块。鸡腿为80~110g，鸡胸肉为95~125g，鸡翅（鸡中翅）、小鸡块为鸡脯肉块分割成每块50~80g。连锁快餐的整鸡分检、鸡块分割由工厂加工生产完成，并按部位包装，冷冻储存。冷冻温度零下 18℃。

现代炸鸡的工艺流程：

原料准备→解冻→腌制→预上粉→混浆→上浆→裹面包屑→油炸→单冻→包装→金属探测→储存和运输

操作要点：

1. 冷水解冻

炸鸡制作前 24h 从冷冻库移至冷藏库解冻，冷藏温度 0~2℃，故腌制前需要对鸡肉进行解冻处理。根据生产需要从冷库中取出一定量的冷冻分割肉放入洁净解冻槽内，放清水淹没，待化冻后放掉血水，将肉块分摊均匀，摊放高度应控制在 5~10cm，再放清水解冻；每隔 10min 换一次清水，待鸡肉恢复了弹性，手捏肉中无硬块感即解冻完成，沥水。或采用低温高湿库解冻、流动水的滚筒设备中解冻到中心温度 0℃。

2. 腌制

将原料完全解冻后洗净，完全沥干待用。以盐 6g、细白砂糖 10g、大蒜粉 3g、洋葱粉 3g、甜辣椒粉 0. 8g、白胡椒粉 4. 5g、黑胡椒粉 1. 5g、姜黄粉 1. 5g、鸡粉 4g、嫩肉粉 4g、米酒 30g 等配料配制腌制液。将配好的腌制液用冰块降温，控制温度为 4~7℃，过低肌肉内易形成冰晶体影响渗透效果，过高易造成腐败微生物的繁殖。腌制液与鸡块比例 1∶1，保持水位淹没鸡块，腌制液盐浓度控制在 3%~4%，腌料按水量的 0. 2%~0. 5% 添加，配料后用搅拌器搅拌，让所有固体溶解均匀。待腌制 6h 左右后，放水沥干，待用的原料放冷藏室保存。

由于腌制过程时间较长，鸡肉容易滋生微生物，单纯依靠腌制过程中香辛料的抑菌作用还不够，应加入适当的防腐剂来保证产品质量，如山梨酸钾、异抗坏血酸。此类配料不但可以作为发色剂保护肉色，而且可以防止肉色素的氧化，防止由血红素氧化而引起的脂肪氧化，同时也可使肉的腌制时间缩短，并抑制亚硝基反应生成亚硝胺。混合磷酸盐的加入可增强肉品的持水性，改善嫩度和增强黏性，改变异味，增强风味，同时由于磷酸盐的参与，使水的渗透能力增强，防止异抗坏血酸钠的分解，防止肉品褪色、变色、变质。

3. 裹粉

目前的裹粉方式分类两大类：干法裹粉（直接裹粉）、湿法裹粉。

（1）干法裹粉　在上裹粉前需确保原料表面充分湿润，但必须沥干，否则裹粉不易均匀。将裹粉散放于洁净盘内，并将上好浆的鸡肉块放在中央位置，用四周裹粉覆盖鸡块，十指捏紧原料两端往同一方向用力翻滚揉压 5 次以上（粉要充足），将切割面在裹粉中沾几下直至沾粉均匀，分块拣起并进行轻微抖动，以除去多余的干燥裹粉。及时用筛子筛掉颗粒状的碎屑，保持裹粉干燥足量。

将裹粉后的鸡肉入在清水中浸泡 2s 左右，使鸡肉上的粉湿润即可，即包裹原料的干粉变糊状（浸泡时禁止翻动，防止水把面糊冲掉，如被冲掉的话可再再次裹粉）。

将浸水后的鸡肉拎起，沥干水分，再次放入干粉中重复上述裹粉压揉操作 5~10 次以上，表皮完全均匀地挂上鳞片，即可停止压揉。

（2）湿法裹粉

预上粉：连续的、均匀的覆盖在整个鸡块的表面，多余的预上粉会影响挂浆。

混浆：浆粉温度-10~2℃（可根据浆液温度适当调整），冰水温度 0℃，冰水不得混有冰碴，粉水比例 1：2.8。慢慢把粉均匀地加入浆筒中，混浆时间 6min。浆液必须是充分混合均匀的，允许含有少量的干粉小颗粒。混合后浆液温度小于 15℃，混合后黏稠度 8~12Pa·s。打浆要保持连续性，最长不超过 4h，不能积压，若产生积压要控制住浆的温度。

上浆：调节风刀使鸡肉均匀挂浆，并吹掉多余的浆液。风刀是调整附着裹浆量的，不能随意改动。如果因故障暂时停止生产，必须把上浆机关掉，并保证浆液温度，将接触、挤压的鸡肉轻轻拨开，并保持间距。

裹面包屑：面包屑必须均匀、连续地覆盖在产品的表面。应该持续向裹粉机里补充面包屑，并随时观察底粉的粉碎程度；可以用辊来调整附着量。如果因故障暂时停止生产，必须把裹粉机关掉。

油炸：向油炸机油槽中加入足量的食物油，将炸锅油温调至 170℃±10℃，检查油色，若颜色过深须换油或放弃三分之一的旧油，用新油调色。鸡块均匀摊放于炸篮中，不能摊放太多，以免出现粘连现象。下锅要快，并计时，及时抖动炸篮，抖动时鸡块不能露出油面。出锅后在炸锅上方漏油 5~10s，放入 57℃保温箱中待售。一般保温时间不超过 1h，1h 后做下架报废处理。另外，油炸环境应定期进行清理，将油经过过滤箱抽回油罐进行过滤、沉淀，并对炸锅进行清洁，清除碎渣，将碎渣清出后集中处理，并对换油过程中对油锅滤网进行检查。

单冻：将炸制好的炸鸡进行冷却后单冻。单冻是指将每个炸鸡单独冷冻，而不是所有鸡块冷冻到一起，单冻有利于保持炸鸡良好的感官品质。单冻机出口产品中心温度要求低于-18℃。

包装：将单封好的炸鸡装内袋称重后，检查封袋整齐、牢固、无破损，不漏气、不漏油。经金检后，进行称量、打码、装箱。

金属探测：逐袋通过金属探测器，探铁 1.5mm，不锈钢 3.0mm。

存储和运输：产品必须在-18℃存储和运输。

第三节　不同加工工艺条件下炸鸡品质分析

炸鸡品质受诸多因素的影响，除了原材料质量的把控外，生产过程中的加工工艺条件，如油炸温度与时间、油炸方式、配料选择等对炸鸡的品质都会产生较大影响。评价炸鸡质量的好坏主要包括以脆度、色泽、口感、质地、保水特性、含油量及含水量、营养（Abiala et al.，2022）。

以下分别介绍了不同加工工艺条件对炸鸡品质的影响。

一、质构与色泽

（一）油炸温度与时间

油炸的关键在油温和炸制时间的掌握。油温高低和炸制时间长短应根据炸鸡种类、原材料情况、块形大小及厚薄、受热面积大小等因素而适当把握。油温高，易使炸鸡内部不熟或炸不透；而油温过低，使制品色泽浅淡、易碎、口味不良，既达不到质量要求，又耗油、耗时。

油炸适当温度是指食物内部达到可食状态，而表面刚好达到一定色泽要求的油温。炸制温度过高，容易使外部裹糊层焦煳产生危害物，且影响其感官品质；油温过低，会造成裹糊层的掉落，且成品脆度降低，吸油率高，色泽较差。

凭经验控制油温，也可采用温度计控制油温。当温度过高或过低时，都应采取积极措施，使油温降低或升高，以达到炸制要求的温度。一般温度过高时，可采取控制火源、添加冷油和增加生坯数量来降低油温；温度过低时，可加大火力，减少生坯数量，使温度上升。

随着炸鸡油炸时间的延长，炸鸡的硬度、脆度会逐渐增加，同时伴随着色泽的加深。要注意在炸鸡表面呈金黄色时捞出，以免裹糊层焦煳，造成不好的感官品质。

（二）油炸方式

炸鸡不同预处理及油炸方式会显著影响成品质构。

1. 清炸

将质嫩的原料鸡肉经过适当处理后，切成符合产品要求的块状，按照配方分别称取精盐、料酒以及葱、姜等香辛料与原料肉混合腌制。腌制后的主料不挂糊，用急火高温油炸三次，即为清炸。成品外酥里嫩，清爽利落。

2. 干炸

取原料鸡肉，经适当处理、加工成形后，用调味料入味，加水、淀粉、鸡蛋上浆或挂硬糊，放入190~220℃的热油锅内炸熟，即为干炸。成品干爽、色泽红黄、外脆里嫩、味咸麻香。

3. 软炸

选用质嫩的动物原料鸡肉，经过细加工切形处理，上浆入味，蘸干淀粉，拖蛋白糊，放入90~120℃的热油锅内炸熟即可。成品清淡，表面松软，质地细嫩，味咸麻香，菜肴色白、微黄、美观。

4. 酥炸

将鸡肉原料经刀技处理后入味，蘸面粉、拖全蛋白糊、蘸面包渣，放入150℃的热油锅内炸至表面呈深黄色起酥，即为酥炸。酥炸技术要严格掌握好火候和油温，油温太低则原料入锅后脱糊，油温太高则原料入锅后表面容易粘连炸煳。成品色泽深黄，表面起酥。

5. 松炸

将原料肉去骨加工成一定的形状，经入味、蘸淀粉、挂全蛋白糊后，放入150~160℃的热油锅内，慢炸成熟。因菜肴表面金黄酥松，故为松炸。成品表面金黄、质地蓬松饱满、口感松软质嫩、味咸而不腻。

6. 卷包炸

将质嫩的原料肉切成大片，入味后卷入已调好的各种口味的馅，包卷起来，根据工艺要求可选择是否拖蛋白糊，放入150℃的热油内炸制成熟。如需拖糊的产品必须卷紧封口，防止炸时散开；如需改刀的成品在包装或装盘时应整齐。成品色泽金黄，外酥里嫩，滋味鲜咸。

7. 脆炸

将原料鸡肉用沸水浇烫，令其表面胶原蛋白遇热缩合绷紧，在其表皮上挂一层含少许饴糖的淀粉水或其他上色液，经晾坯后，放入200~210℃的高热油锅内炸至鸡块表面呈红黄色时浸熟出锅。成品皮脆，肉嫩。

8. 纸包炸

将细嫩的原料肉切成薄片、丝或细泥子，入味上浆后用糯米纸或玻璃纸等包成一定形状（如三角形、长方形等），投入80~100℃的温油炸熟捞出，即为纸包炸。注意纸包要包好，不能漏汤汁。成品造型美观，包内含鲜汁，质嫩而不腻，味道香醇，风味独特。

二、含油量及含水量

早期研究者们认为，油的吸收主要发生在油炸过程中，因为毛细血管中的水分会从食物中蒸发出来，在食品基质中留下了空隙；但最近的研究表明（陈龙，2019），油炸产品的大部分油吸收发生在冷却阶段，当通过抽吸作用从油中取出时，冷却使孔隙中的水蒸气凝结产生压力，从而导致油从表面吸入油炸制品的孔隙中。以炸鸡的为例，食品吸收的油可分为三个部分：油炸过程中炸鸡同化的内部油或结构油、油炸过程直接被鸡肉吸走的表面油、冷却阶段附着在煎炸表面的表面油。

以下介绍了炸鸡制作过程中影响其吸油量的加工工艺条件及步骤。

（一）预油炸

为了提高炸鸡的质量，有时会将产品在各种油炸油（如菜籽油、橄榄油、菜籽油、蔬菜油、棕榈油和葵花籽油）中在100~180℃预炸20~60s，然后进行最终油炸。预油炸已被证明是减少油炸过程中吸油的有效方法，它不仅被应用于炸鸡中，且已被应用于油炸裹粉冷冻鱼产品、芋头片、炖猪肉、鱼肚和胡萝卜片中，均降低了产品的吸油率，提高了其总体感官质量，且在储藏过程均观察到比其他油炸方式更优良的品质。

虽然大部分预炸过程上可以有效减少炸鸡的吸油量，但同时也要注意选择合适的预炸温度。炸鸡的最终含油量随着预炸温度从100℃ 增加到150℃ 会出现降低的趋势，另外，可以通过将预油炸与其他预处理方法（如脉冲喷管微波真空油炸）相结合的方法，进一步提高炸鸡品质，延长其保质期。尽管预油炸在减少油炸过程中的吸油方面显示出一定的潜力，但它增加了加工成本和劳动力，因此，合理选择预油炸程序，与裹粉配方与方法相结合，才能生产出质量更优的炸鸡。

（二）油炸锅油位

油位是影响吸油量的关键因素之一。吸油被分为表面油、结构油和渗透表面油。表面油（SO）是指残留在鸡腿表面的油，结构油（STO）是指在油炸过程中吸收的油，而渗透表面油（PSO）指的是鸡腿从油炸锅中取出后，在冷却的过程中又被吸入食物中的油。工厂实践表明，油炸锅内的油位越高，油炸食品的吸油量越高，会对其质量产生不利影响，并且不利于产品的后续保存。

（三）油炸后处理

炸鸡从油炸锅中取出至消费者可食用的阶段，炸鸡质量会发生显著变化，因此，油炸后合适的处理对于满足消费者的需求非常重要，应尽可能在制备后保持最高的产品质量。使用加热灯对油炸后炸鸡保持 0、5、10、15min，炸鸡中的水分从中心轻微迁移到外壳，炸鸡中心和外壳区域的吸油量不受加热灯保持时间的影响。与未经加热灯处理的样品相比，经加热灯处理的炸鸡具有更高的硬度。

（四）油炸介质的改良

油炸原料的质量转移有两种：一种是水分和可溶性成分从食品内部逸出到表皮；另一种是表面的水分蒸发并从油炸产品中逸出，而油则转移到产品中。以炸鸡为例，蒸发后的水蒸气在炸鸡内部留下空隙，油炸油便随之渗透进去，因此炸鸡内油的吸收主要取决于油炸原料的含水量。

（五）油炸油成分组成

改变油炸油本身的成分后再进行油炸，也是提升炸鸡品质的一种有效手段。通过降低油炸油的黏度，可以最大限度地减少吸油量。尽管油炸油的降解可能不会影响黏度，但油炸后温度下降可能会增加其黏度，这可能会影响油炸后冷却过程中的吸油量。同样的，油炸油润湿性的增加和滞后的减少，可能会影响油炸过程中的传热、传质以及油在进入炸鸡的速度。混合氢化油和非氢化油可以提高油炸油在油炸过程中的稳定性，该组合同样可以减少炸鸡油炸过程中的吸油量，混合多种油也有助于提高油炸油的黏度。

（六）裹粉配方

不同的裹粉组成会影响裹粉面糊的黏度等特性，是影响产品挂糊量的关键特性，对产品的质量、口感和外观有直接的影响（张铁腾等，2018）。裹粉面糊的黏度、加水量、蛋白含量、直链和支链淀粉的含量会影响油炸过程的吸油量、保水性和最终产品的脆性。

三、危害物

（一）腌制方法

腌制液中的亚硝酸盐是抑制肉毒梭菌生长繁殖的特效防腐剂，但国内外大量研究表明，过量食用亚硝酸盐对人体健康极为不利，在正常饮食情况下，从食物进入人体的亚硝酸盐的量是非常少的，对健康基本无不良影响，但若长期食用亚硝酸盐含量过高的食品，可能导致亚硝酸盐中毒，产生疾病，对人体健康造成危害。食品监管部门多次通报腌制肉制品亚硝酸盐超标的问题，因此选择合适的腌制方法，才能在发挥亚硝酸盐改善鸡肉品质的基础上，最大程度地减少对人体的危害。

传统腌制法主要有盐涂抹腌制法和浸泡腌制法，但是静态浸泡腌制的方式，腌制时间长，会造成鸡肉吸收过多的亚硝酸盐，风险较大。

随着现代肉制品加工技术不断发展，腌制工艺不断创新，出现了注射腌制、超声腌制、高压腌制等新型腌制技术。高压腌制技术是在密闭容器中对肉类施加100MPa以上的高压，使腌制液快速、均匀地传递到整个食品，显著缩短了腌制时间，同时腌制过程还起到保护肉制品色泽的作用；而超声波辅助腌制技术可以将腌制时间缩短至1h以内，同时能提高肉的嫩度，改善腌制效果；滚揉辅助干腌技术，可以在更短的时间内提高肉的营养、感官品质。

（二）油炸温度与时间

在200℃以上的高温条件下，亚硝酸盐能与肉中的次级胺结合产生一定量的亚硝胺，并且随着时间的增加，其含量呈指数型增长，因此，炸鸡的制作要避免在过高温条件下加工，同时在确保鸡肉完全熟制的前提下及时捞出。

（三）油炸方式

1. 常压油炸

常压油炸是一种最常用的油炸手段，传统炸鸡及大部分现代炸鸡的制作采用的油炸方式都是常压油炸。常压油炸是指油炸机工作时其内部的气压为标准大气压，其优点是加工方便、所加工的产品脆度良好及风味佳等；其缺点是在油炸过程中，炸鸡的吸油量较大，导致其在储存过程中容易发生变质，造成不好的感官品质等。常压油炸根据其油炸介质不同，又可以分为纯油油炸和水油混合式油炸。

（1）纯油油炸　纯油油炸是食品工业中最常用的油炸技术。这个过程通常涉及在大气条件下将食物块完全浸入到热油中进行油炸。纯油油炸在加热过程中经常会造成局部油温过高，从而加速油脂的氧化并使部分油脂挥发成烟造成严重污染。另外，油炸过程中会产生大量食品残渣并沉在油锅底部，残渣经反复油炸，可使炸油变污浊，从而缩短炸油使用寿命、污染油炸食品。纯油油炸造成的产品品质下降，主要与最终油炸产品的油质和油含量有关。油炸过程中，油炸油会发生水解、氧化、异构化和聚合反应，形成游离脂肪酸、反式异构体、环状和环氧化合物、醇、醛、酮和酸，从而导致炸鸡产生异味、变色、保质期缩短。最近研究表明，这些有害物质与患2型糖尿病、心力衰竭、肥胖症和高血压的风险增加有关。

（2）水油混合式油炸　水油混合式油炸具有以下三个特点。

①制品风味好、质量高：通过限位控制、分区控温，科学地利用植物油与动物油相对密度差异，使所炸的肉类食品浸出的动物油自然沉入植物油下层，保持中上层工作油的纯净，并可同时炸制各种食物而不串味，有效控制食物含油量及外观，提高产品品质，延长保质期。

②节省油炸用油：从油层中部加热，控制上下油层温度，有效缓解炸油的氧化程度，抑制酸价的产生，从而延长了炸油的使用寿命。另外，该工艺几乎没有与食物残渣一起废弃掉的油和因氧化变质而成为废油排掉的油，其所耗油量几乎等于被食品吸收的油量，补充的油量也接近于食品所吸收的油量，因此节油效果显著。

③健康、环保：该方法可使在炸制食品过程中产生的食物残渣快速脱离高温区并沉入低温区，随水排掉，所炸食品不会出现焦化、炭化现象，有效地控制致癌物质的产生，保证食用者的健康。同时，水油混合式油炸排出的油烟很少，一方面利于操作者的健康；另一方面可以保护环境，减少对大气的污染。

2. 真空油炸

真空油炸的实质是利用水的沸点随着气压降低而降低的特点，在低于大气压的真空环境中进行油炸、脱水、干燥的过程，以食用油作为传热媒介，在较低的温度下达到水的沸点并将食物中的水分蒸发出去。油炸过程中施加的压力大小会进一步影响油炸鸡内的水分含量以及油的吸收量。另外，真空状态下的低含氧量可以减轻甚至避免油炸加工过程中的氧化作用，如脂肪酸败、酶促褐变及氧化变质等。通过真空油炸炸制而成的炸鸡在保水性、多汁性和质地方面比普通油炸的炸鸡拥有相似或更好的品质。与浸泡油炸相比，真空油炸可以显著减少油炸介质、营养化合物的降解，保持其天然颜色、风味并减少丙烯酰胺的形成。不同的原料应根据产品工艺要求选择不同的温度、真空度和油炸时间。

真空油炸技术的特点如下：

（1）可以降低物料中水分的蒸发温度，与常压油炸相比，热能消耗相对较小，油炸温度大大降低，可以减少食品中维生素等热敏性成分的损失，有利于保持食品的营养成分，避免食品焦化；

(2) 可以造成缺氧的环境，能有效杀灭细菌和某些有害的微生物，减轻物料及炸油的氧化速度，提供了防止物料“褐变”的条件，抑制了物料霉变和细菌感染，有利于产品储存期的延长；

(3) 在足够低的压强下，物料组织因外压的降低将产生一定的膨松作用，真空状态还缩短了物料的浸渍、脱气和脱水的时间；

(4) 借助压差的作用，加速物料中物质分子的运动和气体扩散，从而提高物料处理的速度和均匀性。

3. 热风油炸

热风油炸是生产油含量较低的油炸食品的现代方法之一，同时保持其与油炸产品相似的味道和外观。此外，由于避免了油变质的问题，热风油炸可以保留油中的可溶性维生素，提高油炸食品的质量。

热风油炸是通过将热空气喷射到食物周围来生产油炸产品，而不是将产品浸入热油中直接油炸。在热空气油炸过程中，热空气中的油滴细雾与食物之间会产生直接接触，在热空气和食物之间均匀地提供极高的热传递率。在热风油炸过程中，由于空气均匀分布在食物中，食物质量的变化最小化。食物在此过程中脱水并稳定地形成外壳，另外，可以在加工前或加工过程中涂抹油，以便对产品进行简单的涂层，以提供油炸食品的典型质地、味道和外观，其中炸鸡裹粉也是一种有效的途径之一。与普通油炸相比，热风油炸的油炸油用量要低得多，从而使得以此方法生产出的鸡腿的脂肪含量相对较低。

4. 微波油炸

微波是一种电磁辐射形式，频率范围为0.3~300GHz，波长为1mm至1m。微波与极性水分子和带电离子相互作用，通过分子排列和带电离子在快速交变电磁场中的迁移产生摩擦热。微波目前在家庭和工业规模上用于烹饪、烘烤、干燥和解冻等各种应用。

与传统的浸入式油炸相比，通过微波油炸生产炸鸡具有加工时间短和吸油量小的优点。有研究比较了微波油炸和传统油炸产品的质量和感官特性，结果表明，微波油炸产品比传统油炸产品色泽更加令人满意，并且两者的水分含量及油含量相似。在消费者测试中，并没有观察到其整体喜好或风味喜好的显著差异。然而，微波油炸的主要挑战是食品在油炸过程中加热不均匀，并且会导致油炸油在高温下变质。通过对比，微波油炸导致的油质变化甚至高于传统的浸没油炸，并且很大程度上依赖于微波功率水平，这限制了微波油炸作为专门油炸的技术的使用。目前，研究人员正在尝试将微波与真空油炸锅结合起来，以减少油的吸收并在更短的时间内生产出质量更高的产品。

(四) 油炸周期

在炸鸡制作过程中，油炸环境必须经常保持清洁。油炸过程中，炸鸡制品要散落一些来自裹粉层和面包糠的碎渣，些物质在高温下发生炭化，既会使油色变深，影响制品色泽，又容易吸附在制品表面，影响美观，增加吸油量，并且会含有更多的危害物质。

因此多次使用过的油脂在高温、空气及落下的杂质的作用下，口味变劣，发烟点下降，颜色由金黄色变成不透明的黑褐色，易起泡，营养价值变低，并有毒性物质产生，再用这样的油炸制食品，不仅色泽、口味差，还会影响健康。因此，炸油多次使用后要更换新油。

四、风味

（一）鸡肉原料特性

炸鸡中鲜味的来源主要是鸡肉本身，鸡肉中含有大量的蛋白质，其在熟制过程中分解成有特别鲜味的小分子物质，如氨基酸等。

（二）腌制配料

在腌制过程中不同配料也对炸鸡的风味做出了不同贡献。腌料主要用于调味、调香、防腐败、掩盖异味、抑臭，在保持鸡肉原味的同时，又赋予其不同风味，如辣味、麻味、香味、鲜味等。通过这样的调味过程来达到食品色、香、味的和谐统一，满足消费群体的需求。

味精和肌苷酸两种鲜味剂混合有协同效应，在两者的混合物中，控制肌苷酸在20%左右，可以提高食品的味觉强度，并带来不同于四种基本味觉的整体味感，同时还可以用来增强食品的一些风味特征，如持续性、口感性、气爽性、温和感、浓厚感等。腌料内的香辛料以香料、精油为主，它比香辛料本体浓度高、风味纯、易渗透入味，便于工业化生产操作。辛辣味物质（如生姜精油、肉豆蔻精油）及刺激辣味物质（如大蒜精油、芥末精油），结合热辣味物质（如辣椒精油、白胡椒精油）能有效地掩盖鸡肉中的脂腥味或湿羽味，这些配料提供了炸鸡中的辛辣口感。辣味是香辛料中一些成分所引起的一种味感，是一种尖利的刺痛感和特殊的灼烧感的总和，它不但刺激舌和口腔的味觉神经，同时也会机械刺激鼻腔，有时甚至对皮肤也有灼烧感。适当的辣味有增进食欲、促进消化分泌的功能，在食品调味中已被广泛运用。

（三）裹糊成分

羧甲基纤维素、β-环糊、蛋黄粉作为增稠剂使奶浆液易于黏附于鸡肉表面，蛋白粉和全脂奶粉可以加快美拉德反应的形成，产生较好的奶香及焦香味。另外，在裹粉中加入香辛料，可以为成品提供更好的味道。裹粉采用的都是香辛料本体，以超细粉末为主，可以最大限度地保持香辛料内所含有的特殊风味物质。

第四节　炸鸡加工工厂设计

一、　工厂选址

厂址的选择对企业的经济效益、安全生产和环境效应都至关重要，特别是许多工厂涉及危险化工品、易燃易爆或有毒有害物质，对员工及当地居民和环境都存在一定危险性。工厂选址要进行安全性评估和设计，从而降低安全隐患，使企业能够做到可持续发展。对于场地选择，应在收集有关资料的基础上，结合现场实际情况，从地形地貌、周边环境、交通、自然灾害等方面进行识别、分析，并提出相应的安全对策。

（一）地质地形

地貌在厂址的选择之前要调查、勘探候选厂址及周边地区的地质情况，进行合理的勘测工作，并提供勘测报告。炸鸡工厂生产过程中会排放大量油烟及废气废水废料，因此要将其设在空气流通良好的地方，且应避开洼地，避免废气的聚集对生产带来隐患。场地除了要考虑到当下工厂建设所需要的面积及坡度，还应考虑到企业发展需要和远期规划，保留发展空间。

（二）环境污染

要确保工厂排放物不会对饮用水水源地、自然保护区造成污染，对于能回收再利用的工业废水进行充分利用，难以利用或者无法直接排放则进行单独处理或排入污水管并入污水处理厂。炸鸡工厂在生产过程中还会产生废渣，有害废弃物的堆放区需要做防渗漏设计，可选择黏性土壤区作为堆放区，就地取材分层夯实黏性土，并对废物产生的渗析液进行收集和处理。在其自然包容性能基础上，采用工程措施，尽可能将废物与环境隔离，并对堆放区及附近的土壤和地下水进行检测。由于炸鸡加工过程中还会有大量油烟产生，因此，还要考虑厂址的风向问题，应位于常年风向的下风向，并且对于拟选厂址是否为酸雨区进行调查，避免恶化当地大气环境。

（三）能源

供电充足是保证炸鸡工厂生产持续稳定的基础，供电等级根据生产工艺情况的不同，涉及变电所的设计和建设、设备选型等一系列问题，因此需要慎重考虑。同时，还应考虑电力价格与炸鸡生产成本之间的关系，避免选择电力价格过高的厂址。

（四）供水

厂址应选择在能满足工业生产、员工生活的所需水资源的地方。在生产过程中，水不仅是原料，还涉及冷却、包装等过程。同时还要考虑到，在发生紧急火情状态下供水系统作为救火水源的可能性，以及周围是否存在河流、湖泊作为天然水源取水、使救火无须从地下抽水。

（五）交通

厂址最好靠近港口、公路和铁路沿线，这样既方便了运输，降低了装卸成本，减少了部分原料和产品的贮存周期和空间，达到降低运输事故发生率、节约土地、降低生产成本的目的，同时，减少了炸鸡在运输、贮存过程中变质的可能性。

二、总平面设计

总平面设计应遵循国家经济建设方针，以技术先进、经济适用、符合国情、着眼发展为原则，选择功能灵活、投资节省的建筑形式，尽量做到形式与功能的完美统一，实现生产设施现代化、标准化、系统化，争取较好的经济效益和社会效益。

（1）平面布置中，土地应利用充分，建筑布局合理紧凑，充分节约用地。

（2）总平面布置应符合生产工艺流程要求，原料接收站即在厂区门口，经检验合格后运送进原料仓库，卸料后的车辆可直接出厂，运输车间车辆将原料仓库的原料运入预备车间再到加工车间，最后进入成品冷藏库直至运出厂外，整个流程简单明了。主车间四周道路宽敞，满足物流需求。

（3）保证各车间工作不会相互影响，方便生产人员的高效运转。

（4）将生产区和生活区分开。既不影响生产，又要保证生产区的安全及产品质量管理。

三、工艺设计

参考炸鸡制作流程，严格按照相关标准要求，确保最终产品质量和卫生；科学规划生产环节，充分利用原料，保证生产环节的流畅和生产调度的可行性，尽量综合利用、节约能源，保护环境；车间布局应尽量紧凑流畅实用，要确保安全生产，有完善安全的设施设备，保障员工安全健康，体现文明生产。

四、关键设备

近年来，随着食品工业的快速发展，食品油炸技术不断提高，生产规模不断扩大，油炸设备也随之朝着工厂化、系列化和智能化方向发展。

（一）裹粉/浆机

裹粉/浆机设备适用于炸鸡等块状产品的油炸预处理，使得炸鸡表面形成面粉或面糊包裹的鳞状效果。根据裹粉/浆的方式不同，选用不同的裹粉或裹浆的设备。

1. 隧道式上粉机

炸鸡通过前面提升机将物料投入到滚筒内进行裹粉，由下部的输送带进行传送物料，下面输送带有振动筛，可以将鸡块表面多余的粉料去除，然后回收到料斗内，形成粉料重复利用，不会造成浪费。

2. 上浆机

经过裹粉后的鸡块有时需要裹浆，根据裹浆方式的不同，裹浆机分为淋浆式和浸浆式，该设备的优点是可以方便衔接裹粉机、上面包屑机、油炸机等设备，操作方便，卫生、安全可靠。

3. 上面包糠机

裹浆后的鸡块需要进行裹面包糠步骤，使炸鸡颜色更为金黄。该设备不仅适用于碎屑，而且适用于粗屑，并且带有循环系统，能极大地减少面包屑的破损。通过调整铰板泵，还可以调节上粉量。

（二）真空油炸设备

真空油炸是一项新的食品加工技术，在美国和日本有了很大的发展。目前，该技术仍存在操作难度大、含油率和含水率高、控制复杂、效率低等缺陷。工业用真空油炸设备单次入货量低，要大批量生产，一次性投资大，用户负担过重。MVF 系列真空油炸设备为单次入货量最大的间歇式真空油炸机，其加工能力可达 200kg/批次。采用机械出入货降低劳动强度；采用 PLC 控制系统，可实现油温、油炸过程的全自动控制。由于在高真空度状态下油炸和自动脱油，食品含油率、含水率大大低于同类设备。

参考文献

[1] 陈龙．油炸过程中淀粉结构变化与吸油特性研究［D］．无锡：江南大学，2019.

[2] 段茂华，朱秋劲．炸鸡工艺及其配料的研究［J］．肉类研究，2007（5）：24-26.

[3] 李国平，姬玉梅．粮油食品加工技术［M］．重庆：重庆大学出版社，2017.

[4] 刘洁，韩可阳，王海洋，等．不同裹粉在油炸鸡块中的应用研究［J］．河南工业大学学报（自然科学版），2020，41（4）：56-62.

[5] 邬大江，余波，王凤成．麻花专用粉的研究开发［J］．现代面粉工业，2012，26（4）：19-23.

[6] 张轶腾．小麦面粉制作裹粉的品质及其改良研究［D］．郑州：河南工业大学，2014.

[7] ABIALA O，ABIALA M，OMOJOLA B. Quality attributes of chicken nuggets extended with different legume flours［J］. Food Production，Processing and Nutrition，2022，4（1）：1-11.

第十六章　烤鸭加工过程安全控制

第一节　烤鸭传统加工工艺流程及要点

一、 北京烤鸭

北京烤鸭制作工艺的发展可以分为以挂炉和焖炉为代表的两种典型的制作方法。加工流程主要包括清洗、上色、晾坯、烘烤等。北京烤鸭的原料是北京鸭，北京鸭采用人工填鸭饲养方法使其快速积累脂肪。北京烤鸭外皮酥脆，内层饱满，肥而不腻。

(一) 工艺流程

北京烤鸭工艺流程如下（叶树良，2012；郑海洲等，2001）。

原料鸭→宰杀→整形→清洗→烫皮→上糖色→晾坯→挂烤/入炉焖烤→冷却→成品

(二) 操作要点

原料选择：烤鸭选用健康无病的北京填鸭，以55~65日龄、毛重2~3kg的填鸭最为适宜。填鸭采用快速肥育方法育成，目的是加速鸭的脂肪堆积，从而产生“间花”的脂肪层，肉质肥嫩多汁。

宰杀：候宰活鸭应停食12h，期间喂水，在宰前需要淋浴。其宰杀方法为颈部宰杀法，一刀切断血管、气管、食管，放血后投入65℃左右的水中浸烫、煺毛。

整型：北京鸭宰杀后，剥离食道周围的结缔组织，打开颈脖处的气门，向鸭体充气，使其保持膨大壮实的外形，然后自翼下开膛取出全部内脏，将竹签由切口送入膛内支撑胸腔，使鸭体伸展饱满。

清洗：整形后的鸭坯用清水冲洗浸泡，漂去残血和污物，清洗内腔时，水由翼下切口进入，然后倒出，反复数次，直至白条鸭内外干净洁白。

烫皮：用沸水烫至皮紧而不出油。烫皮的过程可使毛孔紧缩，鸭皮致密，油亮光滑，便于烤制。左手提握钩环，右手舀开水，先洗烫体侧刀口，再均匀地烫遍全身。

挂糖：将鸭坯均匀浸渍，晾干。将糖水溶液在锅内炒成棕红色，烫皮后趁热往鸭体上抹匀糖色。

晾皮：鸭坯上色，置于通风阴凉处约 4h，使其表面干燥，从而在烤制时增加表皮的脆性。

烤制：焖炉烤鸭以便宜坊为代表，其方法是将鸭坯均匀排入烤炉。烤鸭用的木材有枣木、桃木、梨木等果木。烤炉温度 250~300℃，烤制 30min 左右至腹内水分蒸干即可。烤制时先烤脯，后烤背，塞肛、撑胸、烤制时间 45min，然后背向火、脯向壁，30min 后转向。炭火炉烤则将鸭坯均匀排入烤炉，放入已引燃的炭炉后盖上炉盖，再打开排气，待烘烤约 15min 可关闭排气。鸭坯面对火的部位经常翻转以免烤煳或上色不匀，火的大小可通过开关下风门调节。

挂炉烤鸭以全聚德为代表。挂烤是挂炉烤鸭生产过程中的关键环节，直接影响成品的外观和风味。一般也选用果木为燃料，其加工方式是在炉内用明火烤制，整只鸭子在炉里四面受热，烤炉内炉温升至 250℃左右，炭火旺而无烟时，将鸭坯放入炉内。烤制时先烤右侧刀口处，再用鸭杆挑起并旋转鸭体，烘烤胸脯、下肢等部位。反复烘烤，每转动一次，刷一遍麻油，烤至熟透时取出。将鸭子烤至金褐色出炉，鸭子表皮呈枣红色并具有诱人光泽感，其内部松软而富有弹性，外酥里嫩。其在烤制时，要注意掌握合适的火候和时间，若炉温过高，会使鸭体上半部焦黑，过低会造成鸭皮收缩胸脯塌陷。

出炉刷油：鸭子出炉后，马上刷一层香油，增加鸭皮的光亮度。

成品：烤好的鸭体外表呈枣红色，外焦里嫩，散发出诱人的香味。体型完整丰满，表皮无皱纹，油润光亮，鲜香可口。烤鸭最好随制随食。食用时，片削鸭肉应做到每片薄而均匀，片片带皮，与葱丝、甜面酱及面饼同时上桌。

二、　南京烤鸭

南京烤鸭制作要求烫透、上色、吹干、烘烤均匀。所谓烫透，是指鸭坯在叉好后，要用开水烫，必须烫到皮绷紧。上色，指鸭坯烫后用焦糖烫紧，并均匀涂遍全身。吹干是指鸭坯涂上饴糖后，必须在通风处晾干，使其表皮酥脆，烘烤后不卷曲。烘烤均匀，是指在烘烤时，火一定要小而均匀，先烤其两肋，再烤其脊背，然后再烤鸭胸。此时，鸭坯要烤到九成熟，但不要使鸭皮变色，然后将鸭坯放在火上烤至鸭皮金黄，边烤边刷上一层香油。只有这样，才能使产品具有“香、酥、脆、鲜、嫩、淡”的风味。

铁炉子烤鸭出汁是很讲究的，把鸭子从腋下剖开取出内脏，用木塞把肛门塞住，烤的过程中，鸭肉的肉汁全部留在鸭肚里，烤完后把木塞拔出来，汁全部流出来，焦香四溢。处理好的鸭坯入炉前要浸入沸水中，这样烤鸭熟得快，还能让鸭子外酥里嫩。鸭子入炉后，烤鸭先被刀割开背部右侧，热气从刀口进入鸭膛，将鸭腹内的水烧开。当鸭子右侧的皮呈橙色时，翻过来烤鸭子左侧 3~4min。重复以上步骤，直到鸭子完全煮熟。

（一）工艺流程

南京烤鸭工艺流程如下。

原料鸭→开肚、清洗→涂抹→腌制→放料→晾干→刷蚝油→烘烤→撒上蜜醋水→再次刷蜜醋水→拆线→成品

（二）操作要点

开肚、清洗：将鸭子洗净去除内脏，开膛。

涂抹：用白酒倒在清洗好的鸭子上，并涂抹均匀。

腌制：把所有准备的调料和生抽混合在一起，均匀涂抹鸭子表皮，把剩下的腌料全部倒入鸭子腹腔里腌制12h。

放料：用蚝油均匀涂抹鸭子表皮，将甜面酱和白糖放入鸭子腹腔里，用针线把鸭子开膛部位缝好。

晾干、刷蚝油：晾60min左右，用锡纸把鸭腿部、翅膀包好，然后再刷一遍蚝油。

烘烤：预热烤箱上下温度200℃，放入先烤40min；烤好后撒上蜜醋水烤40min左右；之后刷蜜醋水后再烤60min。

拆线、成品：烤好后拆掉缝线，倒掉汁水，即得成品。

三、广东烤鸭

广式烤鸭是广东省的一道传统名菜，属于粤菜系，该菜品以整鸭烧烤制成，其成菜色泽金红，鸭体饱满，且腹含卤汁，滋味醇厚。该菜品的吃法是将烧烤好的鸭斩成小块，其皮、肉、骨连而不脱，入口即离，具有皮脆、肉嫩、骨香、肥而不腻的特点，若是佐以酸梅酱蘸食，更显风味独特。

（一）工艺流程

广东烤鸭工艺流程如下。

原料鸭→吹气→开膛→掏内脏→水洗→填料→缝合→烫皮→挂糖→晾皮→烤制→成品

（二）操作要点

原料鸭：育肥白鸭。

吹气：采用不锈钢管由宰杀口小心从皮下插入胸部，吹气，使皮肉分离。

开膛、掏内脏：在腹部耻骨上方沿腹线开一条约3cm的刀口。掏出内脏，40℃清水冲洗内腔血污，适当滤干水分。

填料：将所有配料均匀混合倒入鸭体内腔，均匀涂抹。

缝合：采用不锈钢针对腹部填料口进行绞针缝合。

烫皮：以95℃的水由下至上进行烫淋，使表皮胶原蛋白变性。

挂糖：将晾干表皮水分鸭坯涂上麦芽糖水溶液（麦芽糖：水=1：8）。

晾皮：鸭坯表皮晾干。

烤制：中火烧30~50min，炭要烧透，控制火候，待整个鸭身表皮金黄出炉。

第二节 烤鸭现代加工工艺流程及要求

烤鸭的传统加工方法具有独特性，但也存在一定弊端。以北京烤鸭为例，目前北京烤鸭的鸭坯制作以及烤制过程多以手工的方式为主，且加工方法和配方的差异很大，烤制过程中通过烤鸭师傅的经验来断定其是否烤熟，因此生产过程中不确定因素多，易导致产品质量不稳定，很难形成产业的标准化（杨合超，2003）。另外，烤鸭工业化烤制专用设备的缺乏和烤制操作规范的缺失，是制约北京烤鸭实现工业化生产的重要因素。随着工业化发展和健康消费理念的改变，逐渐出现了电烤炉烤制、燃气炉烤制、红外烤制、过热蒸汽、射频烤制等工业化烤制方法，这些方法可以实现连续化烤制，且烤制效率略高于传统烤制，但烤鸭的传统风味损失严重、产品质量有所下降，亟须进行新技术创新。

一、 烤鸭红外烤制工艺流程及要求

红外辐射加热具有加热稳定性高、低排放、低成本的特点（薛桂中等，2021）。红外烤制有利于自动、半自动控温控时，有利于实现现代化的批量生产。烤制过程中给肉喷洒水分可使肉质嫩度与色泽增加：一方面，通过蒸汽喷射，蒸汽于鸭皮表面冷凝，阻隔空气与鸭皮表面接触；另一方面，通过迅速降低炉内的温度，可有效避免肉表皮温度升高，从而达到防止烤鸭营养价值降低和抑制潜在致癌化合物含量增加的目的。

（一）工艺流程

原料选择→修整漂洗→腌制→烫皮→挂糖→过热蒸汽烤制→冷却→成品

（二）操作要点

原料选择和修整漂洗：采用切断三管（食管、气管、血管）进行宰杀，煺毛，除去内脏，并断鸭脚和翅膀，立即用清水洗净；鸭于65℃左右温水烫3min，待鸭毛很容易拔下时，立即将鸭子取出，趁热煺毛。

腌制：将漂洗干净的鸭坯浸入冷却后的料水中，鸭胸向上并保证胸腔内灌入卤水，上浮的鸭坯要全部浸入卤水中，可用重物加压至浮鸭浸入卤水中，腌制温度在10℃以下以保证质量。

烫皮：将鸭坯浸入沸水烫至皮紧而不出油即可。

挂糖：配制糖水后将鸭坯均匀浸渍，捞出挂晾干表皮，备用。

红外蒸汽烤制：晾坯结束后，将其放入红外蒸汽烤箱进行烤制。自动调整烤制温度为 210~230℃、烤制时间 40~45min、过热蒸汽喷射次数 2~4 次，每次过热蒸汽喷射时间 3~5s，过热蒸汽的喷射量为 0.2~0.5L/s。烤鸭最佳烤制参数：红外烤制温度 210℃、烤制时间 42min，过热蒸汽喷射 3 次，喷射流量 0.43L/s，每次持续 3 秒（薛桂中等，2021）。烤制结束后在常温下冷却 30min，即得成品。

二、 烤鸭热力场烤制工艺流程及要求

热力场主要研究供热方式与环境的匹配关系，涉及供热原件的布置与形状、气流的状态与速度、温度等因素（石金明，2014）。使用热风循环系统提供稳定的热力场，采用干燥加工技术控制热力场中温度、水分活度、对流风速等参数进而实现热力场的智能控制。对热力场内的原料肉进行烤制，可实现热力场的智能控制以及为禽肉绿色制造技术提供技术支撑。

（一）工艺流程

原料肉选择→宰杀→清洗→干腌→湿腌→阶段式升温热风干燥→包装灭菌→成品

（二）操作要点

干腌使用食盐，每只鸭坯约使用 50g 食盐，将鸭表皮覆盖即可；湿腌则选择配制好的腌制液，在 0~4℃条件下腌制 8h，然后进行升温式热风干燥，阶段式升温热风干燥过程包括三阶段：

①干燥阶段：降低鸭表皮水分活度，为定向美拉德反应做准备；

②干燥反应阶段：增香液在鸭表皮发生初始反应的阶段；

③干燥熟制阶段：完成最终的产色增香并将烤鸭熟制。

熟制后的烤鸭进行灭菌、包装。

第三节 不同加工工艺条件下烤鸭品质分析

一、 传统烤制对烤鸭品质影响

（一）烤鸭加工工艺的演变

我国传统烤肉制品历史悠久，享誉中外，是中华民族美食的瑰宝，烤鸭是我国极具代表性的传统烤肉制品。我国传统烤鸭制品种类众多，北京烤鸭、广式烤鸭、

啤酒烤鸭和庐州烤鸭等都各具地方特色，广东、广西和江浙沪地区以广式烤鸭最为出名，山东则以密州烤鸭较为出名，北京烤鸭最具代表性，分布在全国各地。我国是世界上鸭产量最大的国家，烤鸭因具有色泽诱人、黄中透红、口感细腻、肉嫩多汁等特点，深受消费者喜爱，其中，风味是评价烤鸭品质的重要指标之一。北京烤鸭以北京鸭为原材料，经果木炭火高温（约250℃）烤制60~80min而成。北京具有鸭肌肉多与皮下脂肪厚的特点，这一特点使烤鸭在高温烤制过程中发生美拉德反应、蛋白质降解和脂肪氧化等一系列复杂化学反应，赋予烤鸭独特风味。

烤鸭传统制作工艺极其复杂，包括手工上糖色、烫皮、吹气、烤制等步骤，其中烤制是最关键的工艺环节，目前主要传统烤制方式是焖炉烤制和挂炉烤制（叶树良，2012）。焖炉烤鸭代表品牌为以便宜坊，其加工方法是用燃烧的木料加热炉墙，借助炉墙热力进行烘烤。炉内温度先高后低，鸭子表面受热均匀、耗油量小，形成外烤内煮之势，故而减少了明火烤制易产生致癌物的现象，烤出的鸭子外皮酥脆，内层丰满，肥而不腻。挂炉烤鸭代表品牌为全聚德，其加工方式是在炉内用明火烤制，一般选用果木为燃料，整只鸭子在炉里烤四面受热，用烤杆挑动烤鸭，不断翻动，将鸭子烤至金褐色，出炉后，鸭子表皮呈枣红色并具有诱人光泽感，具有内部松软而富有弹性，外酥里嫩的特点（张超，2014；邱庞同，2008）。

目前手工制作仍旧是北京烤鸭的鸭坯制作和烤制的主要方式，加工工艺和配方具有很大差异，生产过程不确定因素多，产品质量不稳定，很难实现标准化生产（薛桂中等，2021）。烤鸭工业化烤制专用设备的缺乏和烤制操作规范的缺失，是制约北京烤鸭实现工业化生产的重要因素（王丽红等，2015）。传统烤鸭加工温度高、加工方式落后，虽能赋予产品独特的色、香、味，但其温度不易控制，易出现近热源点局部温度过高，鸭坯外焦内生和烤制不匀等现象；烤鸭外部虽已成熟，但腹腔温度达不到要求，易导致李斯特菌污染（任琳等，2019）；由于炭火热力有限，因此传热效率低，存在烤制时间长、耗损大的缺点，同时引起营养物质耗损和多环芳烃、杂环胺类化合物等加工化学危害物的增加。采用的烟熏炉蒸煮、干燥、烤制或者电烤炉烤制等加工方式生产烤鸭，与传统加工方式相比较，生产效率有所提高，资源浪费相对减少，但仍然存在着风味缺失、产品质量不稳定、产品危害物含量高、能耗高等问题。

（二）烤鸭特征风味物质鉴定

烤鸭中挥发性风味物质已有较为系统的研究。相关研究主要聚焦于不同品牌、不同来源烤鸭挥发性风味物质的分离、定性与定量检测。结果表明，全聚德烤鸭中主要挥发性风味物质包括辛醛、壬醛、癸醛、（*E*，*E*）-2,4-癸二烯醛、2-糠硫醇、3-甲硫基丙醛与二甲基三硫（Chen et al.，2009）；市售北京烤鸭中主要挥发性风味物质包括1-辛烯-3-醇、（*E*）-2-十一烯醛、（*E*，*E*）-2,4-癸二烯醛、2-甲基-3-

呋喃硫醇与3-甲硫基丙醛（江新业等，2008）；天外天烤鸭主要挥发性风味物质包括（*E*，*E*）-2,4-壬二烯醛、（*E*，*E*）-2,4-癸二烯醛、3-羟基-4,5-二甲基-2（5*H*）-呋喃酮、2-戊基呋喃、2-乙酰基噻唑、2-甲基-3-呋喃硫醇与2,3,5-三甲基吡嗪（马家津等，2006）；烤鸭中也发现了异戊醇、吡啶与己酸乙烯酯等重要物质。综上所述，不同来源、不同品牌烤鸭挥发性风味物质差异显著。

为了确定中国最典型北京烤鸭的特征挥发性风味物质，相关学者以最具代表性的4个品牌北京烤鸭为材料，采用HS-SPME/GC-O-MS检测烤鸭挥发性风味物质，采用质谱库检索（MS）、保留指数（LRI）、嗅闻（O）与标准品（S）等4种方法定性风味物质，采用内标法与挥发性风味物质标准品标准曲线定量风味物质，采用OAV值与贡献率初步确定特征风味物质，并通过风味重组与风味缺失试验法确证北京烤鸭特征挥发性风味物质，结果表明，北京烤鸭中含量较高的挥发性风味物质主要为醛类与含硫类，分别为戊醛（2.44~520.90ng/g）、己醛（10.87~1116.47ng/g）、庚醛（42.41~1151.97ng/g）、辛醛（54.95~382.27ng/g）、壬醛（127.45~1441.81ng/g）、苯甲醛（5.12~84.56ng/g）、苯乙醛（40.16~138.62ng/g）、（*E*）-2-己烯醛（6.13~306.92ng/g）、（*E*）-2-庚烯醛（39.25~167.35ng/g）、（*E*）-2-辛烯醛（36.97~427.05ng/g）、（*E*）-2-壬烯醛（14.18~53.71ng/g）、（*E*）-2-癸烯醛（12.29~68.03ng/g）、（*E*，*E*）-2,4-癸二烯醛（60.41~107.14ng/g）、3-甲硫基丙醛（27.22~215.22ng/g）、二甲基三硫（12.58~117.35ng/g）与2-糠硫醇（18.10~158.03ng/g）等（图16-1）；北京烤鸭特征风味为脂肪味、烤肉味与肉香味（图16-2）。己醛、庚醛、辛醛、壬醛与（*E*，*E*）-2,4-癸二烯醛对北京烤鸭的脂肪味具有重要贡献，2-糠硫醇对烤肉味具有重要贡献，二甲基三硫对肉香味具有重要作用，1-辛烯-3-醇对青草味具有重要作用。

综上所述，北京烤鸭胸皮的特征挥发性风味物质均为2-糠硫醇、二甲基三硫、3-甲硫基丙醛、己醛、庚醛、辛醛、壬醛、（*E*，*E*）-2,4-癸二烯醛与1-辛烯-3-醇（刘欢，2020）。

（三）烤鸭品质感官评价

烤肉制品的感官品质体现和决定了肉制品的质量和商品价值。烤肉制品的感官评价应从外观、色泽、质地、风味四个方面进行。可以采用嫩度、多汁性、风味及总体可接受性评价烤鸭的食用指标，通过肉香味、腥味、咀嚼性等也可以评价烤鸭的食用指标，但常用的肉品感官评价指标为色泽、嫩度、风味、多汁性等（Hopkins et al.，2007）。感官评价和仪器都能够检测并预测产品质量。研究发现，感官评价的多汁性与仪器测定的粘聚性、剪切力显著相关。目前关于烤鸭产品感官评价的研究少见报道，烤鸭产品评价指标和标准范围，目前都仅有少量研究（刘方菁等，2011）。

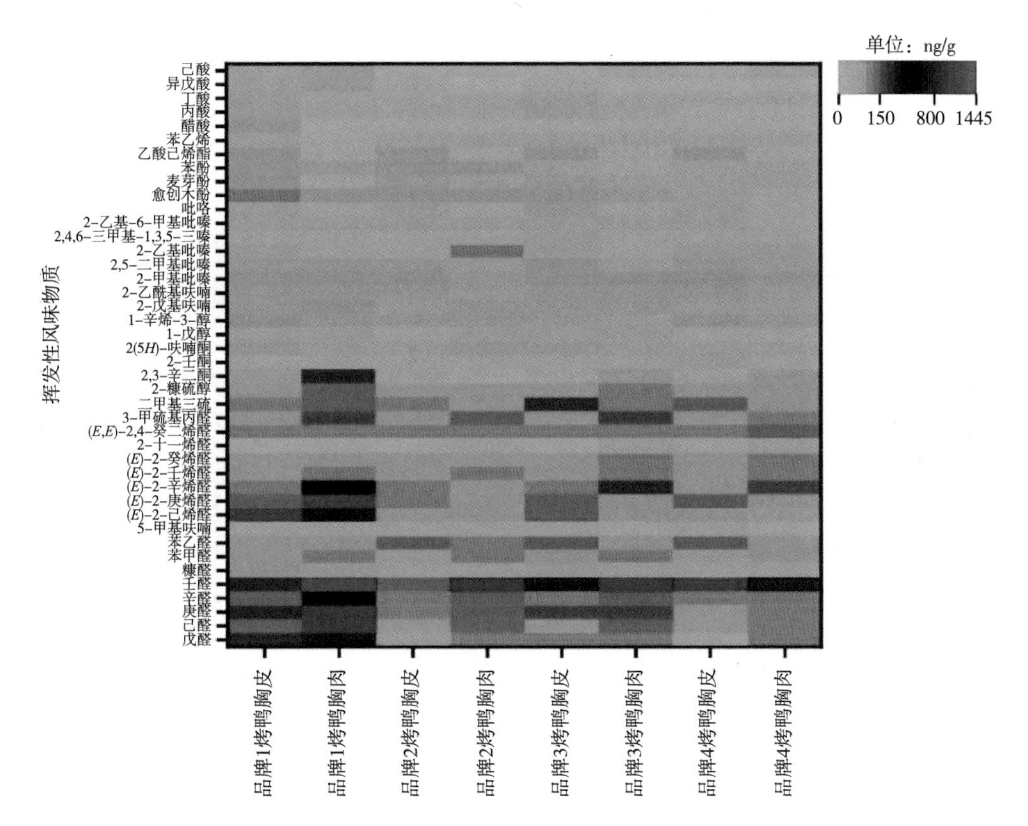

图 16-1　北京烤鸭挥发性风味物质定量分析

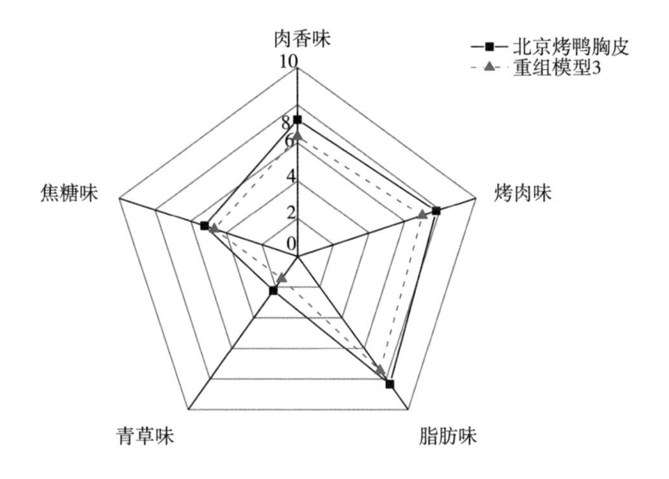

图 16-2　北京烤鸭与重组模型 3 的挥发性风味物质轮廓比较

（四）烤鸭质构形成解析

1. 北京鸭肌纤维类型分析

使用 ATP 酶染色法，将鸭胸肉、腿肉分别进行酸、碱染色，进行染色结果对比。经碱预孵（pH 9.45）后，Ⅱ型纤维被染成深褐色，Ⅰ型纤维被染成浅褐色；与此相反，经酸预孵（pH 4.6）后，Ⅰ型纤维呈深褐色，Ⅱ型纤维着色较浅。经计算，鸭胸肉中以Ⅱ型肌纤维为主，其含量可达 82.43%，而腿肉中含有较多的Ⅰ型肌纤维，约占 64.28%（图 16-3）。

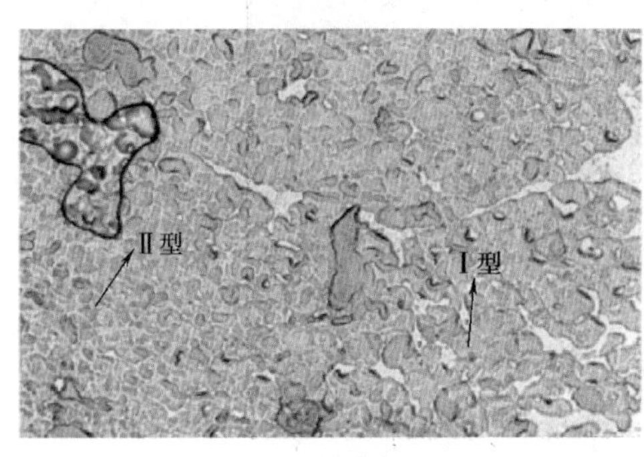

（1）鸭胸肉　　（2）鸭腿肉

图 16-3　鸭肉 ATP 酶组织化学染色

2. 肌原纤维蛋白热聚集机制

肌球蛋白的粒径随着热处理温度的升高呈现不断增大的趋势（图 16-4）。肌球蛋白聚集体粒径在 40℃前基本未发生变化，50~60℃时粒径缓慢增大，加热至 70℃时肌球蛋白聚集体粒径迅速增大，且持续加热至 90℃前均有升高。传统烤制过程中当温度从 25℃逐渐升高至 50℃时肌球蛋白表面疏水性升高，这是由于随着温度的升高，肌球蛋白疏水性侧链暴露出来，由水溶环境转变成疏水性环境；50℃以上继续加热时，肌球蛋白表面疏水性显著下降，这是由于暴露出的疏水基团被氧化成二硫键参与蛋白聚合，使得疏水基团重新包埋于肌球蛋白或其聚集体内部而使表面疏水性下降。在低温状态下肌球蛋白间以离子键为主，随温度加热至 45℃时，疏水相互作用及二硫键含量升高，此时肌球蛋白暴露的疏水基团聚集在蛋白内部，使得疏水相互作用增强，这与表面疏水性相互印证。当温度加热至 80℃时，疏水相互作用开始下降，而二硫键含量在 80℃时显著升高，原因是部分疏水基团氧化形成二硫键，肌球蛋白间以更为稳固的二硫键相互连接，因此随温度升高，肌球蛋白凝胶表现出更高的强度及保水性。原子力显微镜观察到的肌球蛋白聚集形态也可表明随温度升高，肌球蛋白因聚集发生持续变化，聚集程度逐渐增大，且不同温度点聚集状态不同，低温时（25~55℃）肌球蛋白几乎不发生聚集，加热 80℃肌球蛋白聚集体聚集程度最大，聚集体形态也更为规则，是形成良好的凝胶网络结构的前提。

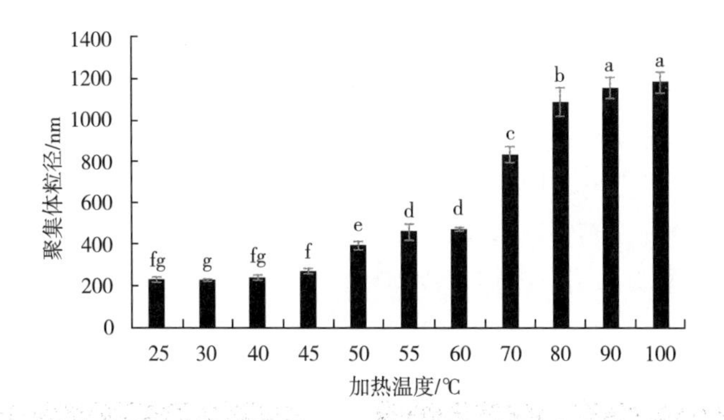

图 16-4 传统烤制升温方式下肌球蛋白聚集体粒径变化
[图中不同字母表示差异显著（$P<0.05$）]

肌球蛋白溶液中离子键和氢键缔合能力均随温度升高而下降，分别在 80℃和 55℃时发生断裂。疏水相互作用在 40~80℃范围内随温度升高而逐渐升高，当温度达到 100℃时疏水相互作用下降。二硫键在 50℃时逐渐生成且随温度继续升高而有所减少，当温度达到 100℃时再次生成较多的二硫键（图 16-5）。由此可见，低温状态下肌球蛋白质之间的主要作用力为离子键和氢键，随着温度升高至 55℃时，肌球蛋白疏水基团暴露，疏水相互作用逐渐增强，并开始形成二硫键。当温度升高至 80℃时，疏水相互作用达到最强，而二硫键作用较弱；100℃时，疏水相互作用有所减弱，二硫键作用显著增强。此时，疏水基团氧化形成二硫键，肌球蛋白间以更为稳固的二硫键相互连接。

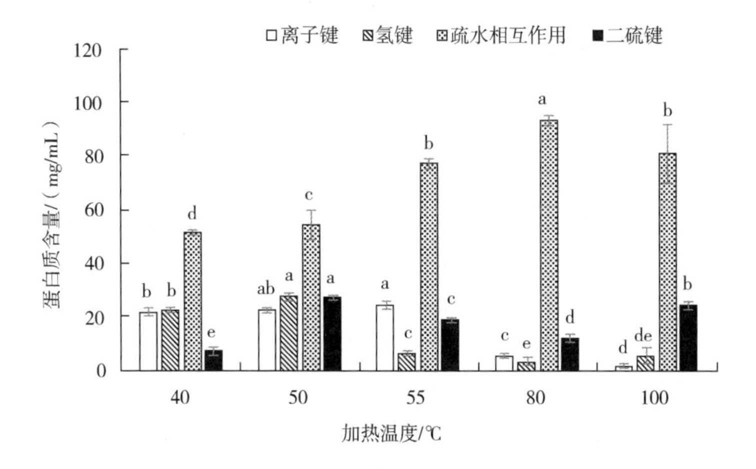

图 16-5 传统烤制升温方式下肌球蛋白化学作用力变化
[图中不同字母表示差异显著（$P<0.05$）]

与55℃时肌球蛋白重链的内部结构相比较，80℃时肌球蛋白重链内部疏水作用区域较多（图16-6），且集中于团簇部位，说明蛋白在聚集后温度越高疏水相互作用越强；80℃时蛋白分子折叠区域的疏水性箭头较55℃的长，疏水作用效果更强。肌球蛋白受热，构象发生改变，原本包埋于蛋白内部的非极性多肽暴露出来，疏水氨基酸含量增多，氨基酸之间相互作用使蛋白疏水性增强，此过程会影响蛋白凝胶的形成。疏水相互作用越强，肌球蛋白凝胶结构和状态更稳定。因此80℃的肌球蛋白暴露出更多的疏水基团，可增强蛋白间的疏水相互作用，促进形成良好的凝胶网络。

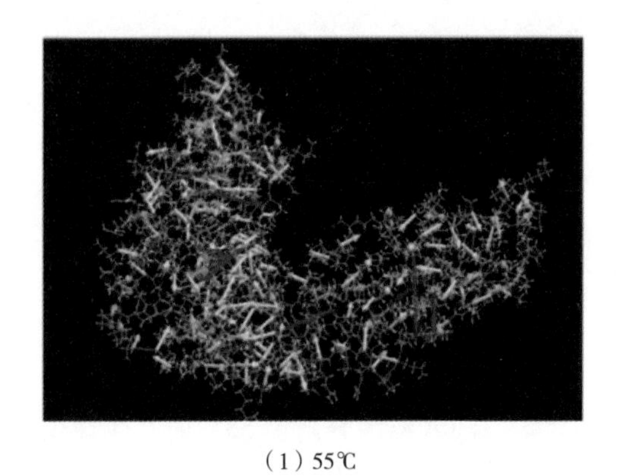

（1）55℃

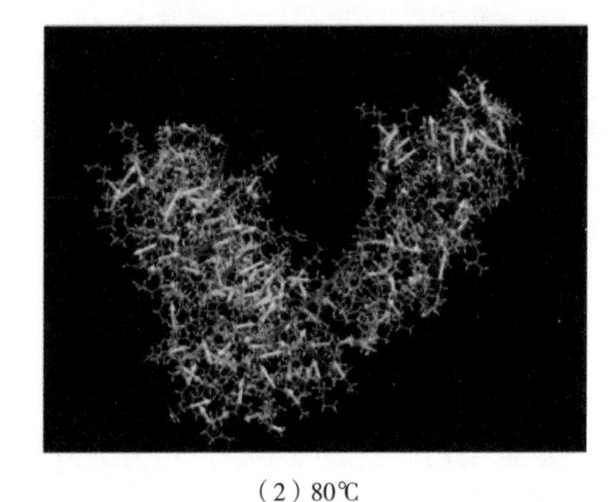

（2）80℃

图16-6 肌球蛋白重链内部疏水性

二、红外过热蒸汽烤制对烤鸭品质影响

（一）红外过热蒸汽烤制技术

消费者对健康、美味、安全、方便食品需求的不断增长，为促进烤鸭工业甚至是食品工业的发展，对于烤鸭绿色制造技术的开发是十分有必要的。目前，过热蒸汽烤制、气体射流冲击烤制、热力场干燥烤制、光波烤制等是较为有代表性的几种烤鸭绿色制造技术（石金明等，2014）。大量的研究表明，红外线是一种电磁波，具有穿透性，远红外波段是鸭肉中的组分吸收红外加热范围集中区域，该波段区域下烤制出的羊腿具有较好的口感和风味，又能减少热损失。另外，由于过热蒸汽烤制是在低氧或者微氧环境下进行，过热蒸汽可以显著抑制油脂的氧化，同时，形成微量有害物质，进而达到提高烤鸭卫生品质的目的。

过热蒸汽烤制可减少加热不均匀现象的发生，保证烤鸭良好风味的形成，防止营养物质流失。在持水性方面，原料内部的水分不会散失，所得产品内部鲜嫩多汁而表面干燥。此外，与传统热风烤炉相比，出成率提高5%左右，而与改良电烤箱相比，过热蒸汽加热可缩短加热时间60%，其出成率提高5%～18.5%。另外，过热蒸汽烤制能够最大限度地保持被加热原料质地不受破坏，保持高品质（张泓，2013）。

（二）红外过热蒸汽烤制技术应用

红外过热蒸汽烤制技术已被应用在烤鸭的绿色加工。研究表明，单因素实验优选的适宜的烤制温度为220℃，此条件下鸭肉 b^* 值为14.98，鸭皮 L^* 值为40.60，鸭肉弹性为0.69，鸭皮弹性为0.81，综合品质得分为52.00（表16-1）。适宜的蒸汽烤制时间为40min，此条件下鸭肉 b^* 值为13.59，鸭皮 L^* 值为57.07，鸭肉弹性为0.69，鸭皮弹性为0.76，综合品质得分为58.38，适宜的蒸汽喷射时间确定为4s，此条件下鸭肉 b^* 值为18.05，鸭皮 L^* 值为39.85，鸭肉弹性为0.69，鸭皮弹性为0.68，综合品质得分为54.58。正交试验确定的最佳烤制工艺参数：烤制温度为210℃，烤制时间为42min，蒸汽喷射时间为3s，此条件下鸭肉 b^* 值为19.06，鸭皮 L^* 值为34.68，鸭肉弹性为0.75，鸭皮弹性为0.71，烤鸭综合品质得分平均值为58.15。该工艺参数条件下，红外蒸汽烤制烤鸭品质最佳，综合品质达到了市售优质烤鸭品质得分标准（54.09），优于大部分市售烤鸭产品（王雅琪，2017）。

表16-1　不同烤制温度下烤鸭品质分析

关键指标	180℃	200℃	220℃	240℃	260℃
甲肉 b^* 值	12.16 ± 0.88^c	13.95 ± 2.17^b	14.98 ± 3.37^{ab}	14.29 ± 1.56^{ab}	15.45 ± 1.38^a
鸭皮 L^* 值	52.77 ± 6.55^a	38.00 ± 7.79^b	40.60 ± 5.71^b	$25.02 \pm .61^c$	28.28 ± 3.03^c
鸭肉弹性	0.65 ± 0.10^a	0.74 ± 0.13^a	0.69 ± 0.04^a	0.66 ± 0.07^a	0.72 ± 0.05^a
鸭皮弹性	0.78 ± 0.10^a	0.77 ± 0.07^a	0.81 ± 0.21^a	0.64 ± 1.2^a	0.73 ± 0.1^a
品质得分	51.94	47.33	52.00	38.51	44.66

注：同行上标不同字母表示差异显著（$P < 0.05$）。

（三）红外过热蒸汽烤制技术研究

采用喷射时间2~6s的过热蒸汽，结果表明，喷射时间4s条件下，鸭肉 b^* 值为18.05，鸭皮 L^* 值为39.85，鸭肉弹性为0.69，鸭皮弹性为0.68，综合品质得分为54.58，得分最高，符合一级烤鸭关键指标参数范围；过热蒸汽联合红外烤制正交试验结果（表16-2）表明，温度与烤鸭中杂环胺含量呈正相关，在180℃~260℃、30~50min范围内，温度越高，时间越长，杂环胺含量越高，烤制时间、温度与烤鸭中杂环胺含量呈正相关。最佳的红外过热蒸汽烤制技术参数如下：烤制温度为210℃，烤制时间为42min，蒸汽喷射时间为3s。此条件下，杂环胺总含量为2576.02ng/kg（市售一级烤鸭杂环胺含量为5266.91~13850ng/kg）杂环胺含量水平得到有效的控制（王雅琪，2017）。

表 16-2 蒸汽喷射时间对烤鸭中杂环胺含量的影响

杂环胺	2s	3s	4s	5s	6s
IQ	nd	7.61±1.56[a]	7.37±4.25[a]	1.52±0.97[b]	nd
MeIQx	107.27±10.62[a]	109.74±9.86[a]	109.62±12.59[a]	60.62±4.25[c]	94.27±18.15[b]
DiMelQx	98.10±17.96[c]	146.18±20.22[b]	210.76±23.28[a]	151.02±21.78[a]	80.83±11.35[c]
Norharman	101.49±23.49[a]	39.99±16.48[b]	33.97±5.17[b]	47.10±12.81[b]	46.62±3.22[b]
Harman	63.49±16.41[ab]	76.48±30.04[a]	84.10±5.75[a]	51.18±22.69[ab]	38.69±11.28[b]
Trp-p	nd	nd	nd	nd	nd
PhIP	nd	nd	nd	nd	nd
AαC	1353.17±216.19[a]	813.95±29.96[b]	543.87±98.43[bc]	321.95±68.92[c]	284.19±30.79[c]
MeAαC	2260.27±208.47[a]	1276.95±31.11[b]	1215.18±384.54[b]	980.95±195.87[bc]	759.65±26.88[c]
总量	3983.79±325.22[a]	2470.9±296.69[b]	2214.88±315.93[b]	1614.93±157.33[c]	1304.24±70.28[c]

注：nd 表示未检出；同行上标不同字母表示差异显著（$P<0.05$）。

三、 热力场对烤鸭品质影响

（一）热力场干燥加工技术

场是物质存在的一种基本形式，如电场、磁场等，热力场是热能的一种存在形式，在热力场中能完成物料与介质的能量传递（石金明，2014）。热力场主要研究供热方式与环境的匹配关系，涉及供热原件的布置与形状、气流的状态与速度、温度等因素。干燥是泛指从湿物料中除去水分或其他湿分的各种操作，属于一种热质传递过程的单元操作。热力场中热风流体与物料表层完成热质传递。在热力场中，热风流体带走物料表层的水分并提供加工的热能，通过综合控制热力场中温度、水分活度、湿度、对流风速等参数实现热力场的智能控制，为肉制品绿色制造技术提供一定技术支撑。

热力场干燥技术基于能量和质量守恒原则、多空介质理论建立数学模型。可通过制定以下基本假设来制定热力场传热传质数模方程：①脂肪运输和脂肪减少只发生在皮下脂肪层；②皮肤上的外壳和毛囊结构不妨碍水和脂肪运送到表面；③表面发生蒸发；④除脂肪外，物质和能量平衡可以忽略溶解物；⑤无内部发热。热力场具备三个特征，即非稳传热、四维空间以及服从 Hamilton 原理。

将滚揉后的产品分三阶段进行热力场干燥，热力场干燥工艺如下。

一阶段：循环热风温度 40~60℃，风速为 1~3m/s，干燥 0.5~1h；一阶段后向产品肉表皮喷淋护色剂。

二阶段：循环热风温度90~100℃，风速为4~8m/s，干燥15~45min。

三阶段：循环热风温度110~120℃，风速为6~10m/s，干燥20~40min。

采用循环热力场干燥技术，分三阶段对肉制品进行干燥，在节约时间的同时，能够通过控制热风速度和温度。注射保水剂以及添加护色剂，调控了原料肉表皮的温湿度以及一定时间内调控了原料肉和表皮的质构和色泽，使其经过高温灭菌后仍能保持脆嫩口感（石金明，2014）。

（二）热力场干燥加工技术应用

应用热力场干燥加工技术能够降低烤鸭加工温度，解决传统烤鸭加工潜在的安全危害问题，以期生产出具有传统烤鸭色泽、风味的产品。通过调节和控制热力场干燥加工烤鸭过程中的美拉德反应条件，增强其美拉德反应程度，同时在烤制过程中使用增香液，可实现在120℃温度下使原料鸭皮表面上色增香，实现与果木烤制相似的效果。

烤鸭热力场干燥加工过程中，测定分析了烤鸭加工阶段表面温度、表面水分活度及烤鸭内部湿度，发现表皮水分活度在0.955~0.965、鸭表面温度在80~100℃为美拉德反应运宜条件区域。以樱桃谷鸭（冻鸭）为原料，低温上色增香液为技术支撑，在设备改进的基础上，通过三因素三水平正交试验优化出加工工艺。最终实现在120℃条件下鸭表皮上色增香，烤鸭产品具有诱人色泽及香气，对热力场干燥加工技术烤鸭进行品质分析，测定了烤鸭（高湿灭菌后）的色泽与质构，烤鸭产品具有诱人色泽，红度值为12.16；L^*、a^*、b^*值分别为44.22、12.16、25.67，硬度值为1658.98g，剪切力值为19.14N。测定三种传统的烤鸭产品的色泽与质构：a^*值分别为9.76、12.96、13.33，硬度值分别为508.49g、659.19g、896021g，剪切力值分别为7.90N、8.36N、11.09N，其红度值与传统烤鸭差异不显著质，质构显著优于传统加工方式。烤鸭热力场干燥加工技术解决了市售真空包装产品质构较差的问题（石金明，2014）。

单一的绿色制造技术仍存在很多局限性，研究者们尝试将多种绿色制造技术复合应用于烤鸭工业化生产中，衍生出对多种技术的复合使用的研究。对微波光波组合烤制进行研究发现，微波加热一方面具有传热传质方向一致的特点，使水分迅速蒸发，另一方面可以精准控制烤制温度，有效减少烤制时间，从而减少多环芳烃、杂环胺等有害物质的产生；光波具有加热快、加热均匀、能最大限度地保持食物的营养成分不损失等优点（葛志祥等，2000），将其运用到烤鸭加工制造中，使两者组合发挥其最大的加热烤制功效，迅速赋予产品特有的烤制风味，实现烤鸭的绿色制造。有研究者复合利用过热蒸汽技术和冲击技术，获得更高的传热效率，与传统加工技术和单一加工技术相比，该技术可溶性固形物的损失小，加热均匀，加热时间短，基于这些优势，此技术能够有效保持食品色泽，提高生产效率，减少营养物质的流失（Hong et al.，2013）。

对产品品质的不断追求和对生产工艺的不断优化，推动了绿色制造技术的发展，新型绿色烤制技术的探索研究和应用将极大地促进烤鸭健康消费与环保加工乃至食品工业的发展，具有十分重要的意义。

第四节 烤鸭加工工厂设计

工业化不仅可以提升我国食品工业科技水平，更是助力传统食品走向世界的原动力。根据烤鸭手工作业过程开发了烤鸭烫坯、挂色专用设备，并选用先进的自动晾坯设施，实现了北京烤鸭加工的自动化、标准化和规模化，很大程度上提升了烤鸭绿色加工生产的规模、品质和食品安全标准（王丽红等，2015）。

烤鸭工厂设计包括原料供应、厂址选择、车间平面布置、物料衡算、设备选型、劳动力计算、环境保护、产品市场前景等内容。工厂设计要按照工艺要求展开，厂区的工厂划分以及车间平面和垂直布置要以方案为中心，并按照产品生产的操作场所实际要求，周密安排并围绕其对人流、物流、存放等要求进出货要求进行，使车间和厂区布置既能满足计划产品的生产，又照顾到未来的发展，既工艺满足要求，又照顾到可行性建筑设计施工。在选型设备方面，尽量机械设备选用，为传统中式肉制品、操作化单元和生产标准化提供生产的良好的条件，实现绿色工业化生产。

一、 厂区选址的原则

食品工厂的选择与地理资源、农业发展、交通运输与周边环境等存在密切关系，因此在选择厂址时应充分考虑自然条件和社会经济效益这两大方面（汤定明，2017）。根据 GB 14881—2013《食品安全国家标准　食品生产通用卫生规范》，食品厂址选择的具体要求有以下几个方面。厂区的地址要有合适的地质条件，避免将工厂设在土崩断层区、文物风景区、污染严重区等；为了保证原料新鲜度，厂址应选择在原料产地附近的大中城市的郊区；应保证充分且质量合格的水源，厂区标高应高于当地历史最高洪水位，自然排水坡度最好在 4/1000~8/1000；厂区供电在距离和容量上应得到供电部门的保证，电压应平稳正常以保证设备的正常运行；厂址附近的交通运输应便利，方便产品的运输，以减少成本；厂址如能选在居民区附近，可以减少在宿舍、商店、学校等职工的生活福利设施上的投入。

二、 厂区布局设计原则

厂区布局设计应按照已批准的设计任务书和城市规划要求，合理布局设计。建筑物和生产设备的布置必须符合生产工艺要求，根据工艺流程的顺序进行设计，注意绿化带布置及人车、人货的分流。生产车间的卫生应符合标准，保证通风良好，可能有污染或有害气体排出的车间应设在下风向（沈俊彤，2020）。

三、 生产车间布局设计基本原则

（1）在设计车间之间或部门之间的布局时要满足生产要求，并要按照 ISO 14000、HACCP、GMP 严格执行。

（2）设备布置要按照生产工艺流程，实现生产过程占地面积最少、生产周期最短、操作简便。

（3）根据产量和设备情况对车间面积进行合理设计，以保证物料运输和人员操作顺利进行。

（4）生产车间的每道工序之间要相互配合，保证人流、物流的通道顺畅，尽量减少交叉、往复。

（5）车间的采光、采暖、通风等设施要保证其安全；对于有气味和有腐蚀性的有害物质存放处要单独布置。

（6）生产车间以及流水线按卫生控制等级进行明确划分以及隔离。

（7）生产车间布局应具备合理性，保证各个部门生产工作顺利进行，保证生产车间的人员安全。

（8）生产车间同时应具备一定消防能力，设置合理的安全通道（沈俊彤，2020）。

四、 生产车间布局

根据烤鸭绿色生产工艺流程及要求，对车间规划布局如下。

（1）原料仓库　存放原料肉的区域。按照冷库设计的要求使用材料和安排布局。

（2）辅料仓库　辅料仓库用于辅料的堆放。根据辅料的特点，注意防潮、防鼠、防虫，并注意库内通风，保持干燥。

（3）配料间和配料暂存间　按烤鸭的生产配方，在配料间准确称量产品辅料。暂时存放当天生产使用配制的辅料。

（4）原料解冻间　利用低温高湿解冻机对原料进行解冻，使原料达到工艺所需温度，控制原料解冻质量。

（5）原料修整间　对解冻后的鸭坯进行修整。

（6）预处理车间　对修整后的鸭坯进行烫皮、打糖、晾坯。

（7）烤制车间　利用烤炉对鸭坯进行烘烤工艺加工。

（8）包装车间　此区域为洁净区域。包装间墙壁四周加隔热材料，装有温控装置，温度控制在 15℃，配备静态空气净化设备。并有专用传递窗口连接内包装材料库（包括包材消毒室）。

（9）杀菌间　杀菌间布置自动连续杀菌机，对烤鸭进行杀菌，以到达产品灭菌效果，保障产品保质期。同时对产品进行快速降温和去除产品外包装上水分。

(10) 装箱间　布置自动开箱机、装箱机和封箱机，对烤鸭进行自动分份、装箱和封箱。通过专用传递窗口连接外纸箱库。

(11) 成品仓库　按照烤鸭的储存要求，仓库内环境温度≤4℃，并注意避光、防潮、防虫、防鼠。更衣室、卫生间、仓库、洗手消毒间。

(12) 更衣室　在各个车间入口处设有更衣室，不同工段的员工分别从相应更衣室经过两次。更衣、风淋、清洁站（洗手、洗靴、消毒）后进入不同的生产车间。

(13) 制冷车间　邻近原料仓库，靠近配电动力中心和维修车间。

(14) 配电间、空气压缩机间　包括厂区变配电工程、车间内设备供电、厂区及室内照明供电，提供设备压缩空气等。

(15) 维修间　维修和保养所有生产设备。

(16) 研发室　进行新品开发、工艺优化、产品品质改善、成本优化等小批量试验（沈俊彤，2020）。

五、管路设计

管路设计在食品工厂设计中具有很重要的地位，生产过程设计的各种物料、蒸汽、水以及其他气体等，均需要管路输送。此外，生产车间中的一些设备与设备之间的连接同样需要用到管路。管路设计主要是根据产品具体生产工艺需要，合理计算管路的直径及材料，在满足实际生产需要的同时，节省空间并美化车间。对于管路设计的主要内容主要包括了供水、供汽的管道设计（汤定明，2015）。

六、辅助部门和公用设施设计

辅助部门是生产车间以外的其他车间。公用系统是指紧密联系工厂各部门、车间，为其提供动力辅助设施的总称。烤鸭工厂公用设施有制冷系统、供汽、供配电、给排水系统、通风系统。公用系统应该符合食品卫生要求，能充分满足生产负荷，并且经济合理、安全可靠（汤定明，2015）。

七、物料衡算

物料衡算的依据包括工厂设计规模和产品方案。根据物料衡算可以得到原料、辅料、包材的需求量以及水、蒸汽流量与耗量。物料衡算的结果可以确定仓储容量、设备型号。同时要根据物料衡算进行车间的工艺布置和各工序劳动力定员的安排（尹佳等，2017）。

八、主要设备选型

设备选型是保证产品产量的关键，也展现出产品生产技术水平的标准。设备选型同时也是工艺布置的基础，是工厂配电、用汽量计算的依据（汤定明，2017）。

设备选型的原则包括：

（1）满足工艺条件要求；

（2）设备选型的依据是产品产量，设备加工能力、规格、型号和动力消耗必须和生产能力匹配；

（3）设备先进性、经济性原则；

（4）使用方便、稳定可靠的原则；

（5）有利于产品改型及扩大生产规模，企业可持续发展的原则；

（6）满足食品安全卫生要求的原则。

九、环境保护

烤鸭加工企业在生产过程中会产生大量的废水、废气、废渣，统称为工业“三废”。“三废”污染不仅会影响企业正常生产工作运营，更会影响到工厂区附近居民的生活。为维护生态平衡，保障健康人民身体，必须防止工业“三废”污染环境（石琳，2016）。在对烤鸭加工企业进行工厂设计时，为减少对环境造成的污染，要选用适宜的处理方案，以提高污染物处理的效率（汤定明，2017）。

参考文献

[1] 江新业，宋焕禄，夏玲君．GC-O/GC-MS 法鉴定北京烤鸭中的香味活性化合物［J］．中国食品学报，2008，8（4）：160-164.

[2] 刘方菁，刘辉，宁娜，等．感官评价原理在肉质评价中的应用［J］．肉类工业，2011（2）：12-15.

[3] 刘欢．北京烤鸭关键挥发性风味物质鉴别及其形成机制研究［D］．北京：中国农业科学院研究生院，2020.

[4] 马家津，吕跃钢，张文．北京烤鸭香味分析［J］．北京工商大学学报，2006，24（2）：1-4.

[5] 邱庞同，大董．从大董“酥不腻”烤鸭谈起［J］．中国食品，2008（1）：12-14.

[6] 任琳，赵冰，赵燕，等．北京烤鸭加工过程中菌相变化规律及其特征［J］．食品科学，2013（1）：281-284.

[7] 沈俊彤．鱼籽蛋白抗老年痴呆活性肽的高效筛选与工厂设计［D］．锦州：渤海大学，2020.

[8] 石金明，王园，彭增起，等．基于绿色制造技术的烤鸭品质特性与安全性研究［J］．食品科学，2014，35（23）：274-278.

[9] 石金明．传统烤鸭热力场干燥加工技术研究［D］．南京：南京农业大学，2014.

[10] 石琳．年产 2000 吨肉脯项目的设计［D］．哈尔滨：黑龙江大学，2016.

[11] 汤定明．年产六千吨马蹄香肠的工厂设计［D］．长沙：湖南农业大学，2017.
[12] 王丽红，陈建平，王子戢，等．北京烤鸭工业化生产关键技术开发［J］．肉类工业，2015（1）：41-43.
[13] 王雅琪．烤鸭品质评价方法及红外蒸汽烤制工艺参数优化研究［D］．银川：宁夏大学，2017.
[14] 薛桂中，乔明武，黄现青，等．远红外烤制对烤鱼品质及多环芳烃含量的影响［J］．肉类研究，2021，35（12）：25-30.
[15] 杨合超．中国传统名优熟肉制品——北京烤鸭［J］．肉类研究，2003（3）：26-27.
[16] 叶树良．北京烤鸭加工工艺研究［J］．肉类工业，2012（8）：8-9.
[17] 尹佳，黄志鸿，曹东丽，等．年产 4000t 中式肉制品的工厂设计［J］．中国调味品，2019，44（12）：121-125.
[18] 张超，施建辉．关于北京烤鸭工艺特点及创新的研究［J］．广州食品工业科技，2004（3）：86-88.
[19] 张泓，黄峰．肉类预制菜肴加工中的品质形成与保持［J］．肉类研究，2013（7）：53-57.
[20] 郑海洲，冯改霞，何孟晓，等．传统烤鸭的加工方法［J］．肉类研究，2001（4）：32-33.
[21] CHEN G J, SONG H L, MA C W. Aroma-active compounds of Beijing roast duck［J］. Flavour and Fragrance Journal, 2009, 24（4）：186-191.
[22] HONG H, XIONG Y, RUAN M, et al. Factors affecting THMs, HAAs and HNMs formation of Jin Lan Reservoir water exposed to chlorine and monochloramine［J］. Science of the Total Environment, 2013, 444：196-204.
[23] HOPSKINS D L, STANLEY D F, TOOHEY E S, et al. Sire and growth path effects on sheep meat production. Meat and eating quality［J］. Austrialian Journal of Experimental Agriculture, 2007, 47（10）：12-19.

第十七章　烤肉加工过程安全控制

烤是人类最古老的一种加工食物的方法。烤肉是用燃料加热来干燥空气，并把肉块置于热干空气中一个较为接近热源的位置来对其加热。最早的烤肉，是把羊肉或牛肉切成小块，用盐、葱花、豉汁浸泡后再烤制。清代初期，蒙古人则是把大块的羊肉、牛肉用清水略煮，捞出后，再架火将其烤熟。从古代流传到现代，烤肉不仅仅代表了一种烹饪技法和风味美食，已经演变成了一种特色的休闲娱乐活动。众所周知，烤羊肉串是新疆最有名的民族风味小吃，是新疆人民自古以来都非常喜爱的食物，日常饮食生活中重要组成之一，在节日聚会、娱乐休闲时都会吃上几串烤肉。因此，烤肉文化已经深深的影响了人们的日常饮食，且通过饮食文化的传播，越来越多的内地人也开始对新疆烤肉进行效仿，如今已慢慢演变成为除了羊、牛、鸡、鱼等许多肉类之外，很多蔬菜水果也可以拿来烧烤，并且深受人民的喜爱，如今也成为中华饮食文化的重要组成部分。

现代烤肉制品是生鲜肉经过清洗、腌制、烤制（明火、电热、熏烤或微波等）等工序加工而成的一类熟肉制品。生鲜肉的腌制是用食盐、食糖、料酒、香辛料等辅料腌制加工的工序。常见的腌制方法有湿腌、盐水注射及真空滚揉，其中真空滚揉效率较高，滚揉疏松了肌肉的结构组织，加速了腌制液的渗入及肌球蛋白的溶出，大大缩短腌制时间，是工厂普遍使用的腌制方法。肉类中的蛋白质、糖、脂肪、盐和金属等物质在加热过程中，经过降解、氧化、脱水、脱羧等一系列变化，生成酸类、酮类、醚类、内酯、呋喃、吡嗪、硫化物、低级脂肪酸等化合物，尤其是糖、氨基酸之间的美拉德反应，不仅生成棕色物质，同时伴随着生成多种香味物质；脂肪在高温下分解生成的二烯类化合物，从而赋予肉制品的香味；蛋白质分解产生谷氨酸、与盐结合生成的谷氨酸钠，使肉制品带有鲜味。此外，腌制时加入的辅料也有增香的作用。如五香粉含有醛、酮、醚、酚等成分，葱、蒜含有硫化物，浇淋糖水所用的麦芽糖在烧烤时会发生美拉德反应（李伶俐，2011），不仅起着美化外观的作用，还产生香味物质。烧烤前浇淋热水和晾皮，使皮层蛋白凝固，皮层变厚、干燥，烤制时在热空气作用下，因蛋白质变性而酥脆（董志俭，2014）。

本章介绍了烤肉加工过程的安全控制，包括烤肉传统加工和现代加工的工艺流程及要点，并阐述了不同工艺条件对烤肉品质的影响规律，最后通过对烤肉加工工厂的设计，指导烤肉加工企业合理、绿色加工，提高烤肉的产品质量，降低产品开发和评价综合成本，传承烤肉特色工艺。

第一节　烤肉传统加工工艺流程及要点

烤制是利用热空气对原料肉进行的热加工，原料肉经过高温烤制，产品表面产生一种焦化物，从而使肉制品表曲增强酥脆性，产生美观的色泽和诱人的香味。传统肉制品的烧烤方式基本分为两类：一类是暗炉烧烤法和明炉烧烤法；另一类是直火烧烤法和间火烧烤法。

暗炉烧烤法是在一种特制的可关闭的烧烤炉中进行烧烤，利用炉内高温（辐射热能）使肉制品成熟，也称为“暗烤”，有些原料肉要用铁钩钩住挂在炉内烧烤，也称为“挂烤”。烤箱、家庭电烤炉、缸炉等都属于暗炉烧烤，热源为电或烧红的木炭，一般炉内温度为200~220℃。暗炉烧烤法易操作，花费人工少，对环境污染小，但若一次烧烤的数量较多，炉内温度不均匀，易造成烧烤肉制品的质量下降。明炉烧烤法是用铁制的、不封闭的长方形烤炉，在炉内放置烧红的木炭，把预先腌好的原料肉用烧烤专用的长铁叉叉住，在烤炉上进行烤制的一种方法。我国著名的“广东烤乳猪”“新疆羊肉串”“北京风味烤肉”及户外烧烤等都是用明炉烧烤法烤制而成的。该法设备简单，有专人将原料肉不断转动，使其受热均匀，最终成品质量较高，但花费人力较大，也有一些自动转动的装置，可以相对减少人力的消耗。

直火烧烤法是指直接把食物放置于火上进行烧烤的方法，包括盐烧、蒲烧、味噌烧、素烧、云丹烧和照烧6种，区别在于是否添加调味料和添加不同效果的调味料。素烧无须任何调味，可保持原料肉的原汁原味；盐烧只需用盐来进行调味；味噌烧是用盐和酱油及味噌来调味；照烧是指一边烤一边刷涂浓调味汁，反复烧烤至成熟；云丹烧是指将蛋黄与海胆酱混匀的酱汁涂抹于鲍鱼、虾类等海产品上，可呈现亮丽诱人的明黄色。间火烧烤法是指将烧烤食材用材料包裹，或穿成串在铁板或网状结构上与热源间接接触的一种烧烤方式，有串烧、铁板烧、壶烧、网烧等多种方式，其中串烧的串签也可分为金属签和竹签（董志俭，2015）。

一、蒙古族传统烤全羊

（一）工艺流程

选料→宰羊（清洗整理）→腌制→烘烤→上色→出炉→刷油→再次上色

其中腌制与烤制是整个制作过程的关键技术。

（二）操作要点

选料：主料是以达尔罕茂明安联合旗的希拉穆仁草原所产的本地羔羊为主，以净重10kg左右的羯羊为宜。若羊的年岁较大或羊体过重，则会因肉质老韧而影响烤肉的鲜嫩度。

宰羊：在羊的腹部划开 10cm 左右的口，一只手伸进胸腔中的右心房，将动脉血管掐断，这样羊就会因失血过多而死亡。这种方法宰杀的羊被牧民们称为“攥心羊”，而后去其皮毛，将内脏取出并清洗羊体内外。

腌制：利用葱、姜、花椒、大蒜、茴香、盐等调味品配制好的料水对整羊进行腌制，通常腌制 8~12h，在腌制的过程中不可以改花刀，改过花刀的羊肉在烤制的过程中极易变形和松散。在腌制后上火烤制时要将腌制用的调料去除干净，保证羊身的洁净。腌制的目的主要是使羊肉充分入味，其间为入味均匀需多翻动几次。

烘烤：入炉前，将大葱、茴香、大蒜、香油、胡麻油等调味品塞进羊的腹腔中，用铁丝将腹腔缝合以防止调味品散落，然后以卧式的姿势将羊放入烤炉即可。炉内温度控制在 220~280℃为宜，低于 220℃脆皮不鼓起来，高于 280℃则容易煳。这与明火烤全羊对温度的控制有着明显的不同，即明火烤全羊在烤制的初期所用的温度不能低于 120℃，否则羊肉的肉质会变柴，干涩难以咀嚼。但也不能太高，如果初期温度过高，超过 260℃，羊肉表皮会立刻焦化，内部还未烤熟，外部已经炭化失去食用价值。

上色：烤制 1h 左右时，将秘制的调味品（行业语称为脆皮水）刷在羊身上，因“脆皮水”含有较高糖分、黏度较好，故通过高温烤制可将其较好的附着于羊体表面，有着较强的焦化着色作用。另外，脆皮水的刷抹还在一定程度上有效减少了羊肉在烤制过程中的水分流失，避免因羊肉水分流失过多，导致羊肉老韧。应注意，脆皮水刷抹时间必须在烤制 1h 左右时，太早会因刚烤制的羊肉渗出水分较多，进而使其流失，起不到应有的作用，只有等羊肉烤得较为干硬时才可发挥最大效果；反之，如果刷抹时间较晚，羊肉容易发生焦煳现象。

出炉：羊肉烤制 3h 左右即可出炉。判断羊肉是否烤熟，是通过观察羊肉的颜色，即随着温度的升高和时间的延长，羊肉会出现由浅黄到红黄再到酱红的颜色变化，当羊肉呈现酱红色时，羊肉正好烤熟。

刷油：待羊肉准备出炉前，还需在羊肉的表面刷一层植物油，然后转小火再烤 10min 左右。植物油可使羊体的外皮呈亮枣红色。涂抹它烤制出食品色泽金黄，香气浓，并且放置较长时间而不易回软。

再次上色：羊肉出炉后将塞入的调味品取出即可食用。在食用前为了美观，还需给羊的全身上色，上色用的主要是红油辣椒水，一般涂 2~3 遍即可（李正英，2004）。

二、黄家烤肉

（一）工艺流程

大体可概括为以下几个步骤：

选料→原料预处理→腌制→烘烤→出炉

其中腌制与烤制是整个制作过程的关键所在。

（二）操作要点

选料：主料为猪肉，约 60kg；配料包括大茴香、小茴香、丁香、花椒、粗盐等 30 余种。

原料预处理：将猪肉清洗干净，去骨，每间隔 2cm 左右划割一刀，深度约 0.5cm。对于厚的肉质部分先切片成两层，再顺竖刀切割，间隔仍约 2cm，整个猪肉划切完后搓涂配料。

腌制：把配料研磨成末（粗盐除外），将全部配料放入盆中搅拌均匀，搓撒到猪肉上，要在划割的肉条深处也搓上配料，搓完后腌渍 30min 左右。用双肉钩勾住猪的后三叉骨，倒着挂起来，用秫秸段撑开后肘部和猪后膛，再用钢筋做的扒条卡住猪腰的外部，形成桶状，再用秫秸撑起猪中膛和前膛，使猪身圆拱起来，便于烤制时受热均匀。

烘烤：用麦秸把烤炉点燃，往炉内投 40kg 麦秸，使其充分燃烧，而后将风口用石板和煤灰堵严。将白纸糊在猪开膛的肉沿上，防止污染，将撑好的猪担在炉上口，将一口大锅反扣在炉口上，用土糊好，稍微能冒出青烟即可。

出炉：从炉口封闭时算起，过 45min 烤肉即熟，掀开大锅，抬出烤肉，挂起，用刀刮去猪皮上焦煳的外层，而后取肉切成薄片即可食用（刘宇，2017）。

三、 广东叉烧肉

广东叉烧肉是广东各地最普遍的烤肉制品，也是群众最喜爱的烧烤制品之一。以其在选料上的不同，有枚叉、上叉、花叉和斗叉等品种。

（一）工艺流程

原料选择与整理→腌制→上铁叉→烤制→上麦芽糖→成品

（二）操作要点

原料选择与整理：鲜猪肉 50kg，枚叉采用全瘦猪肉；上叉用去皮的前、后腿肉；花叉用去皮的五花肉；斗叉用去皮的颈部肉。将肉洗净并沥干水，然后切成长约 40cm、宽 4cm、厚 1.5~2cm 的肉条。辅料为精盐 2kg，白糖 6.5kg，酱油 5kg，50 度白酒 2kg，五香粉 250g，桂皮粉 350g，味精、葱、姜、色素、麦芽糖适量。

腌制：切好的肉条放入盆内，加入全部辅料并与肉拌匀，将肉不断翻动，使辅料均匀渗入肉内，腌浸 1~2h。

上铁叉：将肉条穿上特制的倒“丁”字形铁叉（每条铁叉穿 8~10 条肉），肉条之间须间隔一定空隙，以使制品受热均匀。

烤制：把炉温升至 180~220℃，将肉条挂入炉内进行烤制。烤制 35~45min，制品呈酱红色即可出炉。

上麦芽糖：当叉烧出炉稍冷却后，在其表面刷上一层糖胶状的麦芽糖即为成品。麦芽糖使制品油光发亮，更美观，且增加适量甜味。成品色泽为酱红色，油润发亮，肉质美味可口，咸甜适宜。

第二节　烤肉现代加工工艺流程及要求

一、烤全羊

（一）工艺流程

现代烤全羊制作的工艺流程大体可概括为以下几个步骤：

前处理→腌制→蒸煮→烘干→红外线烤制

其中腌制与烤制是整个制作过程的关键所在。

（二）操作要点

前处理：将羊肉样品于-20℃冷库中取出，4℃下解冻24h，或低温高湿变温解冻，解冻后的羊肉用清水冲洗，除去残血和污物。

腌制：10%食盐水（按肉：食盐水质量比=10：1）注射到肉中，并将肉进行滚揉，4℃腌制6h。

蒸煮：待蒸锅中水沸腾后，加入腌制的羊肉，使肉的中心温度分别达到65℃、70℃、75℃、80℃、85℃。

烘干：待肉的中心温度分别达到65℃、70℃、75℃、80℃、85℃时冷却1min，60%相对湿度烘干1min。

红外线烤制：在远红外线烤箱中240℃烤制5min，使肉表面焦黄。

二、烤鸡

（一）工艺流程

现代烤鸡制作的工艺流程大体可概括为以下几个步骤

选料→屠宰与整形→腌制→上色→远红外线烤箱烤制→成品

其中烤制是整个制作过程的关键所在。

（二）操作要点

原料选择：原料选用8周龄以内，体态丰满，肌肉发达，活重1.5~1.8kg，健康的肉鸡为原料。辅料为食盐9kg、八角20g、小茴香20g、草果30g、砂仁15g、豆蔻

15g、丁香3g、肉桂90g、良姜90g、陈皮30g、白芷30g、麦芽糖适量。

屠宰与整形：采用颈部放血，60~65℃热水烫毛，煺毛后冲洗干净，腹下开膛取出内脏，斩去鸡爪，两翅按自然屈曲向背部反别。

腌制：采用湿腌法。湿腌料配制方法是：将香料用纱布包好放入锅中，加入清水90kg，并放入食盐，煮沸20~30min，冷却至室温即可。湿腌料可多次利用，但使用前要添加部分辅料。将鸡逐只放入湿腌料中，上面用重物压住，使鸡淹没在液面下，时间为3~12h，气温低则时间长些，反之则短，腌好后捞出沥干水分。

上色：用铁钩把鸡体挂起，逐只浸没在烧沸的麦芽糖水中，水与糖的比例为(6~8)∶1，浸烫30s左右，取出挂起晾干水分。还可在鸡体腔内装填姜2~3片、水发香菇2个，然后入炉烤制。

烤制：用远红外线烤箱烤制，炉温恒定至160℃~180℃，烤45min左右。最后升温至220℃烤5~10min。当鸡体表面呈枣红色时出炉即为成品。成品外观颜色均匀一致呈枣红色或黄红色，有光泽，鸡体完整，肌肉切面紧密，压之无血水，肉质鲜嫩，香味浓郁。

第三节　不同加工工艺条件下烤肉品质分析

传统烤肉多采用明火炭烤，烤制温度、烤制时间千差万别，难以实现标准化烤制，导致原料肉烤制不均匀、烤制标准化程度低、烤制过程加工危害物含量高等问题。如炭火传热效率低，易造成烤制时间长，营养物质耗损和多环芳烃类、杂环胺类化合物等加工化学危害物的增加。随着工业化发展和健康消费理念的流行，出现了电烤炉烤制、燃气炉烤制、电红外烤制等方法，这些方法可以实现连续化烤制，且烤制效率高于传统烤制。这些烧烤设备都是通过电热元件发热的加热方式，可有效解决烤肉时产生的烟雾污染等问题（吕仲明，2016）。电加热烤肉时，肉串油脂迅速滴落，减少高温烤制时苯并芘、杂环胺（姜玉清，2019）等致癌物的产生，食用更加安全。

远红外线烤炉由发出红外线的石英灯管和对流系统组成，红外线经反射镜会聚和对流风循环系统加热食物。肉的脂肪和肌肉主要是由有机高分子、低分子及无机盐、水分等组成，对红外的吸收能力很强。远红外烤制新设备可以实现自动控温、控时，为自动化的批量生产奠定了基础。必须对烤制最佳参数进行优化，确定以温度为判别依据的烤制方法，减少烤制时间、提高烤制效率、保持烤制产品风味品质（张振，2015）。

一、烤制加工过程中肉品质的变化

（一）理化指标变化

1. 中心温度

中心温度是反映肉品质的重要指标。随着烤制时间的延长，中心温度和失重率逐渐升高。加热过程中肉的中心温度不断上升，这不仅可以改善肉的口感，还能杀灭细菌，保证肉品安全，美国农业部食品安全检验局（USDA-FSIS）对禽肉制定的最低加热标准为中心温度 71.1℃。另外，肉经过加热处理因结构的弱化和胶原蛋白的凝胶化更有利于消化吸收。肉嫩度由肌原纤维和结缔组织两部分变化共同影响。加热过程中，肌原纤维结构出现横向和纵向收缩，嫩度下降；肉的结缔组织在 50℃以下存在收缩过程，肉质变硬，但在 60℃以上结缔组织逐渐溶解，肉质变嫩。由于中心温度达到 55~60℃后剪切力持续增加，为了保证肉的口感，肉烤制到安全的中心温度后应当尽快结束烹饪（张德权，2018）。

2. 水分含量、活度和状态变化

随着烤制时间的延长，肉的水分含量降低，高温环境中水分快速挥发，肌肉的持水能力下降。较低的水分含量可以有效抑制微生物生长，保证肉贮藏过程中的品质，也便于运输。食品中的水分为游离水和结合水，当水分活度高于 0.85 时为游离水，低于 0.85 时为结合水。随着烤制时间的增加，肉样品的水分活度呈下降趋势，这就意味肉样品中水分状态由游离水变为结合水，而结合水的性质更加稳定，难于被微生物利用。因此，烤制可有效降低肉水分活度，抑制微生物生长，有利于肉产品长期贮藏。低场核磁技术已被广泛应用于肉制品中水分分布的研究。有研究表明肉中不同形式水的自旋-自旋弛豫时间（T2）不同：结合水为 1~10ms、中间水为 10~100ms、游离水为 100~1000ms。随着烤制时间的增加，肉中的结合水和中间水含量均降低。中间水存在于肌原纤维及肌膜之间，其含量降低证明肉中微观结构已经被破坏。利用低场核磁共振技术对比鲜肉与煮制肉的水分分布差别，也发现煮制后肌原纤维中水分减少。

3. 质地的变化

烤制过程中，蛋白质热变性及水分损失是造成其硬度、弹性等质构特性发生变化的主要原因。随着烤制时间延长，水产品的硬度、咀嚼性、黏着性增加，而弹性降低。硬度、咀嚼性反映出食品在人口腔中咀嚼的困难程度，这些指标的数值越大，说明在食用过程中咀嚼越费力。硬度、咀嚼性增加可能是由于烤制引起了折叠的肌原纤维蛋白质分子侧链结合被切断而展开，随后更坚固的侧链结合在分子之间形成，开始进一步凝集，水产品质地变硬，而弹性下降可能是肌动蛋白与肌球蛋白之间的结合变弱导致的。

（二）营养成分变化

烤制加工会造成肉营养物质的流失，主要包括以下几点。

1. 肌内脂肪含量

肉类在烤制过程中肌内脂肪含量显著降低，特别是未用锡箔纸包裹的肉品。肌内脂肪的损失主要是由甘油三酯的流失引起的，可能是由于在高温烤制过程中，部分油滴从肉中流出，而流出的油滴主要是甘油三酯，因为磷脂是肌肉中膜结构的重要组成部分，不容易脱离膜而游离出来；而用锡箔纸包裹的样品中甘油三酯的流出受到限制，因此部分甘油三酯流出至样品表面后又渗透进入肌肉组织内部。

肉品在加工过程中磷脂的绝对含量或多或少都降低了，说明在烤制过程中磷脂发生了部分分解；但就磷脂在肌内脂肪中的比例而言，不用锡箔纸包裹的样品在烤制中磷脂的比例甚至有所提高，明显高于用锡箔纸包裹的样品，可能是由于磷脂的含量主要受甘油三酯变化波动的影响，未用锡箔纸包裹的样品其比例略有升高是由于更多的甘油三酯发生了流失。在烤制中，磷脂或多或少都会发生降解，降解的程度主要取决于加工时间，时间越长，磷脂降解的比例相对也越大，而与是否加锡箔纸包裹关系不大。

随着加工程度的提高，样品中游离脂肪酸无论是在肌内脂肪中的比例还是绝对含量都显著提高（张恬静，2008）。磷脂和游离脂肪酸的总量基本保持恒定或略有降低，说明磷脂降解的主要产物为游离脂肪酸，再加上或多或少有部分甘油三酯也降解成了游离脂肪酸，所以虽然游离脂肪酸的量不断增加，但也有部分发生了分解，可能发生氧化反应产生了一些挥发性风味成分。

2. 氨基酸和牛磺酸含量

产品中 Glu、Asp、Leu、Lys、Arg 和 Pro 的含量较高，占氨基酸总量的 50% 以上；虽然经高温烤制后，它们的含量总体呈下降趋势，但其总含量仍占较大比例，其中 Glu 和 Asp 作为鲜味氨基酸对产品制品的鲜美滋味贡献较大。损失的氨基酸中，Met 等含硫氨基酸在发生美拉德反应后生成肉香味，对形成烤制产品特有的色泽及风味具有较大贡献；必需氨基酸含量均有所下降，但降幅不大。

水产品富含对人体有益的牛磺酸，可以调节血糖，降低血液中的胆固醇，具有清热解毒、抗肿瘤、降压等作用，是一种对人体十分有益的物质。水产品中牛磺酸的含量随烤制时间的增加而降低，这是因为牛磺酸属于含硫的非蛋白氨基酸，高温条件下与氨基参与美拉德反应，导致其含量下降。

二、 影响烤肉产品质量的因素

影响烤肉产品质量的因素很多，主要分为原料肉的选择、前处理和烤制条件等几个方面，具体影响因素归纳于表 17-1。

表 17-1　影响烤肉产品质量的因素

项目	影响因素
原料肉	鲜度、大小、厚度、成分、脂肪含量
前处理	腌制条件（温度、时间、腌制液的组成）；干燥条件（温度、时间）
烤制条件	烤制（种类、含水量、燃烧温度）；烤制温度、时间、加热程度；烤炉（大小、形状、排气量）

（一）原料肉

原料肉的物理和化学特性影响烤肉产品的产量及可接受程度。原料肉又受多种因素的影响，如品种、养殖方式及宰杀方式等。野生的肉类和养殖的肉类对产品的影响同样很大。肉的种类不同，肉的脂肪含量以及脂肪分布也不同，对最终产品的质地、风味、味道、营养价值等方面有重要影响。

（二）前处理

腌制是烤制过程前最重要的环节之一。腌制可以通过降低肉的水分活动来抑制细菌生长。从而延长产品的保质期，起到了一定的防腐作用。同时，腌制可以让肉产品的质地坚实，口感更佳。烤肉行业采用不同的腌制液或腌制组合方式，腌制方法会影响最终烤肉产品的加工产量和质量。

（三）烤制条件

目前国内外烤肉炉的加热方式主要分为五大类，即煤炭加热式、电加热式、燃气加热式、微波加热式、太阳能加热式烤肉炉。

1. 煤炭加热式

煤炭加热式是燃烧煤炭对食品进行加热烤制，这种方式是目前最为传统、使用最广泛的加热方式，能直接进行烤制也可以间接进行烤制。直接烤制是将煤炭放在烧烤炉炭架中，拿肉、蔬菜等在炭火的上方进行烧烤，间接烤制是将煤炭点燃放在碳架的两端，把食物放在烤网中央，盖上炉盖，利用熏、焖将食物制熟。

该法缺点是把烤制时产生大量的烧烤污染、热利用率较低、需频繁添加煤炭等。其污染主要表现为两大类：一类是无烟煤炭燃烧时产生 CO、CO_2和 SO_2等有害气体；另一类是肉制品烤制时滴下的油被火源点燃化为油烟，油烟中含有亚硝胺、丙二醛、杂环化合物等多种有害物质，对人身体有一定危害，不仅有毒，还会致突变和致癌，产生的烟对环境不利。

2. 电加热式

电加热式是通过加热元件把电能转换为热能的一种加热方式，将电能转化为热能可以避免食物直接与火焰接触，不产生有害物质，是一种最为理想化的加热方式。为此在电加热烤肉炉方面也进行了深入的研究，其代表型有：何国全在 2012 年发明的“多功能电烤炉”；蓝宗顺在 2012 年发明的“多用电烤炉”；陈政伟在 2013 年发明的“电烧烤炉”等。利用电加热方式的烤肉炉烤肉时，肉块的油脂受热后立马滴落，肉块没有被油脂浸润，可避免肉块被油脂煎、炸的过程，因此肉块中所含油脂较少，也不含烟熏的味道，烧烤出的才是真正的烤肉味道，加热烤肉炉有着环保、便捷、设备价格较为适中等优点，但是也存在着耗电量大，烤制加热时间较长、对家庭电路要求较高等缺点。

3. 燃气加热式

燃气加热式是通过电子脉冲点火，通过炉头使用液化石油气或是天然气的燃烧热量来加热烤制，我国的一些科研人员也在燃气烤肉炉的研究方面也取得了较好的成果。例如，由金永灿在2007年发明的“电子燃气烤炉”；由谭秾顺在2011年发明的“燃气烤炉”；由刘芝在2012年发明的“红外线烧烤炉”；由潘宇在2012年发明的“燃气烧烤炉”等。由于燃气经燃烧后基本不产生有毒物质，燃烧时产生大量的热，使烤肉在较短的时间内成熟，避免传统添加煤炭的过程，提高了生产效率。燃气种加热方式目前也被人们公认为最优的加热方式，也逐渐在烧烤行业中慢慢占据着主导地位。但是燃气加热方式的烤肉炉也存在着成本高、需要稳定气源、接换气源较为不便等缺点（毛清风，2018；王家峰，2022）。

4. 微波加热式

微波加热式烤肉炉是利用微波炉加热的原理对肉制品进行烤制。由于微波可以轻易穿透玻璃、塑料、陶瓷等材料，在不消耗自身的能量的同时，把能量传递给水分子，这种肉眼看不见的微波，能够穿透食物深达5cm，使食物中的水分子随之运动，因而产生了大量的热能将食物烤熟。这种方式烤制出的食物完全无污染，其烤制时间也很短，但是这种烤肉炉存在着价格高、利用条件较为苛刻等问题。例如，由乐金电子电器有限公司在2011年发明的“烧烤微波炉”等。

5. 太阳能加热式

太阳能烧烤炉是近年来一种新兴的烧烤设备，是利用聚集太阳光集热的原理来实现对食物的烤制。将太阳光通过反光板和烤煲管进行聚光、传热、储热等过程而获取太阳能的热量来实现食物烧烤、炖煮等功能。其烤制出的食物非常健康，基本不产生污染，而且其携带也非常方便。例如，由杨海基在2014年发明的“一种太阳能烧烤炉”，华洪林在2014年发明的“全自动太阳能全能烧烤炉”等。但是由于存在使用条件苛刻、烤制过程较为麻烦、单次烤制量较少等缺点，这种烧烤方式目前很难让人们所接受。

三、 烧烤肉制品有害物质的生成及危害

烤肉食品在带给消费者美味的同时，因其特殊的加工方式而带来的食品安全性问题也不容忽视。肉制品通过高温烤制后，会在表面形成一种焦化物，从而使烤肉表面酥脆诱人形成理想的色泽和诱人的香味。但同时，如果烤制过程中燃料不完全

燃烧，加上肉制品内部脂肪裂解，发生热聚合反应等会产生苯并芘及杂环胺类危害人体健康的物质，将直接影响烤肉的食用安全品质。

（一）烤肉中苯并芘的危害

苯并芘是一种强致癌物，其进入人体后通过活化细胞色素 P450 酶系统中某种物质的代谢，生成具有强致癌活性的亲电子环氧化物。苯并芘的生成与烧烤的燃料种类和烧烤时间有关，来源主要有以下几个方面：一是烧烤所用的木炭在燃烧时会生成少量的苯并芘，并伴随着烟雾侵入烤肉中；二是烧烤过程中，会有食物油脂滴于火上发生焦化产物热聚合反应形成苯并芘，并依附于食物表面；三是烤肉中的糖与脂肪由于不完全燃烧也会产生苯并芘以及其他多环芳烃；四是肉制品高温炭化时脂肪会因高温而裂解产生自由基，并相互热聚结合成苯并芘。通常烤肉中苯并芘含量与烤制时间及温度呈正相关，烘烤温度越高、时间越长，苯并芘含量就越高。在烧烤温度低于 200℃时，牛肉、鸡肉、猪肉等肉制品在不同烤制时间下会产生少量苯并芘，而烤制温度在 200℃以上时，烤制温度越高、时间越长，苯并芘残留量就越多。目前，国内对烤肉制品中苯并芘产生机理及含量的研究还不够深入，因此，如何在保证烧烤品质的同时降低苯并芘的产生量，将成为一个亟待解决的问题。

（二）烤肉中杂环胺的危害

肉制品在高温加工过程中，通过美拉德反应与自由基机制会形成一类致癌致突变化合物—杂环胺类化合物。杂环胺类化合物主要是通过复杂的美拉德反应生成的，目前已发现的种类已超过 30 种，分为氨基-咪唑-氮杂芳烃类杂环胺和氨基-咔啉类环胺两大类。氨基-咪唑-氮杂芳烃类杂环胺的形成温度在 100~300℃，被称为“热型杂环胺”，因与 IQ 性质相似，又称为 IQ 型杂环胺，即极性杂环胺；而氨基-咔啉类杂环胺的形成温度超过 300℃，是由氨基酸或蛋白质高温热解而形成，因此被称为“热解型杂环胺”，又称非极性杂环胺。廖国周在揭示时间和温度等因素对杂环胺形成的影响中，发现杂环胺的形成及含量与外界条件加热温度与时间呈高度依赖性，随着温度的上升和时间的增加杂环胺含量呈上升趋势。烤肉制品中易产生杂环胺，与人类健康息息相关，杂环胺一直都备受人们关注，因此如何有效减少烤肉制品中杂环胺残留也是目前的研究重点。

（三）其他致癌物

在肉制品烤制的过程中，由于经过长时间高温的焙烤，蛋白质很容易变性进而发生不完全反应，产生大量的胺类物质，丙烯酰胺便是其中一种，它是一种神经类毒素，也是一种对人体可能的致癌物质。而烤肉过程中常用的木炭和煤炭等燃料，在燃烧过程中也会产生稠环芳烃，对人体具有强致癌作用，肉中油脂在 200~250℃时发生热分解，也会产生稠环芳烃与聚黑色素，使熏烤肉制品变质，易使人患胃癌，而且在高温中容易发生氧化作用，增加烤肉中的自由基，其高反应活性可导致机体损伤、细胞破坏、人体衰老等副作用。

四、 烧烤肉制品中有害物的减控措施

（一）合理减控食用油的使用

人们在烤制肉类时会添加腌制辅料，进行前处理来改善其风味和滋味，研究表明腌制辅料对烧烤肉制品中杂环胺和多环芳烃生成也有一定的促进作用，这是因腌制辅料中含有的糖类、氨基酸等前体物质，在高温烤制时这些物质会导致有害物的含量增加。分析大豆油、花生油、调和油、葵花籽油、玉米油、芝麻油、橄榄油中总多环芳烃（16 种）的含量，花生油中总多环芳烃（16 种）含量最高为 45. 49μg/kg，芝麻油含量次之为 38. 46μg/kg，说明不同食用油本底中总多环芳烃（16 种）含量各不相同。因此，食用油的优化选择对烤制肉制品的总多环芳烃（16 种）含量有较大影响。经食用油腌制后烤牛肉与空白组相比，腌制的牛肉中多环芳烃含量为 98. 9μg/kg，生成量明显增加。由此，可以通过优化不同种类肉制品的辅料添加量及腌制时间，保证烧烤肉制品良好口感等品质的同时最大程度上降低有害物质生成。

（二）适度添加天然香辛料

在制作烧烤肉制品时，会添加香辛料来改善肉制品的风味，香辛料对烧烤肉制品杂环胺和多环芳烃的生成也有一定的抑制作用（张恬静，2010）。Janoszka 使用洋葱和大蒜作为香辛料，研究其对烤肉中多环芳烃产生的影响，发现二者均对多环芳烃形成有抑制作用，洋葱抑制效果达到了 50%，大蒜素为 24. 3%。聂文等研究了大蒜素和葛根素对烟熏香肠中多环芳烃生成影响，发现葛根素对多环芳烃生成的抑制效果达到了 90%，大蒜素为 95%。对于杂环胺而言，在烤牛肉中加入膳食类黄酮化合物（芹菜苷元、根皮苷、木犀草素、染料木素、表没食子儿茶素没食子酸酯、槲皮素、柚皮素和山柰酚）能够通过清除苯乙醛来抑制 PhIP 形成，且表没食子儿茶素没食子酸酯、槲皮素和根皮苷抑制效果最佳。此外，在烤制牛肉中加入膳食类黄酮化合物（甘薯叶黄酮类物质、芦丁、葛根素、甘草素、槲皮素）能够通过清除苯乙醛来抑制 PhIP 形成，甘薯叶黄酮类物质抑制率为 67. 31%，且效果最佳。研究表明，在肉丸中加入洋葱提取物经熟制后测得杂环胺为 0. 07ng/g，与空白组相比，生成量显著降低。因此，在烤制时加入天然香辛料如大蒜、洋葱等能够显著降低多环芳烃和杂环胺的生成，同时葛根素、膳食类黄酮化合物等天然提取物也能够显著抑制烧烤肉制品中多环芳烃和杂环胺的生成，这可能是香辛料具有的自由基清除能力，可以显著抑制肉制品经高温烤制产生的自由基反应，从而减少或降低多环芳烃和杂环胺的生成。

（三）适度添加天然抗氧化剂

有研究人员烤肉时分别加入 α-生育酚、表没食子儿茶素没食子酸酯、芝麻酚和丁基羟基茴香醚、2,6-二叔丁基对甲酚测定多环芳烃含量，并设空白组对照，结果

表明，天然及人工合成的抗氧化剂均对多环芳烃形成有抑制作用（任少东，2020），α-生育酚抑制效果为40%，表没食子儿茶素没食子酸酯抑制效果为39%，芝麻酚抑制效果为42%，丁基羟基茴香醚抑制效果为38%，2,6-二叔丁基对甲酚抑制效果为39%，且天然抗氧化剂抑制效果优于人工合成抗氧化剂。在烤制鸡肉前将其用绿茶、白茶或茶中提取的茶多酚处理后，抑制率分别为53%和17%，且多环芳烃含量显著降低。另外，在烤制时添加竹叶提取物、花椒叶提取物等天然抗氧化剂均能有效降低杂环胺生成量。工合成的抗氧化剂包括丁基羟基茴香醚、二丁基羟基甲苯、没食子酸丙酯和叔丁基对苯二酚等，对于多环芳烃和杂环胺生成的抑制效果取决于抗氧化剂种类、添加量等，但这些人工合成的抗氧化剂因具有一定的毒性而被限制添加量从而降低抑制效果（尚永彪，2010）。因此，可添加天然抗氧化剂抑制多环芳烃和杂环胺的形成。

（四）选择合适的烤制方式

烧烤肉制品加工中危害物防控方法还有合理控制烤制温度和烤制时间，降低烤制温度和减少烤制时间均能减少烧烤肉制品加工中危害物生成量。另外，合理选择烤制技术，如微波烤制、气体烧烤、电烤、石头烧烤等新型的烤制方式与传统木炭烤制和木炭烘烤对比，经烤制后烧制品中危害物含量均低于木炭烤制和木炭烘烤（刘宇，2017）。

第四节　烤肉加工工厂设计

本设计参考年产8000t烤肉工厂项目，主要包括厂址选定、产品方案及每年产量的确定；烤肉生产工艺流程的确定及安全设计；生产车间设备的选型和配套等。

一、厂址选定、产品方案及每年产量的确定

烤肉加工厂选址条件没有严格的要求，主要从卫生和环境保护两方面来考虑，还要保证电力运输方便以及污物处理便捷。原则为：

①厂址区域的地址要选取土壤牢固且坚硬，面积广阔，并且具有一定坡度的地方；

②选址应该保证没有受过污染而且没有有害气体和其他扩散性的污染源；

③选取的地方应该交通便利，方便将产品运送到其他城市，且位于居民区饮水源下游；

④烤肉工厂的动力电源和照明用电源要满足生产要求；

⑤烤肉加工厂应有污水排放下水道和承受污水的场地；

⑥烤肉加工厂的厂房设计应先确定生产总量和厂房面积大小，按工艺流程确定

厂房的分布布局，避免先盖厂房而后设计工艺。

（一）加工厂的建筑设计

设计厂房的仓库店铺等建筑时应考虑到各自使用的目的，必须保证设备齐全而且有明亮的作业条件。此外要注意厂房隔断材料一定要使用耐火防水材料，还要求设有良好的排水设施以便排水厂内没有影响排水的障碍。尽可能不适用刷油漆的材料，一般不采用易吸潮和难以保持清洁的材料；为安全起见应该避免过分光滑，在铺设地面时，可以选择将磨料细粒掺混在地坪表面以起到良好的防滑效果。凡是室内暴露的木器都必须涂有符合卫生要求的涂层或用热亚麻仁油处理及木蜡处理，肉食产品车间的楼梯应用不渗水材料做成整体的踏阶和踏面扶手。凡不宜采用自然照明或自然照明不足的，要求有光照均匀良好的人工照明。厂房建筑还要考虑设有足够的卫生设施如洗手池、消毒池、更衣室、厕所等。为了不使外来参观的人员进入车间应考虑在车间的侧面开辟参观走廊并与车间隔开。

（二）烤肉加工厂环保设计

为使人流和货流分开，避免往返交叉，采用场内外运输方式，场内主运输干道，用黄色线标出，并主要连接原料库、成品库，靠近生产车间的主要干道，员工应在标注好的人行道上行走，避免与运输车队冲突。成品出厂出口应靠近高速公路，方便运输，在运输干道上应有明显的走向、刹车、慢行标志。

烤肉加工厂四周的每条干道都设有一定宽度的树木组成的防护林带或草坪、喷泉可以起到阻挡风沙、净化空气、降低噪声的作用。同时，总平面的布置需要满足生产工艺需求、必须满足食品工厂卫生要求、必须注意和城市区域总体规划相协调。

（三）产品方案和年产量的确定

产品方案作为工厂生产的计划安排，是加工工厂的生产纲领。而产品方案的执行情况很大程度上受到原料供应情况的影响。因此在制订产品方案时，要严格按照任务计划书的进行。

本厂的主要产品是烤肉，包括羊肉、猪肉和鸡肉。产品的包装为不透明铝膜包装。

一般除法定节假日，全年的生产日约为300d。根据设计计划书，本厂年产量8000t，则日产量最少需要达到26.7t，由于生产过程中不可避免地产生物料损失，所以日产量最低应达到27t以保证年产量的达标。随着公司的发展和日益壮大，产品的需求量也会不断增加，后续工厂可以采取两班制，提升产品的产量。

二、 生产工艺流程设计

烤肉加工工厂的生产工艺流程决定各车间生产设备的配置，是保证生产顺利进行的重要环节。在确定生产工艺流程时，需要从所设计的生产工艺是否可以在工厂生产中顺利实现、设备在工艺流程中的作用和必要性以及连续操作中的稳定性和安全性三个方面论证。

（一）烤肉生产工艺流程的确定

1. 烤肉常规产品生产工艺流程

解冻→清洗修整→腌制→蒸煮→烘干→烤制→装袋→真空封口→装车→高温杀菌→清洗烘干→挑选→装盒→装箱→码垛入库

2. 各工序要求（以羊肉为例）

解冻：将羊肉样品于-20℃冷库中取出，4℃下解冻24h，或低温高湿变温解冻。解冻后的羊肉用清水冲洗，除去残血和污物。

清洗修整：将体内外异物处理干净并反复清洗，保证清洁。

腌制：使用10%食盐水（按肉：食盐水质量比=10：1）注射到肉中，并将肉进行滚揉，在4℃腌制6h。

蒸煮：腌制完成后，待蒸锅中水沸腾后，加入腌制的羊肉，在100℃蒸煮，使肉的中心温度分别达到65℃、70℃、75℃、80℃、85℃。

烘干：待肉的中心温度分别达到65℃、70℃、75℃、80℃、85℃后冷却1min，相对湿度60%环境中烘干1min。

烤制：在远红外线烤箱中240℃烤制5min，使表面焦黄。

（二）其他主要工艺过程

装袋：装袋工提前15min到车间现场，检查工作筛上的产品是否有批量变酸、变质、焦黑、无明显色差，如有上述问题应及时向品管员反馈，按不合格品处理；装袋工装袋过程挑选个别偏轻、偏重、端骨、焦黑、毛头等产品放于不良品筛里，专职勤务工每隔一小时或随时收集，经品管员签名确认后退给专职搭配人员，并分别标识完成返修；对质量不确定的产品按不良品处理。

抽真空：袋口边缘离压杆的距离控制在2.3～2.5cm；初始开机作业时，第一、第二机盖的产品需着重检查热封程度及吸气程度，并根据第一、第二机盖的产品的热封盒吸气状况对机台进行调试；真空机初始开机需预热5～10min方可对产品进行抽真空。其优先原则是：按先进的产品先抽真空；需优先出货的产品先抽真空；特殊产品（返工产品）先抽真空。

（三）生产工艺流程的安全设计

随着社会的不断发展，人们对食品安全的重视程度越来越高。因此，我们必须努力制定一套对安全完备的管控程序，确保加工生产的食品安全且卫生。在肉制品烤制的过程中，由于经过长时间高温的焙烤，蛋白质很容易变性进而发生不完全反应，产生大量的胺类物质，丙烯酰胺便是其中一种，它是一种神经类毒素，亦是一种对人体可能的致癌物质。而烤肉过程中常用的木炭和煤炭等燃料，在燃烧过程中也会产生稠环芳烃，对人体具有强致癌作用。

根据烤肉生产过程中各个生产环节的危害分析结果，确定原料验收、抽真空、杀菌、设备清洗四个关键控制点。

（1）原料验收　在选择烤肉制作原料时，要对原料重金属、有害化学物质和微生物含量进行检测，原料供应商要选择有知名度的大公司，且保证具有第三方检验报告，严格把控，对不合格原料进行拒收；

（2）抽真空　抽真空的关键在于抽尽包装内的空气同时完全密封袋口，其主要作用是使袋内形成真空环境，防止产品发生腐败从而延长保质期；

（3）杀菌　杀菌的温度设定为120℃，物料在加热到相应的杀菌温度后开始计时。时间约为11min，期间要调节蒸汽阀，保持温度恒定；

（4）设备的清洗与消毒　对设备进行反复清洗，尽量清洗到每个死角，保证清洗效果，清洁结束后使用酒精喷洒一遍。

三、 生产设备的选型

（一）设备选型的基本原则

在选择设备时要考虑到生产加工时的卫生、能耗、清洗、维修以及安全等因素。设备的选型不仅仅决定产品质量还是影响生产水平的关键因素，还会影响工艺流程，并为水、气用量提供依据。

（二）设备分析说明

烧烤设备是烤肉绿色加工厂的核心，燃气式烧烤装置以清洁能源为燃料，机械化程度高，便于移动，能连续烤制不同物品，减少烤制过程中工作者的劳动强度，提高设备实用性。此外，炉体内部的温度也要能自动控制，而且可以根据不同的物品设定不同的烤制温度，保证烤制品的质量稳定性。

燃气式烧烤装置（烧烤机）初步设计的整体机构图，如图17-1所示。该装置主要由燃烧系统、滚筒、传动系统、电气控制系统、集油盘机构、辅助工具等组成。该装置的核心部件——圆形滚筒位于炉体内部，由承重轮支撑，工作时由传动系统带动其转动，以保证固定在滚筒内部的烤制品受热均匀。集油盘安装在滚筒内部正下方，一端通过不锈钢钢丝悬挂在滚筒一端的凸台上，另一端通过固定板固定在炉体上，主要收集肉制品在烘烤过程中滴落的油脂，防止油脂遇到明火燃烧产生致癌物质。

装置的热源为两个红外线瓦斯燃烧器，安装在滚筒正下方，并且在燃烧器两边安装有集火板。传动系统主要由链条和链轮组成，小链轮与电机连接，大链轮与滚筒后端的轴连接。该装置的总体尺寸为1020mm×770mm×1100mm，机架采用40mm×40mm和40mm×60mm规格304不锈钢方钢焊接而成，内部有效容积为1. 12m^3，为了提高保温性能，在机架内部夹层之间填充有石棉材料。

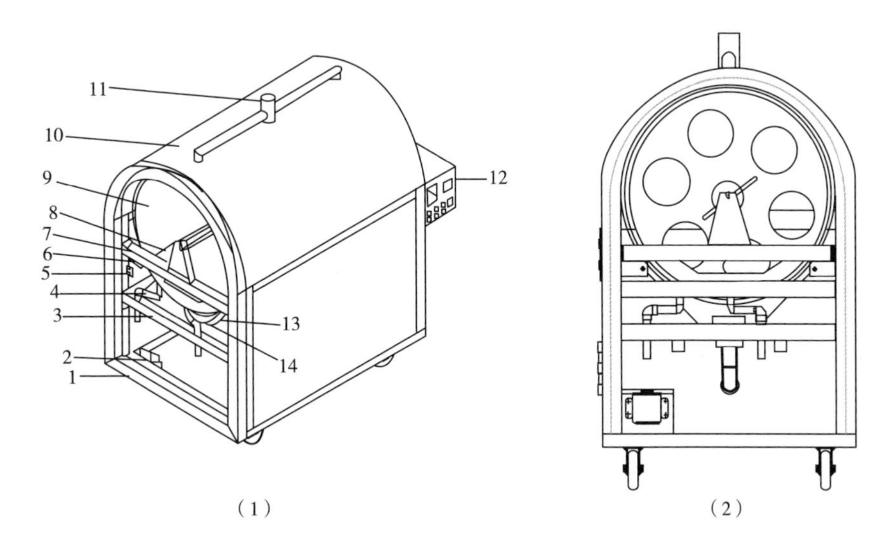

1—侧门门框　2—承重轮　3—燃烧器垫板　4—集油盘排水管　5—集油盘固定侧板
6—承重轮　7—穿肉轴固定架　8—集油盘　9—滚筒　10—炉体　11—排气口
12—控制台　13—集火板　14—红外线瓦斯燃烧器

图 17-1　燃气式烧烤装置（烧烤机）机构示意图

烤制前，接通电源，打开燃气，先对装置进行预热，转动滚筒使滚筒受热均匀。当炉体内温度达到烤制最佳温度时，打开侧门，关闭电机，用取肉工具把烤制品放入滚筒中，并在集油盘内注入适量的水，关上门，打开电机开始烤制。

在烤制过程中，燃烧器加热滚筒，滚筒受热并对内部的烤制品焖烤，而且滚筒转动能使烤制品受热均匀；集油盘中可装水，能使肉制品在烤制过程中保持水分，又能使从肉制品上低落的油不受热燃烧产生致癌物质。装置的侧门安装有钢化玻璃制成的观察口，用于观察烘烤过程中烤制品颜色的变化，当烤制品的颜色达到要求时即可关闭电源，打开门，用取肉工具取出烤制品，即完成烤制。

装置的电气系统能对炉体内部的温度实时监测，在燃气不足时可以自动报警并在 10s 后自动再次点火。由于炉体夹层里填充有保温材料，该机器的保温性能较好，可以连续烤制，提高了装置的热效率和工作效率（石琳，2016）。

参考文献

[1] 董志俭，李世伟，莫尼莎，等．秘鲁鱿鱼烤制过程中的水分及质构变化［J］．食品工业科技，2014,35（11）：61-63.

[2] 董志俭，李欢，李世伟，等．秘鲁鱿鱼烤制过程中的品质变化［J］．食品工业科技，2015，36（1）：81-85，96.
[3] 李伶俐．美拉德反应体系中影响烤肉风味形成的因素研究［D］．无锡：江南大学，2011.
[4] 李正英．蒙古族特色食品——烤羊腿传统工艺改进的关键技术研究［D］．西安：陕西师范大学，2004.
[5] 刘宇．黄家烤肉制作工艺与调味料新配方的研究［D］．济南：济南大学，2017.
[6] 吕仲明．便携式烤肉炉的改进设计与性能试验研究［D］．乌鲁木齐：新疆农业大学，2016.
[7] 姜玉清，梁小慧，张帅，等．烤肉制品中杂环胺的研究进展［J］．食品安全质量检测学报，2019，10（11）：3255-3260.
[8] 毛清风．燃气式烧烤装置的设计与试验［D］．乌鲁木齐：新疆农业大学，2018.
[9] 任少东，王群霞，任晓镤．不同抗氧化剂对烤肉制品品质的影响［J］．肉类研究，2020，34（8）：21-28.
[10] 尚永彪，夏杨毅，吴金凤．传统腊肉低温熏烤过程中脂质氧化及物理化学、感官品质指标的变化［J］．食品科学，2010，31（7）：33-36.
[11] 石琳．年产 2000 吨肉脯项目的设计［D］．哈尔滨：黑龙江大学，2016.
[12] 王家峰．无烟烤肉炉：CN216494953U［P］．2022-05-13.
[13] 张振．小型烤肉炉的设计与试验研究［D］．乌鲁木齐：新疆农业大学，2015.
[14] 张德权，王振宇，何遵卫，等．以温度为判别依据的烤肉新型烤制方法：CN108065229A［P］．2018-05-25.
[15] 张恬静．烤肉中脂类氧化及抗氧化研究［J］．肉类研究，2008，（10）：52-54.
[16] 张恬静．香辛料精油抗氧化作用对烤肉理化特性的影响［D］．重庆：西南大学，2010.